北京理工大学“双一流”建设精品出版工程

Energy Storage Science and Technology

储能科学与技术

苏岳锋 黄擎 陈来 等◎编著

北京理工大学出版社
BEIJING INSTITUTE OF TECHNOLOGY PRESS

图书在版编目（CIP）数据

储能科学与技术／苏岳锋等编著. -- 北京：北京理工大学出版社，2023.1

ISBN 978-7-5763-2086-2

Ⅰ.①储… Ⅱ.①苏… Ⅲ.①储能-技术 Ⅳ.①TK02

中国国家版本馆 CIP 数据核字（2023）第 011218 号

出版发行／北京理工大学出版社有限责任公司
社　　址／北京市海淀区中关村南大街 5 号
邮　　编／100081
电　　话／(010)68914775(总编室)
(010)82562903(教材售后服务热线)
(010)68944723(其他图书服务热线)
网　　址／http://www.bitpress.com.cn
经　　销／全国各地新华书店
印　　刷／北京捷迅佳彩印刷有限公司
开　　本／787 毫米×1092 毫米　1/16
印　　张／16
彩　　插／5
字　　数／389 千字
版　　次／2023 年 1 月第 1 版　2023 年 1 月第 1 次印刷
定　　价／76.00 元

责任编辑／王梦春
文案编辑／闫小惠
责任校对／周瑞红
责任印制／李志强

前言

随着全球能源格局正在发生由依赖传统化石能源向追求清洁高效能源的深刻转变，我国能源结构也正经历着前所未有的深刻调整。2020年9月，习主席在联合国大会上向世界宣布了我国2030年前实现碳达峰、2060年前实现碳中和的目标。其中，储能材料与储能技术在促进清洁能源生产消费，推动能源革命和清洁能源发展方面发挥着至关重要的作用。储能材料与技术的发展也将成为我国构建更加清洁低碳、安全高效的能源互联网体系的重要技术支撑。为加快培养储能领域“高精尖缺”人才，增强产业关键核心技术攻关和自主创新能力，以产教融合发展推动储能产业高质量发展，教育部、国家发展改革委、国家能源局于2020年2月联合制定并印发了《储能技术专业学科发展行动计划（2020—2024年）》。其目标为经过5年左右努力，增设若干储能技术本科专业、二级学科和交叉学科，储能技术人才培养专业学科体系日趋完备，本硕博人才培养结构规模和空间布局科学合理，推动建设若干储能技术学院（研究院），建设一批储能技术产教融合创新平台，推动储能技术关键环节研究达到国际领先水平，形成一批重点技术规范和标准，有效推动能源革命和能源互联网发展。

北京理工大学于2015年新增本科专业“新能源材料与器件”，2020年成立“储能材料科学与技术”二级学科，对储能领域“高精尖缺”人才的培养已有多年实践并积累了宝贵经验。“储能材料与技术”是北京理工大学“新能源材料与器件”专业的核心课程，课程任务是使学生获得储能科学与技术的基本理论和基本知识，掌握储能科学与技术开发与利用的相关知识，使学生获得较全面的储能技术知识。通过对该门课程的学习，学生能够了解世界和中国储能的发展现状，掌握储能的基本原理及形式，了解热能、机械能、电磁能和化学能的存储原理、关键技术和重要储能材料，加深对储能材料与技术应用的认识，重点把握各种储能技术、储能材料的特点和适用范围。在此基础上，学生能够掌握大规模储能的基本原理和应用。本书正是针对上述教学目的而编制。

本书共分9章。第1章简要介绍了储能技术的应用背景，以及对提高能源效率、降低温室效应所做的贡献，还介绍了能源的类型与特征、储能技术及其应用。第2章介绍了储能技术原理，包括能量的物理基础、能量的材料基础、能量转换原理、储能技术原理、储能材料的基本特性等内容。第 3 章介绍了热能存储与储热和蓄冷材料，主要内容包括热的传递方式、热能存储方式、热能的梯级利用、储热材料（相变材料）、储热技术与应用、蓄冷材料、蓄冷技术与应用等。第 4 章介绍了机械能的存储与载能材料，包括势能的存储、动能的存储、抽水储能、压缩空气储能和飞轮储能等。第 5 章介绍了电磁能的存储与超导材料，介绍了超导材料、超导磁储能技术、超导磁悬浮飞轮储能技术、电容器储能技术、高储能密度电容器等内容。第 6 章围绕化学能存储技术展开介绍，内容有化学能、化学能储热、化学能储电（制氢储能、化学电源）、燃料电池、化学能与机械能转化、太阳能存储生物质能等。第 7 章重点介绍了电化学储能与储能材料，内容包括传统蓄电池工作原理、锂离子电池、金属空气电池、其他化学电池等。第 8 章介绍了大规模储能技术与应用，内容有清洁能源的存储（光伏发电、风力发电）、新能源汽车动力储能、热能的规模存储与应用、电能的大规模存储技术、大规模储能发展展望。第 9 章介绍了新型能量转换与存储技术，包含能量管理与能源互联网、能量转换与存储的大数据、电力系统调度与安全、纳米体系的能量转换特征与原理、无线能量传输与存储等内容。

本书在编著过程中，因考虑知识的系统性而引用了相关文献，在此对被引文献的作者表示感谢。同时，特别要对我的同事、研究生和合作者表示感谢，他们对本书的成功出版至关重要。

本书由苏岳锋、黄擎、陈来等老师编著，赵晨颖、冉艳、李亚丽、赵佳雨、廖彦舜等完成了部分文字处理等工作。

由于水平有限，本书难免有疏漏和不足之处，恳请读者予以批评指正。

编著　者

目 录
CONTENTS

第1章 绪　论

1.1　气候变化与能源效率

能源在开发和利用的过程中，会排放大量温室气体，其中以 CO_2 为主，这导致了全球气候变暖。特别是近一百年来，全球变暖的趋势更为明显。19 世纪末，全球平均气温为 14.5 ℃，目前已达 15 ℃。若按目前趋势发展，到 2040 年，地球平均温度可能上升到 17~18 ℃，到 21 世纪末将达到 22~23 ℃。地球变暖带来的海平面上升、生态环境破坏等问题，将给人类带来灾难性的危机。

要阻止或延缓这种现象的发生，最重要的是改变能源结构，控制化石燃料使用量，增加核能和可再生能源使用比例；提高发电和其他能源转换的效率；提高工业生产部门的能源使用效率，降低单位产品能耗等，由此来控制和减少 CO_2 等温室气体的排放量。

21 世纪以来，全球能源结构加快调整，全球应对气候变化开始了新的征程，《巴黎气候变化协定》得到各国的认可和参与，中国、美国、日本、欧盟等 130 多个国家和组织提出了碳中和的目标。作为《巴黎气候变化协定》的缔约方，2022 年 3 月我国国家发展改革委、国家能源局根据习近平总书记在几个场合作出的关于碳减排、碳达峰的重要宣示，发布了《“十四五”现代能源体系规划》，设定了“力争在 2030 年前实现碳达峰，2060 年前实现碳中和”的目标，要求到 2025 年非化石能源发电量比例提升至 39%左右，推进以新能源为主体的新型电力系统建设，支撑碳达峰、碳中和目标如期实现。这个目标的宣示充分体现了我国应对气候变化的力度，彰显了中国积极应对气候变化、走绿色低碳发展道路的坚定决心，也体现了中国主动承担应对气候变化的国际责任，推动构建人类命运共同体的责任担当，为全球气候治理进程注入了强大的政治推动力。

除了采取相应措施减缓气候变暖的趋势外，开发利用新能源（如太阳能、风能、地热能、潮汐能、波浪能、温差能、海流能、盐差能等），是人类应对气候变化的又一重要措施。但由于目前它们的利用成本太高，使用规模和范围受到很大限制，广泛使用还需时日。其中一个重要原因是这些不稳定能源需要先进的存储技术，才能稳定输出。虽然利用天然气等清洁能源可以减少排放，但应对气候变化的根本出路是新能源技术上的突破。只有当太阳能等新能源的生产成本大大降低，价格可以和煤、石油、天然气等化石能源竞争时，温室气体排放引起的气候变化问题才能得到根本解决。

此外，能源的不合理使用不仅会造成大量能源浪费，更会加剧环境污染，严重阻碍居民正常生活和城市发展，所以提高能源效率、提升能源利用质量有着重要意义。产业结构的优化调整是提高能源效率的基本途径。目前我国第二产业集中了大部分能源消费，单位能耗较高，提升第二产业的能源效率，对于缓解我国当前能源与环境制约问题具有重要作用。

2022年工业和信息化部等六部门印发《工业能效提升行动计划》（以下简称《计划》），提出要进一步提高工业领域能源利用效率，推动优化能源资源配置。为推进工业能效提升，降低工业领域碳排放，《计划》提出了以下重要措施：

（1）大力提升重点行业领域能效。要求推进重点行业节能提效改造升级，推进重点领域能效提升绿色升级，推进跨产业跨领域耦合提效协同升级。

（2）持续提升用能设备系统能效。实施电机能效提升行动、变压器能效提升行动、锅炉能效提升行动、用能系统能效提升行动。

（3）统筹提升企业园区综合能效。强化工业能效标杆引领、工业企业能效管理，强化大型企业能效引领作用，强化中小企业能效服务能力、工业园区用能管理。

（4）有序推进工业用能低碳转型。加快推进煤炭利用高效化、清洁化，加快推进工业用能多元化、绿色化，加快推进终端用能电气化、低碳化。

（5）积极推动数字能效提档升级。提高数字化节能提效技术水平、能效管理公共服务能力、“工业互联网+能效管理”创新能力。

（6）持续夯实节能提效产业基础。加大节能技术遴选推广力度、节能装备产品供给力度、专业化节能服务力度、节能新技术储备力度。

（7）加快完善节能提效体制机制。持续加强工业节能监察，深入开展工业节能诊断，健全完善工业节能标准体系，坚决遏制高耗能、高排放、低水平项目盲目发展。

1.2 能源的类型与特征

能源是指提供能量的资源，是含高品位能量的物质的总称，如煤、石油及石油类燃料、水力、风力等。

1. 能源按产生的方式划分

能源按产生的方式可分为两大类，如表1-1所示。

表1-1 能源按产生的方式分类

一次能源		二次能源
可再生能源	不可再生能源	
太阳能、风能、水能、地热能、生物质能等	煤炭、石油、天然气、核能等	电能、焦炭、煤气、沼气、蒸汽、酒精、汽油、煤油、柴油、重油等

（1）一次能源。即天然能源，是指在自然界现成存在的能源。它包括可再生能源和不可再生能源。可再生能源是指具有自然恢复能力，不会随着本身的转化或者人类的利用而减少的能源，包括太阳能、风能、水能、地热能、生物质能等；不可再生能源则不能自然再生，随着人类不断开采利用储量会越来越少，包括煤炭、石油、天然气、核能等。出现能源

危机以来，各国都很重视非再生能源的节约，并加速对再生能源的研究和开发。

（2）二次能源。二次能源是一次能源经过加工，转化成另一种形态的能源，主要有电能、焦炭、煤气、沼气、蒸汽、酒精和汽油、煤油、柴油、重油等石油制品。在生产过程中排出的余能，如高温烟气、高温物料热，排放的可燃气和有压流体等，亦属二次能源。

2. 能源按形态划分

能源按形态可分为机械（力学）能、热能、化学能、辐射（光）能、电（磁）能、核能等6种主要类型，除辐射能外，均可以存储在一些普通种类的能量形式中。例如机械能可存储在动能或势能中，电能可存储在感应场能或静电场能中，热能可存储在潜热或显热中，而化学能和核能实际上就是纯粹的储能形式。

它们的特点可概括如下：①化学能的优点是便于存储和输送；②电能的优点是可适用于各种用途，但存储困难；③热能约占最终能源消耗的60%，但它是一种质量最差的能的形态，也不太适宜存储和输送。

因此，当我们分析判断在能源系统中能源的存储技术应以什么形式存在，应占有什么位置以及作为系统的性能如何时，首先有必要考虑下述情况：①能的输入、输出形态；②储能密度；③储能时的能量损失程度；④储能期限；⑤能的输出和输入的难易程度；⑥安全性；⑦达到一定的输入、输出值所需的时间即响应性；⑧耐久性；⑨经济性。

那么，到底有哪些能量存储方法呢？如按能量的形态不同来分，则如表1–2所示。

表1–2 能量的形态类别及其存储和输送方法

能量的形态	存储法		输送法
机械能	动能 位能 弹性能 压力能	飞轮 扬水 弹簧 压缩空气	高压管道
热能	显热 潜热（熔化、蒸发）	显热储热 潜热（相变）储热（蒸汽储热器、水库）	热介质输送管道热管
化学能	电化学能、化学能、物理化学能（溶解、稀释、混合、吸收等）	电池、化学储热、氢能、生物质、合成燃料、浓度差、温度差、化石燃料的存储	化学热管、管道、罐车、汽车等
电能	电能 磁能 电磁波（微波）	电容器 超导线图	输电线微波输电
辐射能	太阳光、激光束	—	光纤维
原子能	—	铀、钚等	—

1.3 储能技术及其应用

1.3.1 什么是储能

储能（Energy Storage）又称蓄能，是指通过介质或设备把能量存储起来，在需要时再释放的过程。一般可分为两种形式，即自然的储能和人为的储能。自然的储能，如煤炭、石油、天然气，通过燃烧转化为热能等；人为的储能，如钟表，机械功通过拧紧发条转化为势能。

储能可以追溯到远古时代，人类最初用木头和木炭生火，这是太阳能的生物质能存储能量的载体。后来，人们发现了煤炭，并将其用作燃料，在18世纪被用来驱动蒸汽机，又被用来发电。19世纪70年代发明电动机和发电机以来，电能已经成为最重要的二次能源和消耗能源的主要形式。电力可以通过燃料燃烧，太阳能、水力、风力、核能、潮汐发电和生物发电系统产生。从照明、取暖到制冷，从烹饪到娱乐、交通和通信，电力在我们生活中的每个部分几乎都是不可或缺的。对电力工业而言，电力需求的最大特点是昼夜负荷变化很大，巨大的用电峰谷差使峰期电力紧张，谷期电力过剩。如我国东北电网最大峰谷差已达最大负荷的37%，华北电网峰谷差更大，达40%。随着现代工业的快速发展和全球人口的持续增长，电力能源的消耗速度大幅提高，消费方式也趋于多样化，能源存储变得更加复杂和重要。如果能将谷期（深夜和周末）的电能存储起来供峰期使用，将大大改善电力供需矛盾，提高发电设备的利用率，节约投资。因此，未来储能的发展，将在很大程度上影响我们的生活。

1.3.2 什么是储能技术

在能源的开发、转换、运输和利用过程中，能量的供应和需求之间往往存在着数量上、形态上和时间上的差异。为了弥补这些差异，有效地利用能源，常采取存储和释放能量的人为过程或技术手段，即储能技术。储能技术有如下广泛的用途：

1. 接入新能源，保障安全

首先，风能、太阳能和海洋能等可再生能源，受季节、气象和地域条件的影响，具有明显的不连续性和不稳定性，而大规模的储能技术可以将不稳定的可再生能源拼接起来，转化为可靠稳定的能源供应。

其次，储能技术也是智能电网建设的坚强后盾，不仅可以提高智能电网对可再生能源发电兼容量，而且可以实现智能电网能量双向互动。新能源并入电网后，储能在功率上能够实现实时平衡，能提升能源的消纳能力，为能源安全再套上一层保护壳。

2. 合理调控，大大降低成本

在使用储能电池时，用“谷电”对储能系统充电，在高峰期时应用于生产、运营领域，电能的利用效率高，不仅可以减轻电网负担，还可以降低运营成本。

储能系统还是未来办公楼宇和家庭必备技术，在办公楼内，它可以削峰填谷，存储好晚上便宜的谷电，在白天高峰期间供电，大大降低电力成本。尤其是在现在电力市场化趋势越来越明显的情况下，储能电站的建设更有优势。

目前我国的煤炭经过连年开采储量不断下降，而出于环保考虑政府也不会放开限制，所以煤炭价格必定会越来越高。由于我国主要是依赖火力发电，与之相对应的电价自然也就会越来越高。目前来看只有两种解决办法，一种是发展新能源，另一种是合理利用减少浪费，而这两种办法都需要储能电站来进行调控。

3. 保障生产生活用电

城市停电了，办公楼内依然有电，这就是储能系统在办公楼的另一个作用。备用电源与应急电源，可以使人们远离突然断电、限电、停电带来的各种困扰。与应急使用的柴油发电机不同，储能电站在平时也可以发挥作用，而不是像发电机那样，用完就放在角落里“吃灰”。

4. 缓解电动汽车充电带来的增容需求

电动汽车是新兴的行业，耗电量非常大。电动汽车充电时会进一步扩大用电波动，从而要求提升电容量，而储能技术就可以利用存储的谷电来满足这一增容需求，保证用电的稳定性和安全性。

5. 降低污染，保护环境

降低污染、保护环境，也需要储能技术。例如，氢作为未来能源备受重视，除了具有很高的储能密度和良好的存储性能外，还是公认的清洁能源，副产物只有水和热量。

同时，储能技术对于全球节能减排与优化能源结构有着积极的推动作用，是智能电网、新能源接入、分布式发电、微网系统及电动汽车发展必不可少的支撑技术之一。尤其对于电力系统，储能技术的应用贯穿于发电、输电、供电、配电、用电等各个环节，容量范围相对较宽，从几十千瓦到几百兆瓦，放电时间跨度非常大，从毫秒到几小时。它不但可以有效地实现需求侧管理，消除峰谷差、平滑负荷，在整个发电、输电、配电和功耗系统中具有广泛的应用范围，而且可以提高电力设备的运行效率，降低供电成本，最终提高电能质量和用电效率，保障电网优质、安全、可靠供电和高效用电的需求，促进电网的结构形态、规划设计、调度管理、运行控制与使用方式等的优化与改善。

综上所述，储能技术是合理、高效、清洁利用能源的重要手段，已广泛用于工农业生产、交通运输、航空航天乃至日常生活中。它是一门崭新的学科，是国内外研究的热点。

1.3.3　储能系统的评价指标

在对储能过程进行分析时，为了确定研究对象而划出的部分物体或空间范围，称为储能系统。它包括能量和物质的输入和输出设备、能量的转换和存储设备，可实现电能或热能的存储和释放。储能系统如图 1-1 所示，储能就像水库，多雨时把水蓄起来，干旱时把水放出来用于发电或灌溉等。

图 1-1　储能系统

在新能源科学与技术应用中，储能系统具有动态吸收能量并适时释放的特点，能有效弥补太阳能、风能的间歇性和波动性的缺点，改善太阳能电站和风电场输出功率的可控性，提升输出电能的稳定水平，从而提高发电的质量。它往往涉及多种能量、多种设备、多种物质、多个过程，是随时间变化的复杂能量系统，在选择储能系统时需要考虑的因素也很多，如储能密度、储能期限、能量输入和输出的难易程度、安全性、响应性、耐久性、经济性、环保性等。

储能系统的好坏又应如何评价呢？

常用的评价指标有储能密度、储能功率、储能效率以及储能价格、对环境的影响等。单位质量或单位体积的储能系统（或储能设备）所存储能量的多少，称为储能密度。储能系统在储能时的输入功率，或释放能量时的输出功率都称为储能功率。在储能设备（或蓄能物质）中存储和释放能量的周期，可用来描述储能的时间特征。按储能周期，可分为短期储能（<1 h）、中期储能（1 h~1 星期）、长期储能（>1 星期）。储能效率是储能系统输出能量与输入能量之比，反映了能量存储的数量关系。但是储能系统的输入能量、存储能量、输出能量往往具有不同的形态，由热力学定律得知，不同形态能量在品质方面存在着差别，即具有不同的转化能力。储能是为了利用存储的能量，而能量只有在其转换和传递过程中才能被利用，能量的可用性同能量的转化能力紧密相连。能量中具有无限可转化的部分称为可用能，所以储能的实质是储可用能。储能系统输出可用能与输入可用能之比，称为可用储能效率，它从本质上反映了储能系统的热力学性能，是一项很重要的性能指标。另外，存储单位能量所需要的投资成本和运行费用、储能造成的环境污染等也是评价储能系统的重要指标。

因此，综上所述，对于不同应用目的有各自的储能要求，但归纳起来，一个良好的储能系统共有的特性如下：

（1）单位容积所存储的能量（储能密度）高。系统尽可能多地存储能量，如高能电池，其储能密度比普通电池要大，使用寿命也较长，因此深受消费者欢迎。

（2）具有良好的负荷调节性能。能源储能系统在使用时，需要根据用能一方的要求调节其释放能量的大小，负荷调节性能的好坏决定着系统性能的优劣。

（3）能源存储效率高。能量存储时离不开能量传递和转换技术，所以储能系统应无须过大的驱动力而能以最大的速率接收和释放能量。同时，尽可能降低能量存储过程中因泄漏、蒸发、摩擦等而造成的损耗，保持较高的能源存储效率。

（4）系统成本低，长期运行可靠。如果能源存储装置在经济上不合理，就不可能得到推广应用。

1.3.4 储能技术的分类及应用

根据能量存储形式的不同，可以将储能技术分为机械储能、电磁储能、化学储能、相变储能和核能储能 5 大类。图 1-2 涵盖了各种能量产生、存储和应用的方式。

（1）相变储能的典型特征是将能量转换为热能/冷量进行存储，即相变储热/冷，也称热能/蓄冷储能。常见的相变储热/冷方式有显热储热/冷、潜热/冷储能和化学能储热等。

与其他储能类型类似，当热能来源不能以连续速率和/或固定成本提供能量时，就会存储热能。例如，一个连接建筑物地面的储热系统，它将夏天从建筑物中移走的热量存储在地

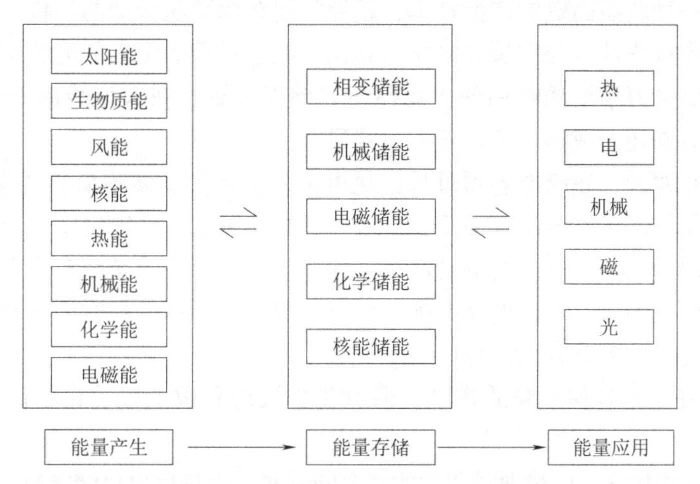

图 1–2　各种能量产生、存储和应用的方式

面上，并在建筑物需要供暖的寒冷季节使用。同时也可以应用于夏季存储太阳能，以备冬季使用。这种系统还可以用来存储白天的太阳能热能，以便在需要加热的较冷时间使用。在白天使用电加热的建筑物中，可以使用热能存储系统来降低电力成本，在高峰时期使用存储（在低速率期间使用电力产生）的热能。

与储热相对应的是蓄冷，它与储热技术原理相同，即把冷量存储在某种介质中，等到需要时再把冷量释放。蓄冷技术不仅可以作为一种电力负荷的调峰手段，还可节省制冷主机容量、节省电力增容设备，比建设新电站的投资额要少得多；可以满足不断增长的电力需要，减轻了建设新发电站的需求。用户可利用电价差节约电费，以补偿投资的增加，所以具有广阔的市场前景和经济效率。

（2）机械储能的典型特征是将电能转换为机械能进行存储，常见的机械储能方式有抽水储能、压缩空气储能和飞轮储能三种。

抽水储能已经实际用于电力系统调峰的大容量储能技术中，这项技术已有近百年的发展历史，是目前发展最成熟、应用最广泛的储能技术之一。大型抽水储能电站容量达数百万 kW，全世界总装机容量近亿 kW。中国第一座抽水储能电站已在广东从化建成投产，第一、二期装机容量各 120 万 kW。

1978 年德国建成世界第一座压缩空气储能电站，容量为 29 万 kW。随后，美、日、意、法、俄、以等国都修建调峰用的压缩空气储能电站。适宜建造地下储气洞穴的地质构造有硬岩层地下空洞、岩盐层地下空洞和滞水型地下空洞。据美、日调查，这种地质构造分布很广，在广大地区都可找到适宜开挖空洞的地质构造。另外，压缩空气储能发电技术也可用于风力发电，因其容量很小，可用储气罐代替地下洞穴。

飞轮储能又称动能储能，是一种适合实现机器平稳运行并提供高功率和高储能密度的机械储能形式。在飞轮中，动能通过电动机或发电机在飞轮中进出，其取决于充电/放电模式。永磁电动机由于其高效率、高功率密度和低转子损耗而被广泛用于飞轮。充电能量被输入飞轮的旋转能量中，并以动能的形式存储起来。这些存储的能量可以根据需要以电能的形式释放。

（3）电磁储能的典型特征是将电能转换为电磁能进行存储，常见的电磁储能方式有超导储能和电容器储能（如超级电容器）。

超导储能是一种新型高效的储能技术，超导材料线圈是超导储能的核心，在超导状态下具有零电阻、完全抗磁性，与常规导电材料相比，能够承载非常大的电流密度，储能密度可高达 10^8 J/m^2。供电力系统调峰用的大规模超导储能装置，在大型线圈产生的电磁力的约束、制冷技术等方面还未成熟，各国正在加紧研究。

在新能源汽车领域，超级电容器可与二次电池配合使用，实现储能并保护电池的作用。通常超级电容器与锂离子电池配合使用，二者完美结合形成了性能稳定、节能环保的动力汽车电源，可用于混合动力汽车及纯电动汽车。锂离子电池解决的是汽车充电储能和为汽车提供持久动力的问题，超级电容器的使命则是为汽车起动、加速时提供大功率辅助动力，在汽车制动或怠速运行时收集并存储能量。

（4）化学储能是指存储在物质内部，通过化学反应释放能量。化学储能包括化学能储能与电化学储能。

化学能储能是将化学反应热通过化学物质存储起来，吸热反应存储能量，其逆反应放出能量；电化学储能是把电能用化学电池存储起来，在需要时释放的一种储能技术。与其他储能方式相比，电化学储能能容量大、响应快，随着新能源产业的发展，电化学储能技术迎来广阔的发展空间。常见的电化学储能方式有铅蓄电池、锂离子电池、二次碱性电池（镉/镍电池、金属氢化物/镍电池等）、金属空气电池、钠硫电池和液流电池等，还包括最近很热的氢储能。

氢作为储能物质可以再生和再循环。氢在燃烧中放出热量，与氧化合成水蒸气，水蒸气冷凝成为水，又可通过电解水制氢，进行新的循环。氢不但储能密度高，而且与空气混合时有广阔的可燃范围和较快燃烧速度。氢的点燃温度高，不易自燃，易保存能量。氢没有毒性，燃烧时产生的污染小，不会产生 CO_2 等温室气体，基本上是一种清洁能源。氢作为二次能源，有广泛的用途，可以替代烃类作为汽车、飞机、电站的燃料，可作为燃料电池的燃料。

（5）核能储能是一种新型储能技术，是蕴藏在原子核内部的物质结构能储能。释放巨大核能的核反响包括核聚变反响和核裂变反响。核能发电在技术成熟性、经济性、可持续性等方面具有很大的优势，同时相较于水电、光电、风电，具有无间歇性、受自然条件约束少等优点，是可以大规模替代化石能源的清洁能源。根据中国核能行业协会统计，2020 年，我国核能发电装机在我国电力结构中的占比约为 2.3%，发电量占比约为 4.9%。从 1990 年开始，历经 30 多年的发展，我国已成为核电大国。截至 2021 年 6 月底，我国商运核电机组 50 台，总装机容量 5 214.5 万 kW，居全球第三；核准及在建核电机组 23 台，总装机约 2 480 万 kW，居全球首位。

每种储能技术的优缺点、成本、发展情况不尽相同，表 1-3 汇总了常见储能技术的优缺点、技术参数和应用领域。

表 1-3　常见储能技术的优缺点、技术参数和应用领域

储能技术类型		典型额定功率	全响应时间	循环寿命/次	循环效率	优点	缺点	应用场合
机械储能	抽水储能	100～2 000 MW	分钟级	设备使用期限内无限制	70%～85%	适用于大规模，技术成熟	响应慢，需要地理资源	日负荷调节、频率控制与系统备用

续表

储能技术类型		典型额定功率	全响应时间	循环寿命/次	循环效率	优点	缺点	应用场合
机械储能	压缩空气储能	10~300 MW	分钟级	设备使用期限内无限制	>70%	寿命长，适用于大规模	响应慢，需要地理资源	调峰、系统备用
	飞轮储能	5 kW~1.5 MW	十毫秒级	>20 000	85%~90%	比功率较大	成本高，噪声大	电能质量、频率控制、UPS（不间断电源）
电化学储能	铅酸蓄电池	1 kW~50 MW	百毫秒级	500~1 200	75%	技术成熟，成本较小	寿命短，环保问题	电能质量、频率控制、电网备用、可再生储能
	液流电池	5 kW~几十 MW	百毫秒级	>12 000	80%	寿命长，适于组合，效率高，环保性好	储能密度低，价格高	电能质量、频率控制、电网备用、可再生储能
	钠硫电池	100 kW~几十 MW	百毫秒级	2 500~4 500	85%	比能量与比功率较高	高温条件，运行安全问题有待改进	电能质量、频率控制、电网备用、可再生储能
	锂离子电池	kW~MW	百毫秒级	1 000~10 000	90%	比能量高，无记忆，容量大，无污染	成组寿命低，安全问题有待改进	电能质量、备用电源、UPS
电磁储能	超导储能	1~100 kW	毫秒级	>100 000	90%~95%	响应快，比功率高	成本高，维护困难	电能质量、备用电源、UPS
	超级电容器	10 kW~1 MW	毫秒级	>50 000	95%	响应快，比功率高	成本高，维护困难	未成熟，小规模应用

1.3.5 储能技术发展的历史

最古老的储能形式是采用天然冰，冬季从湖泊和河流采取，存储于绝热良好的库房，用于保存食物、冷却饮料等，这和我们今天使用的机械制冷没有任何差别。坐落在布达佩斯的匈牙利议会大厦目前仍在使用古老的天然冰空调，在冬季由巴拉顿湖（位于匈牙利中西部）采冰用于夏季制冷。19世纪，电报、信号灯和其他电器开始普遍使用化学电池为其提供能源。1890年，中央电站已经提供加热和照明，电力系统几乎都是直流电（Direct Current，DC），和电池结合起来比较容易。1896年，美国港市托莱多安装了世界上首台电热能储能系统，以及后来出现的压缩空气储能系统，高温热水驱动街车在当时也算是一种新的储能方式。在第一次世界大战以前电力客车和货车相当普遍，随着内燃机的发展，内燃机汽车逐渐替代了它们。

早在20世纪70年代末及20世纪80年代初，国内外的科研单位及学者已经进行了有关单井承压含水层季节性储能的现场实验和数值模拟。美国奥本大学（Auburn University）在亚拉巴马州的Mobile进行了多次现场实验，取得了一定的实测数据。每轮实验的基本过程为：向一承压含水层中的完整井连续注入50~80 ℃的热水，注入时间为1~2个月；然后经过1~2个月的存储时间，从同一口井中连续抽取热水。实验记录位于实验井周围多个观测井的温度和水位数据，以及灌注和抽取的水量及水温。美国加州大学的劳伦斯伯克利国家实验室（Lawrence Berkeley National Laboratory，LBNL或LBL）针对奥本大学现场实验建立了相应的有限差分数值模拟程序，并通过该程序对实验进行了模拟和分析。清华大学的陈兆祥亦建立了有关的承压含水层蓄冷数值模拟程序ASMP，并根据奥本大学的现场实测数据对该程序进行了验证。

早期抽水储能电厂是由既有常规机组又有水泵组成的混合式储能电厂。这类电厂始于欧洲。从1990年在伦敦召开的国际抽水储能会议和1990年第4期英国《水力发电和坝工建设》获悉世界最早投入运行的抽水储能电厂为瑞士Schaffhausen电站，设两座常规机组和两座水泵，装机2 000 kW，系日/周调节，从1909年开始迄今仍在运行中。抽水储能电厂迄今已有近100年历史，但开始进展不快，至20世纪六七十年代以后才迅速发展，不仅在总的装机数量和容量上日益增加，在电站的型式及调节性能方面向各种不同方向和途径发展，更加提高了抽水储能电厂在电力系统中的适应性。

我国抽水储能起步较早，在20世纪60年代，即修建了岗南和密云小型抽水储能电厂，其装机容量分别为1.1万kW和2.2万kW抽水储能机组。但由于种种原因，抽水储能的发展暂停。至1974年进行潘家口水库工程设计审查时，有关人员提出要在原设计常规发电机组的基础上增设抽水储能可逆式机组，经过反复研究和向国外引进抽水储能机组，电站共装机42万kW，其中储能机组27万kW，常规机组一台15万kW。1992年第一台机组投入运行，1993年全部建成。十三陵储能电厂1990年筹建，1992年9月主体工程奠基开工，共4台机组。1995年12月第一台机组投产，1997年6月最后一台并网发电。电厂主设备从国外引进，其中水泵水轮机由美国VOITH公司提供，发电机及主变压器由奥地利ELIN公司提供，监控系统设备由加拿大BAILEY公司提供，辅助设备国内生产，电厂总装机容量80万kW。经多年运行，削峰填谷，调频和紧急事故备用对华北电力系统安全稳定运行起到了巨大作用。已建成的广州抽水储能电厂总装机容量240万kW，为世界之冠。此外，羊卓雍湖和天荒坪抽水储能电厂等已相继建成，其他如东北、山东、山西、江苏、安徽、浙江、福建、广东等地待建和在建的电站有如星罗棋布。我国于 20 世纪 90 年代初着手开展电储能技术的研究、开发和利用工作。

1995 年后，原电力部开展电储能电池技术试点工作，部署蓄冷空调试点，其投运后取得了很好的实际效果。应用蓄冷技术有多方效益因而受到企业欢迎，在各地电力企业的宣传帮助和指导下，全国已有 20 多个地区开始推广应用。其中，浙江省对本省冰蓄冷项目采取奖励电量措施和实行峰谷电价，推动了冰蓄冷技术的应用，是全国推广应用冰蓄冷项目最多的省；北京、上海、天津、四川等地均采取减免电力增容费、供配电贴费方式，鼓励用户使用冰蓄冷技术，也收到了较好效果。如上海电力公司将市重点项目——上海科技城冰蓄冷项目做个案处理，除免供配电贴费外，在其投运后峰谷电价比从目前的 3∶1 扩大到 4∶1。据不完全统计，全国投运的蓄冷项目有 100 多项，约能转移高峰负荷 100 MW。

1998 年 4 月，国家电力公司在上海召开了储热式电锅炉推广应用会，会后各地积极宣传、推广应用储热式电锅炉。陕西省电力公司结合城市环保要求，加强储热式电锅炉的优势宣传，得到当地省市政府领导支持，首先在政府大院淘汰燃煤锅炉，改造成储热式电锅炉供采暖和生活用热水。河北、山东、上海、山西、天津、北京、新疆、辽宁、湖南等地电力公司，在办公楼、商场、影剧院、学校、工厂和家属宿舍等场所推广电锅炉和储热式电锅炉，均取得一定成效。据不完全统计，全国应用电锅炉约 4 800 台、600 MW，但储热式电锅炉仅占 10% 左右。

目前，我国已基本形成蓄冷空调研究、设计、制造、安装、调试、运行管理和监测的完整产业链。蓄冷空调技术已接近当今国际水平，国产设备和控制系统完全可以替代进口设备。近年来，我国电力储能技术发展迅速，截至 2020 年年底，全国已有 20 多个省市应用了电力蓄冷、储热技术，累计可转移高峰负荷 80 万 kW，按蓄冷空调和储热式电锅炉平均移峰成本约 1 500 元/kW 和 900 元/kW 计算，已节省电力投资 50 多亿元。

1.3.6 储能技术发展现状

不同的储能技术也有各自的特点与适用场景，目前有多种储能技术并行发展。国家发展改革委和国家能源局于 2021 年 7 月 15 日发布了《关于加快推动新型储能发展的指导意见》（发改能源规〔2021〕1051 号）（以下简称《指导意见》），由其可知国内储能技术的进展及未来的发展改革方向。《指导意见》除了完善政策机制、营造健康市场环境，也明确指出“坚持储能技术多元化，推动锂离子电池等相对成熟新型储能技术成本持续下降和商业化规模应用，实现压缩空气、液流电池等长时储能技术进入商业化发展初期，加快飞轮储能、钠离子电池等技术开展规模化试验示范，以需求为导向，探索开展储氢、储热及其他创新储能技术的研究和示范应用”。这也反映了国内各项储能技术当前的发展进程。

根据美国能源部全球储能数据库（DOE Global Energy Storage Database）所公布的 2020 年统计资料，全球各类储能技术总装机容量约为 192 GW，各项技术占比如图 1-3 所示，而储能技术项目数量如图 1-4 所示，从中可见抽水储能总装机容量最大。抽水储能技术成熟、成本较低，资产寿命长，一般为 50~100 年，运行和维护成本低，是大规模储能系统的中流砥柱。其中，地下抽水储能及海洋抽水储能的相关研究挖掘了抽水储能技术的发展潜力。但缺点是机组规模大、资金成本高和受地理环境限制。飞轮储能、超导储能与超级电容器的响应速度快、功率密度高，适合用于支持电能质量，但储能量较小，且目前材料或系统设备生产成本较高，因此应用相对受限。

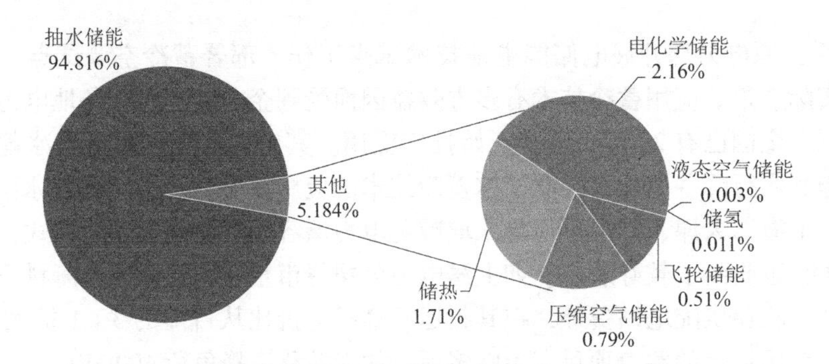

图 1-3　全球各类储能技术装机容量占比

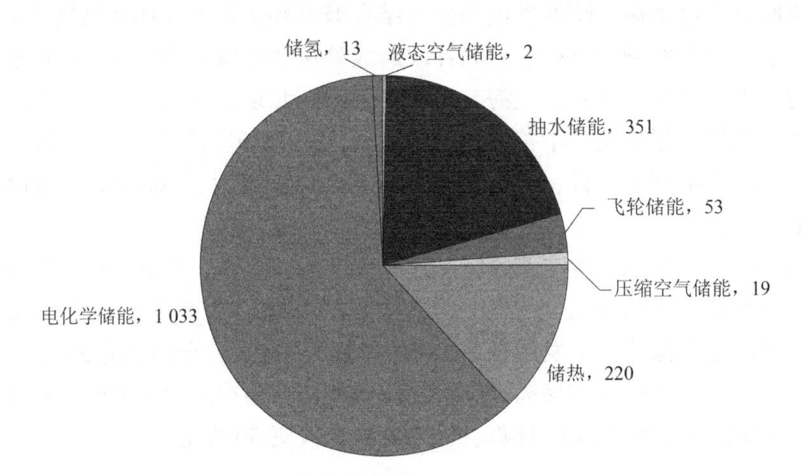

图 1-4　全球各类储能技术项目数量（单位：项）

至于项目数量则是电化学储能最多。电化学储能呈现多项技术并行发展的局面，安装灵活、可依应用需求设计储能规模、建设周期相对较短是大多数电化学储能的优势。电化学储能又以锂离子电池为首，锂离子电池技术进步最快，性价比也较高，接近可推广应用的阶段。主要借力于电动汽车需求的拉动，锂电池研发队伍最庞大、投入的资金也最多，效果也最明显。锂离子电池的性能几乎可以覆盖电力系统所有的应用场景，或者说大部分应用场景都可以用它。就锂离子电池产业来说，存在矿产、材料、单体、PACK（电池成组）和系统集成、应用、回收等环节，产业链很长。但是我国在珠三角、长三角、环京津冀三个产业圈，呈现人才聚集、产链完整、扩产能力强的优势。原来产线装备方面是落后的，基本上高端产线都是从日本或者韩国进口，现在我们逐渐加入替代，开始自主研发制造。

铅酸蓄电池的应用最早，并且技术成熟、价格低廉、安全可靠，能源转换效率为 70%～90%，但是功率密度低，运行维护费用高，不环保，且循环寿命低，很难满足大规模储能发展的需要。其他的电池都在实验室阶段，包括液态金属空气、有机电池，可能会实现低成本、高储能密度，但有些体系还有探索空间，还处于基础研究阶段。

不过钠离子电池现在进展比较快，从实验室到示范应用就是几年的时间。它的体系和锂离子电池氧化还原反应的机理基本相同，做锂离子电池的团队转行做钠离子电池没有太大障碍。随着锂资源的约束使用，碳酸锂价格具有不确定性，钠离子资源则不受太多约束，具有广泛可用性和价格低廉的优势，应该说这是储能技术的一个重要战略，为未来的研究提供了一个广阔的视野和平台。同时，钠硫电池和钒硫电池技术在安全性、能量转换效率和经济性等方面已经取得重大突破，产业化应用条件日趋成熟，被认为是未来储能技术发展的主要方向之一。

1.3.7　储能技术面临的困难和挑战

随着储能技术地位和作用的凸显，储能技术的研究逐渐引起世界范围的重视，欧盟、韩国、日本等也都拨付专项经费支持储能技术的研究和开发。目前，我国新型储能行业整体处于由研发、示范向商业化初期的过渡阶段，在储能装机规模目标、市场地位、示范项目建设、商业模式探索、政策体系构建等方面取得了实质性进展，对能源转型的支撑作用初步显现。但是，其在发展过程中仍面临着从技术、应用到市场等不同层面的问题和挑战。

（1）目前储能成本相对较高，属于“奢侈品”，若大规模应用，将在一定程度上提高全社会用能成本。如何实现规模化储能仍是一个世界性难题。

（2）电化学储能的安全、消防和环保回收等问题，以及机械储能的生态、环保问题还有待解决。相关管理规范有待进一步加强。

（3）大容量、长时间、响应快速、跨季节调节的储能技术还有待突破，以新能源为主导的新型电力系统可能会出现由极端天气导致的新能源长时间供能受限的情况，目前储能技术还无法完全有效解决该问题。

（4）储能项目建设缺乏必要的标准规范。储能对未来能源供给、可持续发展起着重要作用，我们需要标准化的服务和产品。储能在电源侧、电网侧和用户侧的应用场景不同，对储能的规模、技术、性能要求差异性较大。储能的政策、法规和准则与行业的深度融合还欠缺完善的顶层设计，在建设运行中尚缺乏体系化设计，导致安全隐患较大。

（5）现有商业模式单一，盈利水平受限。在商业模式上，确实是短板，需要花很长时间去探索，世界其他国家都存在同样的问题。除用户侧峰谷电价套利、火电调频以及个别新技术储能示范有电价支持外，其余储能项目暂时无法从相关鼓励政策和市场机制中找到具有稳定收益率预期的商业模式。

总之，储能在快速发展的同时仍然面临各种问题，需要多方共同努力，促进储能产业健康有序发展。同时，关于储能的标准和规范，也需要储能市场、企业和科研机构共同努力，推动标准化工作的开展。

1.3.8　需要研究的课题

（1）氢储能与电力系统耦合集成发展及商业模式研究。研究氢储能与新型电力系统耦合的关键技术、规模化布局、商业运行模式。

（2）电化学储能安全管理技术研究。对比研究国内外电化学储能系统火灾案例，对电化学储能系统故障诊断评估方案、安全防护措施、有关技术和管理机制进行设计规划。

（3）新型储能可再生技术发展与商业模式研究。结合新型储能资源保障和碳足迹评价，分析可再生技术发展潜力，研究将循环设计原则融入储能产品开发及应用的可行性方案。

(4) 新型储能产业链供应链中长期可靠性评价。梳理国内外主流储能（锂离子电池、压缩空气、液流电池等）及具有成本竞争力的潜在技术相关上游采矿、材料、加工制造等环节的全球布局情况和自主化水平，研判相关技术可支撑产业发展规模和潜在风险。

(5) 大型新能源基地跨省区送电配置新型储能研究。筛选“十四五”时期新型储能重要应用场景，并基于应用场景提出项目规划、设计、建设、并网、运营、退役等各环节需要应用的标准。

(6) 多元化储能技术及其在综合智慧能源系统中的应用模式研究，开展我国偏远地区电力现状及储能开发研究。

(7) 储能在新型电力系统中应用场景及成本补偿机制的研究。围绕不同储能应用场景，结合多种储能技术特性，研究确定相应商业模式。

思 考 题

1. 作为最大的发展中国家，我国如何实现能源与经济的可持续发展？

2. 简述我国的能源资源及结构。结合我国的能源特点，谈谈我国如何实现能源的高效清洁利用。

3. 在新能源发展战略中，如何理解和发挥“材料先行”的意义和作用？

4. 如何评价能源材料的可持续发展？

参考文献

[1] 黄素逸．能源科学导论 [M]．北京：中国电力出版社，1999.

[2] 张寅平，孔祥东，胡汉平，等．相变贮能理论和应用 [M]．合肥：中国科学技术大学出版社，1996.

[3] 鹿鹏．能源储存与技术利用 [M]．北京：科学出版社，2016.

[4] 徐纪法．推动电蓄能技术应用　改善我国用能结构 [J]．中国电力，2000 (9)：7-9.

[5] 樊栓狮，梁德青，杨向阳．储能材料与技术 [M]．北京：化学工业出版社，2004.

[6] 郭茶秀，魏新刊．热能存储技术与应用 [M]．北京：化学工业出版社，2005.

[7] 黄志高．储能原理与技术 [M]．2 版．北京：中国水利水电出版社，2020.

[8] 张永铨．蓄能式空调系统 [J]．制冷技术，1996 (3)：23-36.

[9] 华泽钊，刘道平，吴兆琳．蓄冷技术及其在空调工程中的应用 [M]．北京：科学出版社，1997.

[10] 郝满晋．电钢炉蓄能系统在供暖设计中热负荷问题 [J]．低温建筑技术，2004 (1)：77-78.

[11] 孙能正．电热锅炉和电热蓄热器设计计算 [J]．工业锅炉，2002 (2)：5-8.

[12] 吴皓文，王军，龚迎莉，等．储能技术发展现状及应用前景分析 [J]．电力学报，2021，36 (5)：434-443.

[13] 国家发展改革委，国家能源局．关于加快推动新型储能发展的指导意见（发改能源规

〔2021〕1051 号）［A/OL］．（2021-07-15）［2022-11-17］．https//gbdy. ndrc. gov. cn/gbdyzcjd/2021107/t20210723_1291327. html.
［14］DOE OE Global Energy Storage Database［EB/OL］．(2020-11-17)　［2022-11-17］. https://www. sandia. gov/ess-ssl/wp-content/uploads/2020/11/GESDB_Projects_11_17_2020. xlsx.
［15］国家能源局．国家能源局科技司关于公开征集 2022 年度储能研究课题承担单位的公告［EB/OL］．（2022-06-29）［2022-11-17］．http://www. nea. gov. cn/2022-06/29/c_1310635547. htm.

第 2 章
储能技术原理

储能技术作为一种合理、高效、清洁利用能源的重要手段，是大多数能源系统的重要组成部分，也是实现低碳未来的重要工具。近年来，在使用能量方面日益引起人们重视的是，怎样将能量以可以使用的形式存储起来，然后当需要量增加时加以利用，以及怎样在低于正常价格能取得能量时，将它聚集起来以备他时之用。

储能系统是指为了更有效地利用所赋予的能源而采用的极其多样的能源分配和供应系统的总称。在该系统的构成中，作为必不可少的要素，一般还包括能量的存储和输送技术。换句话说，能量的存储和输送技术只有纳入能源系统中才能发挥作用。因此，这种新能源系统的开发在某种程度上有赖于能量的存储和输送技术的发展。

另外，当今能源已从主要依赖化石燃料缓慢而稳步地向着能源多元化的方向发展，特别是自然能源的扩大利用。这些新能源的开发，将更增加储能技术的重要性。本章简单介绍储能技术的原理，有些已经成熟，有些正在研究开发中。

2.1 能量的物理基础

“能量”是什么？在日常生活中，我们有时把它看成是力气，比如我没能量了；有时也将其比作营养成分，比如我需要补充能量；有时还比作精神状态，比如你看上去怎么一点能量也没有。这么多意思，其实都是“能量”这个词本意的延伸，那在物理学上能量又是如何定义的呢？

在物理学中，能量是一个间接观察到的物理量，是指对一切宏观、微观物质运动的描述。它往往被视为某一个物理系统对其他物理系统做功的能力。它有不同的表现形式，如机械能、化学能、热能、电磁能、核能、辐射能、声能等。表 2-1 列举了不同形式的能量。这些不同形式的能量之间可以通过物理效应或化学反应而相互转化。

表 2-1 不同形式的能量

能量的形态	释义
热能	热能是物质内部原子、分子热运动的动能，温度越高的物质所包含的热能越大。热机是膨胀的水蒸气把它的热能（内能）变成了热机的动能［单位：J（焦耳）或 N · m（牛顿米）］

续表

能量的形态	释义
机械能	机械能是动能与势能的总和，这里的势能分为重力势能和弹性势能。我们把动能、重力势能和弹性势能统称为机械能。决定动能的是质量与速度；决定重力势能的是质量与高度；决定弹性势能的是劲度系数与形变量［单位：J（焦耳）或 N·m（牛顿米）］
电磁能	电能是正负电荷之间由于电场力作用所具有的（电）势能，可以用电场强度表达出来。电能的提取就是将电势能变成带电粒子的动能，如导体中的电流或加速器中的荷电粒子束。磁能是指磁场能，磁场能是指磁场本身具有的能量。与电场相似，磁场是物质的一种存在形式，它携带着一定的能量
化学能	化学能是物质发生化学变化（化学反应）时释放或者吸收的能量，其本质是原子的外层电子变动，导致电子结合能改变而释放或吸收的能量。正负电子对湮没成光子，就是电子的静能转换成光能
核能	核能是原子核内核子的结合能，它可以在原子核裂变或聚变反应中释放变成反应产物的动能。根据狭义相对论，物质的质量 m 和能量 E 之间存在着质能关系 $E=mc^2$（c 为真空中的光速）

2.2　能量的材料基础

能量是不能单独存在的，必须依附于物质，而材料是所有事物发展的物质基础和先导。所以，不同的材料，组成的物质不同，所蕴含的能量也大有不同。举一个通俗易懂的例子，例如，一块 100 g 的全麦面包的热量大概为 259 kcal①（大卡），而 100 g 的法式牛角面包含 375 kcal。不同的材料因“能量”不同，用处也大不相同。21 世纪是一个新材料时代，现在高科技发展更紧密地依赖于新材料的发展，同时也对材料提出了更高的要求，以满足计算机、光导纤维、激光、生物工程、海洋工程等尖端技术发展的需要。例如，在航空、航天和海洋开发领域，材料的使用环境恶劣，因而对材料提出了越来越苛刻的要求。因此，如何开发新型材料以满足我们不断发展的科技、生活等方面的需求，是我们共同关注的问题。

储能材料的种类很多，分为无机类、有机类、混合类等，对于它们在实际中的应用有下列要求：

（1）合适的相变温度。

（2）较大的相变潜热。

（3）合适的导热性能（热导率一般宜大）。

（4）在相变过程中不应发生熔析现象，以免导致相变介子化学成分的变化。

（5）必须在恒定的温度下熔化及固化，即必须是可逆相变，不发生过冷现象（或过冷很小），性能稳定。

（6）无毒、对人体无腐蚀。

（7）与容器材料相容，即不腐蚀容器。

（8）不易燃。

（9）较快的结晶速度和晶体生长速度。

（10）低蒸气压。

---

①　1 kcal≈4.186×10^3 J。

（11）体积膨胀率较小。

（12）密度较大。

（13）原材料易购，价格便宜。

其中（1）~（3）是热性能要求，（4）~（9）是化学性能要求，（10）~（12）是物理性能要求，（13）是经济性能要求。

基于上述选择储能材料的原则，可结合具体储能过程和方式选择合适的材料，也可自行配制适合的储能材料。

2.3 能量的转换原理

2.3.1 能量转换过程

一切人类活动劳动做功的过程，实质上是能量释放传递产生力做功，并转换获得能量的过程。通常所说的能量转换是指能量形态上的转换，广义地说，能量转换还应当包含以下内容：

（1）能量的空间转换：能量的传输。

（2）能量的时间转换：能量的存储。

（3）能量的形式转换：能量的转化。

正如2.1节所述，能量有各种形式，人们可以将能量相互转换，变成符合要求和使用方便的形式。能量转换在我们身边处处可见。

（1）电灯：电能转化成光能和热能。

（2）摩擦生热：动能转化成热能。

（3）电钻工作时的火花：动能转化成热能。

（4）太阳能热水器：太阳能转化成热能。

（5）电风扇：电能转化成机械能和热能。

（6）发电机：机械能转化成电能。

（7）电饭锅：电能转化成热能。

各种形式的能量，在一定条件下都可以相互转化。但所有的能量在转化和转移的过程中都遵守能量守恒定律，而且能量转化的效率在任何情况下都小于1。

如图2-1所示，展示了不同能量之间转换的方式。

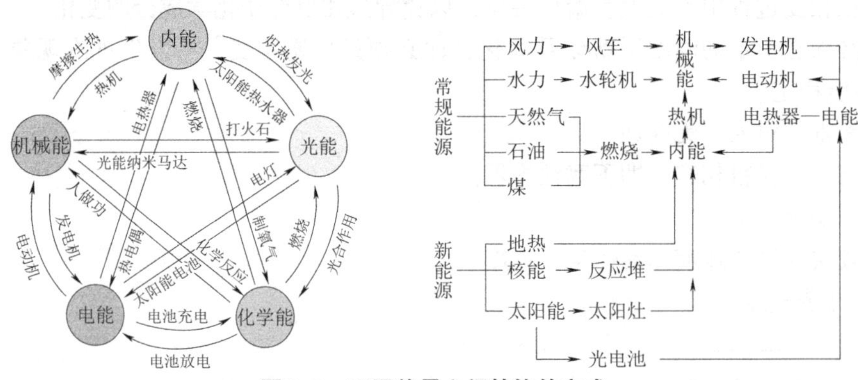

图2-1 不同能量之间转换的方式

2.3.2　热力学定律

热力学是研究热能的一门学科。它用温度、压力、热量等物理量来描述。在讨论热力学基本定律之前，我们首先要讨论的是热力学的基本参量。在热力学系统中，一般采用的参量为温度（T）、体积（V）和压强（p），考虑到热力学系统物态方程的约束条件 ϕ（V，p，T）$=0$ 的限制，于是热力学系统的独立变化参量只有两个。一旦确定了这些热力学物质系统的独立变化参量，我们就可以系统地研究热力学。物质系统随这些独立变化参量的演化规律，即宏观热力学定律。

系统和物体的位置与所处的电磁环境及力学状态无关，做功的能力，即系统与内部存储的热能叫内部能量（简称为内能）U，热力学中使用的温度称为绝对温度 T（K），它与日常生活中所说的摄氏温度 t（℃）之间的关系如下：

$$T=273.15+t \tag{2-1}$$

温度可用温度计测量，两个系统温度上相等的状态可以表示为热平衡状态。如此推理，“如果系统 A 和系统 B 处于热平衡状态，系统 B 和系统 C 处于热平衡状态，那么，系统 A 和系统 C 也处于热平衡状态。”下面介绍在热力学中起主导作用的几条重要定律。

1. 热力学第一定律

热力学第一定律是能量守恒定律，即自然界一切物质都具有能量，能量有各种不同的形式，能够从一种形式转化成另一种形式，在转化过程中，能量的总值保持不变。热力学第一定律又称为绝对定律，就是至今人们公认的“能量守恒定律在热力学中的表现”，即不仅包括人们熟悉的“势能和动能之和不变”这一力学能量守恒定律，还包括其他形式的能量如热能、化学能、电磁能、原子能等，物体运动或系统做功时也要满足“虽然能量的形式发生了变化，但总能量保持不变”这一能量守恒定律。

热力学第一定律用公式表示如下：

$$\mathrm{d}U=W+Q \tag{2-2}$$

即系统的内能变化 $\mathrm{d}U$ 等于外界对系统所做的功 W 与系统从外界所吸收的热量 Q 的总和。

在运用公式 $\mathrm{d}U=W+Q$ 解答问题时，首先要掌握该公式中各符号的物理意义。

（1）外界对系统做的功 $W>0$，表示外界对系统做正功，系统对外界做负功，表现为系统体积压缩；$W<0$，表示外界对系统做负功，系统对外界做正功，表现为系统体积膨胀。

（2）物体从外界吸收的热量 $Q>0$，表示物体吸热；$Q<0$，表示物体放热。

（3）物体内能变化量 $\mathrm{d}U>0$，表示物体内能增加；$\mathrm{d}U<0$，表示物体内能减少。对于一定质量的理想气体而言，内能的增加表现为温度升高，内能的减少表现为温度降低。

2. 热力学第二定律

一个系统的热量 Q 能到达的极限是多少，能不能让一个系统的热量全部释放呢？我们知道，一个系统的能量来源于系统内粒子的热运动。那么，一个系统的能量释放殆尽的标志就是粒子所有热运动停止，能不能做到呢？这就会牵扯到热传递的方向性问题，也就是热力学第二定律。

热力学第二定律是关于热量或内能转化成机械能或电磁能，或是机械能或电磁能转化成热量或内能的特殊转化规律。热力学第二定律是随着蒸汽机的发明和应用而被发现的，源于人们对热机效率的研究。最早提出热力学第二定律的是克劳修斯（1850 年）与开尔文–普朗克（1851年）。热力学第二定律有几种表述方式：克氏的说法相当于热传导过程的不可逆性；开氏的说法相当于摩擦生热过程的不可逆性。

克氏说法：不可能把热从低温物体传到高温物体而不引起其他变化。

开氏说法：不可能从单一热源取热使之完全变为有用的功而不产生其他影响。

某一系统从一个状态出发，途中经过各种状态变化后又恢复到原来的状态，这个过程叫循环。卡诺设计了一部理想的热机，提出了以理想气体为工作介质的可逆循环过程，即著名的卡诺循环（Carnot Cycle）。在理想气体的卡诺循环过程中，包含着两个等温过程和两个绝热过程，详细如图2-2（a）所示。系统从高温热源 T_1 处通过对外做功吸收 Q_1 的热量，然后在低温热源 T_2 处通过外界对系统做功释放 Q_2 的热量，如图2-2（b）所示，其热机循环效率可表示为

$$\eta=1-\frac{Q_2}{Q_1}=1-\frac{T_2}{T_1} \tag{2-3}$$

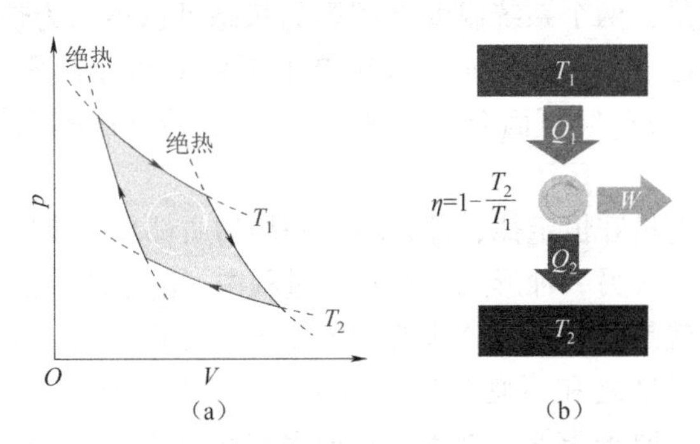

图2-2　理想气体的卡诺循环过程与卡诺热机工作示意图

（a）卡诺循环过程示意图；（b）卡诺热机工作示意图

卡诺循环可以完全逆向进行，是可逆循环的代表例子。顺向卡诺循环时，从高温热源吸收 Q_1 的热量，在低温热源释放 Q_2 的热量，只有 $W=Q_1-Q_2$ 的功在外部进行，所以，这种场合的循环效率可表示为

$$\eta=\frac{W}{Q_1}=\frac{Q_1-Q_2}{Q_1} \tag{2-4}$$

若用已经叙述过的绝对温度 T 表示，则也可表示为

$$\eta=\frac{W}{Q_1}=\frac{Q_1-Q_2}{Q_1}=1-\frac{Q_2}{Q_1}=1-\frac{T_2}{T_1} \tag{2-5}$$

由式（2-5）可知，卡诺循环的效率取决于高温热源和低温热源的绝对温度之比。基于此，式（2-5）可以改写成

$$\frac{Q_1}{T_1}-\frac{Q_2}{T_2}=0 \tag{2-6}$$

式（2-6）称为不可逆循环中的克劳修斯不等式。

在研究卡诺循环的过程中我们可以得到一个 Q/T 的量，称作热温商，定义为一个新的物理量——熵（Entropy）。在卡诺循环这样的可逆条件下，即

$$dS=\frac{dQ}{T} \tag{2-7}$$

若循环中包含不可逆过程，则有下式成立：

$$dS>\frac{dQ}{T} \tag{2-8}$$

可见，对于绝热系统的循环过程，$dS>0$ 就是热力学第二定律的普遍表达式，在绝热条件下，趋向于平衡的系统熵增加。我们把它称为熵的增大定律，熵的增大让我们考虑一下理想气体绝热膨胀的情况。如图 2-3 所示，假设在容器内充入一半的理想气体 V_1，在容器间隔板上开个孔。此时气体就会扩散，充满整个容器。

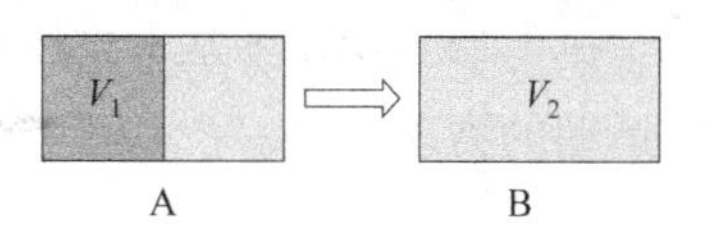

图 2-3　理想气体绝热膨胀

这种现象称为自由膨胀。自由膨胀时气体不做功，也没有热量进出，内部能量不变，因此温度也保持不变。

设开始状态和最后状态的熵分别为 S_1 和 S_2，存在如下关系：

$$S_2-S_1=\int_1^2\frac{dQ}{T}=nR\lg\frac{V_2}{V_1} \tag{2-9}$$

此时可知，自由膨胀时气体的熵增大。

同样，热量扩散，即温度不同的两个物体接触产生热传导时，熵也会增大。也就是说，热从高温到低温流动，使系统的熵增大。这样，如果一个孤立的系统产生不可逆变化，系统的熵一定会增大。熵是只取决于系统状态的函数和状态量。所以，从 A 状态到 B 状态的熵的变化与路径无关。

3. 热力学第三定律

在讨论卡诺循环效率时，有公式

$$\eta=\frac{W}{Q_1}=\frac{Q_1-Q_2}{Q_1}=1-\frac{Q_1}{Q_2}=1-\frac{T_1}{T_2}$$

由此可以发现，如果 $T_2=0$，也就是找到一个绝对零度的体系，就可以使效率为 1，那么，绝对零度存在吗？答案是否定的。在理想气体温标下，不可能应用有限个方法使物体的温度达到绝对零度。由第二定律可知，热在转化为功的过程中，总是有一部分能量会被浪费。每转化一次，能量就会多浪费一次，浪费的能量就越来越多。那么，为什么总是会浪费一部分能量？这部分能量去了哪里？产生了什么效果？熵到底是什么？

同样，热力学第二定律只是定义了熵，但并不能给出熵到底是什么，以及热机浪费的能量去了哪里。1877 年，奥地利物理学家玻尔兹曼（Ludwig Boltzmann）对“熵”给出了令人信服的解释。任何粒子的常态都是随机运动，也就是无序运动，如果让粒子呈现有序化，必须耗费能量。从分子动力学角度分析，温度代表着微观粒子热运动的平均动能，绝对零度不能达到也就意味着系统中的微观粒子始终处于热运动之中，这就是热力学第三定律。该定律反映了微观运动的量子化，告诉人们温度总有降低的可能，人们可以想办法使物体的温度尽可能接近绝对零度，且当温度趋于绝对零度时，物质所表现的与常温不同的性质，是人类探索低温世界的不竭动力。

4. 热力学第零定律

若两个热力学系统均与第三个系统处于热平衡状态，此两个系统也必互相处于热平衡。

这一结论称为热力学第零定律，也可称为热平衡定律。虽然热力学第零定律的提出比热力学第一定律和热力学第二定律晚了 80 余年，但是第零定律是后面几个定律的基础，定义了温度的概念，故又被称为测温依据，揭示了温度在热力学平衡态系统中的普适性地位。宏观上温度的变化表现为系统能量的改变，既可能是做功也可能是热传递；微观上温度的变化是系统分子热运动剧烈程度的外在表现形式。

热力学的这 4 条基本定律构筑着整个热力学系统的宏观理论体系，也代表着宏观物质客观运动的物理规律。

2.4 储能技术原理

第 1 章已经就储能技术的种类、存储和输送技术进行了简要比较。这一节里，将对目前正在使用的或将来可能采用的存储装置及其基本原理加以说明。

2.4.1 相变储能技术

1. 储热技术

储热技术是以储热材料为媒介，将太阳能光热、地热、工业余热、低品位废热等热能存储起来，解决可再生能源间歇性和不稳定性的缺点，以及能量转换与利用过程中的时空供求不匹配矛盾，提高热能利用率的技术。其包括两个方面的要素：一是热能的转化，它既包括热能与其他形式的能之间的转化，也包括热能在不同物质载体之间的传递；二是热能的存储，即热能在物质载体上的存在状态，理论上表现为其热力学特征。

储热主要有显热储热、潜热（相变）储热和热化学储热三种形式，但本质上均是物质中大量分子热运动时的能量。因而从一般意义上讲，热能存储的热力学性质，均有量和质两个衡量特征，即热力学中的第一定律和第二定律。

假设在低温 T_1 下为 α 相的单位质量的储能物质经加热到高温 T_2 时变成 β 相，如设 c_α 和 c_β 分别为 α、β 相的比热容，H_t 为相变潜热，T_f 为相变的温度，T 为温度，则相变过程中存储起来的全热能 Q 可由下列公式计算：

$$Q = \int_{T_2}^{T_1} c_\alpha \mathrm{d}T + H_t + \int_{T_1}^{T_2} c_\beta \mathrm{d}T \tag{2-10}$$

如果 $T_2 > T_1$，设 T_1 为基准温度（常温），则为储热；如设 T_2 为基准温度，则为蓄冷。此外，和 H_t 无关的储热，特称为显热储热。除此以外的，称为潜热储热。

显热储热是利用储热介质的热容量进行储热，把已经过高温或低温变换的热能存储起来加以利用。显热存储时，根据不同的温度范围和应用情况，选择不同的介质。水是最常用的介质，因为水有较好的传热速率和比热容较大等优点，虽然比热容不如固体大，但是作为液体它可以方便地传输热能。当涉及高温存储时，如在空气预热炉中储能，就需要用比热容高的固体介质，这样可使存储单元更紧凑。

潜热储热是利用相变材料（Phase Change Materials，PCM）相变时放出和吸入的热量存储起来加以利用，也叫相变储热。一般具有单位质量（体积）储热量大、在相变温度附近的温度范围内使用时可保持在一定温度下进行吸热和放热、化学稳定性好和安全性好的优点。如图 2-4 所示，冰融化为水，水蒸发为水蒸气，这一过程吸收热量，水蒸气冷凝为水，水凝固为冰，这一过程放热。虽然液-气或固-气转化时伴随的相变潜热远大于固-液转化时的相变潜热，但液-气或固-气转化时容积的变化非常大，使其很难用于实际工程。目前有实际应用价值的只是固-液相变储热。

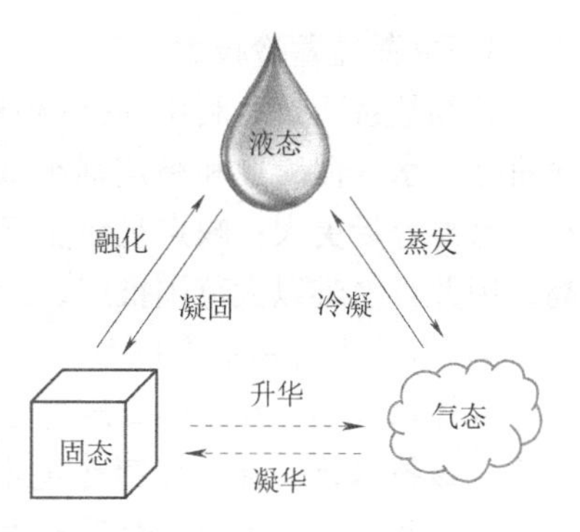

图 2-4　冰、水、水蒸气物相变化

热化学储热实际上就是利用储热材料相接触时发生化学反应，而通过化学能与热能的转换把热能存储起来。如蓄电池（二次电池）、物质储能就是典型的热化学储热。热化学储热是一种高能量高密度的储能方式，它的储能密度一般高于显热储热和潜热储热（比显热储热或潜热储热高 2~10 倍），而且此种储能体系通过催化剂或产物分离方法极易用于长期能量存储。

2. 蓄冷技术

蓄冷技术是利用物质的显热或者潜热特性存储冷量，在需要的时候将冷量释放，供需求方使用的一种技术。按照蓄冷技术原理的不同主要分为水蓄冷技术、冰蓄冷技术、共晶盐蓄冷技术和气体水合物蓄冷技术等。显热蓄冷是通过降低介质的温度实现的，常用的介质有水和盐水；潜热蓄冷则是利用介质的物态变化进行的，常用介质为冰、共晶盐、气体水合物等相变物质。

1）水蓄冷技术

水蓄冷技术是利用电网峰谷电价的价格差异，利用夜间的低价电力通过冷水机组在水池内蓄冷，利用水的显热容来存储冷量。蓄冷量的大小取决于蓄冷罐中冷水数量多少和蓄冷温差大小（负荷回流水与蓄冷罐冷水之间的温差）。

2）冰蓄冷技术

冰蓄冷技术是利用冰的相变潜热（335 kJ/kg）的一种蓄冷方式，与相变储热的储能原理相同。冰蓄冷技术采用压缩式制冷机组，利用夜间用电低谷负荷进行制冰，并存储在蓄冰装置中，白天将冰融化释放存储的冷量，来减少空调系统的装机容量和电网高峰时段空调用电负荷。冰蓄冷系统与水蓄冷系统蓄冷量比较如图 2-5 所示。在水蓄冷系统中，1 kg 水从 12 ℃降至 7 ℃存储的冷量为 20.9 kJ，而 1 kg 水从 12 ℃降为 0 ℃冰存储的冷量为 385 kJ。与水蓄冷系统相比，存储同样多的冷量，冰蓄冷所需的体积仅为水蓄冷的 1/18。因此，冰蓄冷系统储能密度大，由于冰水温度低，在相同的空调负荷下可减少冰水供应量和空调送风量。

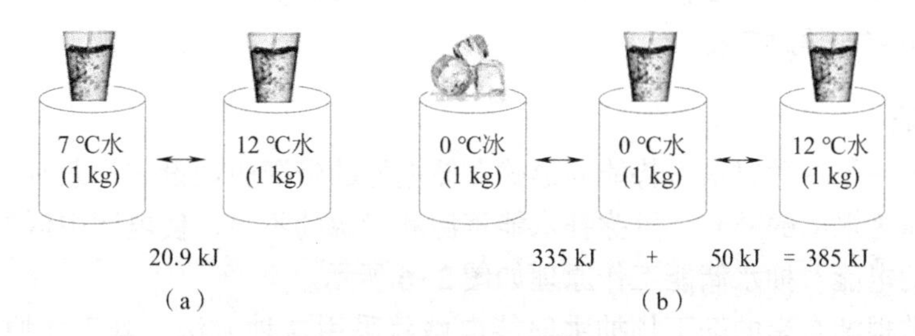

图 2-5　水蓄冷系统与冰蓄冷系统蓄冷量比较

（a）水蓄冷系统；（b）冰蓄冷系统

3）共晶盐蓄冷技术

共晶盐蓄冷技术利用固-液相变材料的特性进行蓄冷。蓄冷介质是共晶盐，其主要是由无机盐、水、促凝剂和稳定剂组成的混合物。与冰蓄冷系统相比，其空调系统主机效率更高，蓄冷容量更大；缺点是储能密度小，不到冰蓄冷系统的一半，热交换性能差，设备投资高，因此目前难以大范围推广。

4）气体水合物蓄冷技术

气体水合物是在低温高压下由气体小分子和水分子形成的一种非化学计量的笼状晶体化合物。该技术是一种特殊蓄冷技术，利用了气体水合物可以在水的冰点以上结晶固化的特性。在水和制冷剂反应完全后，生成固态水合物而存储冷量。形成过程为

$$\mathrm{M}(\text{气体})+N\cdot \mathrm{H_2O}(\text{液体})=\!=\!=\mathrm{M}\cdot N\mathrm{H_2O}(\text{晶体})+\Delta H$$

式中，ΔH 是形成气体水合物 $\mathrm{M}\cdot N\mathrm{H_2O}$ 放出的热量，可称为反应热，也可视为一种结冰的潜热，也就是单位摩尔的蓄冷量，随气体种类的不同这个数值在270~465 kJ/kg变化，即与冰的储能密度（334 kJ/kg）相当。由此可见，气体水合物是介于冰和水之间的相变材料，既具有冰的高相变潜热，又有高于0 ℃的相变温度的优点。表2-2给出了不同蓄冷介质之间的性能比较。

表2-2　不同蓄冷介质之间的性能比较

项目	水	冰	共晶盐	气体水合物
质量或体积	大	小	大	小
蓄冷温度/℃	5~7	0	5~9	5~12
压缩机效率	高	低	高	高
所需制冷量	一般	高	低	低
耗能	低	高	低	低

5）吸附蓄冷技术

吸附蓄冷技术是以热能为动力的能量转换技术，其原理是一定的固体吸附剂对某种制冷剂气体具有吸附作用，吸附能力随吸附温度的不同而不同，其周期性地冷却和加热吸附剂，使之交替吸附和解析。解析时，释放制冷剂气体，并使之凝为液体；吸附时，制冷剂液体蒸发，产生制冷作用，如此反复进行即可实现蓄冷。所以，吸附制冷的工作介质是吸附剂-制冷剂工质对，工质对有多种，按吸附的机理说，有物理吸附与化学吸附之别。

2.4.2　机械储能技术

1. 抽水储能

抽水储能电站是一种以水力势能的形式存储电能的资源驱动设施，兼有发电与储能的特性。抽水储能作为水电的补充，可弥补水能资源和能源的不足，使电网中低谷时剩余的电能转换成尖峰时的电能。抽水储能工作原理如图2-6所示。

著名的密歇根湖东岸的勒丁顿抽水储能电站就采用这种方法，其工作原理如图2-7所示。它拥有世界上最大的储能设备。抽水储能电站的效率 η_t 为水轮机、发电机、水泵、电动机各效率的积。

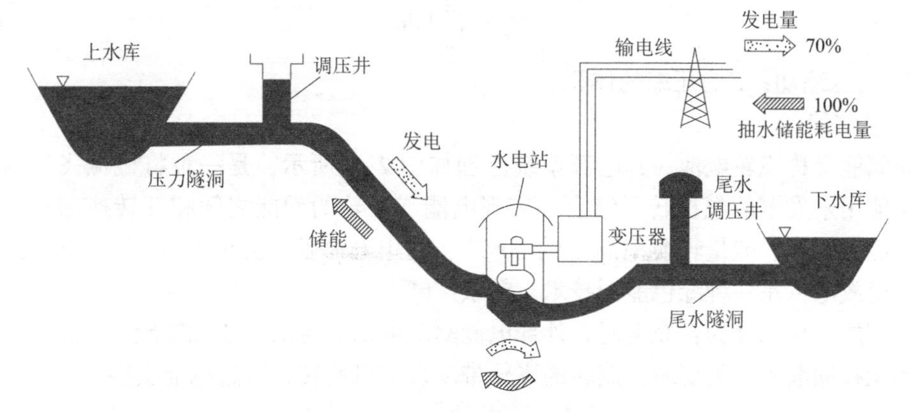

图 2-6　抽水储能工作原理

$$\eta=\frac{H-h}{H+h}\eta_t\times100\% \tag{2-11}$$

此值一般为 50% 左右。另一方面，可存储的能量 E 为

$$E=\rho gVH \tag{2-12}$$

式中，ρ 为水的密度；V 为储水的容量；g 为重力加速度；H 为落差高度。

2. 压缩空气储能

压缩空气储能（Compressed Air Energy Storage，CAES）系统是基于燃气轮机技术的储能系统，其原理如图 2-8 所示，压缩机和膨胀机是系统的核心，对系统的性能具有决定性影响。其工作原理为：利用电力系统负荷低谷时的剩余电量，由电动机带动压缩机将空气压入密闭容器或地下洞穴，将不可存储的电能转化成可存储的压缩空气的气压势能并存储于储气室中；当系统发电量不足时将压缩空气经换热器与油或天然气混合燃烧，导入燃气轮机做功发电，满足调峰要求。

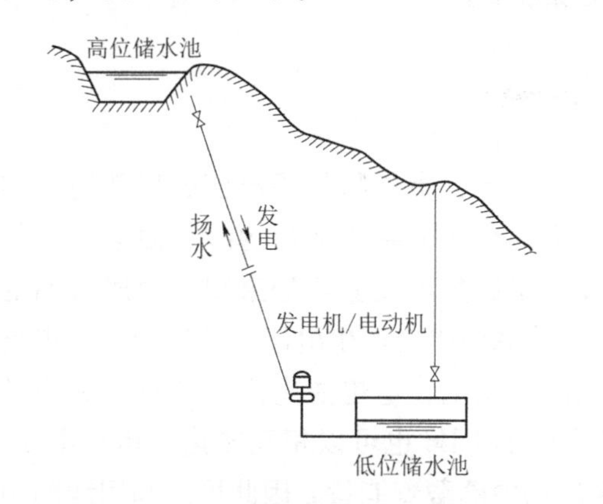

图 2-7　抽水储能电站工作原理

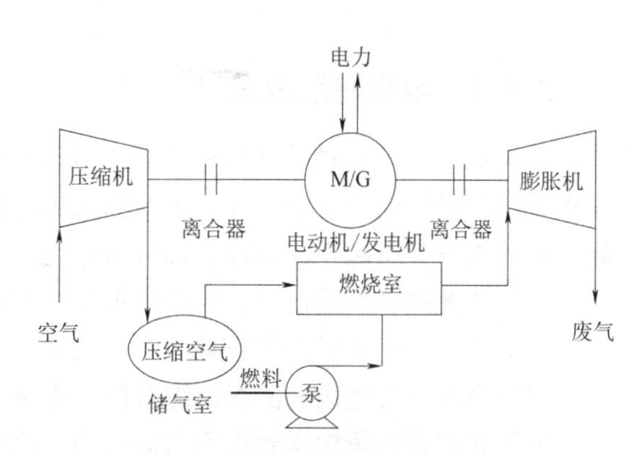

图 2-8　压缩空气储能系统原理

由热力学理论可知，在对气体的压缩过程中，单位容器中存储能量的多少，即储能密度与储气的压力有关，压力越大，存储的能量越多。从一个过程的初始状态 A 到最终状态 B，将气体由 p_1 压缩到 p_2，假设绝对温度恒定的 $T_A=T_B$，压缩所做的功为

$$W_s = \int_{p_1}^{p_2} V \mathrm{d}p \tag{2-13}$$

式中，W_s 为压缩功；V 为压缩的体积。

3. 飞轮储能

飞轮储能又称飞轮电池，其电源系统原理如图 2-9 所示，是一种将机械飞轮与既能电动运行又能用来发电的电机转子结合，实现电能与飞轮的动能之间相互转换的一种储能方式。它储能密度大、能量转换率高（约 90%）、使用寿命长、充电时间短、适应各种环境、可重复深度放电，是一种绿色能源技术，前景广阔。

飞轮储能工作原理为：充电时，外部电能驱动电动机转动，使飞轮旋转，将电能转化为飞轮的动能存储起来；需要时，旋转的飞轮带动发电机旋转，通过电能变换器将动能转化成电能。

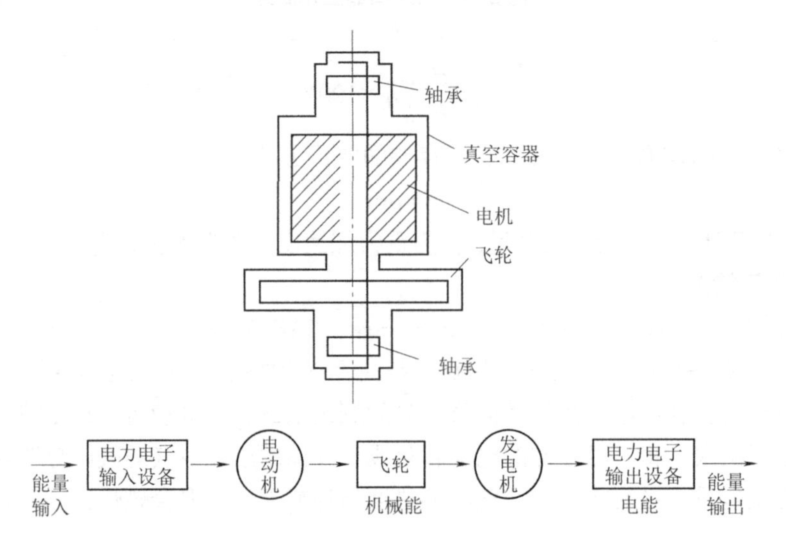

图 2-9　飞轮储能电源系统原理

2.4.3　电磁储能技术

在地球上，电和磁是自然界的基本物理现象。1820 年，奥斯特发现电流的磁效应，即一根小小的导线通上电流，在它的周围便有磁场产生，与通电导线平行的磁针便会发生偏转，自此揭开了电磁学的序幕。1831 年，法拉第发现了磁生电现象：如果闭合金属线圈的一部分导体在磁铁附近运动，切割磁感线，此时金属线圈中也会产生电流，产生的电流也被称为感应电流。电和磁是紧密联系在一起的，不仅磁可生电，电也能生磁。场与电和磁类似，电磁场被视为电场和磁场的综合体，电场、磁场之间同样也可以相互转化，相互生成。电流回路在恒定磁场中受到作用力而运动，说明在磁场中蕴藏着能量。因此可以利用线圈通过电流时产生的磁场来存储磁能，此为电磁储能。

电磁储能包括超导储能和电容器储能。超导储能（Superconducting Magnetic Energy Storage，SMES）系统采用超导体材料制成线圈，利用电流流过线圈产生的电磁场来存储电能。由于超导线圈的电阻为零，电能存储在线圈中几乎无损耗，储能效率高达 95%。超导储能装置结构简单，是将通过变流器进入线圈的电能转换为磁能进行存储的一种储能技术，其工作原理是：正常运行时，电网电流通过整流向超导电感充电，然后保持恒流运行（由于采用超导线圈储能，所存储的能量几乎可以无损耗地永久存储下去，到需要释放时为止）。当电网发生瞬态电压跌落或骤升、瞬态有功不平衡时，可从超导电感提取能量，经变流器转换为交流，并向电网输出可灵活调节的有功或无功，从而保障电网的瞬态电压稳定和有功平衡。由于没有旋转机械部件等问题，因此设备使用寿命较长，且具有较大的功率密度和比容量，响应速度快（1～100 ms），调节电压和频率快速且容易。不过，目前的超导材料，特别是高温超导材料的技术还不成熟，关键技术还有待于突破。

电容器储能用电荷的方式将电能直接存储在电容器的极板上，具有储能密度高、功率密度高、寿命长、工作温度宽、可靠性高和可快速循环充放电等优点。超级电容器是一种双电层电容器，采用极高介电常数的电介质，而且两电荷层的距离非常小（0.5 mm 以下）；采用特殊的电极结构，电极表面积成万倍地增加，因此可以用较小体积制成大容量电容器，电容器的容量从微法拉级向法拉级飞跃，储能大幅度增强，最大放电量为 400～2 000 A。

2.4.4　化学储能技术

化学储能包括化学能储能与电化学储能。化学能储能是将化学反应热通过化学物质存储起来，吸热反应存储能量，其逆反应放出能量，其本质是化学反应中化学键的断裂与生成，例如化学键断裂/形成需要吸收/释放能量、化石燃料燃烧释放热量等，具体内容会在第 6 章讲述。电化学储能是把电能用化学电池存储起来，在需要时释放的一种储能技术。与其他储能方式相比，电化学储能量大、响应快，随着新能源产业的发展，电化学储能技术迎来广阔的发展空间。目前电化学储能研究热点主要包括铅蓄电池、钠硫电池、液流电池、氢燃料电池和金属空气电池等。

1. 铅蓄电池

铅蓄电池（Lead-Acid Battery）是电池中最古老的二次电池，发展至今已有 160 多年历史，其结构示意图及外观如图 2-10 所示。铅蓄电池的优点是工作电压平稳，使用温度及使用电流范围宽，能充放电数百个循环，存储性能好（尤其适于干式荷电存储），造价较低，应用广泛，使其成为发电侧调峰调频及用户侧削峰填谷的重要储能形式。应用于储能工程的

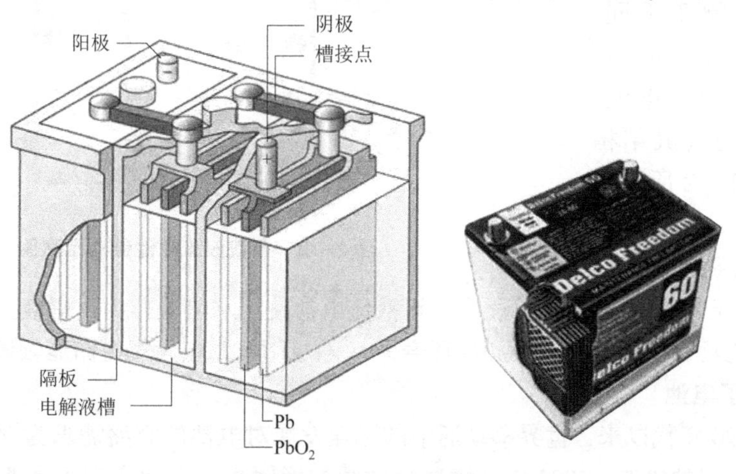

图 2-10　铅蓄电池结构示意图及外观

铅蓄电池包括铅酸蓄电池和铅碳蓄电池。铅酸蓄电池的电极主要由铅及其氧化物制成，电解液是硫酸溶液。在放电状态下，正极的主要成分为二氧化铅，负极的主要成分为铅；在充电状态下，正负极的主要成分均为硫酸溶液。

2. 钠硫电池

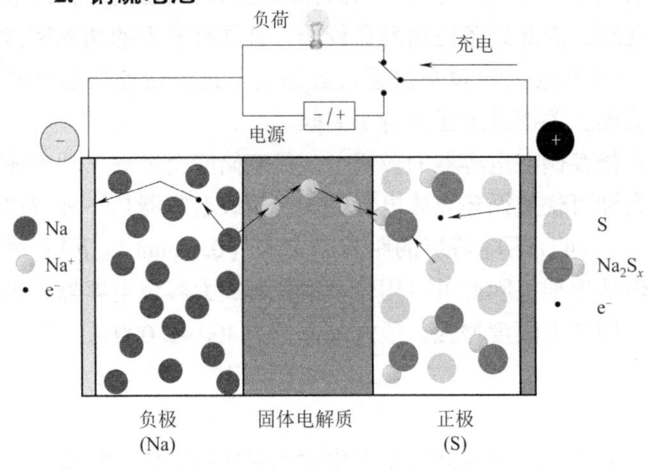

图 2-11　钠硫电池结构示意图

钠硫电池由美国福特公司于1967年发明，至今已有50余年历史。钠硫电池一般采用管式结构，以金属钠作为负极活性物质，单质硫作为正极活性物质，$\beta-Al_2O_3$ 内管同时起到隔膜和电解质的作用，其结构示意图如图 2-11 所示。钠硫电池工作温度一般为 300～350 ℃，电池放电时，负极产生 Na^+ 并放出电子，同时 Na^+ 穿过 $\beta-Al_2O_3$ 电解质与正极 S 反应生成钠硫化物。电池充电过程中，钠硫化物在正极分解，Na^+ 返回负极并与电子重新结合，从而实现电池的充放电过程。

3. 液流电池

液流电池是一类较独特的电化学储能技术，通过两种带相反电荷（电解质）的液体交换离子，然后直接将化学能转化为电能的可循环使用电池。液流电池根据正负极活性物质不同，可分为铁铬液流电池、多硫化钠/溴液流电池、全钒液流电池（其结构示意图如图 2-12 所示）、锌溴液流电池等体系。其中，全钒液流电池技术最为成熟，已经进入产业化阶段。全钒液流电池使用水溶液作为电解液且充放电过程为均相反应，因此具有优异的安全性和循环寿命（>1 万次），在大规模储能领域极具应用优势。

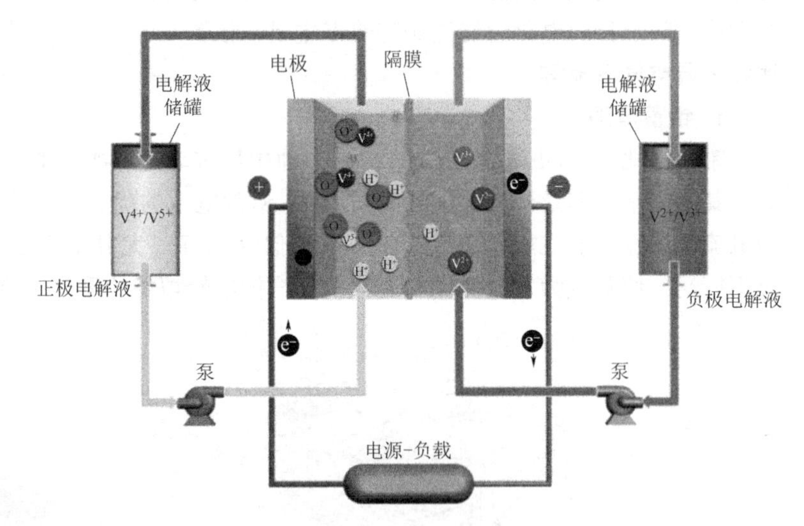

图 2-12　全钒液流电池结构示意图

4. 锂离子电池

20 世纪 90 年代以来，世界移动通信的迅速发展对电池的旺盛需求为锂离子电池的蓬勃发展创造了良好的机遇。1992 年，索尼公司圆柱形锂离子电池实现了商业化，掀起了开发锂离子电池的热潮。此后，伴随手机、笔记本电脑的市场化，锂离子电池的需求迅猛增长。

进入21世纪，能源短缺问题愈加严峻，环境污染日益加剧。为了减缓一次能源消耗，减少 CO_2 排放，以二次电池作为动力的新能源汽车越来越受到各国的高度重视。2016年以来，在新能源电动汽车产量高速增长的带动下，全球又掀起了一波锂离子电池的研究热潮。

锂离子电池一般包含一个石墨负极，一个由锂金属氧化物形成的正极 $LiMO_2$，以及由锂盐和有机溶液混合而成的电解液。其工作原理主要是依靠锂离子在正负两极间的嵌入和脱嵌来实现电池的充放电，如图2-13所示。

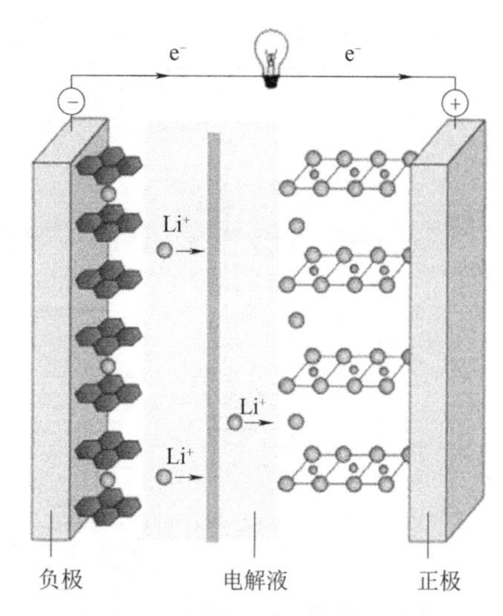

图2-13　锂离子电池原理示意图

当对电池进行充电时，电池的正极上有锂离子生成，生成的锂离子经过电解液运动到负极。而作为负极的碳呈层状结构，它有很多微孔，到达负极的锂离子就嵌入碳层的微孔中，嵌入碳层的锂离子越多，充电容量越高。同样道理，当对电池进行放电时（即使用电池的过程），嵌在负极碳层中的锂离子脱嵌，又运动回到正极，回到正极的锂离子越多，放电容量越高。

5. 氢燃料电池

氢能被认为是实现双碳的最理想能源，具有零污染、高热量、储量丰富的优势。目前，氢能的主要应用之一是交通领域的氢燃料电池汽车，其本质是发电装置，以氢气为燃料，将氢气的化学能通过电化学反应转化为电能，其副产物只有水和热，整体来说对环境非常友好。

氢燃料电池是发电装置，主要包括氢气制备、储藏及运输等技术。氢燃料电池与锂离子电池的不同之处在于其系统复杂，丰田Mirai燃料电池系统如图2-14所示，整体主要包括电堆和系统两大部件。电池单元包括膜电极和双极板，质子交换膜、催化剂、气体扩散层是膜电极的关键，影响燃料电池使用寿命。近年来，氢燃料电池技术研究集中在电堆、双极板、控制技术等方面，系统及前沿技术如图2-15所示。

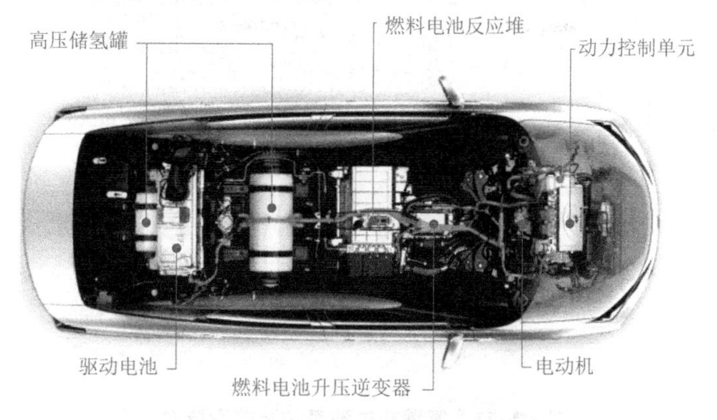

图2-14　丰田Mirai燃料电池系统

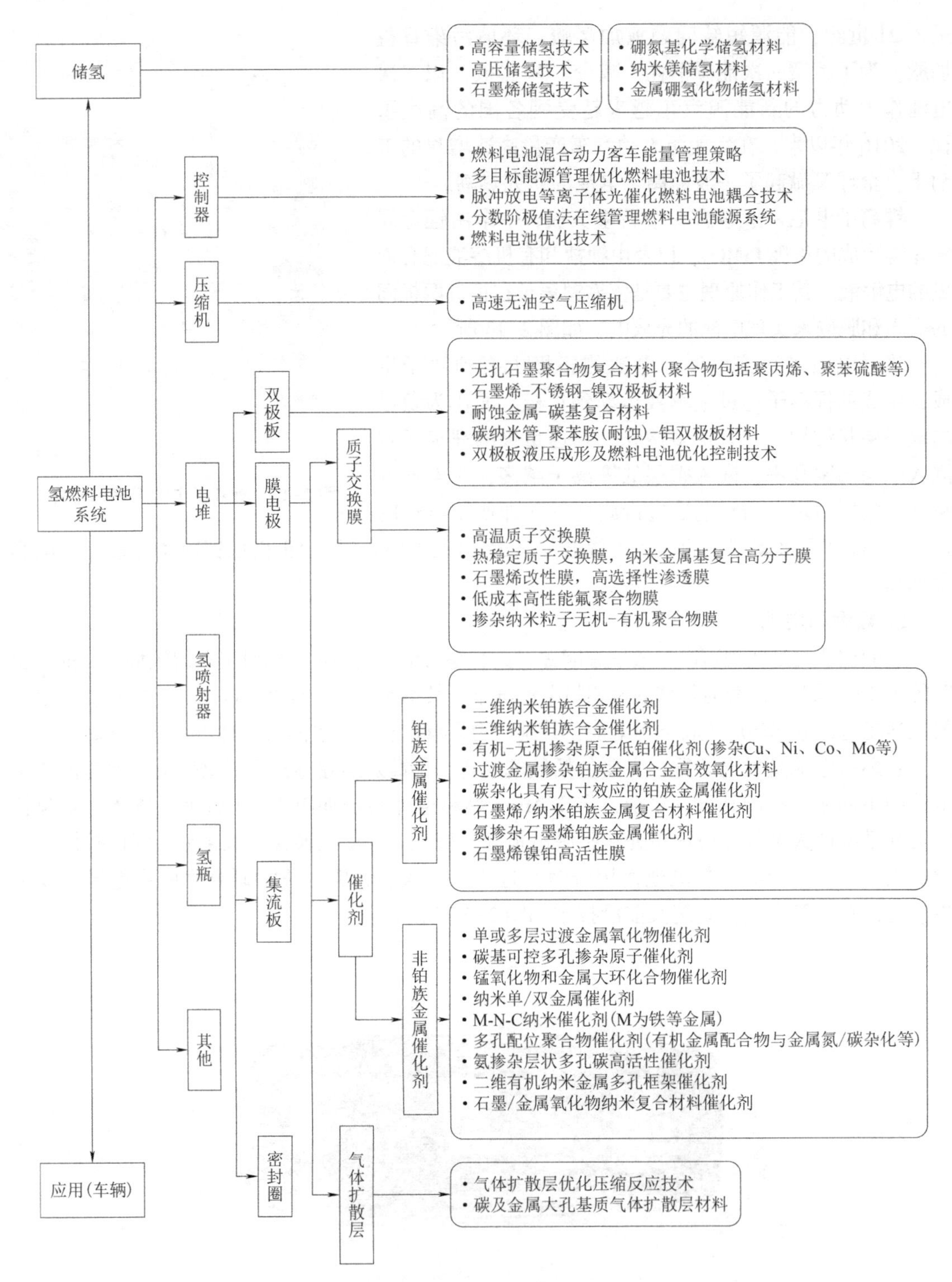

图 2-15　氢燃料电池系统及前沿技术

6. 金属空气电池

金属空气电池（Metal Air Battery，MAB）是一种介于原电池与燃料电池之间的“半燃料电池”，其特点是选用空气电极作为正极，因为空气中的氧气具有氧化性，是天然的正极活性物质；负极选用具有还原性的金属物质，二者结合就可以组成电池，兼具原电池和燃料电池的特性，从而有效地利用自然存在的氧气进行电能存储。同时，金属空气电池提供了良好的电化学性能，具有容量大、比能量高、放电电压平稳、成本低、无毒、污染小、结构简单等优点，是新一代绿色二次电池的代表之一。

按金属负极种类的不同，金属空气电池可分为锂空气电池、锌空气电池、铝空气电池、镁空气电池、钠空气电池等，后面章节会详细介绍。

以上总结了不同储能技术原理，要对储能技术有一个更全面的了解，还必须从储能材料、储能过程以及储能技术的具体应用等方面加以详细论述。这个在后面的章节中会有具体介绍。

2.5　储能材料的基本特性

为了发挥材料的作用，储能材料面临艰巨的任务。作为材料科学与工程学科的重要研究部分，储能材料的主要研究内容同样也是材料的组成与结构、制备与加工工艺、材料的性质、材料的使用效能以及它们之间的关系。针对储能材料的性质，本部分将对相变储热材料、飞轮储能材料、锂离子电池材料、钠离子电池材料和超级电容器材料的特点展开介绍。

2.5.1　相变储热材料

相变材料（Phase Change Material，PCM）是指随温度变化而改变物质状态并能提供潜热的物质。相变材料储热也称潜热存储，它同时利用物质固有的热容和物态变化的相变潜热来存储热能，具有储能密度较大和热量输出稳定且换热介质温度保持不变等特点。从材料的类型角度分，相变储热材料主要包括固-气相变储热材料、液-气相变储热材料、固-液相变储热材料以及固-固相变储热材料 4 种。

近年来相变储热材料发展迅速，并且在电子部件、空调节能、太阳能储热革新、余热废热再循环、建筑采暖、纺织业等领域形成了一定应用产业。总体来说，相变储热材料应具有以下特点：①熔化潜热高，使其在相变中能吸收或放出较多的热量；②相变过程可逆性好，膨胀收缩性小，过冷或过热现象少；③有合适的相变温度，能满足需要控制的特定温度；④导热系数大，密度大，比热容大；⑤无毒，无腐蚀性，成本低，制造方便。

2.5.2　飞轮储能材料

衡量飞轮储能材料性能的一个重要技术指标是储能密度（单位质量存储的能量）。对于形状和几何尺寸一定的飞轮，其储能密度 e_0 为：

$$e_0=\frac{E}{m}=\frac{K_s\sigma_{\max}}{\rho_{\max}} \tag{2-14}$$

式中，K_s 为飞轮形状系数；ρ 为材料的密度；$\sigma_{\max}$ 为许用应力。

可见，制作飞轮应选择许用应力高而密度小的材料。现代的复合材料符合这样的要求，由高强度碳纤维复合材料制作的飞轮，允许外缘线速度可达 600~1 200 m/s，金属材料飞轮只能达到 300~500 m/s。

2.5.3 锂离子电池材料

锂离子电池材料主要包含正极材料、负极材料、电解质和隔膜。锂离子电池的关键技术之一是正负极材料，其中正极材料作为锂离子电池的核心材料之一，占锂离子电池总成本的1/3以上，提高锂离子电池正极材料性能已成为当今最为活跃的研究领域之一。

1. 正极材料

锂离子电池正极材料不仅作为电极材料参与电化学反应，而且可作为锂离子源。作为锂离子电池正极活性材料的主要有金属氧化物（钴酸锂、镍酸锂、锰酸锂、镍钴锰三元材料等）、聚阴离子盐（磷酸铁锂、磷酸锰锂、磷酸钴锂等）和其他化合物（氟化物、硫化物、硒化物）。正极材料研究的重点是如何改善高电压钴酸锂的循环性能；提高富锂锰基正极材料的倍率性能、首次充放电效率及循环稳定性；开发高电压电解液应用于镍锰酸锂（$LiNi_{0.5}Mn_{1.5}O_4$）等；进一步提高三元材料中镍的比例，发挥高容量性能的同时改善循环性能。

正极材料的粒度分布、颗粒形状、比表面积和振实密度对锂离子电池的性能起着重要作用，粒度分布决定了固体扩散路径长度，从而控制倍率性能。同时，粒度分布和颗粒形状影响电极浆料涂覆的效果。比表面积影响正极材料与电解质在较高温度下的反应活性，而振实密度影响比能量，高振实密度可以获得较高的比能量。

对锂离子电池正极材料的要求如下：

（1）具有较高的电极电势，由此才可以获得较高的锂离子电池电压。

（2）具有较高的比容量，这样才可以获得高比能量的电池。

（3）在脱锂过程中，材料结构保持良好的可逆性，这样才可能获得较长的循环寿命。

（4）锂离子有大的扩散速率，这样才可以获得良好的倍率性能。

（5）优良的电子电导率，这样才可以降低电极的欧姆极化。

（6）具有较好的电化学稳定性和热稳定性，在电解液中不溶解或溶解性很低。

（7）原料易得，合成成本低廉。

2. 负极材料

在锂离子电池诞生之前，早期锂电池采用金属锂作为负极。金属锂是碱金属，密度小，具有极高的比容量（3 860 mA·h/g）和最低的电极电势（-3.045 V）。在锂电池中，锂与非水有机电解质容易反应，在表面形成一层钝化膜，即固态电解质界面（Solid Electrolyte Interface，SEI）膜，使金属锂在电解质中能稳定存在，这是锂电池商业化的基础。对于二次锂电池，锂在充电过程中容易形成枝晶，刺破隔膜导致电池内部短路。因此以金属锂为负极的二次电池的安全性、循环稳定性较差，无法实现商业化应用。

为了解决这些问题，20世纪七八十年代，人们寻找了一些材料来取代金属锂，这些材料包括石墨类碳材料、金属合金和金属化合物等。由于在Li^+脱嵌过程中，石墨类碳材料的晶体结构并没有明显变化，因此可以使电化学反应连续可逆地进行下去，从而使锂离子电池的高储能密度和长循环寿命得以实现，并在1991年由日本索尼公司实现了商业化。

负极材料对锂离子电池的电化学性能有着重要影响，根据充放电机理，可分为嵌入型、转换型和合金型材料，分别以碳或尖晶石钛酸锂（$Li_4Ti_5O_{12}$）、硅基或锡基等氧化物、氮化物或硫化物等为代表。负极材料研究的重点有三方面：①碳类负极材料的改性与低成本化，如天然石墨的开发与应用；②高容量合金负极的复合改性与实用化，如硅碳复合负极材料的研究；③高安全性钛酸锂负极的掺杂改性等。

因此负极材料应该满足以下条件：

（1）负极材料具有较低的电极电势。

（2）负极材料在脱嵌 Li^+ 时具有高度的可逆性，充放电效率接近100%，晶体结构没有显著变化。

（3）负极材料具有较高的电子电导率。

（4）负极材料具有较高的 Li^+ 扩散系数、较高的密度，从而具有较高的电极密度。

（5）负极材料具有较高的比容量。

3. 电解质

电解质是锂离子电池的重要组成部分，维持正负极之间的离子导电作用，有的电解质还参与正负极活性物质的化学反应和电化学反应。电解质的性能及其与正负极活性物质所形成的界面对锂离子电池性能的影响是至关重要的，电解质的选择在很大程度上影响电池的工作原理，影响锂离子电池的比能量、安全性能、循环性能、倍率性能、低温性能和存储性能，因此电解质体系的选择和优化一直是化学和材料研究人员的研究热点。

电池的电解质可以分为很多种类型，根据电解质物相的不同，可以分为固态电解质、液态电解质和固液复合电解质。固态电解质兼具电解液和隔膜的双重作用，可防止电解液泄漏，不会发生爆炸、燃烧等安全问题。因此在电解质方面，主要是研究开发具有高电导率的聚合物电解质和无机固态电解质，以取代液态电解质，实现全固态锂离子电池的应用与产业化。

4. 隔膜

隔膜的主要作用是隔开正负极，防止其接触短路，并同时允许离子的快速转移，具有通过固有离子导体或电解质浸透传导离子的能力。电池负极会产生锂枝晶，锂枝晶生长会穿透隔膜，导致正负电极的直接接触造成短路。

因此，为了提高锂离子电池的性能，隔膜的选择通常需考虑以下因素：

（1）隔膜厚度。隔膜的厚度决定其机械强度和电池的内阻。隔膜越厚，机械强度越高，在装配和使用过程中耐穿刺能力也越强，但是厚度增加也会使电池内阻加大，活性物质的利用率下降，造成电池容量减少。

（2）孔隙率及孔径。孔隙率定义为孔隙的体积占多孔总体积的比例，直接影响电池中锂离子的传输和电解液的存储。高孔隙率的隔膜具有更好的锂离子透过率，同时还可为电解液提供存储位点。孔径太大会使自放电现象严重，而孔径太小又不利于锂离子传输，通常必须是亚微米级别，低于1 μm。

（3）浸润性。浸润性主要用来衡量隔膜对电解液润湿的难易程度，表示隔膜与电解液的相容性，包括电解液润湿隔膜的速度和电解液在隔膜中的存储量（吸液率）。拥有较高吸液率的隔膜，存储的电解液越多，锂离子越容易传输。

（4）化学稳定性及电化学稳定性。隔膜长时间被电解液所浸润，并需要长期在电池中稳定存在，不能有收缩现象和被溶剂溶胀等；同时不被强氧化性的电解液降解，在电化学反应过程中严格地呈现电化学惰性。

（5）耐热性。隔膜的耐热性是保证电池安全的一个重要指标。电池在充放电过程中会产生热量，尤其是在非正常或者不良使用时释放的大量热量，使电池内部温度急剧升高，当温度达到隔膜材料的软化点甚至熔点时，隔膜会发生收缩现象甚至熔化，无法再起到绝缘正负极的作用，使电池短路甚至爆炸。

（6）热关断性。隔膜的热关断性是指电池温度达到聚合物熔点附近时，聚合物发生软化使自身微孔结构坍塌，但是隔膜的形态仍然保持完整性，使离子电导率下降，这时电池的内阻无限大，电池相当于被关闭，阻止了电化学反应进一步发生。锂离子电池应用受限于安全性，对于热失控引起的短路问题来说，具有热关断性的隔膜是解决此类问题简单有效的方法。

目前商业化锂离子电池的隔膜几乎都是聚烯烃基材料，如 PP（聚丙烯）、PE（聚乙烯）以及复合膜 PP/PE/PP。这是因为聚烯烃材料不仅绝缘性好、密度小、强度高、力学性能优异，而且耐化学和电化学腐蚀。但每种材料都不是十全十美的，聚烯烃基材料也存在着浸润性差、孔隙率低等缺点，这就需要我们不断研究开发新型材料来满足不同应用场景的需求。

2.5.4　钠离子电池材料

在化学元素周期表中，钠和锂处于同一族，化学性质有诸多相似之处，不免会将二者放在一起进行比较，二者的性质比较如表 2-3 所示，二者都有各自的优势和特点。早在 20 世纪 70—80 年代，钠离子电池就同锂离子电池一样被人们研究。但由于锂离子电池有较高的储能密度，钠离子电池未被重视。随着储能技术的不断发展，高储能密度已不再是必需条件。因此，钠离子因其较高的半电位和低廉的价格再次获得“新生”。

表 2-3　锂金属和钠金属的性质比较

金属	标准电势/V	比容量/($mA \cdot h \cdot g^{-1}$)	价格/(美元 · t^{-1})	离子半径/Å	地壳丰富度/%
Li	−3.04	3 862	5 000	0.69	0.006
Na	−2.71	1 166	150	0.98	2.64

1. 正极材料

正极材料是影响钠离子电池性能的重要组成部分。钠离子电池正极材料选择的基本原则可以参照锂离子电池的相关方法，但是由于 Na^+的半径（0.106 nm）比 Li^+的半径（0.076 nm）大，这成为钠离子电池设计中不得不优先考虑的问题。因此在选择钠离子电池正极材料时，一般会首先考察材料是否有开放结构适合储钠，结构是否稳定，结构中是否有宽敞的离子扩散通道等。目前被研究较多的钠离子正极材料有层状结构的材料，如 Na_xMnO_2；聚阴离子型材料，如 $Na_3V_2(PO_4)_3$；过渡金属氟化物，如 FeF_3 和普鲁士蓝化合物等。

2. 负极材料

在电池体系中，负极通常是指相对电位较低的一端，一般为可嵌入化合物。石墨是最常用的锂离子电池负极材料，但是有研究表明，Na 不能可逆地嵌入石墨层中，这可能与热力学方面的问题有关，因而石墨并不直接用于钠离子电池负极材料。到目前为止，适合钠离子体系的负极材料比较少。将金属钠直接作为负极（类似于金属锂作为锂电池负极）并不是一个明智的选择，因为在许多有机电解液里，金属钠的表面会形成不稳定的钝化层。因此，为钠离子电池体系选择一个具备合适的钠存储电压，同时还具有高可逆容量和稳定结构的负极材料对于钠离子电池来说尤为重要。目前研究得比较多的负极材料有碳基材料、氧化物、硫化物、合金（Sn/C、Sb/C 和 SnSb/C）等。

钠离子电池对电解质和隔膜的要求，和锂离子电池是相似的，在这里不再重复介绍。

2.5.5　超级电容器材料

1. 双电层电容器电极材料

基于双电层储能原理，合成高比表面积和可控微孔孔径（>2 nm）的电极材料是提高电容器存储能量的重要途径。可控微孔孔径的提出，主要是因为通常 2 nm 及以上的空间才能形成双电层，才能进行有效的能量存储，而微孔孔径<2 nm 的材料比表面积的利用率往往不高。

碳材料因其高导电性、高比表面积和化学稳定性，是研究最早和技术最成熟的超级电容器电极材料。将具有高比表面积的活性炭涂覆在金属基底上，然后浸渍在 H_2SO_4 溶液中，借助在活性炭孔道界面形成的双电层结构来存储电能。目前常用的碳材料主要有石墨烯、碳纳米管、玻璃碳高密度石墨和热解聚合物基体得到的泡沫。

2. 赝电容器电极材料

赝电容器电极材料主要包括金属氧化物和导电聚合物两大类，主要利用氧化还原反应产生的赝电容。RuO_2/H_2SO_4 水溶液体系金属氧化物基电容器是目前研究最为成功的法拉第赝电容器，但 RuO_2 昂贵的价格和电解质（H_2SO_4）的环境不友好，严重制约了其商业化应用。现阶段，不少研究工作者正在积极寻找用廉价的过渡金属氧化物及其他化合物材料来替代 RuO_2，重点关注 NiO、CoO 和 MnO 等体系。

思 考 题

1. 叙述相变材料的储能机理与分类。
2. 叙述相变材料在建筑工程中的应用。
3. 叙述相变材料在新能源工程中的应用。

参考文献

[1] 日本实用节能机器编辑委员会．实用节能全书［M］．郭晓光，刘光仁，沈全兴，等译．北京：化学工业出版社，1987.

[2] 黄素逸．能源科学导论［M］．北京：中国电力出版社，1999.

[3] 沈维道．工程热力学［M］．2 版．北京：高等教育出版社，2001.

[4] 李炜，周正，娄捷，等．关于热力学定律的一些讨论［J］．复旦学报（自然科学版），2021（4）：510-514.

[5] 王竹溪．热力学［M］．北京：北京大学出版社，2005.

[6] 张保雷，玉文昆．热力学定律的内涵和复习建议［J］．教学考试，2022（14）：19-21.

[7] 郭茶秀，魏新刊．热能存储技术与应用［M］．北京：化学工业出版社，2005.

[8] 黄志高．储能原理与技术［M］．2 版．北京：中国水利水电出版社，2020.

[9] 郭文勇，张京业，张志丰，等．超导储能系统的研究现状及应用前景［J］．科技导报，2016，34（23）：68-80.

[10] 汪帝．碳纤维表面 MOFs 衍生钴镍基电极的制备及其超级电容器性能［D］．无锡：江南大学，2021.
[11] 楚贤宇．二元金属有机框架材料及其衍生物在超级电容器中的应用［D］．长春：吉林大学，2021.
[12] 陈孝元．超导磁储能能量交互模型及其应用研究［D］．成都：电子科技大学，2015.
[13] 王浩，刘铮，李海莹．铅碳电池研究进展［J］．电源技术，2018，42（12）：1936-1939.
[14] 张华民．储能与液流电池技术［J］．储能科学与技术，2012，1（1）：58-63.
[15] 李昭，李宝让，陈豪志，等．相变储热技术研究进展［J］．化工进展，2020，39（12）：5066-5085.
[16] 吴贤文，向延鸿．储能材料：基础与应用［M］．北京：化学工业出版社，2019.
[17] 鹿鹏．能源储存与利用技术［M］．北京：科学出版社，2016.

第3章

热能存储与储热和蓄冷材料

自古以来，人们就懂得将热能存储的方法应用于生产和生活之中。“石烹”是我国古代的一种烹饪方法，其历史可追溯到旧石器时代。它正是利用石块可以储热的特性，用石块（鹅卵石）作炊具，间接利用火的热能烹制食物。一般是将石块烧红后，填入食品（如牛羊内脏）中，使之受热成熟。还有一种“烧石煮法”，即取天然石坑或在地面挖坑，也可用树筒之类的容器，内装水并下原料，然后投入烧红的石块，使水沸腾来煮熟食物。古人也懂得利用天然冰来保存食物和改善环境，或者利用地窖将冬天的冰储藏起来以备炎热的夏季使用。由此可见，人类利用热能存储技术有相当长的历史。随着人类社会的进步、科学技术的发展，人们对热能存储技术的应用不仅仅局限于简单的日常生活中，而且将其应用于能源节约及环境保护等更多方面。

热能存储技术就是利用工作介质状态变化过程所具有的显热、潜热效应或化学反应过程的反应热来进行能量存储，它们是显热储能技术、潜热储能技术和热化学储能技术。将暂时不用的余热或多余的热量存储于适当的介质中，在需要使用时再通过一定的方法将其释放，从而解决了由时空上供热与用热的不匹配性和不均匀性导致的能源利用率低的问题，最大限度地利用加热过程中的热能或余热，提高整个加热系统的热效率。可用于解决热能供给与需求失配的矛盾，在太阳能利用、电力的“削峰填谷”、废热和余热的回收利用以及工业与民用建筑和空调的节能等领域具有广泛的应用前景，目前已成为世界范围内的研究热点。热能存储除了适用于具有周期性或间断性的加热过程外，还可以应用于工业连续加热过程的余热回收。实践证明，热能存储技术具有广阔的应用前景。

3.1 热的传递方式

热运动是物质的一种运动形式。宏观物体内部大量微观粒子（如分子、原子、电子等）永不停息地无规则运动称为热运动。它是物质的一种基本运动形式。热传递亦称“传热”，是物质系统间的能量转移过程，即内能从一个物体转移到另一个物体，或者从物体的一部分转移到同一物体邻近部分的过程。内能永远自发地从温度高的物体向温度低的物体传递。在所有条件都相同的情况下，两个物体温度相差越大，内能的传递速度也越快，当冷热程度不同的物体互相接触时，到它们温度相等时热传递才会停止，即达到热平衡。一个物体不同部分的温度有差别，热传递在物体内部也要进行，到温度相同为止。

根据传热机理的不同，热能的传递有三种基本方式：热传导、对流传热和辐射传热。这三种热传递的方式往往是相伴进行的。

3.1.1 热传导

当物体内部存在温度差（也就是物体内部能量分布不均匀）时，物体各部分之间不发生相对位移时，依靠分子、原子及自由电子等微观粒子的热运动而产生的热能传递称为热传导（Heat Conduction），简称导热。例如，固体内部热量从温度较高的部分传递到温度较低的部分，以及不同温度的物体互相接触时，热量也会在相互没有物质转移的情况下，从高温物体传递到低温物体，这些都是导热现象。因此，热传导可以归纳为借助于物质微观粒子的热运动而实现的热量传递过程。

热传导的基本特点是物体间要相互接触才能发生热量传递，但物体各部分之间不发生相对位移，也没有能量形式的转移。

通过对大量实际导热问题的经验提炼，导热现象的规律已经总结为傅里叶定律。单位时间内通过某一给定面积的热量称为热流量（Heat Transfer Rate），记为 $\boldsymbol{\Phi}$，单位为 W。单位时间内通过单位面积的热流量称为热流密度［或称面积热流量（Heat Flux）］，记为 q，单位为 W/m^2。当物体的温度仅在法方向 n 发生变化时，按照傅里叶定律，热流密度的表达式为

$$q=\frac{\boldsymbol{\Phi}}{A}=-\lambda\frac{dt}{dn} \tag{3-1}$$

傅里叶定律又称导热基本定律。式（3-1）是一维稳态导热时傅里叶定律的数学表达式。由式（3-1）可见，热量传递的方向与温度梯度增大的方向相反。

导热系数是表征材料导热性能优劣的参数，即是一种热物性参数（Thermos-Physical Property），其单位为 W/(m·K)。不同材料的导热系数不同，即使是同一种材料导热系数还与温度等因素有关。一般来说，金属材料的导热系数最高，良导电体（如银和铜）也是良导热体，液体次之，气体最小。

3.1.2 热对流

热对流（Heat Convection）是指由流体的宏观运动而引起的流体各部分之间发生相对位移，冷、热流体相互掺混所导致的热量传递过程。热对流只能在流体（液体或气体）中发生，而且由于流体中的分子同时在进行着不规则的热运动，因而热对流必然伴随热传导现象。这种传热主要是靠流体分子的随机运动和流体的宏观运动实现的。工程上特别感兴趣的是流体流过一个物体表面时流体与物体表面间的热量传递过程，称其为对流传热（Convective Heat Transfer），以区别于一般意义上的热对流。

就引起流动的原因而论，对流传热可区分为自然对流与强制对流两大类。自然对流（Natural Convection）是由流体冷热各部分的密度不同而引起的。如果流体的流动是由水泵、风机或其他压差作用所造成的，则称为强制对流（Forced Convection）。此外，工程上还常遇到液体在热表面上沸腾及蒸汽在冷表面上凝结的对流传热问题，分别简称为沸腾传热（Boiling Heat Transfer）及凝结传热（Condensation Heat Transfer），它们是伴随相变的对流传热。室内空气流动如图 3-1 所示。

对流传热的基本公式是牛顿冷却公式：

$$q=h|t_w-t_f| \tag{3-2}$$

式中，t_w 及 t_f 分别为壁面温度和流体温度，℃；比例系数 h 为表面传热系数（Convective Heat Transfer Coefficient），$W/(m^2 \cdot K)$。表面传热系数的大小与对流传热过程中的许多因素有关。它不仅取决于流体的物性（λ、η、ρ、c_p 等）以及换热表面的形状、大小与布置，而且与流速有密切的关系。

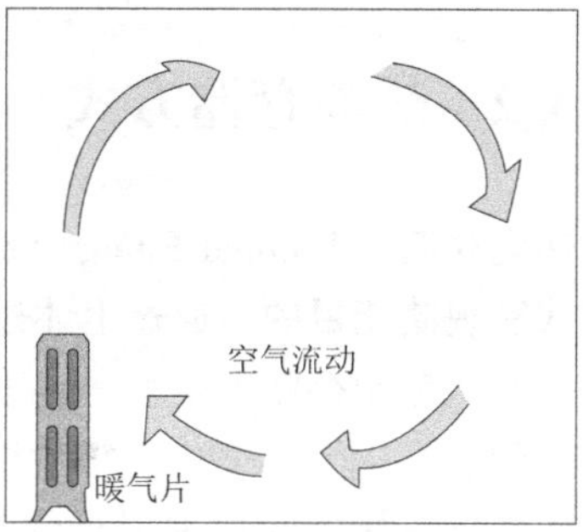

空气流动
暖气片

图3-1　室内空气流动

3.1.3　热辐射

热辐射是指具有一定温度的物体以电磁波方式发射一种带有由其内能转化而来的能量粒子的过程。例如太阳将大量的热量传给地球，就是靠热辐射的作用。自然界中的所有物体都在不断向周围空间发射辐射能，与此同时，又在不断地吸收来自周围空间其他物体的辐射能，二者之间的差额就是物体之间的辐射换热量。物体表面之间以辐射方式进行的热交换过程称为辐射换热。当物体与周围环境处于热平衡时，辐射传热量等于零，但这是动态平衡，辐射与吸收过程仍在不停地进行。物体的温度越高，辐射能力越强。温度相同，但物体的性质和表面状况不同，辐射能力也不同。

导热、对流这两种热量传递方式只在有物质存在的条件下才能实现，而热辐射可以在真空中传递，而且实际上在真空中辐射能的传递最有效。它不需要物体之间的直接接触，也不需要任何中间介质，即使在真空中也可以传播。此外，热辐射在传递过程中不仅产生能量的转移，且伴随能量形式的转化，即热能—辐射能—热能。实验表明，物体的辐射能力与温度有关，同一温度下不同物体的辐射与吸收能力不同。

辐射换热的基本定律是斯蒂芬-玻尔兹曼（Stefan-Boltzmann）定律，该定律表明：黑体在单位时间内通过单位面积向外辐射的能量（即辐射力 Φ）和绝对温度的四次方成正比，故该定律又称四次方定律，即

$$\Phi=A\sigma T^4 \tag{3-3}$$

式中，T 为黑体的热力学温度，K；σ 为斯蒂芬-玻尔兹曼常量，即通常说的黑体辐射常数，它是个自然常数，其值为 5.67×10^{-8} $W/(m^2 \cdot K)$；A 为辐射表面积，m^2。

一切实际物体的辐射能力都小于同温度下的黑体。一个物体的发射率与物体的温度、种类及表面状态有关。

热的三种传递方式如图3-2所示。

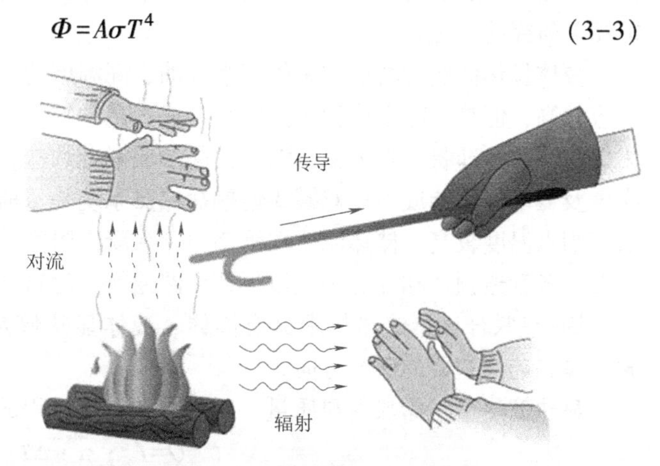

图3-2　热的三种传递方式

3.2 热能存储方式

热能存储（Thermal Energy Storage）通过对储能材料的冷却、加热、熔化、固结、汽化等方式实现储能目的，通过上述过程的可逆变化释放热能。它是一种平衡热量需求和使用的有效手段。热能存储也就是上述三种热传递方式将热量通过储热材料存储起来，进而达到利用的目的。

根据储热材料的物理或化学性质，常见的储热技术可以分为显热储热、潜热（相变）储热和热化学储热。在储热系统中，储热材料的性能直接影响热存储效率和热释放效率，进而影响发电效率和技术所需成本。根据整体系统的要求，储热介质应该满足以下几个方面的要求：①储能密度较高；②与换热工质换热系数高，能够实现良好换热；③自身结构能够保持长期稳定；④能够长期实现比较稳定且高效的储热/放热循环过程；⑤来源广泛，价格低廉；⑥本身无毒，不会对环境造成污染。

3.2.1 显热储热

显热储热是指在不发生化学性质变化的情况下依靠储热物质的热物性来进行热量的存储和释放，在该过程中只有材料自身温度发生变化。显热储热材料在自身温度升高/降低的过程中，吸收/释放热量，其内能相应增加/减少，材料的温度也随之升高/降低，但不发生其他变化，这使得显热储热技术使用温度范围广。

显热储热材料大多可以从自然界直接获取，并且化学稳定性好，经济性好；储、放热过程中强化换热手段相对简单，成本低。显热储热材料最大的劣势是储能密度低，造成储热装置体积较大。依据材料性质，又可将显热储热材料分为固体显热储热、液体显热储热以及固-液联合显热储热三种。

固体显热储热通常使用高温混凝土或陶瓷等作为储热介质。由于投资和维护的成本较低，受到越来越多的关注。但混凝土导热系数低，如何强化混凝土与传热流体间的换热是目前相关研究的关键。

液体显热储热材料最常见的有水、油、高温熔盐等几类，相比于固体显热储热材料，其热容较高，但是也存在体积比热容小、成本高的缺点。目前实际应用中通常采用高温熔盐作为储热介质，即将几种无机盐混合共晶形成混合熔盐，以得到适宜的工作温度、熔点、储能密度及低单位储能成本。双罐式熔融盐储热系统是目前最常见的光热电站储热形式，但熔融盐凝固点温度较高，储热流体在管路中存在凝固阻塞的风险。熔融盐的流通管路设计中通常需要配备管道预热和保温装置以保证回路通畅，运行和维护的成本较高。

固-液联合显热储热技术具有固体、液体显热储热的各种优势，但相对来说还不太成熟，是目前最主要的研究方向。

显热储热量与储热材料质量、比热容和储热过程的温升值这三个参数成正比，即

$$Q=c_p \cdot m \cdot \Delta T \tag{3-4}$$

式中，Q 为储热量；m 为储热材料质量；c_p 为储热材料比热容。按照固体物理理论，固体的比热容取决于质点的数量和可激发的自由度，大部分材料在室温下振动自由度都是可激发的，因此其摩尔比热容都是近似的，所以分子量越小，比热容越大。

显热储热作为最早的储热技术，具有材料常见、原理简单、技术成熟、成本低廉、使用寿命长、热导率高、应用广泛等优点，同时其存在储能密度低、储能时间短、温度波动范围大及储能系统规模过于庞大等缺点，限制了其大规模应用。

3.2.2 潜热储热

潜热储热又叫相变储热，主要是利用相变材料（Phase Change Material，PCM）在凝固/熔化、凝结/汽化、凝华/升华以及其他形式的相变过程中，吸收或放出大量相变潜热的原理而实现储热，从而改变能量使用的时空分布，提高能源的利用率。与显热存储相比，潜热存储的优点如下：

（1）容积储能密度大。因为一般物质在相变时所吸收（或放出）的潜热为几百至几千 kJ/kg。例如，冰的熔解热为 335 kJ/kg，而水的比热容为 4.2 kJ/(kg・℃)，岩石的比热容为 0.84 kJ/(kg・℃)。所以存储相同的热量，潜热存储设备所需的容积要比显热存储设备的容积小得多，即设备投资费用降低。

（2）温度波动幅度小。物质的相变过程是在一定的温度下进行的，变化范围极小，这个特性可使相变储器能够保持基本恒定的热力效率和供热能力。换句话说，相变储热材料可实现储能与控温的双重目的。

相变材料按照相变过程的不同分为 4 类，分别为固-液、固-固、固-气、液-气相变。由于后两种相变方式在相变过程中伴随着大量气体的存在，使材料体积变化较大，因此尽管它们有很大的相变潜热，但在实际应用中很少被选用。目前实际应用最广泛的是固-液相变储热。若物质的熔解热为 λ，则质量为 m 的物质在相变时所吸收（或放出）的热量为

$$Q=m\lambda \tag{3-5}$$

根据相变温度高低，潜热储热又分为中低温和高温两种。中低温潜热储热主要用于废热回收、太阳能存储以及供暖和空调系统。高温潜热储热可用于热机、太阳能电站、磁流体发电以及人造卫星等方面。目前，潜热储热尚未大规模应用于商业化光热电站，主要原因是高温相变材料的封装及传热强化方面仍存在不足之处。

3.2.3 热化学储热

热化学储热的本质是热能在可逆吸热反应中转变为化学能，利用可逆化学反应中分子键的破坏与重组能实现热能的存储与释放，其储热量由化学反应的程度、储热材料的质量和化学反应热所决定。

热化学储热的储热和释热过程如图 3-3 所示，反应物吸收外界能量后分解，将所吸收的热能以化学能的形式存储在分解产物中，需要供热时再将分解产物重新接触反应，实现能量的存储和利用。

热化学储热方法可以分为浓度差热存储、化学吸附热存储和化学反应热存储三类。浓度差热存储是当酸碱盐类水溶液的浓度变化时，利用物理化学势的差别，即浓度差能量或浓度能量的存在，对余热/废热进行统一回收、存储和利用。化学吸附热存储是吸附剂为固态的固/气工作对发生的储热反应，其释热是通过被称为吸附剂的储热材料对特定吸附质气体进行捕获和固定完成的，其实质为吸附剂分子与被吸附分子之间接触并形成强大的聚合力，如范德华力、静电力、氢键等，并释放能量。化学反应热存储是利用可逆化学反应中分子键的

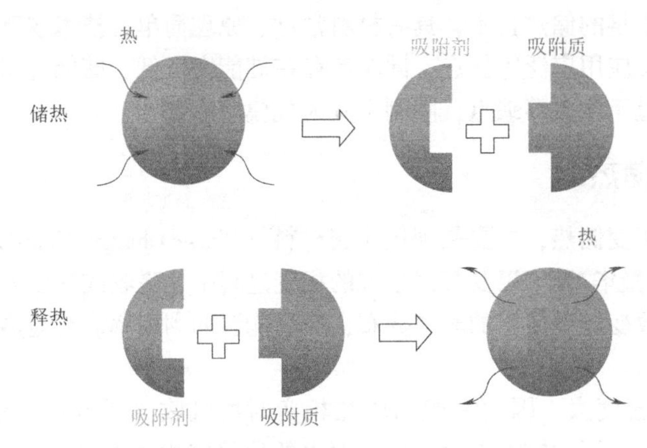

图 3-3　热化学储热的储热和释热过程

破坏与重组实现热能的存储与释放，其储热量由化学反应的程度、储热材料的质量和化学反应热所决定。化学反应存储主要有 7 类，包括甲烷重整的化学储热体系、氨分解/合成的化学储热体系、异丙醇分解/合成的化学储热体系、金属氢化物的化学储热体系、碳酸盐分解/合成的化学储热体系、金属氧化物分解/合成的化学储热体系、氢氧化物分解/合成的化学储热体系。

热化学储热体系的温度区间可以分为低温和中高温。化学吸附热存储的温度区间在 300 ℃以下，非常适合太阳能和工业余热、废热等低品位热源的存储。中高温热化学储热体系包括金属氢化物体系、氧化还原体系、无机氢氧化物体系、氨分解体系和碳酸盐体系等，其反应温度区间在 300~1 100 ℃，需要对太阳能进行聚光才能达到此温度，因此适用于太阳能热电站等大型太阳能热利用场所。

对比其他储热方式，热化学储热具有以下优势：①储能密度分别是潜热储热和显热储热的 5 倍和 10 倍；②在环境温度下可实现长期无热损；③适合长距离运输。但其储/释热过程技术复杂，不稳定，安全系数低，难控制，传热特性通常比较差，一次性投资成本过高等。因此，热化学储热材料大部分还处在测试阶段，还无法实现大规模商业化应用。

3.3　热能的梯级利用

化工企业、煤化工企业、供热企业、热电厂、药厂、水泥厂、冶金企业等都需要或产生一定的热能，而目前大多数企业存在能源浪费，导致不能有效地充分利用热能，而需要减温减压装置来将多余热能消耗，从而既造成了能源浪费，又增加了成本。因此，为了有效地满足用能需要，而不增加能源消耗，提高热能利用率，热能梯级利用应运而生。

所谓热能梯级利用，是指无论是一次能源还是余能资源，均按其品位逐级加以利用。它是能源合理利用的一种方式，包括按质用能和逐级多次利用两个方面。

（1）按质用能，即尽可能不使高质热能去做低质热能可完成的工作；在一定要用高温热源来加热时，也尽可能减少传热温差；在只有高温热源，又只需要低温加热的场合中，则应先用高温热源发电，再利用发电装置的低温余热加热，如热电联产。

（2）逐级多次利用，即高质热能不一定要在一个设备或过程中全部用完，因为高质热能的温度在使用过程中是逐渐下降的，而每种设备在消耗热能时总有一个最经济合理的使用温度范围。由此，当高质热能在一个装置中已降至经济适用范围以外时，可转至另一个能够经济使用这种较低质热能的装置中去使用，使总的热能利用率达到最高水平。

热能的使用方式和目的多种多样，在未被充分利用的能源中，也基本上以余热的形式存在。因此，本节重点讲述余能资源的梯级利用。

能源的潜在危机和生态环境的恶化使世界各国积极开发利用低品位热能。我国工业余热资源丰富，广泛存在于工业各行业生产过程中，余热资源占其燃料消耗总量的 17%～67%，其中可回收率达 60%，余热利用率提升空间大，节能潜力巨大。工业余热回收利用又被认为是一种“新能源”，近年来成为推进我国节能减排工作的重要内容。

根据余热资源在利用过程中能量的传递或转换特点，可以将国内目前的工业余热利用技术分为热交换技术和热电联产技术。

热交换技术指不改变余热能量的形式，通过换热设备将余热能量直接传递给自身工艺的耗能过程，是工业余热回收最直接的方法。为了降低一次能源消耗，尽量减少能量转换次数，工业中常常通过空气预热器、回热器、加热器等各种换热器回收余热，减少烟气排放；或将高温烟气通过余热锅炉或汽化冷却器生成蒸汽热水，用于工艺流程。工业中常用的余热回收设备既有传统的各种结构的换热器、热管换热器，也有余热蒸汽发生器（余热锅炉）等，其结构形式多为板片式、翅片式和肋管式。热交换技术通过降低温度品位的形式回收余热，是一种降级利用，不适用于回收大量存在的中低温余热资源。

热电联产技术凭借其节约能源、高效、低污染和高可靠性的优势，逐渐发展成为我国城市的主要供热方式，具有较好的社会经济效益。热电联产是将燃料的化学能通过燃烧转化为用于发电的高品位蒸汽，同时抽取部分在供热式汽轮机中做功之后的低压蒸汽，将这些低压蒸汽对外界供热。也就是说，在利用电能时按压力或质量来进行合理的分配。

可实现电、热负荷较为灵活调整的热电联产技术主要有抽凝供热技术和热泵供热技术。抽凝供热技术主要是采用抽凝式汽轮机进行供热和发电，根据热负荷的不同品质选择在汽轮机不同位置抽取加热汽源，剩余蒸汽做功后进行凝结循环利用。抽凝供热系统流程如图 3-4 所示。

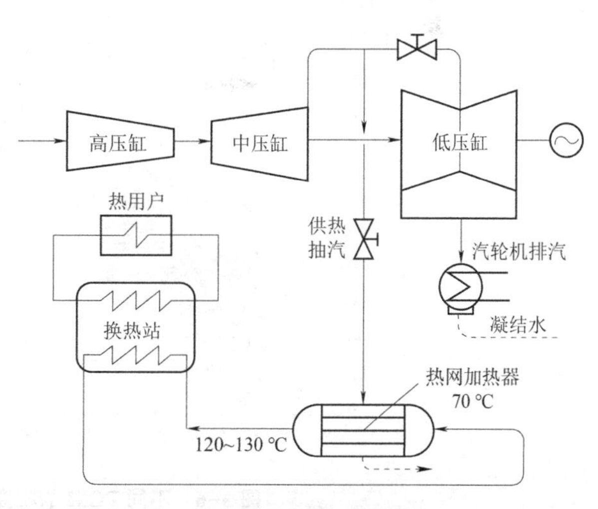

图 3-4　抽凝供热系统流程

抽凝供热系统具有负荷调整范围广、结构简单、投资少等优点，是我国目前热电联产发展的主要机型。但这种供热方式存在一些问题，供热系统抽汽温度比热网水需求温度高达 200 ℃左右，换热过程损失很大。此外，汽轮机排汽进入凝汽器后汽化潜热被全部排放至环境中，极大浪费了热量。

工业生产中存在大量略高于环境温度的废热（30～60 ℃），余热量很大，热泵技术常被用于回收此类余热资源。热泵技术是以消耗一部分高质能（电能、机械能或高温热能）作为补偿，通过制冷机热力循环，把低温余热源的热量“泵送”到高温热媒的过程。热泵供热系统流程如图 3-5 所示。

目前，热泵机组的供热系数为 3～5，即消耗 1 kW 电能，可制得 3～5 kW 热量。热泵技术在一定条件下是利用略高于环境温度废水余热的经济可行的技术。

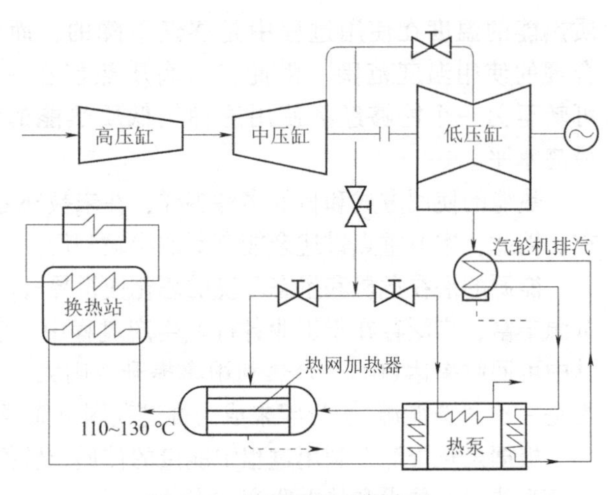

图 3-5　热泵供热系统流程

3.4　储热材料（相变材料）

相变材料（Phase Change Material，PCM）是指随温度变化而改变物质状态并能提供潜热的物质。相变材料储热也称潜热存储，它同时利用物质固有的热容和物态变化的相变潜热来存储热能，具有储能密度较大和热量输出稳定且换热介质温度保持不变等特点。

3.4.1　相变材料的选取

PCM 的选取取决于储热系统的具体应用，在满足相变温度的条件下，应优先选取相变焓值（潜热值）较大的材料，以便降低储热装置的体积和质量。图 3-6 所示为不同 PCM 对应的相变温度和相变焓值。

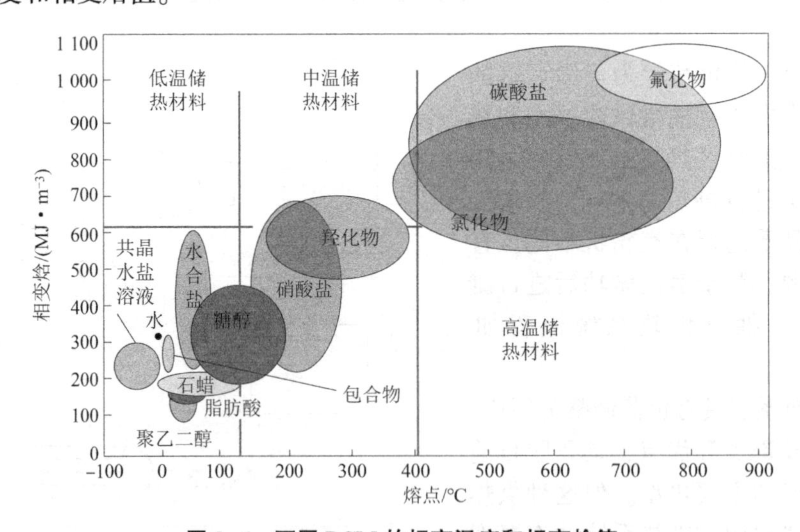

图 3-6　不同 PCM 的相变温度和相变焓值

在相变储热过程中，理想的相变材料应满足一定的热力学、相变动力学、化学性能和经济性等方面的要求，具体要求如下：

1. 热力学要求

合适的相变温度；单位质量潜热高，便于以较少的质量存储相当量的热能；高密度，盛装容器体积更小；高比热容，可提供额外的显热效果；高热导率，以便储、放热时储热材料内的温度梯度小；协调熔解，材料应完全熔化，以使液相和固相在组成上完全相同，否则，因液相与固相密度差异发生分离，材料的化学组成改变；相变过程的体积变化小，可使盛装容器形状简单。

2. 相变动力学要求

凝固过程中过冷度很小或基本没有；具有良好的相平衡特性，不会产生相分离；具有较高的固化结晶速率。

3. 化学性能要求

化学稳定性好，不发生分解，使用寿命长；对容器材料无腐蚀性；不燃烧、不爆炸、无毒，对环境无污染。

4. 经济性要求

大量易得，价格便宜，制备方便。这些因素对相变储热材料在热能存储中的推广应用非常重要。

实际上很难找到能够满足所有这些要求的相变材料，在应用时主要考虑的是相变温度合适、相变潜热高和价格便宜，注意过冷、相分离和腐蚀问题。

3.4.2　相变材料的分类

相变材料的分类方法很多，常见的分类方式有两种：按相变机制分类和按相变温度分类，如图 3-7 所示。

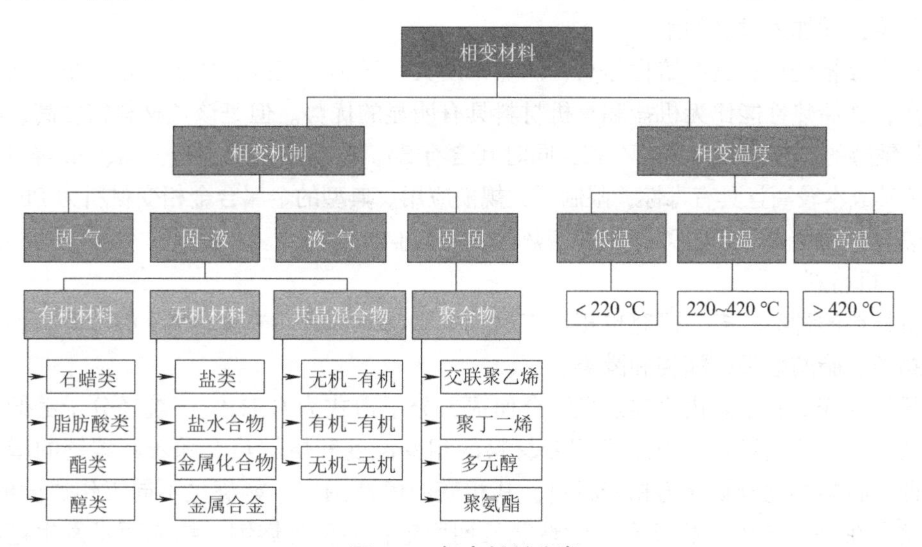

图 3-7　相变材料分类

1. 相变机制

从储热过程中材料的相态变化方式来看，相变材料分为固-液相变材料、固-固相变材料、固-气相变材料、液-气相变材料。固-气相变材料、液-气相变材料发生相变时，会产生较高的相变焓，但在应用过程中会出现体积变化和压力改变等问题，因此限制了其实际应用。固-固相变和固-液相变是实际中采用较多的相变类型。固-固相变利用物质晶体结构有序-无序转变过程中的吸热、放热实现对热能的存储与释放，其优点是可以直接加工成形，不用容器盛放，材料热膨胀系数小，无过冷和相分离现象，腐蚀性小，无泄漏问题。但其也有相变潜热较低，价格较高的缺点。而固-液相变正好与其相反，要用容器盛放，有过冷和相分离现象，常常具有腐蚀性，可能导致泄漏，但其相变潜热较高，价格较为低廉。固-液相变利用物质熔化与凝固过程中的吸热与放热现象，从而实现对热能的存储与释放，在相变过程中不会出现明显的体积变化，是热能存储的首选。

固-液相变材料种类繁多，熔点也大不相同。1983 年，首次出现了储热物质的分类方法，将固-液相变材料分为有机材料、无机材料和共晶混合物三种。

1）无机材料

无机材料主要包括盐类、盐水合物、金属化合物和金属合金等。此类材料的特点是价格低廉、相变潜热大、易于获得、热导率高、不易燃、体积变化小、工作温度可变范围广且相变时温度较为稳定，但在使用过程中易出现过冷和相分离，盐类材料还有较强的腐蚀性，可能会造成泄漏。

盐水合物具有熔化热大、热导率高、相变时体积变化小等优点，是中低温相变材料中的重要类型，在储能系统中的用途已被广泛研究。但是这类相变材料通常存在过冷和相分离，限制其广泛应用。目前主要是通过提高成核速率的方法解决过冷问题，常用的方法有：①加成核剂，即加入微粒结构与结晶盐类似的物质作为成核剂；②冷指法，即保持一部分冷区，使未熔化的一部分晶体作为成核剂。针对相分离这一问题，常用的解决方法有：①加入某种增稠剂；②加入晶体结构改变剂；③盛装相变材料采用薄层结构；④机械摇晃或搅动；⑤采用胶囊封装；⑥加入过量的水。

金属合金相变材料具有熔化热高、储能密度大、导热性能好、体积变化率小、使用寿命长等优点，其储热性能比无机盐和有机材料具有明显的优势。但是该类材料密度高，在对材料质量较敏感的储热领域关注度不高，同时其含有 Sn、Bi、Pb、Cd、In、Ga、Sb 等贵金属元素，导致其成本较高且具有毒性，限制了大规模应用。典型的金属合金相变材料为 Pb-Sn，其相变储热材料的熔点为 183 ℃，相变潜热约 104.2 J/g。

2）有机材料

有机材料的种类较多，研究也相对广泛，主要包括石蜡、羧酸、酯、醇等有机物，通常分为石蜡类、脂肪酸类、酯类和醇类。

石蜡类相变材料主要由直连烷烃混合而成，分子通式为 C_nH_{2n+2}。烷烃分子链的结晶过程将释放大量的相变潜热。石蜡类相变材料的相变温度和熔解热会随着其碳链的增长而增大，因此，石蜡类化合物作为相变材料，其相变温度范围广，能满足不同工作温度的需求。它们的熔点在-5~66 ℃，物理和化学性能长期稳定；能反复熔解、结晶而不发生过冷或晶液分离现象。此外，石蜡类相变材料还具有可靠性高、价格便宜、无毒和无腐蚀性等特点。石蜡储热也有一些缺点：①热导率低；②与容器的相容性差；③易燃。对石蜡类相变材料的研究，主要集中在提高其热导率和阻燃性等方面。

脂肪酸类也是一种有机相变材料，其分子通式为 $C_nH_{2n+2}O_2$。相比于石蜡类，脂肪酸类相变储热材料具有更好的相变特性，其价格廉价，体积膨胀率小，主要应用于复合建筑材料方面。

醇类相变材料主要有聚乙二醇、新戊二醇等。它们由碳和氢原子链组成。这些多元醇的固-液相变温度都高于固-固相变温度，所以在发生相变后仍可以有较大的温度上升幅度而不致发生固-液相变，从而在储热时体积变化小，对容器封装的技术要求不高。醇类相变材料是目前研究较为广泛的有机类相变储热材料，具有性能稳定、使用寿命长、相变温度高、无液相产生、体积变化小等优点，应用于中高温的应用场景，但目前仍存在一些有待解决的问题，如导热性较差、稳定性不佳、成本高等缺点。

3）共晶混合物

共晶混合物储热材料由有机、无机或两种相变材料的两种或多种化合物的组合产生，因此与单个化合物相比，它们的转变温度更接近现有需求。混合物中的两种或多种成分应完全结晶。这些材料的主要优点是具有合适的相变温度、较高的相变焓和一致的相变，主要缺点是成本高（通常比有机或无机相变材料高2~3倍）、有限的热物性和强烈的气味。

2. 相变温度

国外学者将相变温度低于220 ℃的材料称为低温相变材料，相变温度在220~420 ℃的材料称为中温相变材料，相变温度高于420 ℃的材料称为高温相变材料。图3-8展示了部分有机化合物的熔点及相变潜热，它们的工作温度范围为20~140 ℃。大多数有机化合物的熔点低于80 ℃。在选定的所有有机材料中，高密度聚乙烯（HDP）的最高熔点为138 ℃。图3-9显示了部分无机化合物及共晶混合物的熔点及相变潜热。大多数盐水合物的熔点都低于220 ℃。但是，无机盐的熔点要比盐水合物高很多。这些无机盐，如金属碳酸盐、氯化物、硫酸盐、氟化物和硝酸盐，广泛用作要求运行温度超过500 ℃的高温热能存储应用的相变材料。

因此，有机相变材料主要用于低温环境，而大多数无机相变材料用于高温环境。大多数无机-无机共晶混合物属于中温相变材料，而有机-无机共晶混合物是熔点低于220 ℃的低温相变材料。

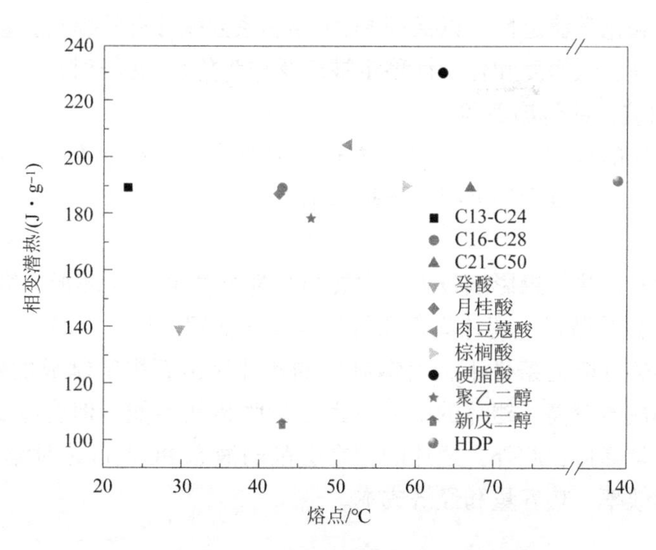

图3-8 部分有机化合物的熔点及相变潜热

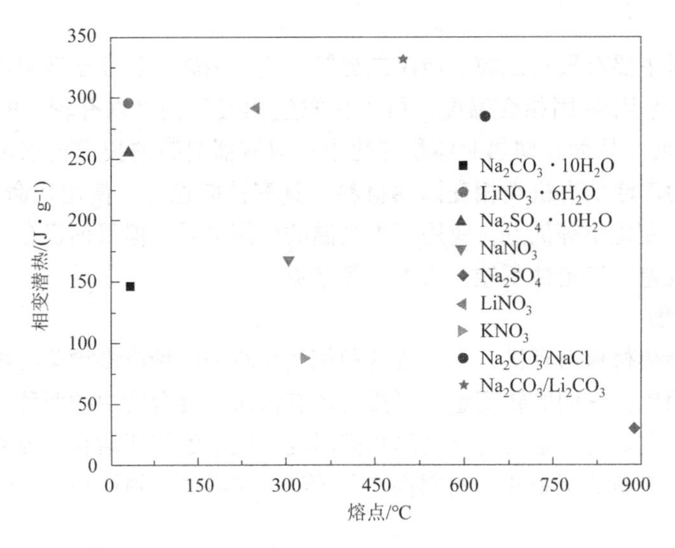

图 3-9　部分无机化合物及共晶混合物的熔点及相变潜热

3.4.3　相变材料的强化传热

相变材料凝固（熔化）释放（吸收）的热量需通过固-液界面形成的固体层，而大多数固体相变材料热导率较低，导致传热流体与相变材料之间传热效果较差，影响储热装置的储/放热速率。因此，由传热公式 $Q=kA\Delta t$ 可知，提高相变储热系统传热量、传热速率的方法为提高相变材料的导热系数、增加相变材料与换热流体的接触面积、提高传热均匀性。

1. 提高导热系数

在相变材料中添加高导热系数、低密度的材料，可使材料导热性和储能密度大幅提高。一般的添加材料有金属氧化物、多孔材料、纳米颗粒、碳纤维、金属泡沫等。添加剂必须具有较高的导热系数和化学稳定性，以保证 PCM 导热系数能够有效提高，且不发生化学反应。石墨因其导热系数高、低密度和化学性稳定被广泛作为传热增强材料。

2. 增加与换热流体的传热面积

增加与换热流体的接触面积的主要方式有添加翅片、PCM 封装，通过提高相变材料与换热流体的接触面积，可以大幅度提高传热速率。

1）添加翅片

翅片相关参数对传热效果影响较大，主要包括翅片类型（如环形、纵向等）、翅片尺寸（如高度、厚度）、翅片数量、翅片间距和材料类型（如铜、铝、钢等）。

在达到相同传热性能的条件下，由钢制成的翅片比由石墨箔制成的翅片需要更多的体积，导致钢翅片的成本较高。翅片的引入有助于增强传热性能，但会减少储热装置中 PCM 的含量，导致热容量降低；此外，翅片的存在会削弱液态 PCM 自然对流。因此，设计翅片时应综合考虑储热效率、热容量和经济成本。

2）PCM 封装

封装是指以各类有机高分子聚合物或无机材料为壁材，将 PCM 包裹在内形成相变胶囊。封装的 PCM 在容器中积聚，传热流体流过不同封装体之间的空隙，从而增加传热面积。根据 PCM 的封装尺寸可分为纳米胶囊（粒径≤1 μm）、微胶囊（1 μm<粒径≤1 mm）和宏观胶囊（粒径>1 mm）。相变胶囊实物如图 3-10 所示。随着胶囊粒径的减小，比表面积增大，胶囊与传热流体的接触面积和传热面积也增大，但也要综合考虑壁材特性、工况、可行性、经济性等实际情况对尺寸进行选择。

(a)

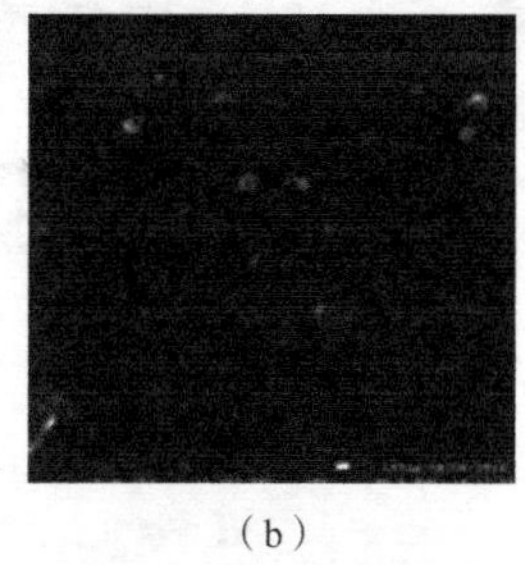

(b)

(c)

图 3-10　相变胶囊实物

(a) 微胶囊；(b) 纳米胶囊；(c) 宏观胶囊

3. 提高传热均匀性

当相变储热装置中为单级 PCM 时，传热流体温度沿着流动方向逐渐降低，造成传热管后段的传热速率减慢，导致 PCM 熔化速率严重不均匀，后半段的固-液界面明显低于前半段。放热过程与储热过程类似，较慢的熔化或凝固速率会导致储热系统储/放热时间延长。

将 PCM 进行级联放置，是均匀换热温差的有效途径，其工作原理如图 3-11 所示。

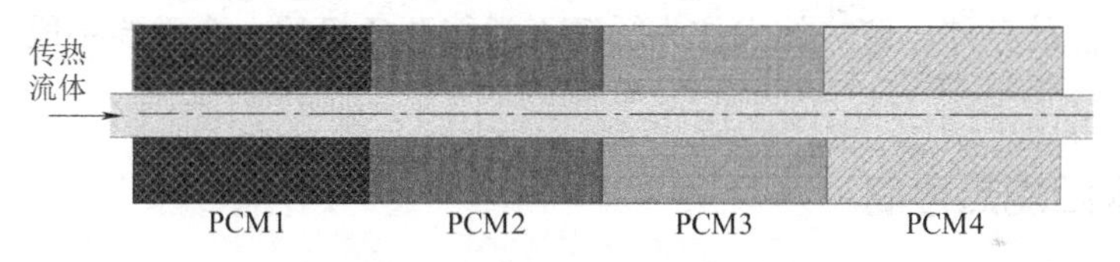

图 3-11　级联 PCM 工作原理

级联 PCM 的目的是在充放热循环中，保持换热流体和相变材料之间的温差接近恒定，从而提高相变储热系统的热性能。在典型的壳管相变储热系统中，充热过程中，多个不同熔点的相变材料沿热流流动方向的熔点呈递减顺序排列。这种趋势导致相变材料的热流几乎是恒定的。在放热循环过程中，换热流体的流动方向发生了逆转，因此，相变材料的熔点保持递增的顺序。

3.5　储热技术与应用

“热”是日常生活和生产中经常遇到的一种物理能量，热能的开发与利用伴随着人类社会的发展而进步。在人类可利用的资源中，热能占主要部分，有 80%～90% 的能量是先转化为热能的形式再加以利用。目前人类最主要的常规热能来源是化学燃料热能，如煤炭、石油、天然气等燃烧产生的热能。其他的热能来源包括太阳能、核能、地热、海水热能等新能源。热能资源及其主要的存储及转化技术如图 3-12 所示。从热力学的角度来看，任何一种能量都可以 100% 地转换为热能，而其逆过程即各种热力循环、热力设备及热能利用装置的效率都会受热力学第二定律限制，不可能达到 100%。目前热能的相对利用效率基本在 50% 以下，大部分热能以废热的形式排放到环境中。在目前“双碳”的目标下，有效利用、存储和转化热能，将促进环境保护和绿色能源的发展。

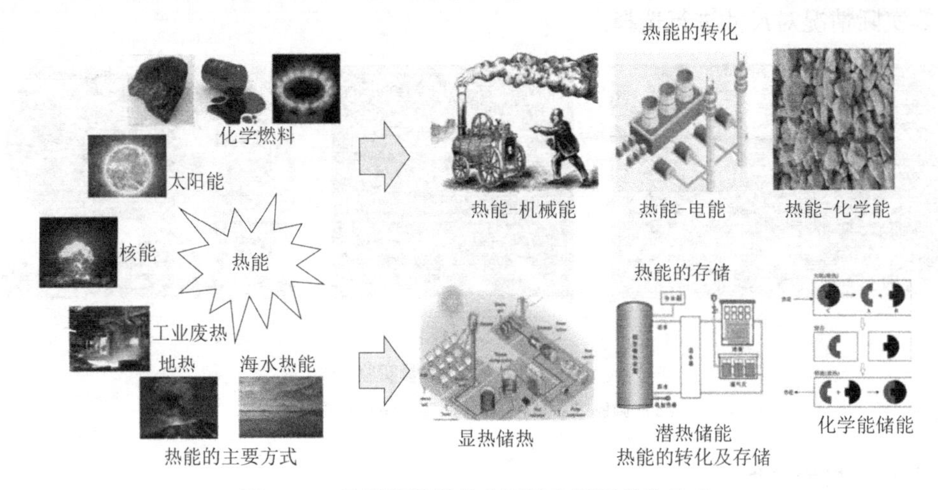

图 3-12　热能资源及其主要的存储及转化技术

储热技术是以储热材料为媒介，将太阳能光热、工业余热、低品位废热、地热等热能存储起来，解决可再生能源间歇性和不稳定性的缺点，以及在能量转换与利用的过程中时空供求不匹配的矛盾，提高热能利用率的技术。总体上来说，热能存储技术主要研究显热、潜热和热化学三种热能的存储。储热技术作为缓解人类能源危机的一个重要手段，主要有以下几个方面的应用。

3.5.1　太阳能热存储

太阳能具有资源丰富且不受地域影响的特点，其利用技术已成为研究热点。但是，太阳能受昼夜交替以及季节和气候的变化情况影响较大，并且储能密度不高，这些问题严重地限制了太阳能的收集与利用，太阳能产品的使用也受到严重限制。因此，需要将一定的储能装置与太阳能集热装置相结合，当热源（即太阳能集热器）的温度高于热负荷的温度时，储热器充热并储热；而当热源的温度低于热负荷的温度时，储热器放热，或者说经过热交换，把所存储的热量从储热器提取出来，输送给热负荷。太阳能储热和取热过程的简单流程，如图 3-13 所示。

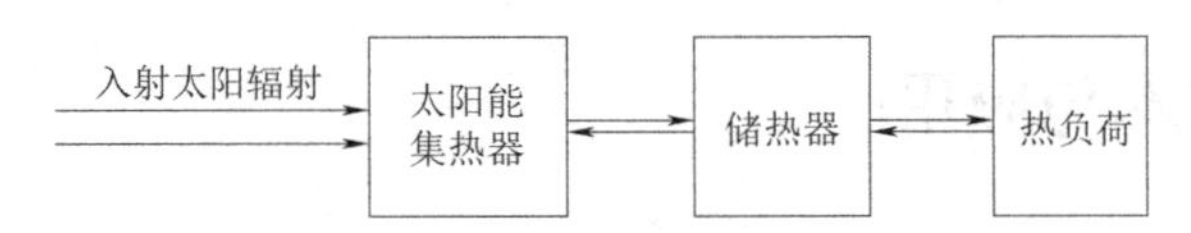

图 3-13　太阳能储热和取热过程的简单流程

太阳能热存储的优点是热存储效率高、经济性好、安全可靠，而且技术上已能实现。通常，利用太阳能就是为了获得热能，因而，热存储是最简单和合理的形式，可以减少不必要的能量转换，效率较高，投资费用小。

按照储热温度的不同，太阳能热存储可分为低温储热、中温储热、高温储热和超高温储热。低温储热温度低于 100 ℃，多用于建筑物采暖、供应生活用热水或低温工农业热加工（如干燥器）。中温储热温度在 100~200 ℃，在吸收式制冷系统、蒸馏器小功率太阳能水泵或发电站中使用较多。高温储热温度在 200~1 000 ℃，多用于聚光式太阳灶、蒸汽锅炉或使用高性能涡轮机的太阳能发电厂。超高温储热温度在 1 000 ℃以上，多在大功率发电站或高温太阳炉中使用。

太阳能热存储技术包括显热储热技术、潜热储热技术和热化学储热技术。

1. 太阳能的显热储热

就太阳能热存储来说，显热储热是研究最早和利用最广泛的一种。显热储热包括液体显热储热和固体显热储热。在低温范围内，液体材料水的储热性能最好，而且水的黏度低，无腐蚀性，几乎不需要花费代价，因此使用最多。但是水在常压下沸点为 100 ℃，要在更高的温度范围内储热就必须选择其他介质。

1）水存储太阳能

在太阳能供暖系统中，水经常作为储热介质，最常用的储热器是水箱，它和太阳能集热器连接在一起，如图 3-14 所示。在日照期间水箱把用不了的太阳热存储起来，而在夜间或者阴雨天室内采暖就靠水箱内存储的热来满足。为了实现太阳能的长期存储，需要利用大容量水箱。此时，容器表面积与容量比较小，有利于隔热保温。当容器的储水量在 1 000 t 以上时，最好采用塑料等廉价材料的容器。

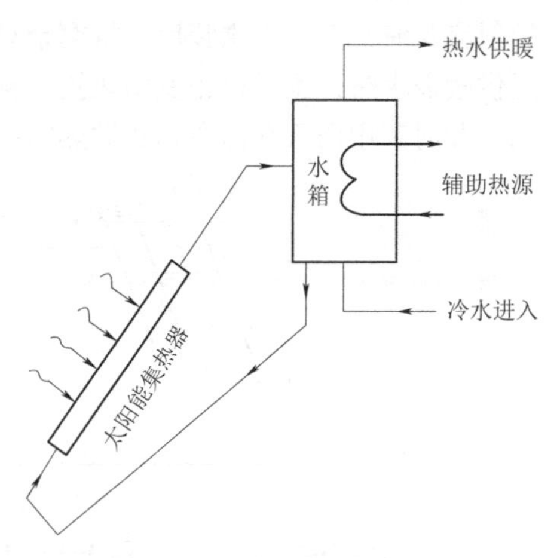

图 3-14　太阳能供暖系统

2）混凝土存储太阳能

在高温储热过程中，通常选用具有高比容量、高储能密度和高热导率的材料作为固体显热储热材料，如比较常用的混凝土、陶瓷等。混凝土储热具有性能稳定、投资成本低的优点，是用于太阳能热发电的理想储热材料，因而在储热方面具有很广阔的发展前景。

图 3-15　太阳能碟式斯特林混凝土储热发电系统

碟式太阳能聚光系统具备较高的聚光比，但配套的储热系统不完备，在太阳能热利用过程中受不可控因素影响，特别是在日常云层遮光的白天和夜间，太阳辐射停止，系统的输入能量源消失，会直接导致停机，所以为能源的持续供应迫切需要储热系统，提高能源的利用效率，是使太阳能热利用技术规模化的关键。

图 3-15 所示为一种太阳能碟式斯特林混凝土储热发电系统。当光照充足时，光敏检测器将信号传给中央处理器，碟式聚光器自动对焦斯特林吸热器充分吸热，使工质在热腔中做功，维持斯特林发动机运行，在发电量满足用户需求的同时，还可加热光热转换器内的传热介质，传热介质通过循环泵的带动在管内与混

凝土进行换热，实现热量的存储；阴雨天缺少太阳光照时，光敏检测器将信号传给中央处理器进行分析，此时斯特林发动机的能量小部分来自太阳能，大部分来自储热系统；夜间，光敏检测器接收不到光信号，斯特林发动机能量全部来自混凝土储热系统的热能。以上整个过程有效利用了太阳光照，从而实现智能储/释热。

2. 太阳能的潜热储热

在太阳能系统中，潜热储热是利用物质发生相变时需要吸收（或放出）大量熔化（或凝固）潜热的性质来实现储热的。太阳能潜热储热材料主要采用无机盐。

常州大学建立了相变储热太阳能热泵系统试验平台，由太阳能热泵系统与储热系统组成。相变储热太阳能热泵系统主要由太阳能热水器、压缩机、冷凝器、节流装置、相变储热箱和热泵组成，其结构如图 3-16 所示。储热系统主要由相变储热箱和热泵组成，在热泵与供暖末端并联一个相变储热箱。相变储热结合太阳能热泵系统共有三种运行方式：当太阳能辐射充足时，向室内供暖后，将剩余热量存储在相变储热箱中；当太阳能辐射一般，仅能满足供暖需求时，不经过相变储热箱，直接向供暖末端供热；当夜晚、阴天时，太阳能辐射较弱，此时利用白天存储在相变储热箱中的热量，向供暖末端供热。

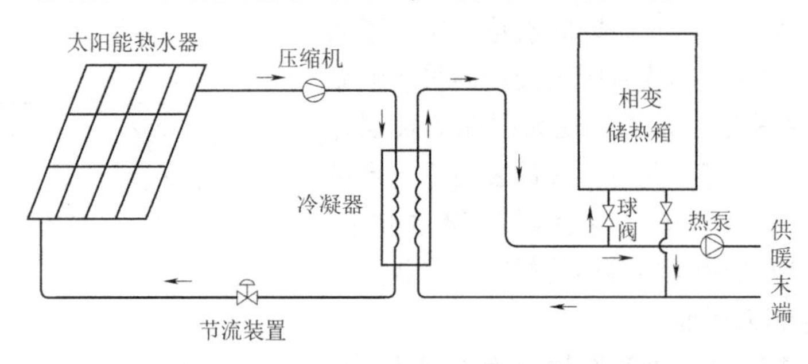

图 3-16 相变储热太阳能热泵系统结构

该相变储热太阳能热泵系统采用的无机相变储热材料为 $Ca(NO_3)_2$，其相变温度为 47 ℃。相变储热箱内部的换热设备为蛇形管换热器。当供水温度大于 47 ℃时，相变储热材料发生固-液相变，并将多余热量存储于相变储热箱中；当供水温度小于 47 ℃时，相变储热材料发生液-固相变，并释放热量用于供暖。该相变储热太阳能热泵系统能够满足北方农村的供暖需求，可以保证白天室内的温度达到 22 ℃，解决了单纯电加热供暖方式费用高、能耗高的问题，具有显著的节能性。

熔盐相变储热技术除了将存储的太阳能用于供暖外，还可用于发电。图 3-17 所示为太阳能热发电站熔盐相变储热系统，相变储热罐中装有固体熔盐，其工作原理是白天太阳充足时，吸热器出来的高温导热油一部分直接送入蒸汽发生器产生蒸汽发电，另一部分通入相变储热罐中，经油盐换热器，固体熔盐吸热熔化变成液体盐存储热量。晚上没有太阳时，蒸汽发生器出来的低温导热油进入储热系统，相变储

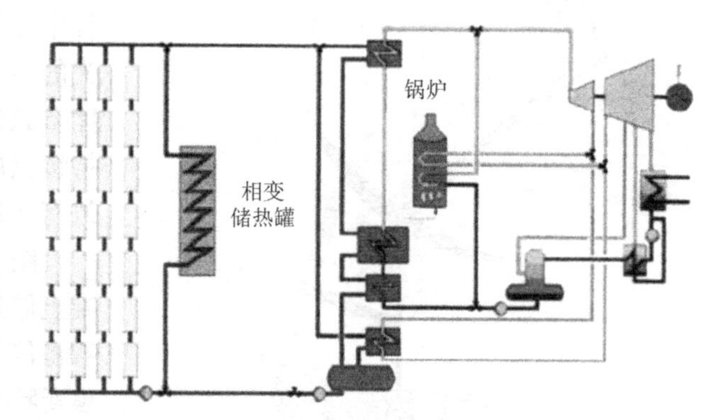

图 3-17 太阳能热发电站熔盐相变储热系统

热罐中液态熔盐凝固放出热量，加热导热油后，进入蒸汽发生器加热水产生蒸汽驱动发电。

3. 太阳能的热化学储热

热化学储热在储能密度以及工作温度范围上的优势是显热储热和潜热储热方式无可比拟的。热化学储热方法可以分为浓度差热存储、化学吸附热存储以及化学反应热存储三类。

1）浓度差热存储

浓度差热存储是利用酸碱盐溶液在浓度发生变化时吸收/放出热量的原理来存储/释放热能。瑞士联邦材料测试和研究实验室采用 NaOH-H_2O 工质对构筑了闭式系统，用于实现太阳能的长期热存储，其系统原理如图 3-18 所示。整个 NaOH 储热装置（包括储液罐、水箱和换热器）的体积为 7 m^3，蒸发温度为 5 ℃，若供应 65~70 ℃的热水，其储能密度是采用水作为储热介质时的 3 倍；若用于提供 40 ℃的空间加热，则其储能密度是采用水作为储热介质时的 6 倍。

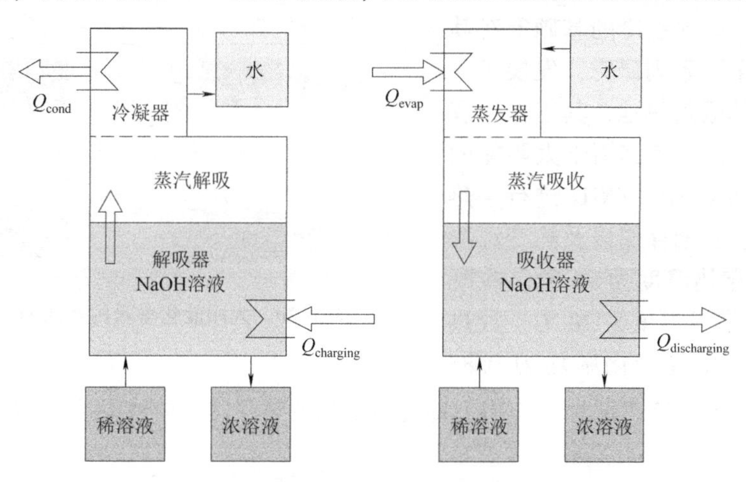

图 3-18　NaOH-H_2O 浓度差热存储系统原理

法国安纳西-尚贝里综合理工学院以 LiBr-H_2O 为工质对设计并建造了一个可存储 28.8 MJ 热量的吸收式太阳能储热系统，用于建筑物的采暖，其系统原理如图 3-19 所示。出口溶液的最大温度为 40 ℃，可满足冬天采暖的需求。

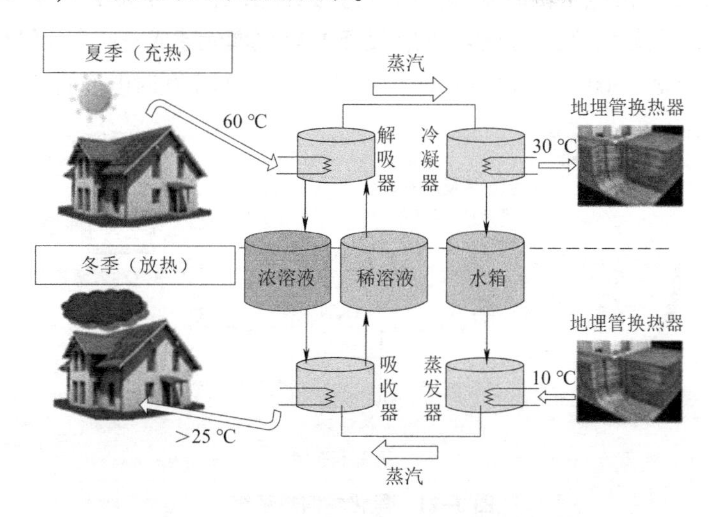

图 3-19　LiBr-H_2O 吸收式太阳能储热系统原理

2）化学吸附热存储

化学吸附热存储是利用吸附剂与吸附质在解吸/吸附过程中伴随着大量的热能吸收/释放进行能量的存储与释放，主要包括以水为吸附质的盐水合物体系和以氨为吸附质的氨络合物体系。

针对太阳能的跨季节热存储，荷兰能源研究中心调研了 4 种有潜力的盐水合物体系：$MgSO_4/H_2O$、$Al_2(SO_4)_3/H_2O$、$MgCl_2/H_2O$、$CaCl_2/H_2O$。$MgSO_4 \cdot 7H_2O$、$Al_2(SO_4)_3 \cdot 18H_2O$、$MgCl_2 \cdot 6H_2O$、$CaCl_2 \cdot 2H_2O$ 均能在 150 ℃的温度下发生脱水反应，其中 $MgCl_2$ 和 $CaCl_2$ 温度升高幅度更大，与另两种硫酸盐相比，表现更为优异的储能特性。然而，由于 $MgCl_2$ 和 $CaCl_2$ 具有强烈的吸水性，会形成凝胶状物质，严重时会发生液解。

针对以氨为吸附质的体系，上海交通大学在多年吸附式制冷的基础上对其储热特性进行了一系列研究，发展了一种可用于储热的吸附热池，其工作原理如图 3-20 所示，并将其用于太阳能的热利用，以工质对 $SrCl_2/NH_3$ 进行了热能的短期存储、长期存储以及热变温特性的研究。当充热温度为 96 ℃，冷凝温度为 30 ℃，蒸发温度为 20 ℃，放热温度为 87 ℃，反应转化率均为 0.85 时，短期热存储的储能密度为 1 607 kJ/kg。对于长期热存储，放热温度为 70 ℃时的储能密度为 1 318 kJ/kg。

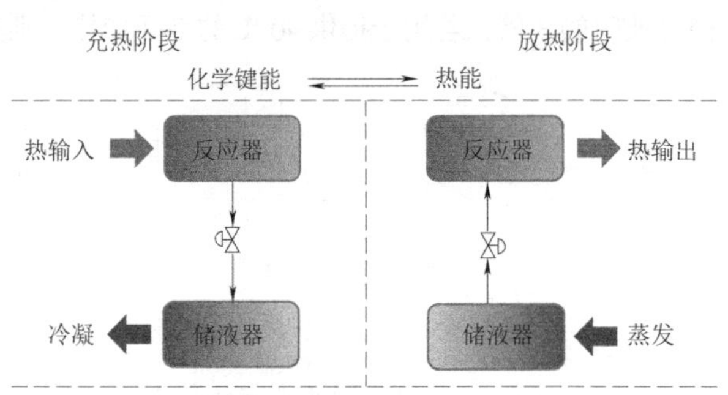

图 3-20 太阳能化学吸附热池的工作原理

3）化学反应热存储

澳大利亚国立大学（ANU）利用可逆的化学反应 $2NH_3+\Delta H \rightleftharpoons 3H_2+N_2$，建造了氨化学储热系统（见图 3-21），以此实现了太阳能的热存储并将其与蒸汽动力循环相结合予以发电。腔体吸收器由 20 根装有铁基催化剂的管道所组成，工作时反应器内压力为 20 MPa，管壁表面温度为 750 ℃，反应平衡时氨容器内压力为 15 MPa，温度为 593 ℃。采用 400 个单碟 400 m^2 的集热技术，用氨化学反应储热系统，投资 1.57 亿澳元建成一座全天候负荷为 10 MW 的太阳能电站，日合成氨 1 500 t，热电转换效率为 18%，平均每千瓦时电价低于 0.24 澳元。

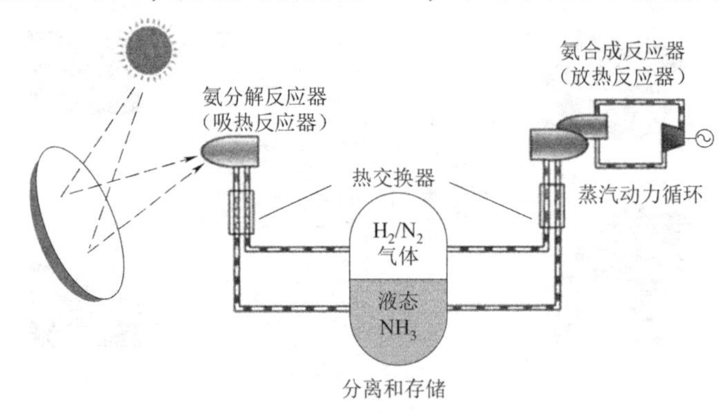

图 3-21 氨化学储热系统

此反应体系的优点是反应的可逆性好，合成与分解过程无副反应发生，便于控制。此外，发生吸热反应的温度与集热器温度相近，适合热能的吸收，合成氨工业已经相当完善，因此可借鉴现有的氨合成工业经验。同时，催化剂便宜易得，系统相对简单，便于小型化，而且储能密度高。由于此反应体系生成气体，因此必须考虑气体的存储、系统的严密性和材料的腐蚀等问题。此系统效率高，供热连续性强，结构紧凑，在太阳能的高温热利用中具有广阔的应用前景。

格勒诺布尔大学（UGA）在流化床反应器中通过试验研究了 $Ca(OH)_2/CaO$ 体系的储热性能。采用 $Ca(OH)_2/CaO$ 热化学储热体系的集中式太阳能热电站的工艺流程，如图 3-22 所示。试验中采用了 1.93 kg $Ca(OH)_2/Al_2O_3$ 混合物[30% $Ca(OH)_2$+70% Al_2O_3]，加入

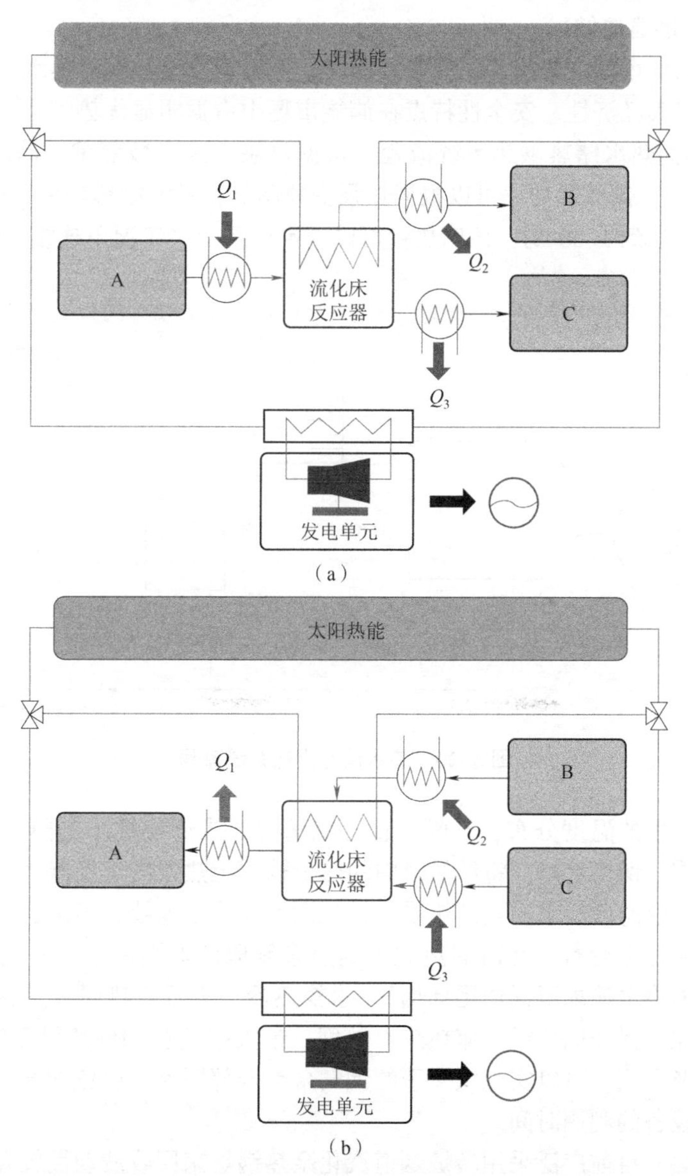

图 3-22　采用 $Ca(OH)_2/CaO$ 热化学储热体系的集中式太阳能热电站的工艺流程

(a) 热存储阶段；(b) 热释放阶段

Al_2O_3 是为了使 4 μm 的 $Ca(OH)_2$ 粉末易于实现流态化。进行 50 次循环，试验测得的平均储能密度为 216 MJ/m^3 $Ca(OH)_2/Al_2O_3$ 混合物，以 $Ca(OH)_2$ 体相计则为 561.6 MJ/m^3。

3.5.2 余热/废热回收

目前工业热能存储采用的是再生式加热炉和废热储能锅炉等储能装置。采用储热技术来回收电炉的烟气余热及废热，既节约了能源，又减少了空气污染以及冷却、淬火过程中水的消耗量，大力发展钢铁工业高效余能回收技术是服务国家重大需求。通过储热技术将钢铁工业余热资源用于冬季供暖，不仅避免了大量余热和低品位热量的浪费，同时实现了低污染、低能耗的清洁供暖。储热技术应用于供暖既实现了能源的高效利用，又降低了环境污染。

1. 余热/废热的显热储热

对于温度较低的烟气余热或者工业余热而言，低温相变储热或者热水储热是常见的储热方式，热水储热以其经济性、安全性特点在储能市场中占据明显优势。

图 3-23 所示为热水储热供热系统流程。根据热泵工况参数要求，储热罐设计储/放热温度为 25 ℃/15 ℃，储放热功率可以根据热泵变频调节，最大放热功率可以达到3 MW，储热罐最大储热量可达到 1.08 GJ，该储热量可以满足热泵 50% 工况下连续工作 2 h。

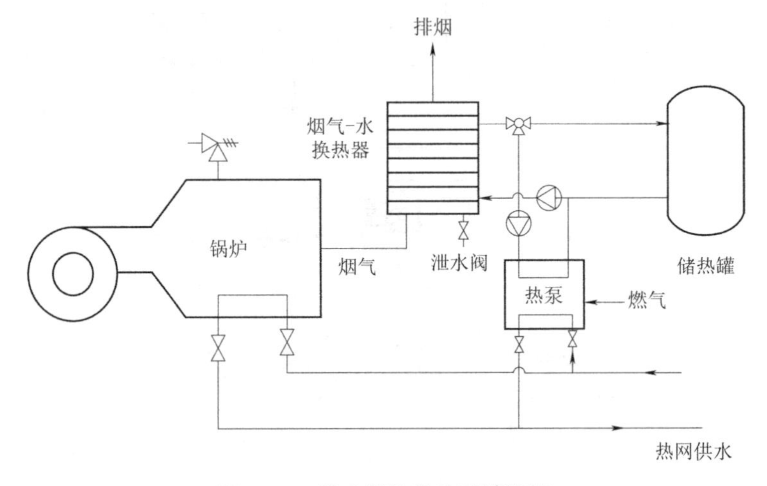

图 3-23 热水储热供热系统流程

可根据储热罐中的温度分布，判断热量存储情况。当储热罐中的热量储满后，热泵开启，通过阀门动作，切换水路，将储热罐中的热量输配至热泵的蒸发器侧，作为热泵工作的低温热源，热泵制取的低温水回到储热罐中，从而保证热泵连续、稳定运行。当储热罐中热量释放完后，热泵停止运行，此时储热罐中为热泵制取的低温冷水，通过热泵及阀门的调节，将储热罐中的冷水输配至锅炉尾部烟气-水换热器，进行余热回收。热泵通过变频调节适应锅炉负荷变化，保证储热罐中储热热水温度，最大限度利用储热设备的有限存储空间。通过上述运行调节方式，可以实现供暖季的烟气余热全部回收，避免烟气余热的浪费，同时最大限度地提高设备的利用时间。

对于高温余热，目前广泛采用转炉烟道汽化余热锅炉来回收波动性较大的间歇性高温余热，将高温热能转化为低品位的低压饱和蒸汽进行发电，导致余热资源得不到充分利用。炼钢炉熔盐余热回收发电系统可以将高温余热资源与熔盐换热，转化为稳定可持续的高温蒸汽，使发电功率和能源利用效率得到大幅提升，改善余热发电系统的经济性，同时提高余热发电系统的灵活性。炼钢炉熔盐余热回收发电系统原理如图 3-24 所示。

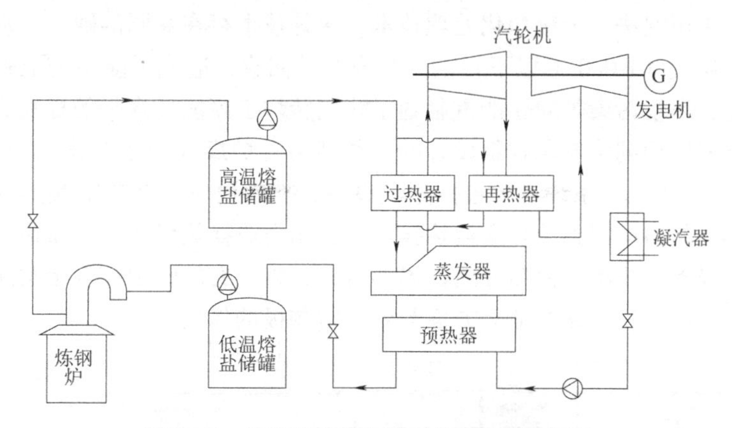

图 3-24　炼钢炉熔盐余热回收发电系统原理

炼钢过程中产生的高温余热采用熔盐作为换热储热介质，烟气-熔盐换热器由多根并联的金属管束设置在烟腔内，上下端彼此连通。熔盐在管束中的流动方向与烟气的流动方向相反，低温熔盐从烟气出口进入管束，与烟气换热成为高温熔盐，存储在高温熔盐储罐中。高温熔盐通过熔盐泵依次经过过热器、蒸发器、预热器，与水换热成为低温熔盐，进入低温熔盐储罐。加热后的水成为过热蒸汽，驱动汽轮机发电。整个循环系统可以使高温余热保持高品位热能，避免压力换热设备的使用，有效降低企业用能成本，大幅提高钢铁厂高温余热的回收利用效率。

2. 余热/废热的潜热储热

钢铁生产过程中产生的各种余热能源约占全部生产能耗的 68%，以废气、废渣和产品余热形式消耗。图 3-25 展示了一个相变储热装置结构，该装置主要包括烟气通道、储热单元墙、折流挡板、引风机、空气通道、循环风机、换热盘管、循环水泵、储水箱等。相变储热材料为 $NaNO_3/SiO_2$，其相变温度为 310 ℃，相变焓为 123.5 J/g。

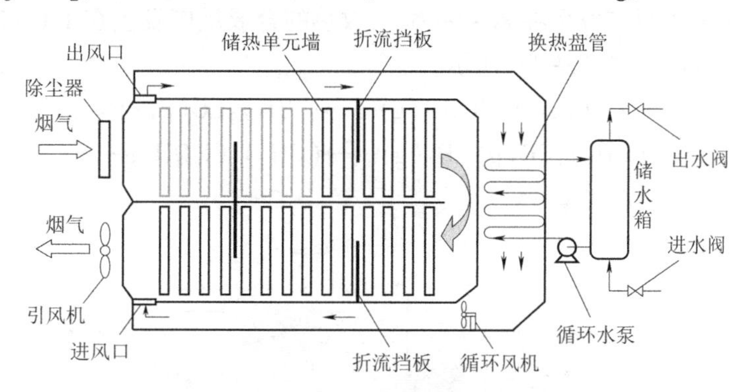

图 3-25　相变储热装置结构

热烟气与储热材料直接接触，将所携带的热量传递给储热材料，储热过程结束；空气作为中间载热介质，与储热材料直接接触，将储热材料内部存储的热量取出后，再与换热盘管内的水进行换热，使水升温至用户所需温度，放热过程结束。该套装置储热时最大储热效率为 68.3%，放热时最大放热效率约为 60%。

随着转炉炼钢工艺的发展，相对应的煤气净化回收技术也在不断完善。目前，转炉煤气的净化回收一般采用湿法、干法净化处理技术。两种技术存在共同的缺点：从汽化冷却烟道出来的高温转炉煤气（1 000 ℃以下）的余热没有被回收，造成了能源的浪费，同时由此带来的水资源消耗、环境污染等问题严重制约了我国转炉工序能耗水平的提高。为此，东北大学提出将相变材料应用到该校课题组设计的一种新型转炉煤气干法净化和余热回收系统中，其原理如图 3-26 所示。该系统主要包括除尘设备、换向设备、储热室换热装置、煤气净化回收设备。将相变材料应用到储热式换热技术中，用潜热换热代替显热换热，利用潜热换热的储能密度大、设备体积小、换热介质恒温等特点，将已有的转炉煤气干法净化和余热回收技术提升到一个新的高度，在节能等方面起到非常积极的作用。

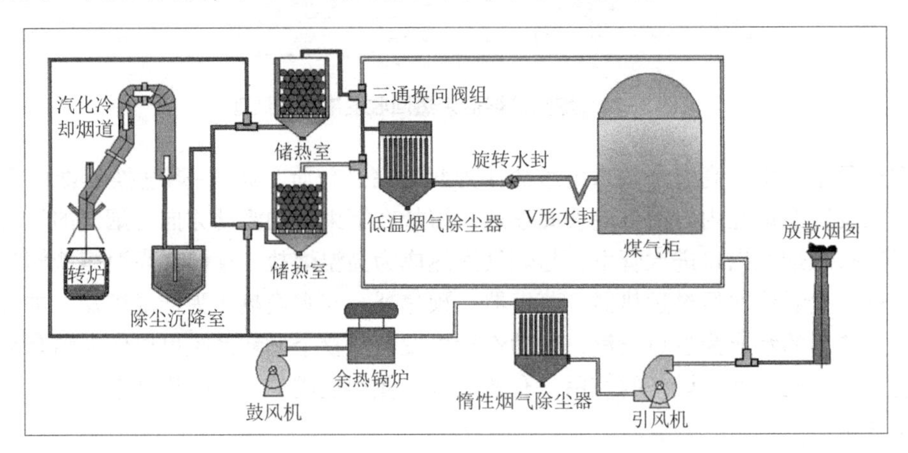

图 3-26　转炉煤气干法净化和余热回收系统原理

3. 余热/废热的热化学储热

热化学储热技术除了应用于太阳能外，还在余热/废热回收领域具有广阔的应用前景。图 3-27 所示为异丙醇分解的余热/废热的热化学储热系统原理，在有催化剂存在的条件下，异丙醇吸热分解的液气反应发生在 80~90 ℃，放热的合成反应发生在 150~210 ℃，体系的反应方程如式（3-6）和式（3-7）所示。

$$(CH_3)_2CHOH(g) \longrightarrow (CH_3)_2CO(g) + H_2(g) \tag{3-6}$$

$$(CH_3)_2CO(g) + H_2(g) \longrightarrow (CH_3)_2CHOH(g) \tag{3-7}$$

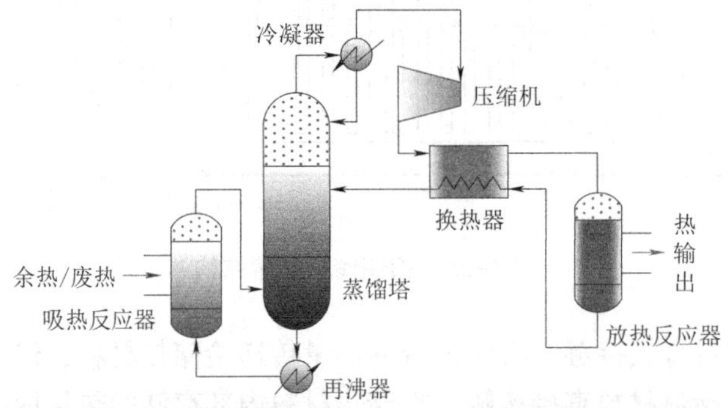

图 3-27　异丙醇分解的余热/废热的热化学储热系统原理

中国科学院分析了此化学热泵的性能后得出，回流比和放热反应温度的升高会使热泵的性能下降，而氢与丙酮摩尔比的增加和反应器传热性能的增强则有利于此类化学热泵性能的改善。在此基础上运用遗传算法对系统进行了多参数优化。优化后的放热量增加了约 66%，热效率和㶲效率分别增加了 86% 和 61%，但性能的提升是以精馏装置体积的增大作为代价的。

图 3-28 所示为 $Mg(OH)_2/MgO$ 化学热泵循环原理，主要用于中温余热/废热的存储，$Mg(OH)_2$ 的分解温度约为 250 ℃。反应界面上水的存在将会极大地迟滞分解反应的进行，采用多孔材料将反应物限制在孔内，可以避免材料颗粒的团聚，因而可以改善脱水反应的动力学特性。意大利墨西拿大学采用沉积-沉淀法利用膨胀石墨与 $Mg(OH)_2$ 制备了复合材料。新合成方法的采用使 $Mg(OH)_2$ 纳米粒子更均匀地分布在膨胀石墨结构中，因而提高了整个系统的效率。同时，可以对外界的热负荷需求进行快速响应，大约 10 min 即可释放存储的大部分热量，$Mg(OH)_2$ 最大的储能密度为 1 200 kJ/kg。

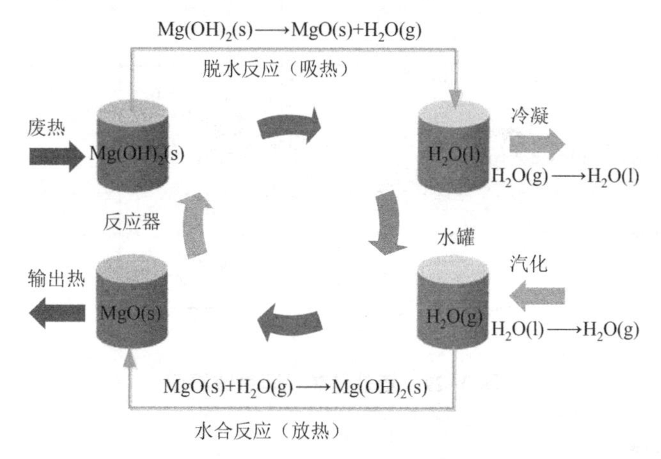

图 3-28　$Mg(OH)_2/MgO$ 化学热泵循环原理

3.5.3　谷电储热

随着经济的发展和人民生活水平的提高，我国在用电高峰期供电形势紧张程度日趋严重，与电力供应高峰不足相反的是用电低谷时电力过剩，电力需求与供应的矛盾日益严重。各大电网的峰谷差均已超过最大负荷的 30%，个别甚至达到 50%，给电网的安全性和经济性带来很大的影响。谷电储热有诸多发展优势：①削峰填谷，缩小电网峰谷差；②经济效益优良；③热源设备运行效率高。谷电储热是指在用电低谷期间，利用电作为能源来加热储热介质，并将能量储藏在储热装置中，在用电高峰期间将储热装置中的热能释放来满足供热需要。谷电储热根据储热介质的不同主要分为显热储热和相变储热。

1. 谷电的显热储热

传统的水储热是将水加热到一定的温度，使热能以显热的形式存储在水中，当需要使用时，再将其释放，提供采暖或直接作为热水使用，具有占用建筑面积太大、保温效果差、热效率低、控制系统烦琐以及锅炉管理系统要求严格等缺点。

熔盐储热技术作为新能源供热利用领域的一个重要环节，可以有效地削峰填谷，提高设备利用率，扩大新能源的利用范围，并且无任何排放物，增加了社会环境效益，其供暖系统原理如图 3-29 所示。在夜间谷电时段，低温熔盐储罐内的熔盐温度约为 180 ℃，通过熔盐泵输送至熔盐加热器，经谷电加热后成为高温熔盐，温度约为 500 ℃，存储在高温熔盐储罐中。在白天用热时段，高温熔盐被熔盐泵抽出，流入熔盐-水换热器。在熔盐-水换热器中，水与高温熔盐换热成为热水，输送到热能用户用于供暖或提供热水。熔盐降为低温，流入低温熔盐储罐。熔盐储热供暖系统在白天供热时，不需要消耗额外的电力。应用这一系统，只需要将锅炉房中的燃煤锅炉替换为熔盐储热-加热-换热系统，就可降低燃煤锅炉的改造成本，实现电网削峰填谷的目的。与电采暖相比，熔盐储热供暖系统通过使用夜间谷电，使运行费用大幅降低。

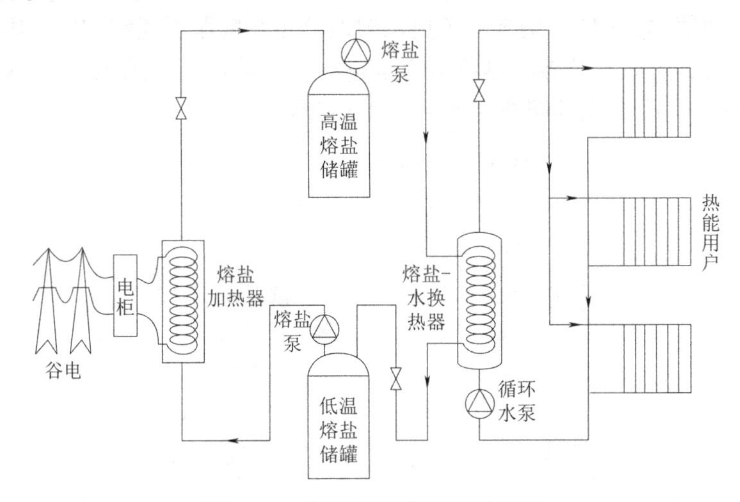

图 3-29 熔盐储热供暖系统原理

2. 谷电的相变储热

相变储热式电采暖装置以 PCM 作为储热介质，利于其潜热在夜间廉价低谷电阶段进行储热，以满足日间采暖需求。在相变过程中温度变化较小，采暖热舒适性较好，且储能密度远大于显热储热装置，占地面积小，应用形式也多种多样，储热地板与储热墙体是目前 PCM 应用的主要形式。

法国国立国家市政工程学校（法文惯用缩写 ENTPE）以石蜡为相变材料，设计了一种集成在通风系统中的 PCM-空气热交换器（见图 3-30），来实现供暖用电曲线的削峰填谷。储热式地板采用辐射与导热方式采暖，能保持室内稳定的温度分布，但地板只有一面面向室内空间，其余各面均存在热量耗散损失。

储热墙体可安装在建筑内墙中或与室内隔断相结合，通过合理的布置可使墙体耗散的热量全部用于房间的采暖，因此储热墙体的系统效率高于储热地板。同时，墙体安装形式较为灵活，既适用于既有建筑的采暖改造，也适用于新建建筑。

东南大学基于模块化供热原理与建筑一体化思想，提出一种可与室内隔断结合、不占用室内空间的谷电储热墙体模块。针对石蜡作为相变储热材料导热性能差、供热能力不足的问题，向石蜡中添加膨胀石墨（EG），制备出满足谷电储热需求的储能密度大、导热能力强的复合相变材料。谷电储热墙体模块内部构造如图 3-31 所示，由内部储热体、外部框架、内保温层、进风管道和出风管道等构成。在夜间用电低谷期时，金属管壁内部电阻丝通电加热，整个管壁形成面加热源加热复合相变材料，使其存储大量潜热。在白天用电高峰期时，开启风机将室内空气由进风管道引入内部储热体中进行热量交换，加热后的空气经出风管道排至顶部排风口以实现房间供暖。

图 3-30　PCM-空气热交换器

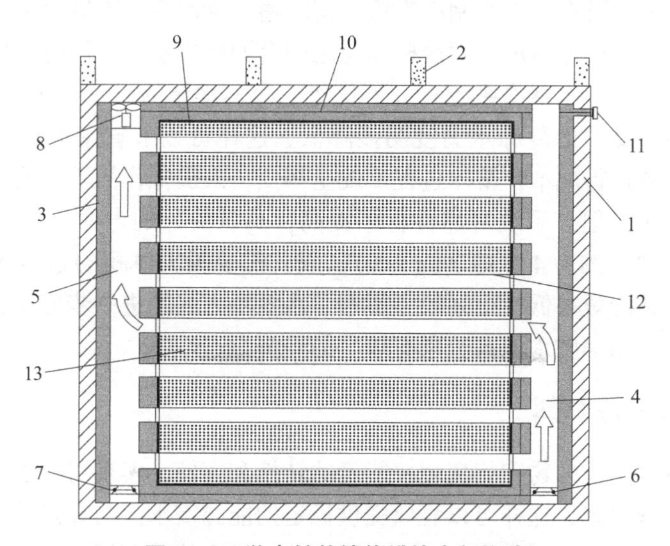

图 3-31　谷电储热墙体模块内部构造

1—外部框架；2—限位柱；3—内保温层；4—进风管道；5—出风管道；6—电动防火阀；7—风阀；8—小功率轴流风机；9—内部储热体；10—控制线路；11—外部接口；12—换热管；13—复合相变材料

结果表明应用复合相变材料后，储热效率从纯石蜡的 93% 提高至 97%，放热效率从 67.92% 提高至 84.65%。在当前江苏省峰谷电价背景下，该墙体模块用于南京地区一栋供热面积为 1 500 m^2 的办公楼的投资回收期约为 14 年，在 20 年运行期限内的净现值约为 13.91 万元，具有一定的应用可行性，但投资回收期较长、年收益较低。

3.6 蓄冷材料

蓄冷是一项将低于环境温度的冷量存储起来以留后用的技术。它是制冷技术的补充和调整，是协调冷能在时间和强度上供需不匹配的一种经济可行的方法。

理想蓄冷工质的选择应满足以下目标：

（1）储能密度大（>270 kJ/kg），表现为相变物质的相变潜热大。

（2）适当的相变温度和工作压力（6~12 ℃，0.1~0.3 MPa）。

（3）适当的热物性，表现为高热导率、低相变体积变化，以及一定的过冷度和溶解度。

（4）化学性能稳定，无环境污染，没有 ODP（臭氧层破坏）和 GWP（温室效应）。

（5）材料价格合理，有实用性。

目前，蓄冷系统种类较多，按存储冷量的方式可分为显热蓄冷、相变蓄冷和热化学蓄冷。

3.6.1 显热蓄冷材料

显热蓄冷是通过降低介质的温度实现冷量存储，常用的介质有水和盐水。水蓄冷的容量和效率取决于储槽的供回水温度差，以及供回水流体温度有效的分层间隔。

水蓄冷系统组成主要有单工况制冷冷机、蓄冷槽、蓄冷泵、冷冻水泵、冷却塔、空调末端等。在常规系统的基础上多加了蓄冷槽和与之配套的冷冻水泵，同时降低了原制冷机组的容量。和常规系统相比，水蓄冷系统有以下优势：冷冻水泵的出水温度大多在 4~6 ℃，但如果采用夜间蓄冷，此时的冷冻水温度明显降低，这样可以节省用电量；夜间利用低谷蓄冷，电费便宜，节省运行成本；蓄冷过程不发生相变，人员操作简单，便于维护，虽然维护成本会高于常规系统，但该系统可靠性得到提高，具有更长的寿命。由于水蓄冷是显热蓄冷，水在 0 ℃的比热容约为 4.2 kJ/(kg·K)，因此需要很大体积的蓄冷槽才能满足蓄冷要求，占地面积大，蓄冷效率低，上述缺点影响了水蓄冷方式的进一步应用，但对于具有消防水池的建筑来说，利用消防水池蓄冷则有较高的经济性。

3.6.2 相变蓄冷材料

相变蓄冷是依靠物质的物理相变调控能量的转换和存储，实现将冷能存储到相变介质中并在需要时平稳提取出来，这样可以有效提供稳定的能源需求。与显热蓄冷相比，相变蓄冷提供了更高、更稳定的蓄冷能力，在减少能源浪费，提高能量利用率，缓解能源供应压力以及降低成本和保护资源等方面具有重要作用。

根据相变蓄冷材料的相变状态，可将其分为固-固、固-气、液-气和固-液 4 种类型。前三种相变材料由于材料体积变化明显，相变潜热小，难以实现大规模应用，所以目前应用最为广泛的是固-液相交蓄冷材料。固-液相变蓄冷材料主要分为三大类，即无机相变蓄冷材料、有机相变蓄冷材料和复合相变蓄冷材料。复合相变蓄冷材料一般包括共晶混合相变蓄冷材料、高分子相变蓄冷材料和纳米相变蓄冷材料等。

目前常用的相变蓄冷材料主要有冰、共晶盐和气体水合物等。

1. 冰蓄冷

冰蓄冷是将水制成冰，以固-液相变潜热的形式把冷量存储下来。在水蓄冷系统中，1 kg 水从 12 ℃降至 7 ℃存储的冷量为 20. 9 kJ，而 1 kg 水从 12 ℃降为 0 ℃冰存储的冷量为 385 kJ。与水蓄冷系统相比，存储相等的冷量，冰蓄冷所需的体积仅为水蓄冷的 1/18。因此，冰蓄冷系统储能密度大，且由于冰水温度低，在相同的空调负荷下可减少冰水供应量和空调送风量，节省送风机容量和降低噪声释放。此外，冰蓄冷的蓄冷温度几乎恒定；设备易标准化、系列化；对蓄冷槽的要求比较低，可以就地制造，有利于广泛应用。冰蓄冷系统存在的缺点主要有：冰蓄冷的制冷主机要求在冰水出口端的温度低至-5 ℃以下，故使制冷剂的蒸发压力、蒸发温度均降低。与一般水蓄冷主机出水温度（7 ℃）相比，制冷量将降低至 60%左右，耗电量增加约 19%，而且冰蓄冷空调系统的设备和管路比较复杂。

2. 共晶盐蓄冷

除水外，一些盐类的水溶液也可以作为蓄冷介质。盐类水溶液在一定温度下凝固，通过固-液相变把冷量存储起来，成为共晶盐（俗称优态盐）蓄冷。用于蓄冷的共晶盐主要有硫酸钠、硼酸钠、氯化钠、氯化铵及其混合物。

共晶盐的蓄冷能力介于冰蓄冷和水蓄冷之间。8. 3 ℃时，共晶盐的相变潜热为 95. 2 kJ/kg，为冰蓄冷能力的 28%，相当于温差 23 K 的水显热的蓄冷能力。由于共晶盐材料的相变温度较高，相对于冰蓄冷系统主机效率可提高 30%左右，接近于一般常规水冷机效率。冷水侧可采用一般常规冷水机组系统设计方法，容易与现有的空调系统匹配。此外，共晶盐的凝固温度较高，不存在管线的冻结问题。共晶盐作为无机物，无毒、不燃烧，不会发生生物降解，在固-液相变中也不会膨胀和收缩。

共晶盐蓄冷系统同时具有水蓄冷技术和冰蓄冷技术的特点，多用于初春和深秋季节仍需供冷的地区。它可以直接利用冷却塔冷却，而不必运行冷水机组。但由于共晶盐蓄冷系统释冷的出水温度较高，使它作为全量蓄冷系统的应用受到限制。此外，较高的出水温度使其不可能再经过热交换器与负荷连接，而只能直接将出水送到负荷，要求冷却槽处于较高的位置。

3. 气体水合物蓄冷

气体水合物是由常规气体（或挥发性液体）和水形成的包络状晶体，属于新一代蓄冷介质，又称“暖冰”，其重要特点是可以在冰点以上结晶固化。1982 年由美国人 Tomlinson 提出用制冷剂气体水合物作为蓄冷的高温相变材料，其克服了冰、水、共晶盐等蓄冷介质的弱点。其储能温度一般为 5~12 ℃，适合常规空调冷水机组。其储能密度与冰相当，熔解热为 302. 4~464 kJ/kg。早期被研究的气体水合物蓄冷工质是三氯一氟甲烷（CFC-11）和二氯二氟甲烷（CFC-12）。由于对大气臭氧层有破坏作用，国内外随后对一些替代制冷剂气体水合物，包括氢氯氟烃（HCFC）和氢氟烃（HFC）类制冷剂的蓄冷过程进行了研究。目前来看，作为替代工质的四氟乙烷（HFC-134）、二氟乙烷（HFC-152a）和一氟二氯乙烷（HCFC-141b）等都具有较好的蓄冷特性。

3. 6. 3　热化学蓄冷材料

热化学蓄冷是利用某些物质的热化学反应过程会发生吸热或放热这一原理开发的蓄冷技术。热化学蓄冷典型的代表是吸附蓄冷。吸附蓄冷技术的原理是：用某种固体作为吸附剂，某种气体作为制冷剂，形成吸附剂-制冷剂工质对，利用吸附剂的化学亲和力进行吸附，吸附能力随吸附温度的不同而不同，其周期性地冷却和加热吸附剂，使之交替吸附和解析。解析时，释放制冷剂气体，并使之凝为液体；吸附时，制冷剂液体蒸发，产生制冷作用，如此反复进行即可实现蓄冷。在吸附蓄冷系统中，常用的吸附剂有氯化钙、氯化锶、沸石、分子筛、活性炭等，常用蓄冷介质有水、甲醇、氨等。

与水蓄冷技术的显热蓄冷和冰、共晶盐蓄冷技术的固-液相变蓄冷相比较，吸附蓄冷利用制冷剂的液-气相变潜热，如0 ℃下，水的比热容为4.2 kJ/(kg·℃)，冰的熔解热为335 kJ/kg，氨的汽化潜热为1 262.4 kJ/kg，是冰熔解热的3.8倍，同体积的氨蓄冷量约为水蓄冷的63倍。由此可见，吸附蓄冷系统的储能密度大，在节省蓄冷设备体积方面具有明显的优越性，可以降低设备费用。此外，吸附蓄冷系统的工作温度可调，可根据需要确定合适的工作温度，不必过分考虑管线的冻结问题。

常用蓄冷介质性能的比较如表3-1所示，从中可以很清晰地看到不同蓄冷技术性能的差异。对比水蓄冷、冰蓄冷和共晶盐蓄冷方式，吸附蓄冷具有储能密度大、蓄冷设备体积小、节省空间和降低投资等优点。

表3-1　常用蓄冷介质性能的比较

蓄冷技术	水蓄冷	冰蓄冷	共晶盐蓄冷	吸附蓄冷
蓄冷方式	显热	潜热	潜热	汽化潜热
相变温度/℃	—	0	5~9	设计温度（可调）
温度变化范围/℃	12~7	12（水）~0（冰）	8（液）~8（固）	-12~+10
单位质量蓄冷量/($kJ \cdot kg^{-1}$)	20.9	335	96	1 262.4
单位体积蓄冷量/($MJ \cdot m^{-3}$)	20.9	355	153	860
每1×10^6 kJ需蓄冷介质体积/m^3	47.8	2.81	6.52	1.16

3.7　蓄冷技术与应用

随着经济的快速发展和人民生活水平的急剧增长，用户用电出现了电力供应紧张的局面。尤其是夏季的白天，空调设备是最大用电设备，造成电网峰谷差加大，高峰电力严重不足，致使电网经常拉闸限电，严重制约了工农业生产的发展。为了充分利用现有电力资源，实施分时电价，鼓励用户使用蓄冷技术将冷量的生产和冷量的使用在时间上相分离的方法进行“削峰填谷”，达到均衡电网负荷的目的。

蓄冷技术是指在工质状态变化过程中，将其中的热量进行高密度存储，从而调节和控制环境温度的高新技术。蓄冷技术不仅可以作为一种电力负荷的调峰手段，还可节省制冷主机容量，节省电力增容设备，比建设新电站的投资额要少得多，而且能够满足不断增长的电力需要，减少建设新发电站的需求。用户则可利用电价差节约电费，以补偿投资的增加，所以具有广阔的市场前景和经济效益。

蓄冷技术的研究和应用主要集中在空调相关领域，在食品低温物流和冷库等行业的研究和应用较少。所谓蓄冷空调，即在电网负荷低谷期制冷，通过蓄冷介质以潜热或显热的方式将冷量存储起来，而在电网负荷高峰期，再将冷量释放用于建筑物的空调，以承担电力高峰期空调所需要的全部或部分负荷。空调蓄冷技术可以降低电力负荷的峰值，减少供电设备的容量，同时配合电力分时计价政策也可为用户节省可观的电费。

空调蓄冷系统的运行方式可分为全量蓄冷和分量蓄冷。全量蓄冷指冷水机组在夜间运转就能提供次日高峰期所需全部冷量，而冷水机组不运行；分量蓄冷是指夜间冷水机组工作提供次日高峰期所需部分冷量，而高峰期冷水机组照常工作，并补足所需冷量。从经济上考虑，就会更多地选择分量蓄冷。

目前空调工程中常用的蓄冷技术主要有水蓄冷、冰蓄冷、共晶盐蓄冷和气体水合物蓄冷、吸附蓄冷等。

3.7.1　水蓄冷技术与应用

水蓄冷技术是利用水的显热容来存储冷量，即水经冷水机组冷却后为 4~7 ℃的低温水。当蓄冷温度在 4~7 ℃，蓄冷温差为 6~11 ℃时，单位体积的蓄冷容量为 59~11.3 kW · h/m^3。在夜间低电价且城市电网用电负荷较小时，将低温水冷量存储在蓄冷罐内，待白天高电价且城市电网用电负荷较大时，再释放之前存储的冷量，作为空调系统的部分冷源。为了提高蓄冷罐的蓄冷效率，应维持一个尽可能大的蓄冷温差并防止负荷回来的热水与存储冷水的混合。为实现这一目的，通常采用三种蓄冷方法：自然分层法、多蓄水槽法、迷宫法。其中，自然分层水蓄冷技术应用得较为普遍。

自然分层水蓄冷，即在蓄冷罐上下分别设置散流器，可以实现蓄冷罐内较好的分层效果和稳定的斜温层。在蓄冷过程中，冷水从下部的散流器流进蓄冷罐内，热水则从上部散流器流出；在取冷过程中，冷水从下部的散流器流出，经过系统换热器后冷水回水通过上部散流器回到蓄冷罐内，其原理如图 3-32 所示。

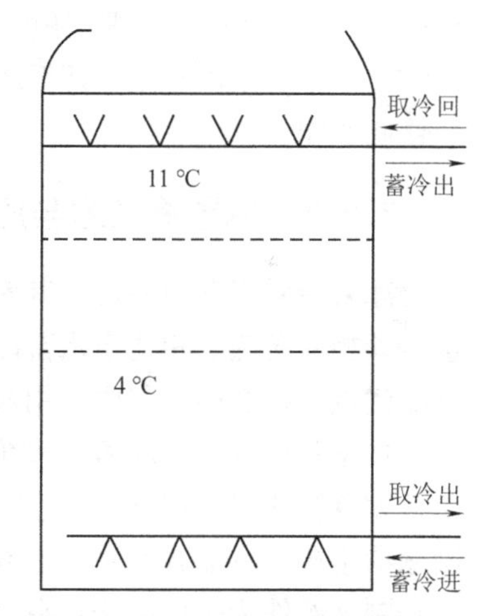

图 3-32　自然分层蓄冷罐原理

某新建车间采用水蓄冷空调系统为用能集中的涂装车间供冷，夜间谷电时段涂装空调系统 4#、5#冷冻机蓄冷，蓄冷终温 4 ℃，白天峰电时段放冷供涂装车间空调及工艺冷冻水使用，放冷终温 11 ℃，充分利用夜间低谷电蓄冷，白天峰电放冷，达到对电网的削峰填谷、平衡电力负荷、降低运行费用的效果。蓄冷过程工作原理如图 3-33 所示。

蓄冷时，冷冻水自冷冻水总管流入蓄冷罐内，经过中心立柱向下流至分水口，再通过三根分水管分别流入周边线布水器（下布水器）内，经过线布水器的均流作用，沿蓄冷罐壁周边均匀流出，沿蓄冷罐底面向内铺开，在平板均流器的作用下，形成缓慢的均匀向上的水流，把热水往上推。上部热水均匀通过精细布水阵列和平板均流器后，向蓄冷罐壁周边的线布水器（上布水器）经上分水管汇集到中心立柱及温水总管，最后流出蓄冷罐，进入冷冻机完成冷冻水循环。

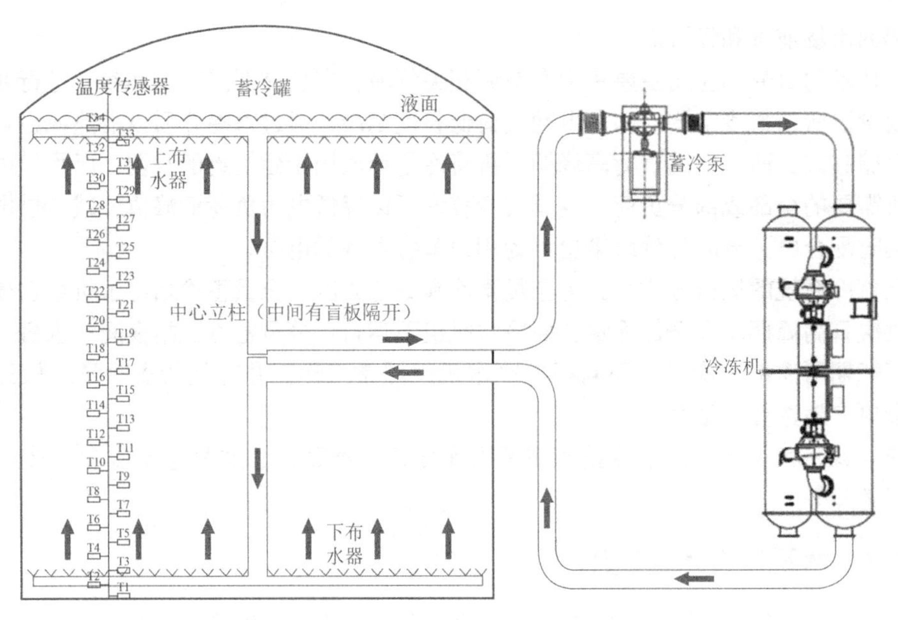

图 3-33　蓄冷过程工作原理

蓄冷过程从冷冻机出来的冷冻水先进入蓄冷罐底部，蓄冷罐上部的水经过蓄冷泵回到冷冻机，该过程中蓄冷罐下部的水先变冷，蓄冷终温 4 ℃，待蓄冷罐上部（T33）的水温低于 5 ℃时，蓄冷结束。根据当地峰谷电价，经详细费用计算，水蓄冷空调系统每年可节约电费约 352 万元。该水蓄冷空调系统实际冷水供应平稳，效果良好，达到了生产用电与电网峰谷的错峰匹配。

3.7.2　冰蓄冷技术与应用

冰蓄冷属于潜热蓄冷，其利用水或冰在冰点为 0 ℃条件下发生相变，并释放或吸收热量，即相变潜热。相比于水蓄冷技术的显热蓄冷方式，冰蓄冷技术具有储能密度高、等温性好等优点，在实际工程中应用较多，发展也更为迅猛。

根据制冷方法，冰蓄冷系统可分为静态冰蓄冷系统和动态冰蓄冷系统。静态冰蓄冷系统包括冰盘管式（外融冰）、完全冻结式（内融冰）和密封件式三种；动态冰蓄冷系统主要有制冰滑落式、冰晶式两种。在静态冰蓄冷系统中，冰的制备和存储在同一位置进行，蓄冰设备和制冰部件为一体结构；在动态冰蓄冷系统中，冰的制备和存储不在同一位置，蓄冰设备和制冰部件相对独立。

1. 冰盘管式

冰盘管式冰蓄冷系统如图 3-34 所示，其蒸发器直接放在蓄冰槽内。蓄冷时，制冷剂在蒸发器盘管内流过，冰直接结在盘管外表面，结冰厚度一般为 25～29 cm。释冷时，从空调或工艺设备回水进入蓄冰槽，将蒸发盘管外表面的冰融化成温度较低的冷冻水，经换热器将冷量送入

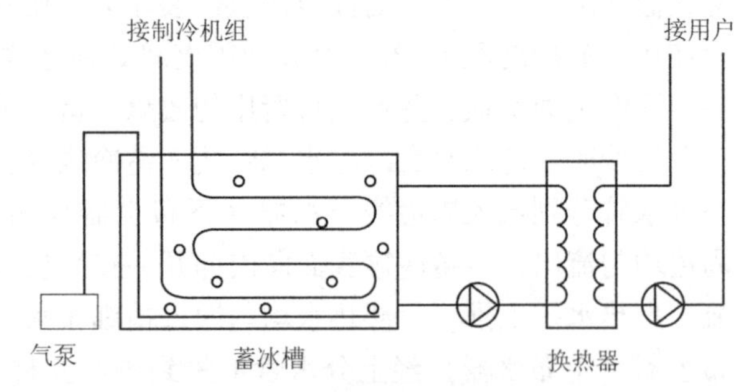

图 3-34　冰盘管式冰蓄冷系统

空调系统，或直接供给低温送风空调系统。

冰盘管式系统采用外融冰方式，空调系统回水与冰直接接触，可在较短时间内制取大量冰水。因其释冷速度较快，故非常适用于工业制冷和低温送风空调系统。但当冰没有完全融完而再度制冰时，冰层的热阻较大，会增加制冷设备的耗电量。另外，气泵向水中长时间送入空气，不仅增加耗电量，还会加速盘管腐蚀。因此，在常规蓄冷空调系统中，很少采用冰盘管式系统。

2. 完全冻结式

除盘管改为PVC（聚氯乙烯）塑胶管伸入蓄冰槽内外，完全冻结式与冰盘管式系统基本相同，其冰蓄冷系统如图3-35所示，PVC塑胶管内一般以乙二醇水溶液作为载冷剂，循环于制冷机的蒸发器与蓄冰槽的PVC塑胶管之间。蓄冷时，从制冷机组制出的低温乙二醇水溶液进入PVC塑胶管内循环，使PVC塑胶管外的水结成冰；释冷时，从空调负荷端回流的温度较高的乙二醇水溶液也进入PVC塑胶管内循环，将PVC塑胶管外表面的冰逐渐融化；融冰释冷时，最接近管壁的冰层先行融化，此为内融冰方式。完全冻结式系统具有体积比较小、结构简单、效率较高等优点，应用非常普遍。如美国的Fafco公司以及Calmac公司等都是生产完全冻结式冰蓄冷系统的著名厂家。

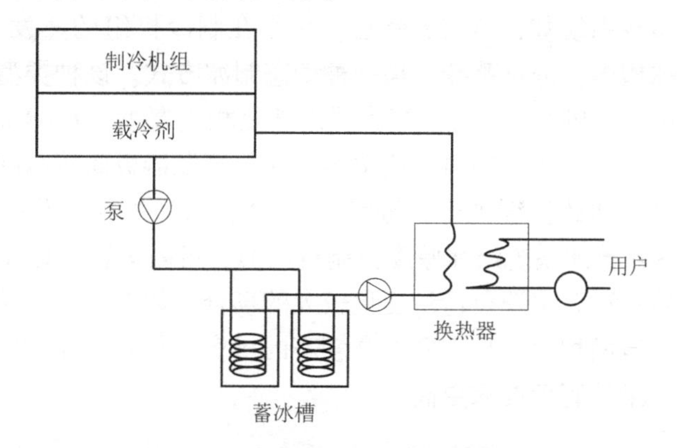

图3-35　完全冻结式冰蓄冷系统

3. 密封件式

密封件式冰蓄冷系统中使用的蓄冰槽如图3-36所示。它由一定数量的密封件置于钢制的压力容器之内构成，其中的密封件是由一个高密度聚乙烯材质的塑料胶囊，内部装填冰和其他相变材料（如美国Transphase公司的五水硫酸钠化合物等高温相变物质）构成。封装有三种形式，即冰球、冰板和蕊芯冰球，如图3-37所示，密封件式蓄冷系统与完全冻结式的工作原理大致相同，也是以低温载冷剂作为传热介质的。制冰时，低温的载冷剂在密封件外流动，将密封件内的蓄冷介质冻结；融冰时，来自空调系统的高温载冷剂与密封件换热而实现融冰取冷。由于冰球式蓄冷系统空间利用率高，结构简单，可靠性高，流动阻力小，换热性能好，所以在大型空调系统中应用较为普遍。

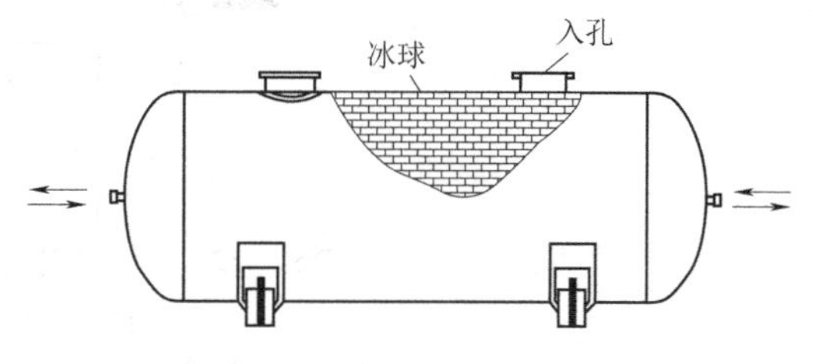

图3-36　密封件式冰蓄冷系统中使用的蓄冰槽

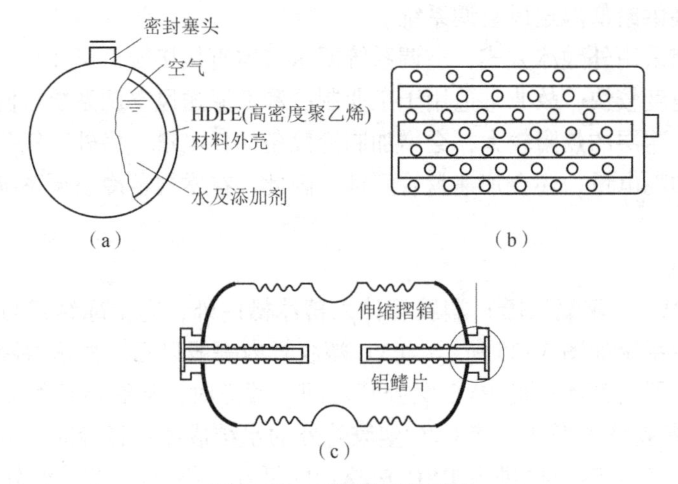

图 3-37　封装的三种形式

（a）冰球；（b）冰板；（c）蕊芯冰球

4. 制冰滑落式

制冰滑落式冰蓄冷系统如图 3-38 所示。它是在制冷机组的蒸发器表面不断冻结薄片冰，然后滑落至蓄冰槽内，进行蓄冷，是一种动态制冰方式。该种类型的冰蓄冷系统的代表性厂家有 Turbo、Mueller 和 Morris 等。当冰层冻结至相当厚度（6~8 mm）时，通过制冰机组上的四通阀，将高温气态制冷剂通入蒸发器，使与蒸发器板面接触的冰融化，则薄片冰靠自重滑落至蓄冰槽内，如此反复进行“冻结”和“取冰”过程。蓄冰槽的蓄冰率为 40%~50%。由于制冰滑落式蓄冰系统结冰厚度控制得较薄，可高运转率地反复快速制冷，融冰时释冷速率极快，故特别适合空调负荷量变化较大的场合，如医院和车站等。但该种蓄冰系统初投资较高，占用建筑面积大，且需要层高较高的机房，与静态冰蓄冷系统相比，增加了一些运动设备，运行、维护管理要求更高。

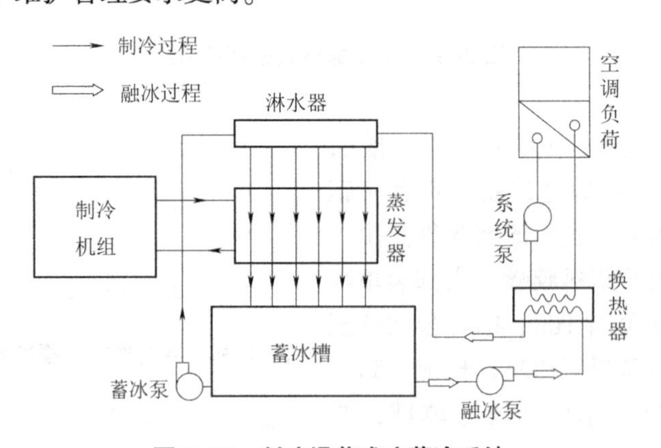

图 3-38　制冰滑落式冰蓄冷系统

5. 冰晶式

冰晶式系统也属于动态制冰方式，其冰蓄冷系统如图 3-39 所示。蓄冷时，将低浓度的乙烯乙二醇水溶液经过冰晶机，温度降至冻结点温度以下，产生细小均匀的冰晶，冰晶与水的混合溶液被送出至蓄冰槽内存储；释冷时，混合溶液直接送到空调负荷端使用，升温后回到蓄冰槽，将槽内冰晶融化成水，完成释冷循环。冰晶式冰蓄冷系统以加拿大 Sunwell 公司和美国 Mueller 公司为代表，单台最大制冷能力不超过 100 冷吨（约 350 kW）。由于混合液中冰晶的颗粒细小且数量很多，不像其他冰蓄冷方式那样容易产生冰桥及死角，因此，冰晶式冰蓄冷系统总的换热面积极大，融冰释冷速率极快，适用于短时间内急需较大空调负荷的场合。但此种方式的制冷能力偏小，目前最大约 176 kW，尚不适用于大型空调系统。

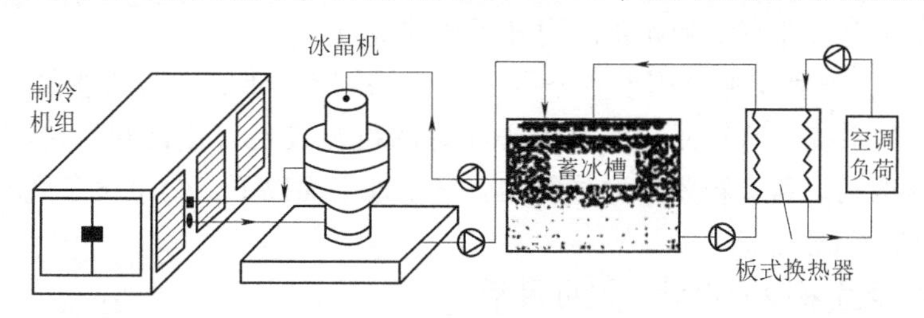

图 3-39　冰晶式冰蓄冷系统

与常规空调相比，冰蓄冷空调作为一种蓄能设备，凭借其“削峰填谷”“平衡和稳定电网负荷”等优势受到广泛关注。其利用夜间低谷的富余电力制冷并存储在蓄冰装置中，在白天高峰时段释冷，以减少制冷机组的使用，实现用电量时序转移，这对于改善电力建设的投资效益和生态环境都有重大意义。

冰蓄冷空调是综合能源系统中一种常见的设备，其削峰填谷作用有利于电网的健康运行和有序发展。图 3-40 展示了含冰蓄冷空调的综合能源系统结构和能量转移过程，主要包括能量输入、能量生产、能量转换、能量存储和能量消耗 5 个环节。综合能源系统内能量的主要形式为电、热和冷，因此系统内包含电流、热流和冷流三种能量流动。

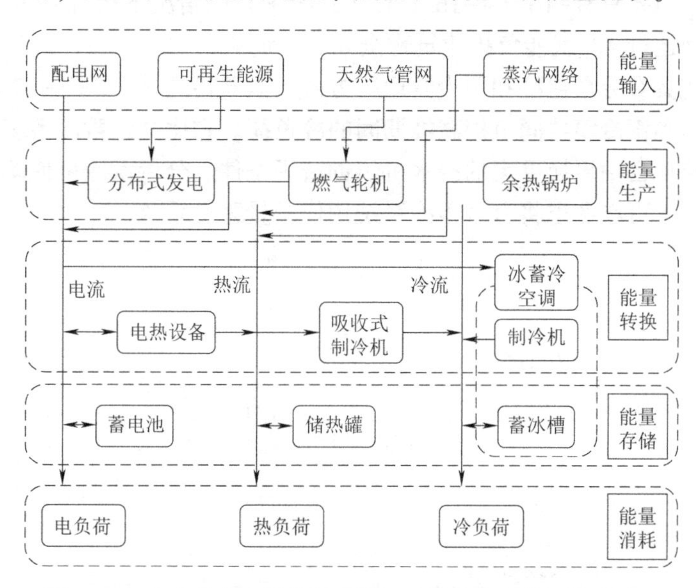

图 3-40　含冰蓄冷空调的综合能源系统结构和能源转移过程

冰蓄冷空调主要包括制冷机、制冰机和蓄冰槽三个组件，其运行可以分为制冰蓄冷和融冰制冷两个阶段。冰蓄冷空调不仅可以通过制冷机将电量转换为冷量，还可以利用自身的蓄冰槽存储冷量。根据需求优化调整能量生产、能量转换和能量存储三个环节，以满足不同类型负荷的用能需求，降低运行成本。

3.7.3 共晶盐蓄冷技术与应用

共晶盐蓄冷是利用固-液相变特性蓄冷的一种蓄冷方式，其相变温度较高，为 8~9 ℃，克服了冰蓄冷要求很低的蒸发温度的弱点，虽然相变潜热比冰小，但蓄冷能力比水大，也易与常规制冷系统结合，兼有水和冰蓄冷两种系统的优点。

1986 年 10 月，亚利桑那公用事业公司（APS）决定在菲尼克斯的迪尔瓦利信息中心安装一套共晶盐蓄冷系统。迪尔瓦利信息中心原有的机械设备（制冷机、冷却塔、冷冻水和冷却水泵）都未改动。蓄冷箱紧靠原建筑物，置于地平面以下，约距设备间 9.1 m，箱内约有 44 800 个共晶盐气密盒。

该系统虽按全量蓄冷而设计，但可灵活采用不同的运行方式，因而不论有无同时发生的建筑物冷负荷，都能以蓄冷或放冷方式运行。图 3-41 所示为全量蓄冰共晶盐系统。蓄冷箱串联于冷水机组之后，而在用户之前。

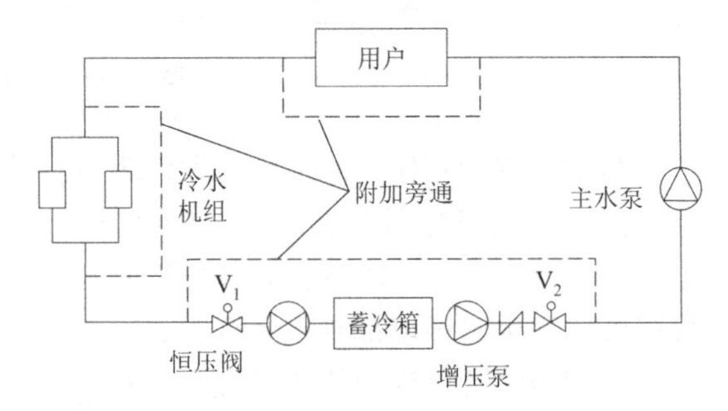

图 3-41　全量蓄冷共晶盐系统

在蓄冷期间，4.4~5.6 ℃（40~42 ℉）的水从冷水机组流至蓄冷箱，离箱水温保持相对稳定 7.8~8.3 ℃（46~47 ℉）。当蓄冷箱内冻结时，离箱水温下降到 4.4~5.6 ℃。蓄冷箱进出口的温差大多对应于离心式冷水机组运行曲线的高效率区。未装蓄冷箱时，空调系统每天在冷冻水温差只有-16.7~-16.1 ℃（2~3 ℉）的情况下运行 12 h。安装蓄冷箱后，冷水机组只在夜间运行 4 h 就能负担建筑物全天的冷负荷。

迪尔瓦利系统具有分量蓄冷和预冷器运行方式，其蓄冷方式如图 3-42 所示。在这样的系统中，冷水机组和蓄冷箱共同负担高峰期间的冷负荷。它比全量蓄冷系统更加优越之处在于为在新建和改建项目中更换更大的冷水机组创造了条件。分量蓄冷可使单位蓄冷投资更节约，且在某些情况下可在冬季将分量蓄冷系统用作全量蓄冷系统。

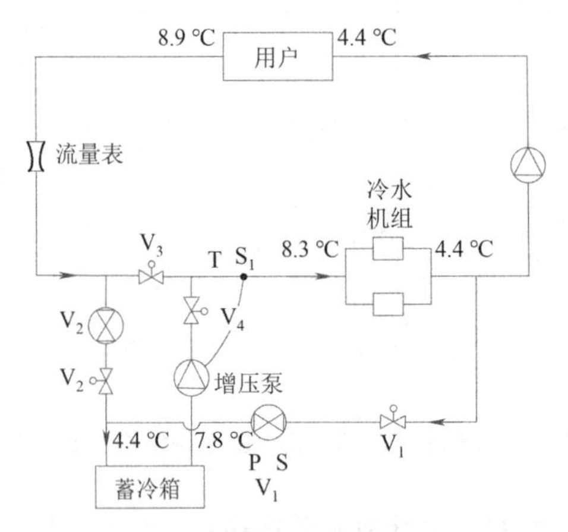

图 3-42　分量蓄冷和预冷器蓄冷方式

V_1，V_3，V_4：开；V_2：关

3.7.4 气体水合物蓄冷技术与应用

气体水合物蓄冷是利用在一定温度和压力下，水在某些气体分子周围形成坚实的笼状晶体固化结晶过程中放出的热量，通常分为两大类：直接接触式蓄冷和非直接接触式蓄冷。直接接触式蓄冷方式无须蒸发盘管，且制冷剂和蓄冷介质直接接触传递能量，传热性能好，压缩制冷系数高，但需采用无油压缩机，且在膨胀阀前需加水分离装置，使系统造价升高，应用技术难度较大。非直接接触式蓄冷方式蒸发盘管的换热效率低于直接接触换热，但可直接与常规压缩制冷系统结合，压缩回路中也不存在含水汽的问题，尤其对冷水机组，不会产生任何不利影响，技术上无须大的改动，系统造价也较低，因此更为实用。目前国内外实际应用的气体水合物蓄冷装置都是非直接接触式，分为两类：外置式换热/促晶、内置式换热/促晶。这两种蓄冷方式都要求水合物-水介质必须具有足够的流动性，以免堵塞管道和换热器，使内置搅拌促晶器能有效工作，确保蓄冷过程能不断进行。

中国科学院广州能源研究所和低温技术实验中心共同研制了一套内置换热/外置促晶的蓄冷系统，由内置换热器的蓄冷槽和外置的促晶器组成，如图3-43所示。蓄冷槽外壳是由不锈钢制成的圆柱桶，其总容积为0.28 m^3，槽内置有螺旋型盘管热交换器和蓄冷介质，包括水和致水合介质（如混合制冷剂氟利昂R11/R22）。蓄冷介质在促晶器中形成水合物晶核，主要的水合物生成相变反应和换热过程都在蓄冷槽中进行。水、气体水合物和致水合介质按相对密度的大小在重力作用下分别集于蓄冷槽上部（一区）、中部（二区）和下部（三区）。蓄冷时，下降管分别由一区的水域和三区的致水合介质区域引出，在促晶器中充分混合形成晶核，然后经回流管回到蓄冷槽，由喷嘴喷入一、二、三区，晶核在蓄冷槽中换热生长，气体水合物不断形成。只要蓄冷槽中的水合反应没彻底完成，就有致水合介质和水分别存在于蓄冷槽的上部和下部，它们能分别经下降管到促晶器进行充分混合形成晶体，回到蓄冷槽中进一步反应，产生的结晶热通过内置式换热器传给载冷介质，保证能量存储不断进行。

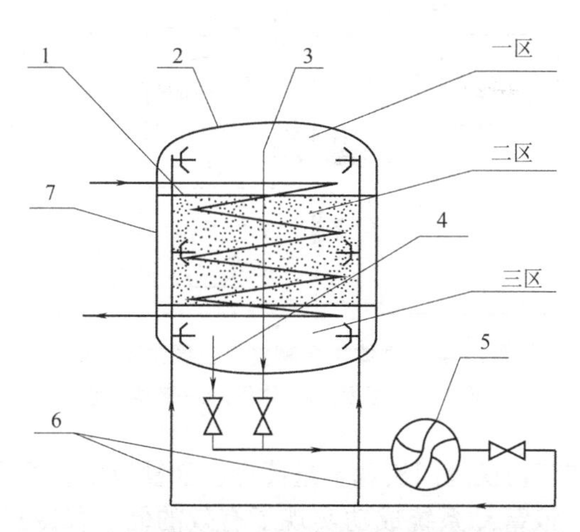

图3-43 内置换热/外置促晶的蓄冷系统示意图

1—螺旋型盘管热交换器；2—蓄冷槽；3，4—下降管；5—促晶器；6—回流管；7—喷嘴

气体水合物结晶体可在8~12 ℃的温度下相变（熔解和再结晶），该相变温度正适合于

空调的制冷温度，且其相变潜热与冰的熔解潜热相当，是一种理想的空调蓄冷介质。

气体水合物蓄能空调，跟一般的蓄冷空调类似，就是利用储能设备在空调系统不需要热（冷）量的时间内将热（冷）量存储起来，在空调系统需要热（冷）量的时间将这部分热（冷）量释放。它有如下独特的优点：

（1）可以采用常规冷水机组，制冷机蒸发温度比冰蓄冷空调系统高，因而能耗少。冰蓄冷则要求出水温度为-5～-6 ℃，制冷机组的蒸发温度比高温相变蓄冷空调系统低8～10 ℃，因而相同功率的制冷机耗电量增加20%～30%。

（2）避免采用乙二醇不冻液循环系统和中间换热设备，进一步降低初投资和运行费用，可以补偿采用昂贵的制冷剂蓄冷介质所增加的费用。

（3）对于大量已有的常规空调系统改造，冷水机组基本不用改变就可以实现蓄冷式空调，而冰蓄冷则要求冷水机组晚上制出-5～-6 ℃的冷冻水，白天出5～7 ℃的冷水，常规冷水机组无法适应这种双工况，不能稳定正常地工作。

根据所研制的气体水合物蓄冷介质和气体水合物蓄冷槽的特性，中国科学院广州能源研究所和低温技术实验中心进一步开发了气体水合物蓄冷空调试验系统。

该系统由小型压缩式制冷系统（冷水机组）、气体水合蓄冷系统以及风机盘管释冷系统三部分组成，具体如图3-44所示。蓄冷槽中灌装一定比例的水和致水合介质（以氟利昂R11为主，并加有少量其他介质）作为蓄冷介质，并添加适当量的表面活性剂和促晶剂等。蓄冷时，由冷水机组提供的冷冻水经过蓄冷槽中的热交换器将冷量传给蓄冷介质进行蓄冷，而释冷时，由风机盘管释冷系统空调升温后的回水同样经蓄冷槽中的热交换器将热量传给蓄冷介质进行释冷。

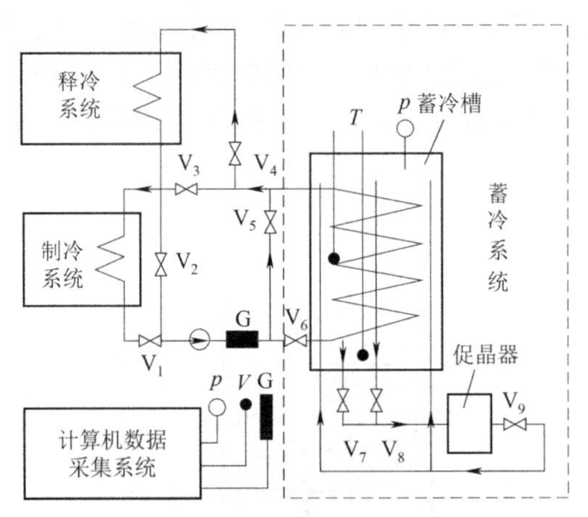

图3-44　气体水合物蓄冷空调试验系统

p—压力；T—温度；V—体积；G—流盘传感器

该试验系统可通过调节切换阀门实现全量蓄冷、全量释冷、蓄冷和释冷同时进行以及常规制冷空调等多种模式。该蓄冷系统成功实现了有效的储、释冷过程，实际蓄冷能力达到161.1 MJ/m^3，能直接与现有的冷水机组相结合，在基本不改动机组运行工况的前提下进行蓄冷，所形成的气体水合物蓄冷空调试验系统既简单方便，又高效节能。所添加的有关表面活性剂和促晶剂达到了相当好的促晶效果，最佳工况的过冷度只有1.1 ℃，成功地解决了蓄冷过程中结晶过冷的难题。

3.7.5　吸附蓄冷技术与应用

作为一种绿色的制冷技术，吸附蓄冷技术吻合当前能源、环境协调发展的总趋势。吸附蓄冷技术采用余热驱动，不仅对电力的紧张供应可起到减缓作用，而且能有效利用大量的低品位热能（余热、太阳能等）。此外，吸附蓄冷不采用氯氟烃类制冷剂，无 CFCs（氯氟烃）和 HCFCs（氢氯氟烃）问题，也无温室效应作用，是一种环境友好型制冷方式。20 世纪 70 年代中期以来，吸附蓄冷受到重视，研究不断深化。目前主要集中在吸附式空调、吸附式低温冷却、吸附式制冷等几个方面。

1. 太阳能驱动的吸附式空调

近年来，太阳能集热器发展迅速，安装它们的主要目的是预热生活热水和/或满足小部分空间供暖需求。太阳能的另一个有吸引力的应用是太阳能冷却，因为峰值冷却负荷与可用太阳能几乎同时发生。考虑到电动冷水机组导致夏季用电高峰的问题，太阳能空调系统可能是一个有效的解决方案，因为它不仅可以充分利用太阳能，还能将低品位能源（太阳能）转化为高品位能源。此外，对于节能环保也具有重要意义。

上海交通大学研制了太阳能驱动的热管型硅胶-水吸附式空调系统，在上海建筑科学研究院绿色建筑中设计安装。该系统由 150 m^2 的太阳能集热器和两台标称制冷量为 8.5 kW 的硅胶-水吸附式冷却器、一个冷却塔、空调室内的风机盘管和循环泵［太阳能集热器（泵 1）、热水（泵 2）、冷却水（泵 3）和冷冻水（泵 4）］组成。其中，硅胶-水吸附式冷却器的工作温度为 60~95 ℃。一个 2.5 m^3 的水箱被用来存储太阳能热量，并为空调系统提供热水。所有部件通过管道和阀门连接，形成一个完整的流动回路，如图 3-45 所示。

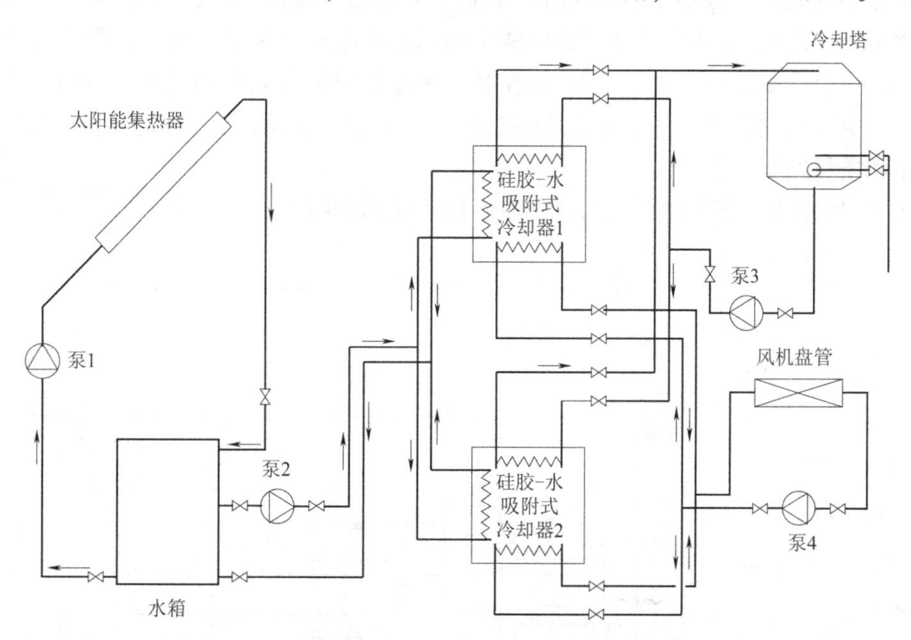

图 3-45　太阳能驱动的热管型硅胶-水吸附式空调系统

图 3-46 所示为硅胶-水吸附式冷却器。硅胶-水吸附式冷却器可视为由两个单床系统组合而成，它由三个真空腔组成：两个吸附/解吸工作室和一个热管工作室。只安装了一个真

空阀，它允许两个吸附/解吸工作室之间的质量回收过程。吸附器为紧凑型翅片管式换热器，冷凝器为管壳式换热器，蒸发器冷却通过甲醇室输出，甲醇室作为重力热管。硅胶-水吸附式冷却器的循环过程可描述为：加热/冷却时间为 900 s，质量恢复时间为 180 s，热回收时间为 60 s。热水温度为 85 ℃时标称制冷量为 8.5 kW。两台硅胶-水吸附式冷却器由太阳能集热器产生的热水驱动。

图 3-46　硅胶-水吸附式冷却器

该空调系统的工作原理如下：硅胶吸附水蒸气，使水不断蒸发产生冷却，而因硅胶吸附产生的热量被冷却水带走。当吸附结束后，硅胶被热水加热，使水脱附到冷凝器中。每台硅胶-水吸附式冷却器的两个吸附/解吸工作室交替工作，以持续产生冷却效果。

2005 年 6—8 月，太阳能空调系统在 9：00—17：00 连续运行。系统在代表性工况下的运行性能表明，太阳能空调系统在运行 8 h 时平均制冷量为 15.3 kW，最大值超过 20 kW。夏季系统的太阳能分数为 71.7%，对应于设计的冷负荷（15 kW）。与环境温度相比，推断出太阳辐射强度对太阳能空调系统性能的影响更为显著。

2. 太阳能储粮吸附式低温冷却

上海交通大学研制的太阳能驱动的热管型硅胶-水吸附式空调系统，除了应用在上海市绿色建筑项目中，还在国家粮库粮食冷却及微型冷热电分布式能源系统中获得了成功应用。

太阳能储粮吸附式低温冷却系统由太阳能热水系统、硅胶-水吸附式冷却器、冷却塔和风机盘管组成。硅胶-水吸附式冷却器由两个相同的吸附单元组成，每个吸附单元都包含一个吸附器、一个冷凝器和一个蒸发器/接收器。通过使用重力热管的概念，将两个水蒸发器合并到一个甲醇蒸发器中。为了提高系统效率并实现连续冷却生产，吸附器异相运行，并使用了热量和质量回收工艺。

图 3-47 所示为太阳能储粮吸附式低温冷却系统示意图。

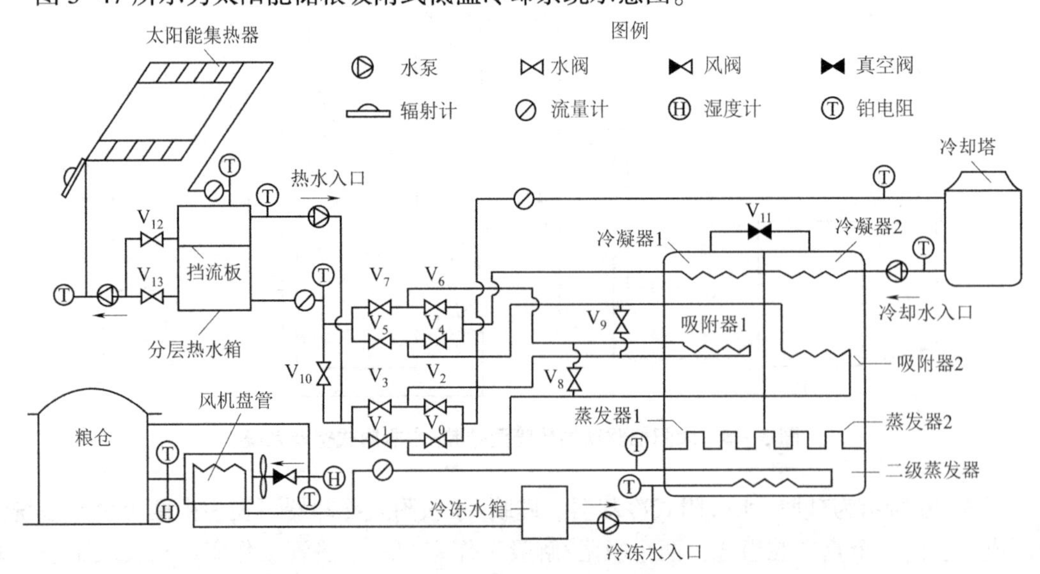

图 3-47　太阳能储粮吸附式低温冷却系统示意图

2004 年 7—9 月，该系统进行了试验运行，用于冷却粮仓顶部空间（即粮食上方的风量）。三个月的运行显示了可喜的业绩。该冷水机的冷却功率在集热器表面为 66~90 W/m²，每日太阳能冷却性能系数 COP_{solar} 为 0. 096~0. 130。电机冷却性能系数 COP 在 2. 6~3. 4。

3. 余热驱动的多功能吸附式制冷

低品位热源驱动的化学吸附制冷是有效利用余热资源的手段之一。热化学吸附技术在能量转化和能量存储方面具有巨大的潜力和优势，除了因为吸附式制冷系统可利用低品位热源驱动，在余热利用或者太阳能利用方面具有独到优点之外，它同时还采用环境友好型的制冷剂如氨、水、甲醇等作为工作介质，因此其臭氧消耗系数和温室效应系数均为零。

吸附式制冷机组因具有结构简单、无运动部件、无噪声、抗振性好、几乎不受地点限制等一系列优点，被认为是机动制冷、渔船保鲜等场合的理想制冷方式，但直接采用高温尾气加热吸附床会产生腐蚀问题，为此上海交通大学制冷与低温工程研究所研制了一种复合交变热管复合吸附式系统，如图 3-48 所示。

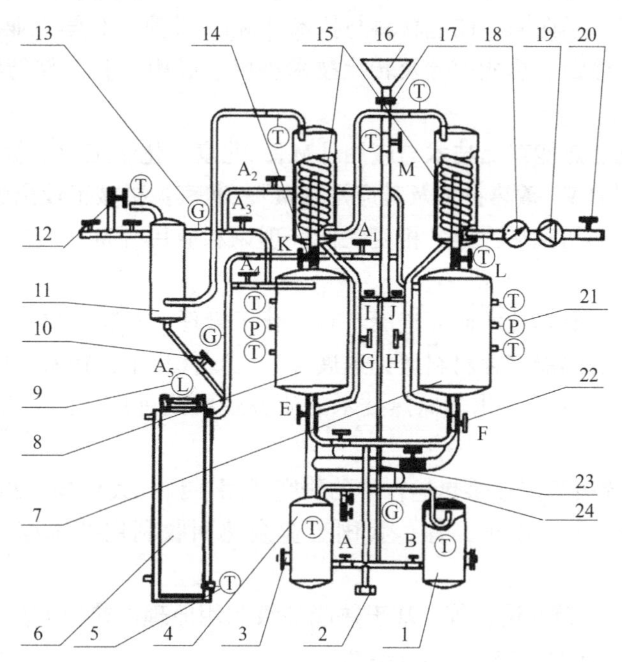

图 3-48　复合交变热管复合吸附式系统

1—抽液锅炉；2—放水螺栓；3—电加热器；4—加热锅炉；5—温度传感器；6—蒸发器；7—吸附器 1；8—吸附器 2；9—磁致伸缩液位传感器；10—氨阀；11—冷凝器；12—安全阀；13—压力表；14—热管蒸汽阀；15—螺旋管冷却器；16—填料；17—螺纹接口；18—流量传感器；19—水泵；20—水阀；21—压力传感器；22—热管液阀；23—抽水管；24—锅炉压力平衡管

该系统包括两个吸附器、两个螺旋管冷却器、一个加热锅炉、一个抽液锅炉、一个冷凝器和一个蒸发器。由于采用了复合交变分离热管原理，吸附式制冰机解决了用海水直接冷却吸附器带来的腐蚀等问题。利用内置式冷却热管上升段减小了吸附器冷却过程中蒸汽上升的阻力。试验研究表明，在两吸附器循环中采用回热回质过程系统的制冷功率提高了约 103. 8%，冷却性能系数（COP）提高了约 100%。

思考题

1. 请说明三种热的传递方式之间的联系与区别。
2. 试说明一个热能梯级利用的实例。
3. 储热材料有哪几种？有哪些选取标准？
4. 如何在不同场景下应用蓄冷技术？

参考文献

[1] 杨世铭，陶文铨．传热学［M］．4 版．北京：高等教育出版社，2006.

[2] 樊栓狮，梁德青，杨向阳．储能材料与技术［M］．北京：化学工业出版社，2004.

[3] 李拴魁，林原，潘锋．热能存储及转化技术进展与展望［J］．储能科学与技术，2022，11（5）：12.

[4] 郭茶秀，魏新刊．热能存储技术与应用［M］．北京：化学工业出版社，2005.

[5] 培克曼 G，吉利 P V．蓄热技术及其应用［M］．北京：机械工业出版社，1989.

[6] 张寅平，孔祥东，胡汉平，等．相变贮能：理论和应用［M］．合肥：中国科学技术大学出版社，1996.

[7] 于晓琨，栾敬德．储热技术研究进展［J］．化工管理，2020（11）：2.

[8] 贺岩峰，张会轩．热能储存材料研究进展［J］．现代化工，1994，14（8）：5.

[9] 闫霆，王文欢，王程遥．化学储热技术的研究现状及进展［J］．化工进展，2018，37（12）：10.

[10] 华丽娟．热能梯级利用在供热运行中的研究运用［J］．大科技，2018（11）：211.

[11] 连红奎，李艳，束光阳子，等．我国工业余热回收利用技术综述［J］．节能技术，2011，29（2）：7.

[12] 段春宁，陈玉龙，范常浩，等．基于热能梯级利用原理的热电联产技术优化研究［J］．能源环境保护，2021，35（3）：66-70.

[13] 吴丽梅，刘庆欣，王晓龙，等．相变储能材料研究进展［J］．材料导报，2021，35（S01）：6.

[14] 张欣宇，杨晓宏，曹泽宇，等．太阳能斯特林混凝土储热系统传热特性研究［J］．太阳能学报，2022，43（5）：7.

[15] 林俊光，仇秋玲，罗海华，等．熔盐储热技术的应用现状［J］．上海电气技术，2021，14（2）：70-73.

[16] DONATINI F，ZAMPARELLI C，MACCARI A，et al. High efficiency integration of thermodynamic solar plant with natural gas combined cycle［C］// 2007 International Conference on Clean Electrical Power. IEEE，2007：770-776.

[17] WEBER R，DORER V. Long-term heat storage with NaOH［J］．Vacuum，2008，82（7）：708-716.

[18] NTSOUKPOE K E, LE PIERRES N, LUO L. Experimentation of a LiBr−H_2O absorption process for long−term solar thermal storage: Prototype design and first results [J]. Energy Procedia, 2012 (30): 331−341.

[19] LI T X, WANG R Z, YAN T. Solid−gas thermochemical sorption thermal battery for solar cooling and heating energy storage and heat transformer [J]. Energy, 2015 (84): 745−758.

[20] GUO J, HUAI X, LI X, et al. Performance analysis of isopropanol−acetone−hydrogen chemical heat pump [J]. Applied Energy, 2012 (93): 261−267.

[21] KITIKIATSOPHON W, PIUMSOMBOON P. Dynamic simulation and control of an isopropanol−acetone−hydrogen chemical heat pump [J]. ScienceAsia, 2004, 30 (2): 1513−1874.

[22] MASTRONARDO E, BONACCORSI L, KATO Y, et al. Efficiency improvement of heat storage materials for $MgO/H_2O/Mg(OH)_2$ chemical heat pumps [J]. Applied Energy, 2016 (162): 31−39.

[23] 冯利利，李星国，王崇云．定形相变储热材料 [M]. 北京：机械工业出版社，2018.

[24] STATHOPOULOS N, MANKIBI M, ISSOGLIO R, et al. Air−PCM heat exchanger for peak load management: Experimental and simulation [J]. Solar Energy, 2016 (132): 453−466.

[25] 杨天润，孙锲，WENNERSTEN R，等．相变蓄冷材料的研究进展 [J]. 工程热物理学报，2018，39 (3)：7.

[26] 秦威南，何强，祝强，等．相变蓄冷材料研究进展 [J]. 化工新型材料，2021，49 (5)：6.

[27] 马立．空调蓄冷及固体吸附蓄冷技术 [J]. 制冷与空调，2005，19 (4)：4.

[28] 严德隆，张维君．空调蓄冷应用技术 [M]. 北京：中国建筑工业出版社，1997.

[29] 方贵银．蓄冷空调工程实用新技术 [M]. 北京：人民邮电出版社，2000.

[30] 孙悦，韩明新，任洪波，等．冰蓄冷空调系统优化运行控制策略研究综述 [J]. 制冷与空调，2020，20 (11)：6.

[31] 曹建伟，黄申，孙毅，等．冰蓄冷空调群参与风光本地消纳的微网随机经济调度策略 [J]. 制冷与空调，2022 (16)：12.

[32] 舒碧芬，郭开华．新型气体水合物蓄冷装置及其性能 [J]. 工程热物理学报，1999，20 (5)：3.

[33] ZHAI X Q, WANG R Z, WU J Y, et al. Design and performance of a solar−powered air−conditioning system in a green building [J]. Applied Energy, 2008, 85 (5): 297−311.

[34] LUO H L, WANG R Z, DAI Y J, et al. An efficient solar−powered adsorption chiller and its application in low−temperature grain storage [J]. Solar Energy, 2007, 81 (5): 607−613.

第4章
机械能的存储与载能材料

世界上的化石能源终将会被开采殆尽，开发可再生能源对于全世界来说是解决替代能源最重要的手段之一。近年来，在全球范围内被广泛关注的可再生能源主要包括太阳能、风能、生物质能、地热能、海洋能，等等。虽然它们是取之不尽的洁净能源，但其储能密度低，稳定性较差，需要蓄能调节，长期稳定运行困难，而且开发利用技术含量较高，经济性差，致使我国可再生能源的大规模利用很难实现。因此，一种取之广泛、方便、技术简单、成本低、经济效益好的再生能源利用是当今全世界人们追求的目标。

机械能存储是一种取之广泛、洁净、环保、安全、成本低廉的可再生能源，是继燃料发电、水力发电、风力发电、生物质发电、核电等形式发电技术之后，又一项新的能源形式发电技术，它技术简单、运行稳定，能源取之广泛，可以规模化、产业化生产。它的发明在全世界开启了一个新的能源领域，也开创了一个巨大的循环经济。

众所周知，自然界中存在各种动能和势能，如流动的水、自然风、潮汐涌浪、波浪，等等；人类活动中也产生很多动能和势能，如移动的人、车辆、船舶、流体，等等。这些存在于自然界中和人类活动中产生的能量都是可再生能源。机械能是动能与势能的总和，是表示物体运动状态与高度的物理量。物体的动能和势能之间是可以转化的，在只有动能和势能相互转化的过程中，机械能的总量保持不变，即机械能是守恒的。

4.1　势能的存储

势能（Potential Energy）是存储于一个系统内的能量，也可以释放或者转化为其他形式的能量。势能是状态量，又称作位能。势能不是属于单独物体所具有的，而是相互作用的物体所共有的。

液压传动是现代工业传动的重要形式之一，液压系统凭借着高功率比、高可靠性、无级速度调节等优势，逐步成为现代工业装备中最重要的能量传动方式之一。挖掘机、叉车、液压升降台等液压设备，在工作过程中具有明显的周期性，有频繁的提升动作。每次提升，工作装置都会产生可观的势能，这些势能一般随着设备的下行在主阀节流口转化为热能，造成了能量的浪费和系统温度的上升。

因此，需要提高液压系统中的能效来实现绿色低碳及可持续制造，缓解能源紧张问题。对系统中的势能进行存储回收和再利用，是提高系统能效的重要方法。所谓势能存储，是指针对机械系统中具有较大质量的部件，将其下降运动中的重力势能存储在能量存储装置中，并在机械系统需要补偿动力时释放。在工程机械中，工作装置势能的有效存储回收，一方面可以减少系统发热，保护系统部件的可靠运行；另一方面，可以有效降低整机能量消耗，在特定工况下，还可以通过补偿能量的方式提高整机运行效率，拓宽极限工作条件。

目前，用于势能回收存储的方式主要有飞轮储能、基于蓄电池或超级电容器的电气式储能和液压蓄能器储能、复合储能 4 种。储能元件作为势能回收系统的关键元件，直接影响系统能量回收和再利用效率。飞轮储能、蓄电池储能等几种储能方式对应储能元件的种类较多，各项性能差异也较大，表 4-1 列举了常见的应用于能量回收技术研究的储能元件基本性能对比。

表 4-1　储能元件基本性能对比

项目	飞轮储能	蓄电池储能	超级电容器储能	液压蓄能器储能
储能形态	动能	电化学能	电能	液压能
功率密度/$(\mathrm{W \cdot kg^{-1}})$	500~1 190	50~200	100~10 000	19 000
储能密度/$(\mathrm{J \cdot kg^{-1}})$	5~150	20~100	1~10	2
效率	~90%	~80%	~90%	~90%
寿命/年	20~30	2~5	>20	~20
安全性	不好	好	好	不好
温度范围	限制很小	受限	限制很小	受限
环保性	一般	差	一般	一般
储能持续时间	几天	几年	几天	几个月
维修性	很好	好	很好	中等
技术成熟程度	差	成熟	差	好

4.1.1　飞轮势能存储

飞轮势能存储利用飞轮作为储能元件，将重力势能转化为飞轮动能的形式存储起来。虽然飞轮有着较好的存储能量的能力，还具有能量损耗小、不存在污染等特点，但是安装尺寸、时效性等问题限制了其在液压系统中更广泛的应用。

起重机负载质量能达到几十吨之多，因而重物下放中产生的势能巨大，存在巨大的节能空间。基于此，广西建工集团建筑机械制造有限责任公司设计的起重机势能回收系统结构如图 4-1 所示。将储能机构安置在起升机构和变幅机构的工作支线上，同时选用飞轮储能系统作为储能单元。发电机组作为主动力源向整个系统供给能量，工作电机和反馈发电机都选用直流电机。工作电机输出动力，带动载荷上升。当载荷下降时工作电机转变成反馈发电机恒压发电，储能单元吸收载荷下降的势能。当储能单元能量达到一定值，则输出电能给工作电机，将浪费的能耗电阻上的能量回收再利用，从而达到节能目标，整个过程具有快速性和稳定性。

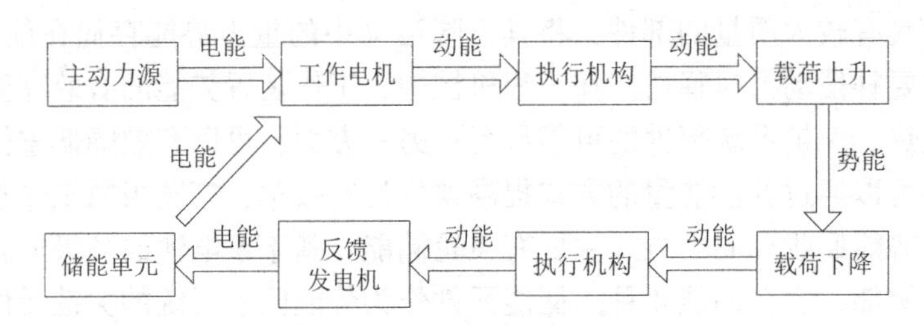

图 4-1 起重机势能回收系统结构

4.1.2 电气式势能存储

电气式势能存储以蓄电池或超级电容器作为储能元件，由液压马达驱动发电机把重力势能转化为电能存储在蓄电池或者超级电容器中，再通过变流器、电动机等元件实现能量的释放。在此过程中，经过了多个能量转换环节，储能效率不高。电气式势能回收流程如图 4-2 所示。

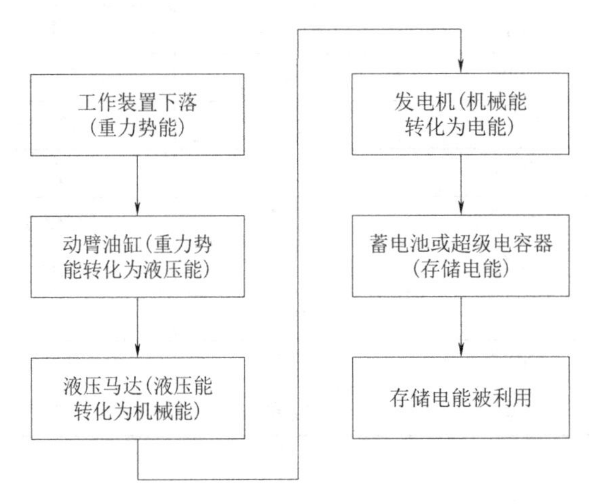

图 4-2 电气式势能回收流程

液压挖掘机在其动臂频繁上升与下降过程中，大量的重力势能以发热、噪声和振动的形式损失在节流阀上，造成能量损耗和系统发热，对机器造成损害。据日本神钢公司研究，传统液压挖掘机发动机输出的能量大约只有 20% 可利用于作业机构，液压系统效率仅为 30%。

日立建机是世界上第一个采用电气式能量回收系统对挖掘机动臂势能进行回收的企业，其电气式势能回收系统原理如图 4-3 所示。

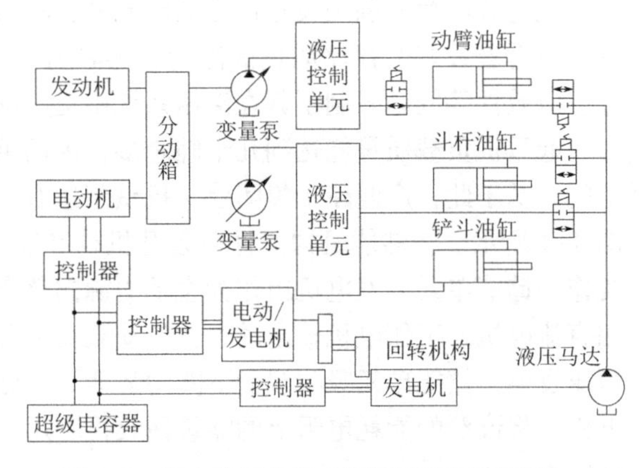

图 4-3 日立建机电气式势能回收系统原理

该系统既可以回收动臂的重力势能，

也可以回收挖掘机的回转制动能。动臂、斗杆和铲斗油缸的液压油通过液压马达和发电机将重力势能转化为电能，回转机构通过电动/发电机转化为电能。

4.1.3　液压蓄能器势能存储

液压蓄能器势能存储使用蓄能器作为储能元件，通过液压泵或液压马达将重力势能转换成液压能存储在蓄能器中，当系统需要能量时再通过驱动液压泵或液压马达来为系统供能。由表 4-1 可知，与电气式相比，其能量转换环节较少，蓄能器有着较高的储能效率。此外，蓄能器可以实现液压油的快速充放，并且可以吸收液压冲击，消除脉动。因此液压蓄能器储能在液压传动系统中应用广泛。

电动叉车的升降系统是电动叉车实现装卸搬运作业的核心组成部分，传统电动叉车升降系统中的负载势能未能进行有效回收，常见处理方式是利用负载的自重将升降液压缸的高压油经单向节流阀节流后直接流回油箱。对于频繁升降的作业工况而言，能量损失大，并且会直接导致液压油发热严重，降低系统效率。

为充分利用电动叉车升降过程中的负载势能，实现势能回收再利用，达到节能目的，同时兼顾电动叉车复杂负载工况，西南交通大学提出了一种可实现混合负载工况下能量分级回收利用的电动叉车新型势能回收系统，其液压原理如图 4-4 所示。该方案利用两个蓄能器实现不同负载工况能量匹配分级回收，具有良好的工程应用性。

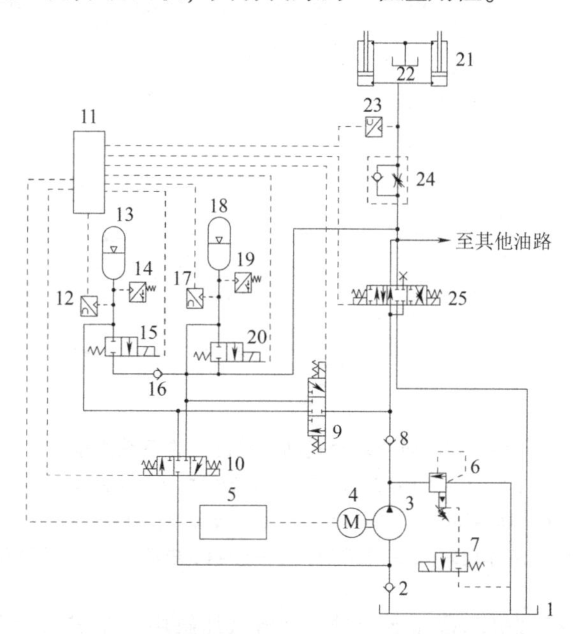

图 4-4　电动叉车新型势能回收系统液压原理

1，22—油箱；2，8，16—单向阀；3—定量泵；4—三相异步电动机；5—变频器；6—先导溢流阀；7，15，20—二位二通电磁换向阀；9，10—三位三通电磁换向阀；11—工控机；12，17，23—压力传感器；13—高压蓄能器；14，19—液压开关；18—低压蓄能器；21—升降液压缸；24—单向节流阀；25—三位六通电磁换向阀

该系统通过配置高低压两个蓄能器，将其并联于电动叉车升降系统中。低压蓄能器用于回收电动叉车轻载下降时的势能，并在电动叉车轻载上升时辅助定量泵供能；高压蓄能器用

于吸收电动叉车重载下降时货物势能，在下一次电动叉车重载上升阶段释放回收能量，减少三相异步电动机驱动负荷。高低压蓄能器的协调运作可兼顾电动叉车轻载和重载升降工况，对不同工况进行分阶段驱动和实现货物势能的分级回收，同时在满足电动叉车升降调速功能下，可通过优化高低蓄能器参数匹配，提高电动叉车货物势能的回收效率。

4.1.4 复合势能存储

每种势能回收系统都有各自的优点，为提高势能回收效率，充分发挥各势能回收系统的优势，产生了复合势能回收存储。

液压蓄能器势能回收系统具有结构简单、势能回收效率高的特点，并且系统中蓄能器具有吸收液压冲击的作用，但蓄能器过高的出口压力会对液压泵提出更高的要求，为防止蓄能器出口压力过高，在系统中加入电气式势能回收系统。为回收应急救援排障工程车挖掘工作装置动臂下落过程中的重力势能，贵州大学现代制造技术实验室提出一种电液复合式动臂势能回收方案，其系统原理如图 4-5 所示。

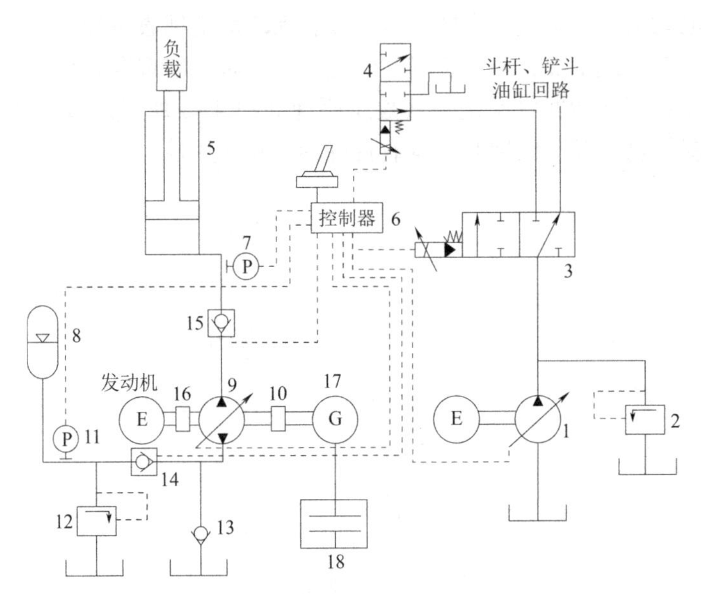

图 4-5　电液复合式动臂势能回收系统原理

1—主泵；2—溢流阀；3，4—电磁换向阀；5—动臂液压缸；6—控制器；7，11—压力传感器；8—蓄能器；9—双向变量泵/马达；10—离合器和变速器；12—安全阀；13—单向阀；14，15—液控单向阀；16—离合器；17—发电机/电动机；18—超级电容器

在该方案中，液压挖掘机动臂在下降时，动臂液压缸由主泵进行驱动，同时在动臂重力的作用下，动臂开始下落，动臂无杆腔中的液压油通过管路、两个液控单向阀和双向变量泵/马达进入蓄能器，将部分液压能存储起来，同时液压油在经过双向变量泵/马达时会驱动发电机进行发电，将部分液压能转化为电能存储在超级电容器中，动臂下降的速度通过双向变量泵/马达排量变化进行控制。动臂上升时，存储在蓄能器中的液压能通过双向变量泵/马达和动臂液压缸转化为动臂的重力势能，存储在超级电容器中的电能通过电动机和双向变量泵/马达以及动臂液压缸转化为动臂的重力势能，与普通的液压挖掘机工作过程相比，提高了能量利用效率，达到一定的节能减排效果。

4.2　动能的存储

物体由于运动而具有的能量，称为物体的动能，如移动的车辆、飞机、工程机械等都具有动能。动能由物体的质量和速度决定。

汽车在减速、制动过程中，大量的动能只能通过摩擦转化为热能耗散，这不但浪费了宝贵的能源，也导致了汽车制动系统过早磨损，增加了汽车使用成本。有关文献表明，在城市驾驶工况下制动能量占总驱动能量的 50% 左右。在汽车下长坡及滑行中，为了消除汽车多余的动能，制动器的热衰退性问题成了汽车在这些工况下的安全隐患。飞机着陆时仍具有较高的速度和较大的动能，制动动能大部分通过飞机刹车装置以摩擦发热的形式散发浪费，致使出现飞机能量损失消耗大、飞机能源利用率低的问题。此外，工程机械中，如挖掘机、起重机等常常由液压缸驱动，在制动过程中，主要是依赖液压阀切断液压回路完成制动，这就使执行元件的动能以热能的形式耗散在节流口上，液压油温度升高，降低了液压元件的使用寿命和制动性能，造成能量损失。

在能耗、环保、安全性能要求日益严苛的今天，制动能量回收存储成为各领域技术研究中的热点问题。所谓制动能量回收存储，就是在汽车/工程机械减速制动的情况下，将部分制动能转化为其他形式的能量，存储在储能装置中，从根本上提升运行过程中的能源利用率。

根据能量存储形式的不同，动能存储可以分为飞轮、电气式、液（气）压蓄能器。

4.2.1　飞轮动能存储

基于飞轮的动能回收存储系统主要有机械飞轮和电机飞轮。机械飞轮在储能方面具有储能量大、功率大、结构紧凑、寿命长、无污染和几乎不受温度影响等优点，故在车辆、电网、航天航空等方面迅速得到发展。

对于机械飞轮动能回收存储系统在车辆上的应用，目前致力于普通商业应用且发展成熟、接近量产的有 VOLVO 公司的机械飞轮动能回收存储系统。2011 年 5 月，该系统设计完成，并制造出样机。如图 4-6 所示，VOLVO 机械飞轮动能回收存储系统中，飞轮模组通过

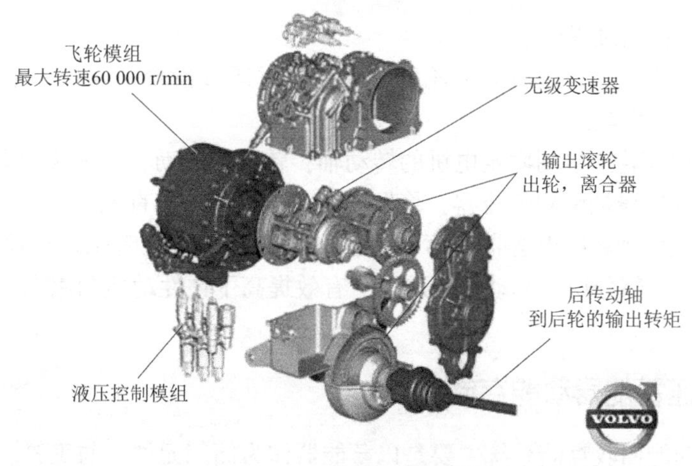

图 4-6　VOLVO 机械飞轮动能回收存储系统

无级变速器、离合器、三级齿轮传动链连接到汽车驱动轴的差速器上。通常动力通过引擎、无级变速器、差速器传递到驱动轴上，在制动能量回收利用的过程中，差速器上的输入滚轮通过与动能回收系统的初级输入滚轮作用，使动力通过动能回收系统的传动链，通过飞轮高速回转实现制动能量的回收存储利用。

4.2.2 电气式动能存储

电气式动能回收存储是发展最成熟的，主要分为电池式和电容器式。在制动过程中，回收存储系统进行频繁的能量转换，导致系统的整体效率不大。而且，能量形式的转换需要附加设备，导致很高效率的电气式动能回收系统是相当昂贵的，甚至是不可能的。此外，受到材料的影响，在比能量/比功率、储能密度/功率密度、循环寿命的综合指标的考量下，电气式储能（尤其是电池式）发展瓶颈愈发明显。

现在市场上的混合动力汽车装载的大多是电气式动能回收存储系统。因蓄电池难以实现短时间、大功率、高效率充电，而超级电容器恰好可以弥补这一缺陷，因此，沈阳工业大学采用超级电容器和蓄电池并举的方式存储汽车惯性动能。汽车惯性动能回收再利用装置由齿轮、电机、整流器、逆变器、超级电容、蓄电池、电缆线等组成，其结构如图 4-7 所示。

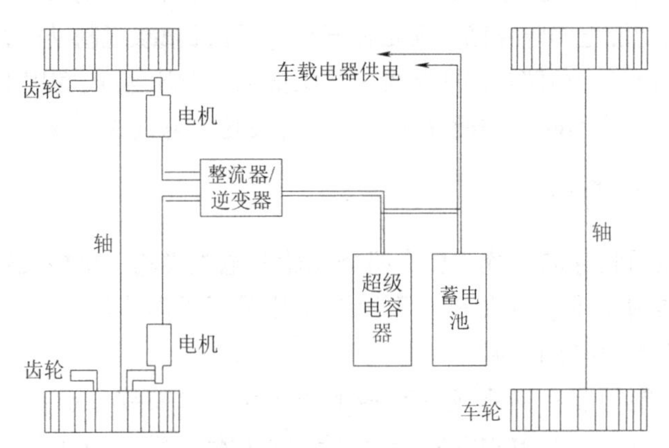

图 4-7　汽车惯性动能回收再利用装置结构

惯性动能回收存储过程如下：

（1）将车轮的刹车片改装成有齿轮的刹车片，再通过齿轮来连接一个可移动的连接齿轮，通过该齿轮放大力矩。

（2）通过移动齿轮连接到固定电机的转动轴，转动轴转动，生成感应电动势发电。

（3）把电机的出线端引到整流器，将发出的交流电整流成直流电。

（4）把直流电引到超级电容器和蓄电池，将电能暂时存储起来。存储的能量一部分用于车载电器供电，一部分用于起动加速助力，有效提高了惯性动能利用率，一定程度上降低了汽车油耗。

4.2.3 液压蓄能器动能存储

液压蓄能器动能回收存储系统主要是以蓄能器作为储能元件，与飞轮、电气式相比，具有回收效率高、工作性能可靠、能够满足能量的快速存储和释放的特点，因而更适合于液压缸制动过程的动能回收存储。

传统挖掘机回转系统制动时，由于回转平台质量大、惯性大，故制动能量较大，然而在制动过程中产生的动能却大部分转化为热能散失。为此，同济大学提出了一种基于制动能量回收的混合动力挖掘机回转系统设计方案，通过采用二次元件液压泵/电机的四象限工作特性以及加装蓄能器来实现能量的充放，同时采用速度和压力双控的控制策略来控制蓄能器释放能量。该设计方案原理如图 4-8 所示。

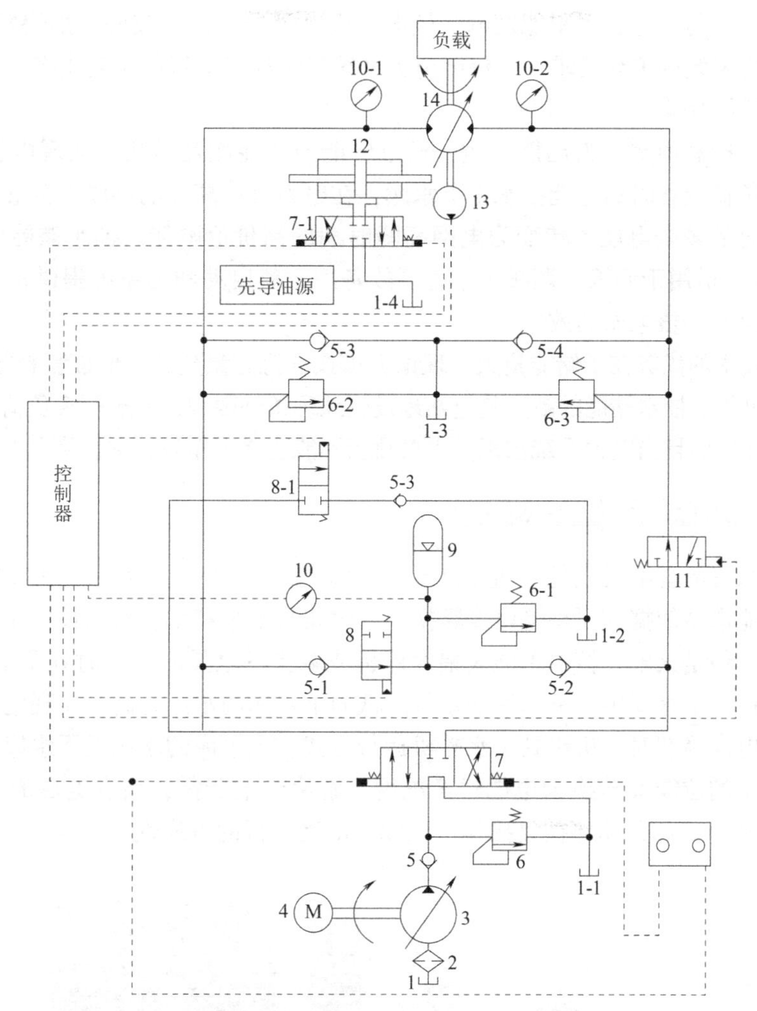

图 4-8　基于制动能量回收的混合动力挖掘机回转系统设计方案原理

1—油箱；2—过滤器；3—恒压变量泵；4—电动机；5—单向阀；6—溢流阀；
7—三位换向阀；8—两位两通换向阀；9—蓄能器；10—压力表；
11—两位三通换向阀；12—液压缸；13—测速电机；14—液压电机/液压泵

系统处于制动能量回收模式时，二次元件 14 处于液压泵工况，恒压变量泵停止供油。系统的液压油经二次元件 14、两位三通换向阀、单向阀 5-2 进入蓄能器 9。当蓄能器当前油液压力值≥p_2 时，蓄能器停止能量回收，多余的液压油将通过溢流阀 6-1 进行溢流。

4.3 抽水储能

4.3.1 抽水储能简介

抽水储能是当前技术最成熟、经济性最优、最具大规模开发条件的电力系统绿色低碳清洁灵活调节电源，与风电、太阳能发电、核电、火电等配合效果较好。加快发展抽水储能，是构建新型电力系统的迫切要求，是保障电力系统安全稳定运行的重要支撑，是可再生能源大规模发展的重要保障。

抽水储能，即利用水作为储能介质，通过电能与势能相互转化，实现电能的存储和管理。利用电力负荷低谷时的电能抽水至上水库，在电力负荷高峰期再放水至下水库发电。可将电网负荷低时的多余电能，转变为电网高峰时期的高价值电能。抽水储能的额定功率为100~3 000 MW，适用于调峰、调频、紧急事故备用、黑启动和为系统提供备用容量，还可提高系统中火电站和核电站的效率。

抽水储能技术的优势在于储能量大，理论上可按任意容量建造，储能量释放持续时间长，而且技术成熟可靠。抽水储能的缺点是电站建设受地理条件限制，一般距离负荷中心较远，不但存在输电损耗，而且当电力系统出现重大事故而不能正常工作时，它也将失去作用。

4.3.2 抽水储能系统基本原理

抽水储能系统的基本组成包括两处位于不同海拔高度的水库、水泵、水轮机以及输水系统等。抽水储能电站依据的原理是电能转换，同时兼具水泵和水轮机两种工作方式。当夜间用电负荷减少，但是火电、核电不能大幅度停机或减少发电量时，此时处于水泵运行方式，将下水库的水抽至上水库中，下水库的水位降低而上水库的水库升高，实现电能到水的位能的转换。当用电高峰期时，机组处于水轮机运行方式，上水库的水放至下水库，带动水轮发电机发电，将水的位能又转换为电能送至电网，解决供电所需，而发电后的水又回到下水库，如图 4-9 所示。如此循环往复操作，保障了电网运行的可靠性。

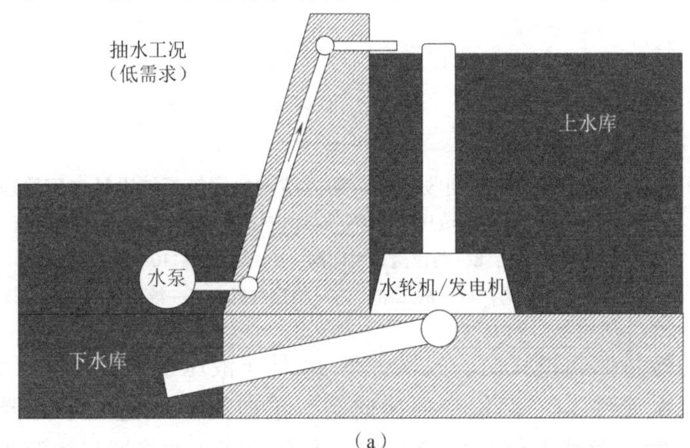

（a）

图 4-9　抽水储能工作原理

（a）抽水工况工作原理

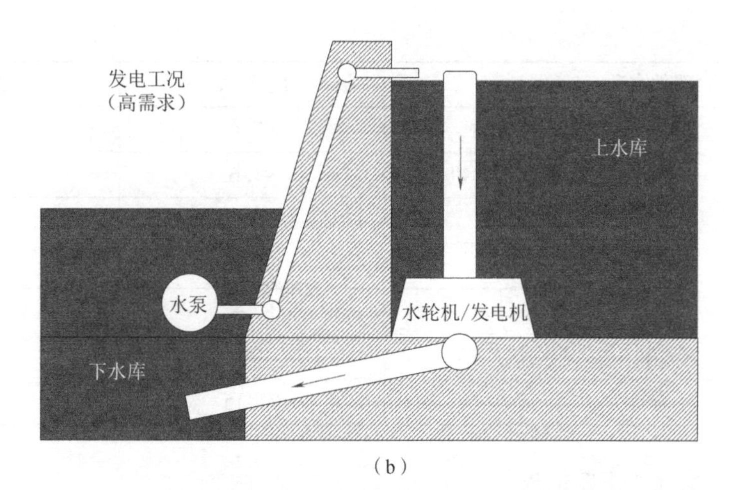

（b）

图 4-9　抽水储能工作原理（续）

（b）发电工况工作原理

4.3.3　抽水储能系统的性能指标

抽水储能系统的性能指标主要有系统功率和系统效率。

1. 系统功率

抽水储能机组的发电输出功率：

$$P = QH\rho g\eta \tag{4-1}$$

式中，Q 为流量；H 为水头高度；ρ 为流体密度；g 为重力加速度；η 为装置效率。

由式（4-1）可见，可变量为流量、水头高度和装置效率。所需水头高度与流量成反比：若水头较高，则流量可以减小；若流量较大，则水头可以适当降低。在实际设计中，需要综合考虑这两个变量。例如，美国密歇根州勒丁顿抽水储能电站选择大流量和适中的水头。若当地水量有限，则应尽量根据地形地貌提高水头，减少所需水量。

2. 系统效率

抽水储能工作过程存在着能量损耗，包括流动阻力、湍流损失、发电机、水泵和水轮机的损耗等。因此，抽水储能系统的循环效率在 70%～80%，预期使用年限为 40～60 年，实际情况取决于各抽水储能电站的规模与设计情况。抽水储能机组各部件的效率范围，如表 4-2 所示。

表 4-2　抽水储能机组各部件的效率范围

部件名称		最低/%	最高/%
发电部分	水流传输	97.4	98.5
	水泵和水轮机	91.5	92
	发电机	98.5	99
	变压器	99.5	99.7
	小计	87.35	89.44

续表

部件名称		最低/%	最高/%
抽水部分	水流传输	97.6	98.5
	水泵和水轮机	91.6	92.5
	发电机	98.7	99
	变压器	99.5	99.8
	小计	87.8	90.02
	运行	98	99.5
合计		75.15	80.12

1）抽水储能系统的主要损失

机械和电气部件并不是导致系统效率下降的唯一因素。以下是造成整体系统损耗的其他主要因素：

（1）水库蒸发。蒸发损失取决于水库的大小和位置。位于热带气候且具有较大地表储水比的浅水库比温和气候中的水库更容易受到蒸发损失的影响。同样，一个大的浅水库比一个小而深的水库蒸发更快。在干热和风的条件下，蒸发是极端的。每当蒸发损失很大时，可能需要补充水来重新填充一些水库容积。有关人员提出了一些创新的解决方案来缓解这个问题，包括部署漂浮在水库顶部的遮阳球，以限制到达地表的辐射及蒸发。Silver Lake（银湖）艾芬豪水库的遮阳球如图 4-10 所示。

图 4-10　Silver Lake（银湖）艾芬豪水库的遮阳球

（2）泄漏损失。根据地质条件，可能需要在一个或两个储层中使用衬管以防止泄漏。尽管衬里系统可能包括与渗漏收集系统相结合的泄漏检测装置，但仍可能发生通过储层衬里的渗漏，如果发生这种情况，则该渗漏收集系统旨在捕获通过衬里流失的水。泄漏的一个主要来源是在水道的混凝土衬里部分产生裂缝。

（3）传输损耗。电力传输损耗是传输线长度、电压以及导体尺寸和类型的函数。规划对考虑多种传输互连选项很重要。连接点的选择可能涉及对连接点是否应该是附近的变电站或是否应该连接到现有输电线路的研究。

2）抽水储能的响应时间

运行发电模式类似于传统的水力发电机运行，水力发电机的输出可以通过改变闸门开口来调整。改变闸门开度会改变通过涡轮机的水量，这种能力允许涡轮机单元用于自动发电控制，并在工厂处于发电模式时调节频率和负载。在调节模式下，将单速泵-涡轮机组作为发电机运行会导致相当大的效率损失。在泵模式下，该装置在浇口开口处运行，这允许对给定扬程进行最有效的操作。

可逆泵-涡轮机组的典型周转和启动时间如下：

（1）从泵送至满负荷发电：2~20 min。

（2）从发电到泵送：5~40 min。

（3）从停机到满负荷发电：1~5 min。

（4）从停机到泵送：3~30 min。

对于可调速机器，可以减少其中一些时间，因为同步可以在较低的速度下发生。控制系统可以在几秒钟内匹配转子电速度和系统频率。因此，在机器达到全速之前，同步可以更快、更好地发生。此外，当调速机处于泵送模式时，速度不需要为了同步而达到或接近其标称速度，通常可以减少 5%~15% 的潜在时间。

4.3.4　抽水储能技术及应用

传统抽水储能电站多为恒速运行机组，运行效率低，调节速度慢，无法在抽水工况下实现快速有效的功率调节。随着电力电子技术的发展，变速抽水储能技术不断成熟。与恒速运行机组相比，变速运行机组除了能削峰填谷外，还有许多其他优点。下面从电网和水电站两方面介绍这些优点。

变速运行对电网的好处：

（1）快速吸收电网中的随机功率扰动，提高电网稳定性。

（2）改善电网频率调节能力，减小为稳定电网频率设置的备用发电机的数量及起停次数。

（3）风和光伏等新能源发电的功率随机变化且难以预测，限制了它们在电网中的占有率，变速抽水储能机组的优良功率调控性能可以提高新能源发电的占有率。

变速运行对水电站的好处：

（1）水轮机有最佳工作点（最高效率点），它是水头、流量和转速的函数。恒速运行时，水头和流量偏离额定点导致效率降低，从而限制水头和流量的允许工作范围。变速运行可以在较大水头和流量变化时，通过改变转速提高效率，从而扩大允许工作范围。日本 Okawachi 抽水储能电站称其 400 MW 变速运行机组水力效率的改善可达 10%，平均效率提高 3%，其水力效率与额定水头百分比关系具体如图 4-11 所示。

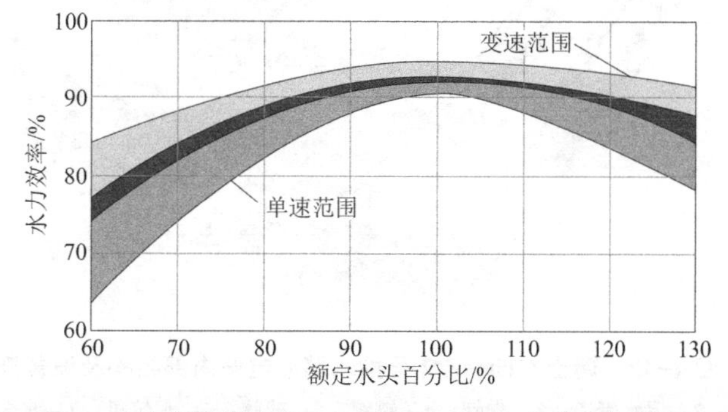

图 4-11　Okawachi 抽水储能电站（400 MW）的水力效率与额定水头关系

（2）恒速运行电站在某些功率段会出现严重的水压波动和振荡问题，采用变速运行能显著减小水压波动和振荡。

目前变速抽水储能机组包括交流励磁机组、全功率变频同步机组两种技术路线。

1. 交流励磁机组

基于交流励磁路线的变速抽水储能技术已经在全世界超过 10 座电站、20 台机组上应用，最大单机容量可达到 300~500 MW。日本是应用连续变速交流励磁抽水储能机组最早的国家。除日本之外，变速机组的应用集中于欧洲，且主要在德国。

日本大河内抽水储能电站装有 4 台抽水储能机组，其中 1 号和 2 号机组为恒速机组，3 号和 4 号机组为变速机组。4 号机组于 1993 年 12 月投入运行，3 号机组于 1995 年 6 月投入运行。1992—1997 年，变速机组与恒速机组发电运行时间相近，甚至略少些。但变速机组抽水运行时间却远远高于恒速机组，在变速机组投入运行前，恒速机组年抽水运行时间都低于 700 h，变速机组投入正常运行后，年抽水运行时间都在 1 500 h 左右，增长 1 倍以上，相应恒速机组几乎不再抽水运行。此外，两台变速机组占电站装机容量的一半，发电量仅占电站总发电量的 30% 左右，但抽水耗电量却占整个电站耗电量的 80% 左右。

2. 全功率变频同步机组

区别于交流励磁机组所采用的变频器，用于抽水储能机组的全功率变频器还未经历长时间和广泛的应用和发展。目前，全功率变频技术已在瑞士、奥地利进行试点应用。

瑞士的 Oberhasli 水力发电公司（KWO）下属的 Grimsel 2 号抽水储能电站，使用 ABB 公司基于 IGCT（集成门极换流晶闸管）技术的全功率变频器将原有的一台定速机组改装为 100 MW 的全功率变频抽水储能机组。该抽水储能电站建造于 1974—1980 年，共有 4 台横卧式同步机组（水泵工况 4×90 MW，发电工况 4×80 MW），上下水库平均水头 400 m，平均流量 4×22 m^3/s，同步转速为 750 r/min，电站内部结构及设备连接如图 4-12 所示。

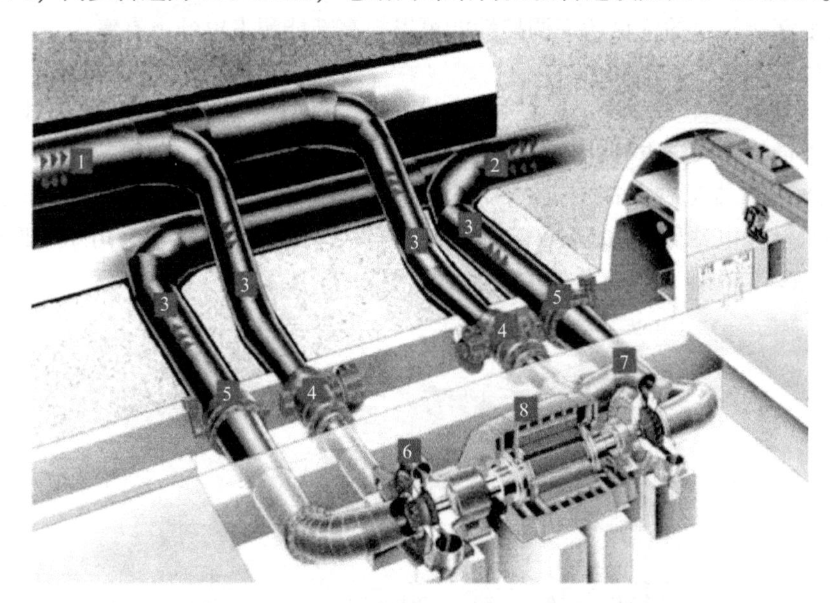

图 4-12　瑞士 Grimsel 2 号抽水储能电站内部结构及设备连接

1—高压引水管道；2—尾水管道；3—支管；4—蝶阀；5—球阀；6—水轮机；7—水泵；8—发电机/电动机

该全功率变频同步机组实现了在 60~100 MW 的水泵功率连续变化，下限 60 MW 由于水泵流道内空化现象所限。通过全功率变频器，整个机组的启动时间缩短至大约 10 s，之后水泵、水轮机在球阀关闭的情况下加速至 600 r/min，并在球阀打开后，根据现有水头情况下的最小功率，将转速调整至大约 690 r/min。

4.4　压缩空气储能

4.4.1　压缩空气储能简介

压缩空气储能（Compressed Air Energy Storage，CAES），是除抽水储能技术之外能够实现大规模电力储能的技术之一。它是一种基于燃气轮机发展而产生的储能技术，通过压缩空气的方式存储能量，该技术可满足长时间（数十小时）和大功率（几百到数千兆瓦）的要求。压缩空气储能技术具有储能效率高、单位储能功率高、成本低、寿命长（设计寿命大于 40 年）等优点，为风能、太阳能等可再生能源的高效利用提供了解决方案。由于压缩空气储能系统的储能周期不受限制、对环境友好且综合效率较高，可提高电力生产的经济性。

压缩空气储能主要应用为调峰、备用电源、黑启动等，效率约为 85%，高于燃气轮机调峰机组，存储周期可达一年以上。然而，传统的压缩空气储能系统在减压释能时需补充燃料燃烧，此时也会产生污染物。此外，大型压缩空气储能系统需寻找符合条件的地下洞穴用以存储高压空气，其相当依赖特殊地理条件，以上都是传统压缩空气储能系统面临的问题与挑战。

4.4.2　压缩空气储能基本原理

传统压缩空气储能系统是基于燃气轮机技术开发的一种储能系统。图 4-13 所示为燃气轮机系统工作原理，空气经压缩机压缩后，在燃烧室中利用燃料燃烧加热升温，然后高温高压燃气进入膨胀机膨胀做功。燃气轮机的压缩机需消耗约 2/3 的膨胀机输出功，因此燃气轮机的净输出功远小于膨胀机的输出功。

图 4-14 所示为压缩空气储能系统工作原理，其压缩机和膨胀机不同时工作。在储能时，压缩空气储能系统耗用电能将空气压缩并存于储气室中；在释能时，高压空气从储气室释放，进入燃烧室利用燃料燃烧加热升温后，驱动膨胀机发电。由于储能、释能分时工作，在释能过程中，并没有压缩机消耗膨胀机的输出功，因此，相比于消耗同样燃料的燃气轮机系统，压缩空气储能系统可以多产生 2 倍甚至更多的电力。

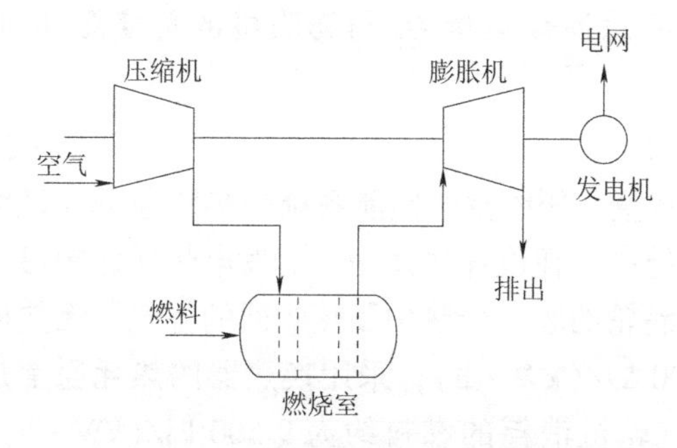

图 4-13　燃气轮机系统工作原理

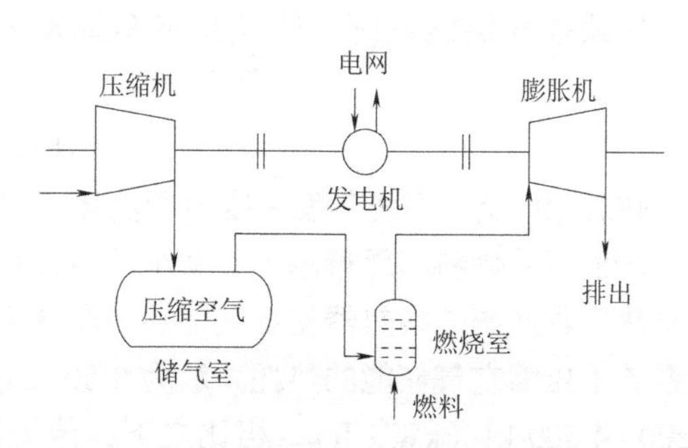

图 4-14　压缩空气储能系统工作原理

压缩空气储能的工作过程同燃气轮机类似，如图 4-15 所示。假定压缩和膨胀过程均为单级过程[见图 4-15（a）]，则压缩空气储能的工作过程主要包括以下 4 个：

（1）压缩过程 1→2：空气经压缩机压缩到一定的高压，并存于储气室；理想状态下空气压缩过程为绝热压缩过程 1→2，由于不可逆损失实际过程为 1→2′。

（2）加热过程 2→3：高压空气经储气室释放，同燃料燃烧加热后变为高温高压的空气，一般情况下，该过程为等压吸热过程。

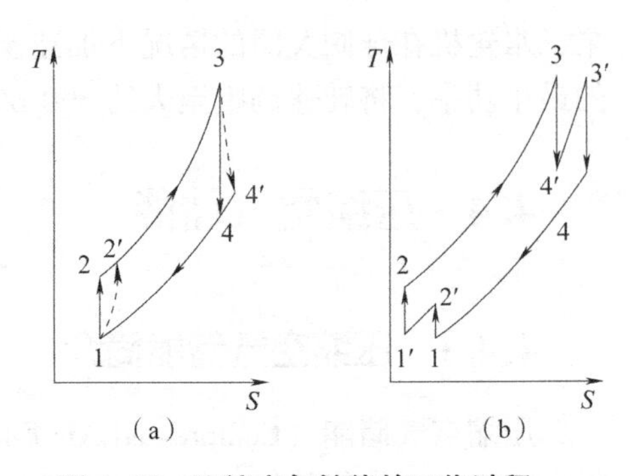

图 4-15　压缩空气储能的工作过程

（a）单级过程；（b）多级过程

（3）膨胀过程 3→4：高温高压的空气膨胀，驱动膨胀机发电；理想状态下，空气膨胀过程为绝热膨胀过程 3→4，由于不可逆损失实际过程为 3→4′。

（4）冷却过程 4→1：空气膨胀后排入大气，然后下次压缩时经大气吸入，这个过程为等压冷却过程。

压缩空气储能与燃气轮机工作过程的主要区别在于：①燃气轮机系统上述 4 个过程连续进行，即完成图 4-15（a）中一个回路的 4 个过程，而压缩空气储能系统中压缩过程 1→2 同加热和膨胀过程（2→3→4）不连续进行，中间为空气存储过程；②燃气轮机系统不存在空气存储过程。

注意：压缩空气储能系统在实际工作时，常采用多级压缩和级间/级后冷却、多级膨胀和级间/级后加热的方式，其工作过程如图 4-15（b）所示。图 4-15（b）中，过程 2′→1′ 和过程 4′→3′分别表示压缩的级间冷却和膨胀的级间加热过程。

4.4.3　压缩空气储能系统的性能指标

由于压缩空气储能系统的压气过程与发电过程不同步，因此常规燃气发电机组的评价指标并不能完全反映压缩空气储能系统的优劣，且压缩空气储能系统除发电效益外，兼具储能效益，因此对此类系统的评价方式与常规电站评价方式不同。鉴于此，采用以下 4 种指标评价压缩空气储能系统的性能。

1. 热耗（HR）

压缩空气储能系统的热耗是指系统发电过程总消耗热量 Q_f 与膨胀机的总膨胀功 W_t 之比：

$$\mathrm{HR}=Q_f/W_t \tag{4-2}$$

热耗 HR 反映系统每发一度电所消耗燃料的数量，压缩空气储能系统的热耗越低，说明单位产能下的燃料消耗量越少，系统的热效率则越高。在设计选择中，对发电热耗影响最大的是热回收系统。换热器使系统能够捕获从低压涡轮的废气余热中预热收回的空气。无热回收系统下压缩空气储能的热耗一般为 5 500~6 000 kJ/(kW·h)，采用换热器的热耗通常是 4 200~4 500 kJ/(kW·h)。相比之下，传统燃气轮机消耗的燃料约为 9 500 kJ/(kW·h)，主要是因为电力输出的 2/3 用于压缩机的运行，而压缩空气储能系统能够单独提供压缩能源，所以其可实现的热耗要低得多。

2. 电耗（ER）

压缩空气储能系统的电耗是指压气阶段压缩机的总压缩功 W_c 与发电阶段膨胀机的总膨胀功 W_t 之比：

$$ER = W_c / W_t \tag{4-3}$$

由式（4-3）可以看出，压缩空气储能系统的电耗反映单位产出能所消耗的电能大小，电耗越低，说明压缩空气储能每发一度电消耗的电能越少，其系统的总效率越高。

3. 总效率（η_{ee}）

压缩空气储能系统的总效率是指系统总输出功与总输入能量（Q_f+W_c）之比：

$$\eta_{ee} = W_t/(Q_f+W_c) = 1/(ER+HR) \tag{4-4}$$

系统的总效率 η_{ee} 将压气单元消耗电能与发电单元消耗热能综合考虑在一起，反映压缩空气储能对能量的总利用效率，其在数值上也等于电耗与热耗之和的倒数。

4. 电能存储效率（η_{es}）

压缩空气储能系统的电能存储效率反映系统对电能的存储、转换效率，表达式如下：

$$\eta_{es} = W_t/(\eta_{sys} Q_f+W_c) \tag{4-5}$$

式中，η_{sys} 为系统效率，是发电系统中热能转化成电能的转换效率，与发电系统的种类有关。一般地，燃煤电站或常规燃气电站的系统效率接近 40%~55%。

4.4.4　压缩空气储能技术及应用

1. 传统补燃式压缩空气储能系统

传统补燃式压缩空气储能技术以德国 Huntorf 电站和美国 McIntosh 电站为代表。Huntorf 电站于 1978 年投入运行，是世界上最大容量的压缩空气储能电站，如图 4-16 所示。机组的压缩机功率为 60 MW，释能输出功率为 290 MW。机组可连续充气 8 h，连续发电 2 h。在储能过程中，空气经过两级压缩和级间冷却获得低温高压（约 10 MPa）空气，并存储在地下容积达 3.1×10^5 m^3 的废弃矿洞中。在释能过程中，低温高压空气通过燃烧室的两次补燃，

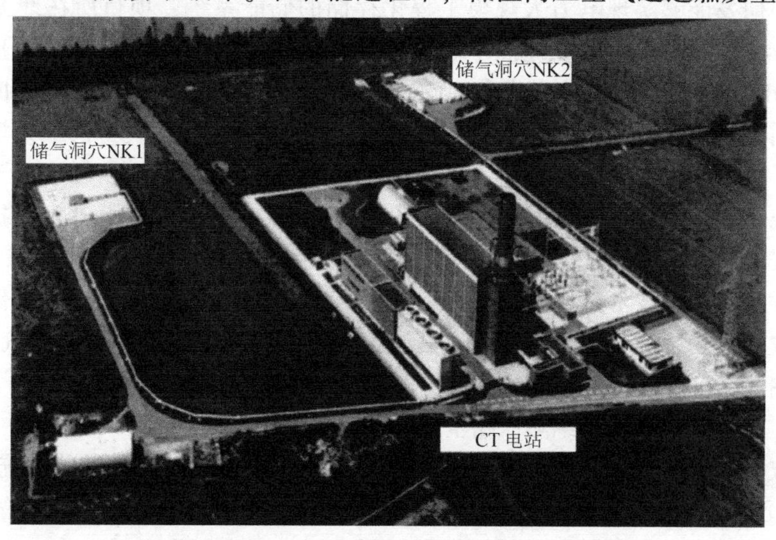

图 4-16　德国 Huntorf 压缩空气储能电站航拍图

获得高温气体。该电站在 1979—1991 年共启动并网 5 000 多次，平均启动可靠性 97.6%，实际运行效率约为 42%。McIntosh 电站在 Huntorf 电站的基础上增设了回热器，用于从废气中回收热能，在压缩空气进入燃烧室之前对其进行预热，从而将系统效率提高至 54%。

传统压缩空气储能系统存在以下几个问题：

（1）补燃式运行需要使用大量的化石燃料，有温室气体的排放。

（2）依赖于天然岩石洞穴、废弃矿洞等特殊地理条件，洞穴结构复杂、气密性不良会导致有效容积大大减小。

（3）压缩过程产生的压缩热被弃用，导致大部分能量损失，相对于抽水储能等储能方式，系统循环效率较低。

2. 新型压缩空气储能技术

化石燃料资源的有限性及其燃烧存在的污染性决定了必须发展可替代清洁燃料或其他储能发电方式。就目前而言，补燃式压缩空气储能中可替代天然气的清洁燃料如氢气，从制备到最终利用尚未形成规模和体系，因此催生了非补燃式的新型压缩空气储能技术。

非补燃式系统较补燃式系统的区别在于其采用热压分储方式，不仅将高压空气以压力势能的形式存储在储气室中，还将压缩过程产生的压缩热以热能的形式存储在储热罐中。目前，新型压缩空气储能系统主要有绝热压缩空气储能系统、液化压缩空气储能系统和超临界压缩空气储能系统。

1）绝热压缩空气储能系统

绝热压缩空气储能技术是指空气压缩接近绝热过程。空气绝热压缩会产生大量的压缩热，如在理想状态下将空气压缩至 10 MPa 能够产生 650 ℃的高温。通过回收利用压缩过程中的余热，用以加热膨胀发电机入口空气，取代补燃，从而实现环境友好，并提高系统效率。由于采用了压缩热回收、存储和循环利用技术，预期效率达到 50%～60%。系统在储能和释能过程中，只有空气与储热器之间的热量交换，没有额外的能源消耗，非常绿色清洁。

2012 年，清华大学主导承担了国家电网“压缩空气储能发电关键技术及工程实用方案研究”项目，研发能够实现电力大规模工程化存储的储能系统，项目所在地为安徽省芜湖市。项目第一阶段，研制 500 kW 绝热压缩空气储能系统（TICC-500 系统），完成原理示范样机的构建。2014 年年底，该系统完成安装调试，并成功实现了带载发电，成为世界上首套实现储能发电循环的绝热压缩空气储能发电系统。基于 TICC-500 系统，清华大学在青海大学校园内建设了100 kW 光热复合压缩空气储能发电系统，该系统将绝热压缩空气储能系统和槽式光热系统有机耦合起来，利用槽式光热系统富集的太阳能光热为膨胀过程提供热量。

2）液化压缩空气储能系统

液化压缩空气储能技术是将空气压缩至高压后冷却液化，液态空气输送至储热罐，冷却换热量被回收进储热系统，在膨胀释能阶段重新加热空气使其汽化。由于空气为液态存储，大幅提升了储能密度，减小了存储容积。同时引入了复杂的储换热系统，增加了液态空气输送泵的耗功，系统效率稍低于绝热压缩空气储能系统。

在该项技术的研发上，英国高瞻公司于 2010 年建成液化压缩空气储能系统并成功投运，如图 4-17 所示。设计容量 600 kW×7 h，其目的是验证深冷液化压缩空气储能技术的可行性，设计效率为 70%，但由于低温系统技术问题，该工程实际发电量仅为 350 kW，加之小型低温系统各环节损失较大，系统实际效率仅约为 8%。

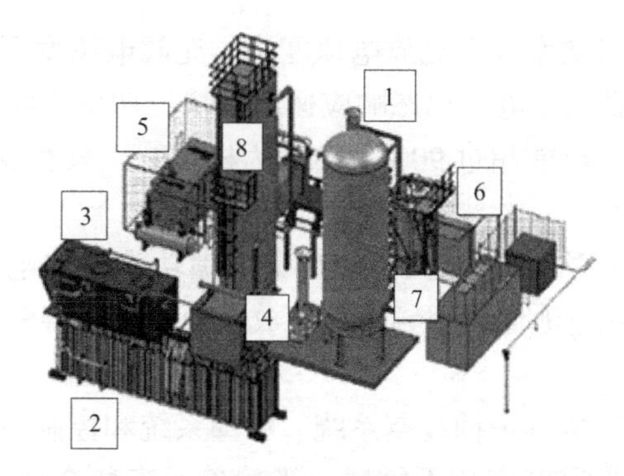

图 4-17　英国液化压缩空气储能系统

1—低温存储；2—电力回收［40 英尺（约为 12 m）集装箱］；3—高档冷库；4—冷循环压缩机；5—循环压缩机；6—主压缩机；7—空气净化单元；8—主冷箱

3）超临界压缩空气储能系统

超临界压缩空气储能系统应用超临界状态下的流体兼具液体和气体的双重优点，例如，既具有接近液体的密度、比热容和良好的传质传热特性，又具有类似气体的黏度小、扩散系数大、渗透性好等特点。在储能过程中，利用富余电能通过压缩机将空气压缩到超临界状态，通过储热系统回收压缩热后，利用蓄冷系统存储的冷能将空气冷却液化，并存储于低温储罐中。在释能过程中，液态空气加压后，通过蓄冷系统将冷量存储，空气吸热至超临界状态，吸收储热系统存储的压缩热使空气进一步升温，通过膨胀机驱动发电机发电。

中国科学院工程热物理研究所于 2009 年首次提出了超临界压缩空气储能技术，于 2011 年在北京建成了 15 kW 样机，其工作原理如图 4-18 所示，并于 2013 年在廊坊建成 1.5 MW 示范系统，系统效率达 52.1%。

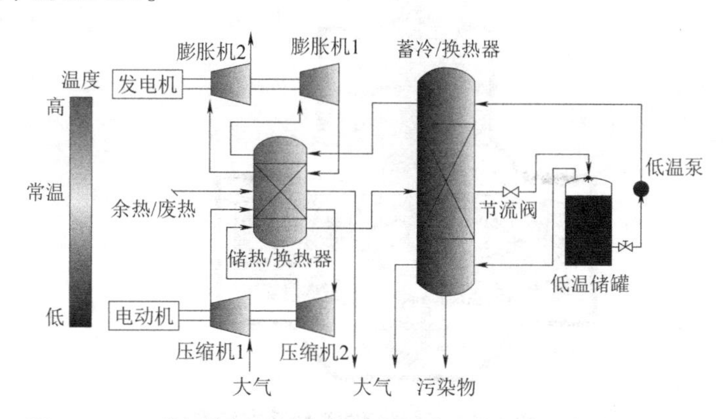

图 4-18　一种超临界压缩空气储能系统工作原理（书后附彩插）

4.5　飞轮储能

4.5.1　飞轮储能简介

飞轮储能是可以将电能、风能、太阳能等能源转化成飞轮的旋转动能并加以存储的一种新型高效的机械储能技术。与其他储能形式相比，飞轮储能具有以下突出优势：

（1）储能密度高，瞬时功率大，充放电速度快，充放电速度不受化学电池“活性物质”限制，可在几秒时间内完成充放电，动态响应速度极快，功率密度大。

（2）能量转化效率高。电能超过90%可转化为机械能，只有少量电机损耗转化为热能，输入输出综合效率可达85%。

（3）超高的充放电循环次数和超长使用寿命。满功率充放电循环次数可以超过10万次，此外，飞轮储能不存在电池储能因频繁深度放电而造成的寿命缩短问题，正常情况下使用寿命可达25年。

（4）运行维护简单。正常维护抽真空系统、冷却系统和控制系统即可，无须更换部件。

（5）对环境条件尤其是温度变化不敏感。飞轮单元安装在地下混凝土机井内，所处环境温度变化不大，飞轮阵列散热功率46 kW/MW，只需冷却水量4~6 t/(h·MW)。

（6）无污染。飞轮为纯机械结构，没有化学排放，并且钢制飞轮方便回收利用，相比电池的废料污染，飞轮储能对环境更加友好。

飞轮储能技术的特点决定了它尤其适合需要短时大功率电能输出且充放电次数频繁的场合，已经应用于交通运输、电网调节、新能源发电、不间断电源等领域，是一种具有广阔应用前景的储能方案。

4.5.2 飞轮储能基本原理

飞轮储能装置是一个机电系统，可将电能转化为旋转动能进行存储，基本结构如图4-19所示，主要是由电机、轴承、电力电子变换器、飞轮转子和外壳等构成。

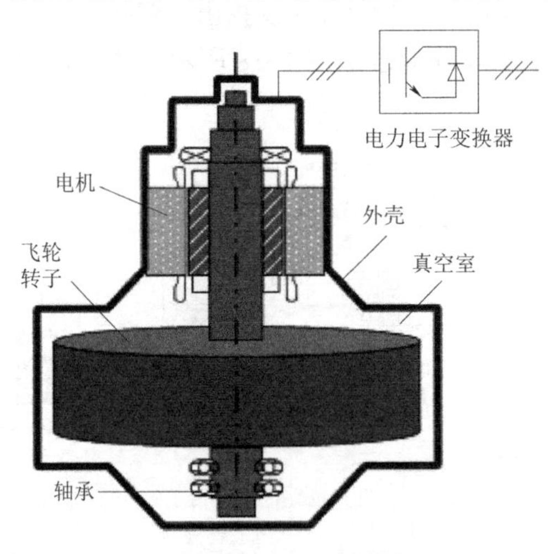

图4-19 飞轮储能系统基本结构

目前，飞轮储能系统主要有三种拓扑结构，如图4-20所示。图4-20（a）为传统结构，电机与飞轮转子完全分离，通过机械联轴器相连或者共用一根轴。当选用感应电机等运行速度较低的场合，一般将电机放置在真空腔外部，加快散热。整体临界转速较低，振动和噪声大。图4-20（b）为空心桶式结构，设计结构紧凑，为复合转子飞轮提供了一些优势，该复合转子飞轮将能量存储在中心具有轻质轮毂的复合环中。图4-20（c）为一体化结构，其最大限度地减轻了产品外壳结构的质量，但内转子在空间上限制了储能密度。

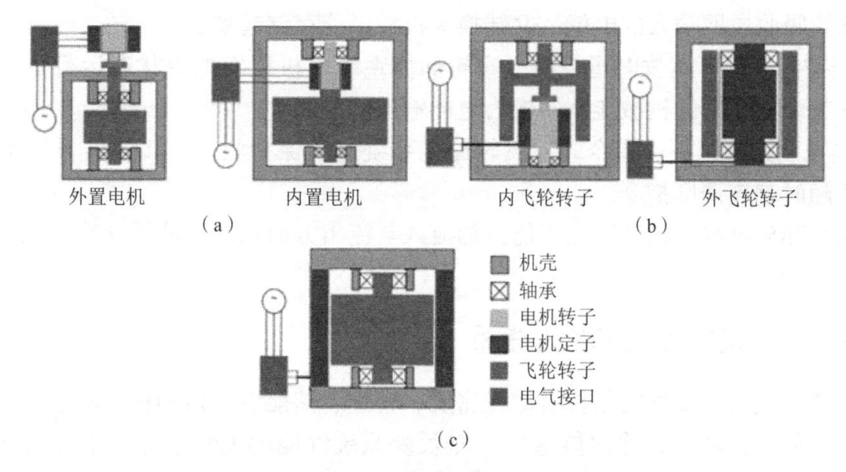

图 4-20　飞轮系统结构分类（书后附彩插）

(a) 传统结构；(b) 空心桶式结构；(c) 一体化结构

飞轮储能系统按飞轮转速可分为低速飞轮储能系统和高速飞轮储能系统，按能量传递方式的不同又可以分为电机飞轮储能系统和机械飞轮储能系统。低速飞轮储能系统通常利用飞轮的大转动惯量提高储能量，飞轮体积庞大、质量很大，适合电站储能和不间断电源（以下简称 UPS）。高速飞轮储能系统，飞轮本体的质量和体积都较小，主要通过提高飞轮回转速度来提高储能量和功率。

飞轮最初在持续旋转状态下维持运行，储能时，飞轮通过提升转速的方式存储机械能，当达到额定转速后，飞轮则维持转速恒定运转，此时飞轮系统已经具备释能条件；释能时，飞轮通过牵引电机进行能量的释放，其原理如图 4-21 所示。

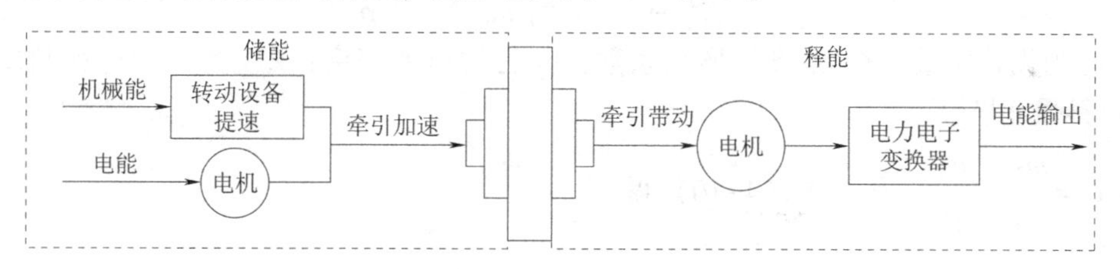

图 4-21　飞轮储能系统原理

飞轮是整个储能装置的核心，它的固有参数及转速状态直接决定了整个储能系统的储能量。运行存储的能量为

$$E=\frac{1}{2}J\omega^2 \tag{4-6}$$

式中，J 为飞轮的转动惯量，$\mathrm{kg\cdot m^2}$，与飞轮的轮盘半径和材料有关；ω 为飞轮的旋转角速度，rad/s。

飞轮转速下降时，释放的能量为

$$E_{\max}=\frac{J(\omega_2^2-\omega_1^2)}{2} \tag{4-7}$$

根据飞轮转速变化的状态，飞轮储能系统主要有充电、放电和保持三种工作状态。

(1) 当控制系统下达充电指令时，飞轮储能系统电机以电动机状态运行，飞轮转子转速增大，飞轮吸收电网输入的电能，并转换为机械动能存储起来。

（2）当控制系统下达放电指令时，飞轮储能系统电机以发电机状态运行，飞轮转子转速降低，飞轮释放转子的机械能，转换为电能输出给电网。

（3）当控制系统未下达指令时，飞轮储能系统进入保持状态，飞轮转子以恒定的速度旋转，以备随时响应调度指令。

充电状态和放电状态的区别在于能量的流入与流出方向相反，从而导致电机转速的升高和下降。

4.5.3 飞轮储能系统的性能指标

飞轮储能系统的主要性能指标有储能密度、转速、储能量、角动量、功率以及充放电效率等。其中，储能密度（也称比能量）e_0 是反映系统性能的关键指标，是飞轮结构设计的评价标准。

对于单一材料制成的飞轮，有

$$e_0=\frac{E}{m}=K_s\frac{\sigma_{\max}}{\rho} \tag{4-8}$$

式中，m 为飞轮质量；$\sigma_{\max}$ 为转子的许用应力；ρ 为材料的密度；K_s 为飞轮形状系数。

令 $\sigma_{\max}=K_m\sigma_b$，其中，$\sigma_b$ 为材料强度极限，K_m 为飞轮材料利用系数，则有

$$e_0=K_sK_m\frac{\sigma_b}{\rho} \tag{4-9}$$

对于由多种材料制成的飞轮，有

$$e_0=\sum_{i=1}^{n}\frac{m_i}{m_0}e_i=\sum_{i=1}^{n}\frac{m_i}{m_0}K_{si}K_{mi}\frac{\sigma_{bi}}{\rho_i} \tag{4-10}$$

式中，m_i 为飞轮质量；K_{si} 为飞轮形状系数；ρ_i 为材料的密度；K_{mi} 为飞轮材料利用系数；σ_{bi} 为材料强度极限。

令 $C_i=\frac{m_i}{m_0}K_{si}\frac{\sigma_{bi}}{\rho_i}$，代入式（4-10）得

$$e_0=\sum_{i=1}^{n}C_iK_{mi} \tag{4-11}$$

对于加工完成的飞轮，C_i 在各转速下为常量，此时系统理论上所能达到的最大储能密度，数值上等于飞轮转到最高转速时各材料的利用系数同时达到材料的许用系数的值。

$$e_{0,\max}=\sum_{i=1}^{n}C_iK_{mi,\max}=\sum_{i=1}^{n}\frac{m_i}{m_0}K_{si}\frac{[\sigma]_i}{\rho_i} \tag{4-12}$$

式中，$K_{mi,\max}$ 为材料的许用系数；$[\sigma]_i$ 为材料的许用应力。

飞轮结构的设计原则是：从满足应用需求出发，依据现有技术条件，通过设计使飞轮系统达到尽可能高的储能密度，从而减少质量，降低成本。

4.5.4 飞轮储能技术及应用

经过国内外近 30 年的研究，飞轮储能技术已经取得较为丰硕的研究成果，已经逐渐从纯学术和实验室研究慢慢向产业化和市场化方向转变。目前国内外已有多家生产飞轮储能产

品的公司，国外有 Beacon Power、Temporal Power、Active Power、Amber Kinetics、VYCON、Boeing、Quantum Energy 等，国内有沈阳微控公司、泓慧公司、华阳科技、贝肯新能源公司等。2020 年举办的国际储能安全高峰论坛及产品展览会上，从展出的飞轮储能系统产品看，多数公司主要生产容量较小的飞轮储能设备产品，存电量少，充放电时间较短，主要用于传统的通信、石油、交通、舰船、航天等领域，作为应急供电或稳压电源等。只有少数公司展出了大容量功率型飞轮储能系统的实际产品。作为一种动态响应速度快、功率密度高的短时储能技术，飞轮储能技术已经在电网调节、不间断电源、交通运输、新能源发电等领域得到应用，并根据不同领域的特殊需求设计出与所处环境和运行模式相适应的应用方案。

1. 电力系统调峰调频

根据我国中关村储能产业技术联盟（CNESA）2019 年的研究报告，世界范围规划、在建和已经投运的飞轮储能电站项目共有 14 个，共计 81 MW。其中，只有美国 Beacon Power 和加拿大 Temporal Power 有大容量飞轮储能独立调频电站的成功应用业绩。

2011 年美国 Beacon Power 在纽约州建立了一个包含飞轮储能电力调频变电站，如图 4-22 所示。得益于飞轮储能系统的快速动态响应，该变电站机组的入列和解列时间从传统发电机组的 5 min 缩短到 4 s。总功率 20 MW、总储能量 5 MW · h 的系统由 200 个单体功率 100 kW、储能量 25 kW · h 的飞轮储能单元并联组成。该公司在宾夕法尼亚州建立的另一个同等规模的飞轮储能电力调频变电站也于 2014 年投入运行。

图 4-22 美国 Beacon Power 在纽约州的飞轮储能电力调频变电站

加拿大 Temporal Power 从 2014 年以后陆续在加拿大安大略省及加勒比海投运了三个飞

轮储能电站项目，装机容量分别为 2 MW、5 MW 和 10 MW，分别采用单体功率 250 kW/50 kW·h 和 500 kW/50 kW·h 的两种飞轮储能单元产品组成飞轮储能阵列，提供电力系统调频和辅助服务。图 4-23 所示为加拿大 Temporal Power 在安大略省 Guelph 市的飞轮储能电站。

图 4-23　加拿大 Temporal Power 在安大略省 Guelph 市的飞轮储能电站

2010 年前后，我国出现了一批飞轮储能系统商业推广示范应用的技术开发企业，但我国在飞轮储能理论和应用方面仍不成熟。

2. 不间断电源

在电力系统中，存在大量对电能质量要求高的用户，如半导体制造业、银行的计算机系统、通信系统、医院的精密医疗设备等。当外部电网中断或供电质量异常时，为确保这些用户连续可靠供电，可配备飞轮储能 UPS（不间断电源）。例如美国 Active Power 针对不同工作场合推出了功率等级可以在 250 kW~4 MW 灵活选择的不同系列飞轮储能 UPS 产品，已经在全球被各大数据中心、电信运营商等广泛采用，其双变换 UPS 和在线交互式 UPS 产品结构分别如图 4-24（a）、（b）所示。

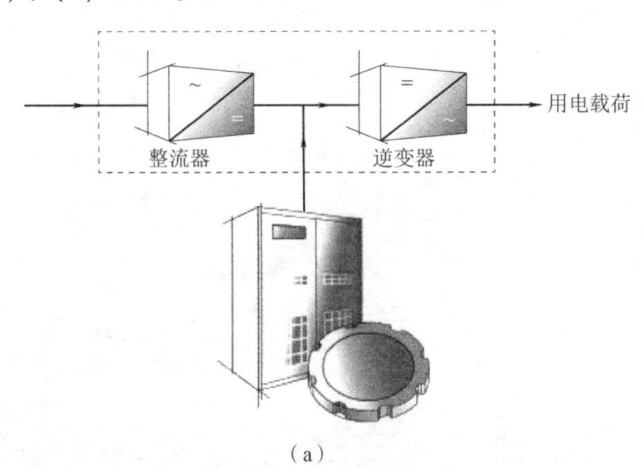

（a）

图 4-24　美国 Active Power 飞轮储能 UPS 产品结构

（a）双变换 UPS

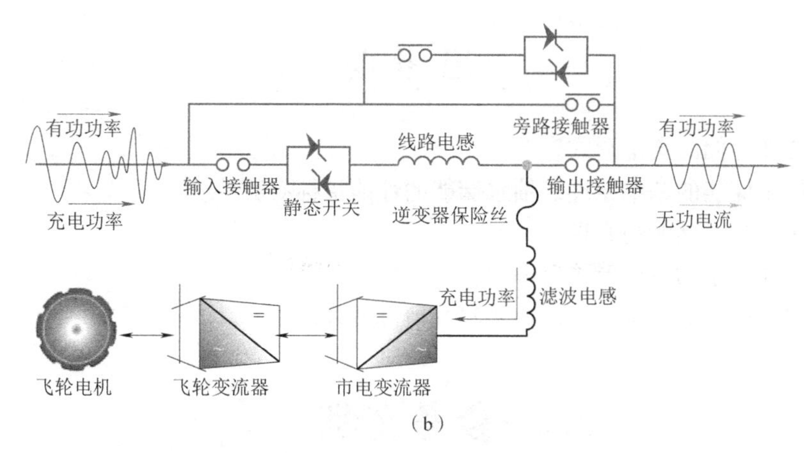

图 4-24　美国 Active Power 飞轮储能 UPS 产品结构（续）

(b) 在线交互式 UPS

3. 交通运输

在交通运输领域，飞轮储能技术应用的研究主要包括轨道列车、混合动力汽车以及电动汽车充电站等。交通运输领域的飞轮储能系统主要作为辅助能源，利用其动态响应速度快的特点，实现刹车能量的回收和再释放，实现节能减排。2010 年英国的 Williams Hybrid Power 成功完成了一辆比赛用的保时捷 911 GT3 R 混合动力汽车飞轮储能系统的试验，装置中的飞轮直径为 40.64 cm（16 英寸），最高转速为 40 000 r/min，储能量为 0.2 kW·h。该飞轮储能系统回收的刹车能量，在需要时能够持续 6~8 s 输出 120 kW 的功率，这一数值在 2011 年公布的改进版中被提高到 150 kW。

4. 新能源发电

随着人们对能源安全问题的日益重视，风力发电等新能源得到广泛应用，但是风力发电具有间歇性、随机性，会导致系统的稳定性问题增加。飞轮储能系统可以与风力发电等间歇式新能源相配合来供电，可以避免柴油发电机的频繁起停，提高风电渗透率，降低发电成本与电价。图 4-25 所示为飞轮储能系统在葡萄牙亚速尔群岛应用的电路示意图。飞轮储能系统接到了三相 400 V/50 Hz 的交流电网中。

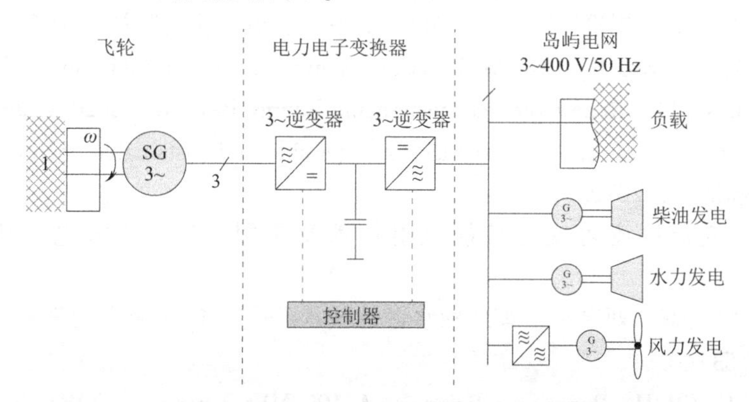

图 4-25　飞轮储能系统在葡萄牙亚速尔群岛应用的电路示意图

思考题

1. 简述势能存储的集中形式。
2. 简述抽水储能的基本原理。抽水储能的性能指标有哪些?
3. 简述压缩空气储能的原理。
4. 飞轮储能技术的应用形式有哪些?
5. 你看好飞轮储能技术的应用前景吗?请说明理由。

参考文献

[1] 许浩功,姚平喜.液压提升装置重力势能回收系统的研究[J].液压与气动,2016(10):6.
[2] 瞿炜炜,周连佺,张楚,等.液压储能技术的研究现状及展望[J].液压与气动,2022,46(6):8.
[3] 杜希亮,占刚,毛卫秀,等.液压挖掘机动臂势能回收与控制技术研究[J].机床与液压,2019,47(23):5.
[4] NAKAMURA E, SOGA M, SAKAI A, et al. Development of electronically controlled brake system for hybrid vehicle [C] // SAE 2002 World Congress & Exhibition, 2002.
[5] 王金星,刘利强,皇凡辉.汽车惯性动能回收再利用装置的设计仿真[J].电子设计工程,2015(7):4.
[6] 奚鹰,周亚红,袁浪,等.基于制动能量回收的液压挖掘机回转系统设计[J].机电一体化,2017(2):7.
[7] 杨德晔.中国电力百科全书:水力发电卷[M].北京:水利电力出版社,1995.
[8] 沛吉.日本东京抽水蓄能电站[J].水力发电,2003,29(2):71.
[9] 王容.水电站分类与抽水蓄能电站综述[J].黑龙江水利科技,2014(12):79-80.
[10] 肖曦,聂赞相.大规模储能技术[M].北京:机械工业出版社,2013.
[11] HUNT J D, ZAKERI B, LOPES R, et al. Existing and new arrangements of pumped-hydro storage plants [J]. Renewable and Sustainable Energy Reviews, 2020 (129): 109914.
[12] ALAMI A H. Mechanical energy storage for renewable and sustainable energy resources [M]. Berlin: Springer, 2020.
[13] 郭海峰.交流励磁可变速蓄能机组技术及应用[J].南方电网技术,2011,5(4):4.
[14] 沈祖诒,周之豪,刘启钊,等.抽水蓄能技术研究[J].河海大学科技情报,1990,10(1):63-66.
[15] SCHLUNEGGER H. Pumping efficiency: A 100 MW converter for the Grimsel 2 pumped storage plant [J]. Revista ABB, 2014 (2): 42-47.
[16] 鹿鹏.能源储存与利用技术[M].北京:科学出版社,2016.

[17] 陈海生，刘金超，郭欢，等．压缩空气储能技术原理 [J]．储能科学与技术，2013 (2)：6.
[18] 路唱，何青．压缩空气储能技术最新研究进展 [J]．电力与能源，2018 (6)：861-866.
[19] 何子伟，罗马吉，涂正凯．等温压缩空气储能技术综述 [J]．热能动力工程，2018，33 (2)：6.
[20] 李季，黄恩和，范仁东，等．压缩空气储能技术研究现状与展望 [J]．汽轮机技术，2021 (2)：86-89.
[21] MORGAN R，NELMES S，GIBSON E，et al. Liquid air energy storage—Analysis and first results from a pilot scale demonstration plant [J]．Applied Energy，2015 (137)：845-853.
[22] NAKHAMKIN M，ANDERSSON L，SWENSEN E，et al. AEC 110 MW CAES plant; Status of project [J]．Journal of Engineering for Gas Turbines & Power，1992，114 (4)：695-700.
[23] SAMIR S，ROBERT H W. Compressed air energy storage：Theory，resources，and applications for wind power [R]．Princeton Environmental Institute，Princeton University，2008：81.
[24] 刘文军，贾东强，曾昊旻，等．飞轮储能系统的发展与工程应用现状 [J]．微特电机，2021，49 (12)：7.
[25] 齐洪峰．飞轮储能与轨道交通系统技术融合发展现状 [J]．电源技术，2022，46 (2)：4.
[26] 李本瀚，梁璐，洪烽，等．基于飞轮储能的火电机组一次调频研究 [J]．电工技术，2022 (9)：4.
[27] 戴兴建，李奕良，于涵．高储能密度飞轮结构设计方法 [J]．清华大学学报：自然科学版，2008，48 (3)：4.
[28] LAZAREWICZ M L，RYAN T M. Integration of flywheel-based energy storage for frequency regulation in deregulated markets [C] // Power & Energy Society General Meeting. IEEE，2010.
[29] 张松，张维煜．飞轮储能工程应用现状 [J]．电源技术，2012，36 (3)：5.
[30] 张维煜，朱爆秋．飞轮储能关键技术及其发展现状 [J]．电工技术学报，2011，26 (7)：141-146.

第 5 章
电磁能的存储与超导材料

5.1 超导材料

超导材料是指在一定温度下电阻为零的材料。零电阻和抗磁性是超导材料的两个重要特性，也称为超导现象。在实验中，若导体电阻的测量值低于 $10^{-25}\ \Omega$，可以认为电阻为零。

5.1.1 超导的发现

1911 年，荷兰物理学家卡莫林·昂纳斯（K. Onnes，见图 5–1）研究在极低温下各种金属电阻变化时，首先在汞中发现了超导电现象。K. Onnes 利用液态氦对汞进行冷却，测量汞的电阻随温度变化情况，发现汞的电阻在 4.2 K 时骤降，电流流经导体时没有电能损失，实验结果如图 5–2 所示。

图 5–1 卡莫林·昂纳斯

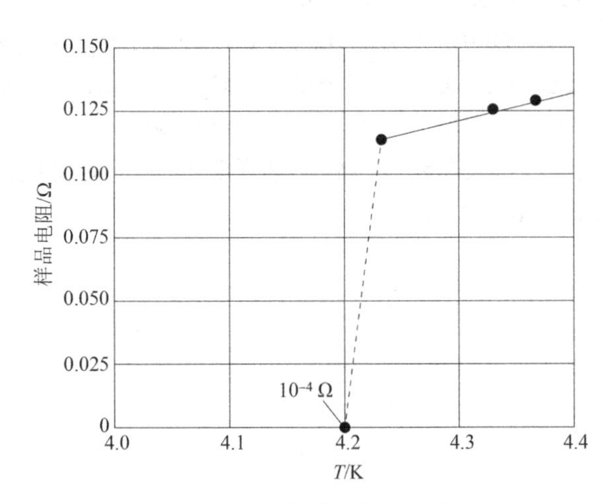

图 5–2 汞在低温下的电阻变化

不久，K. Onnes 又发现了其他几种金属也可进入“超导态”，如锡和铅。此后，人们对金属元素进行试验，发现铍、钛、锌、镓、锆、铝、锗、钼、铌等 24 种元素单质是超导体。从此，超导体的研究进入一个崭新的阶段。目前已发现在常压下有超导转变的元素有 28 种，超导元素中临界温度（T_c）最高的是铌（9.2 K），最低的是铑（0.000 2 K）。钠、钾、铜、银、金等一价金属及铬、锰、铁、钴、镍等磁性元素都不是超导元素。此外，有 13 种元素在常压下未发现具有超导电性，但在高压下呈现超导电性。例如，锗、硅等典型半导体在常压下不是超导体，但在低温、高压下，它们由半导体转化成金属，并具有超导电性，在大约 12 GPa 下，测得锗的临界温度为 5.4 K，硅的临界温度为 7.1 K。

除此之外，具有超导电性的合金和化合物种类也很多，目前在技术上有重要使用价值的超导材料大都属于超导合金或化合物。近年来人们始终在努力寻找临界温度更高的超导材料，1987 年获得在液氮温度下实现超导电性的钇钡铜氧超导材料引起了物理学界的震惊，一场围绕高临界温度超导材料的竞争席卷全世界。超导材料的发展历史及重要进程如图 5-3 所示。

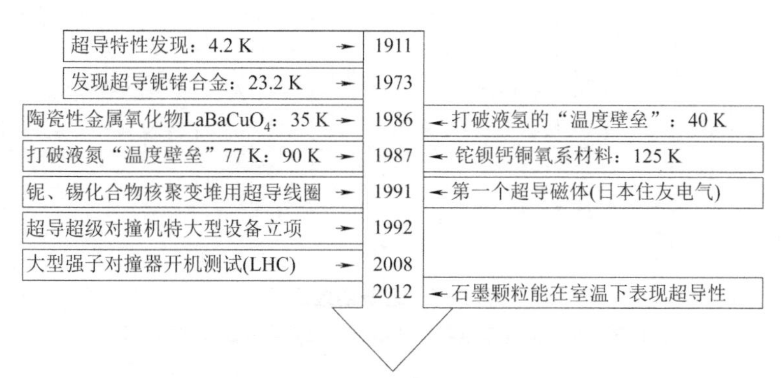

图 5-3　超导材料的发展历史及重要进程

5.1.2　超导材料的基本物理特性

超导材料具有三个基本特性：完全电导性、完全抗磁性、磁通量量子化。

（1）完全电导性，又称零电阻效应，是指超导材料温度降低至某一温度以下，电阻突然消失的现象。零电阻现象的发展与低温技术的进展是分不开的。1908 年，荷兰物理学家 K. Onnes 利用减压降温法成功液化氦气（4.25 K），从而为低温物理实验奠定了基础。K. Onnes 发现超导电性以后，继续进行实验，测量低温下电阻是否完全消失。K. Onnes 把一个铅制圆圈放入杜瓦瓶中，瓶外放置一个磁铁，然后把液氦倒入杜瓦瓶中使铅冷却成为超导体，最后把瓶外的磁铁突然撤除，铅圈内便会产生感应电流且此电流将持续流动下去，这就是 K. Onnes 持久电流实验。持久电流说明超导体的电阻可以认为是零。

（2）完全抗磁性，又称迈斯纳效应。完全抗磁性是指在磁场强度低于临界值的情况下，磁力线无法穿过超导体，超导体内部磁场为零的现象。由于超导态的零电阻，在超导态的物体内部不可能存在电场，因此，根据电磁感应定律，磁通量不可能改变。施加外磁场时，磁通量将不能进入超导体内，这种磁性是零电阻的结果。1933 年，迈斯纳等为了判断超导态的磁性是否完全由零电阻所决定，进行了一项实验，实验结果揭示了超导态的另一项最基本的特征。实验是把一个圆柱形样品在垂直轴的磁场中冷却到超导态，并以小的检验线圈检查样品四周的磁场分布。结果证明，经过转变，磁场分布发生变化，磁通量完全被排斥于圆柱形样品外，并且在撤去外磁场后，磁场完全消失。在以后几年中，不同的人以柱形以及球形样品做了更精确的实验和分析，完全肯定了当磁场中发生超导转变时，磁通量完全被排斥于体外的结果。这个重要的效应说明，超导态具有特有的磁性，并不能简单由零电阻导出。如果超导态仅仅意味着零电阻，只要求体内的磁通量不变，那么，在上述实验中，转变温度以后原来存在于体内的磁通量将仍然存在于体内不会被排出，当撤去外磁场后，为了保持体内通量将会引起永久感生电流，在体外产生相应的磁场。图 5-4 所示为迈斯纳效应，对比了这种单纯由零电阻所导出的结论和超导转变的实际情况。超导体的完全抗磁性会产生磁悬浮现象，磁悬浮现象在工程技术中有许多重要的应用，如用来制造磁悬浮列车和超导无摩擦轴承（超导飞轮）等。

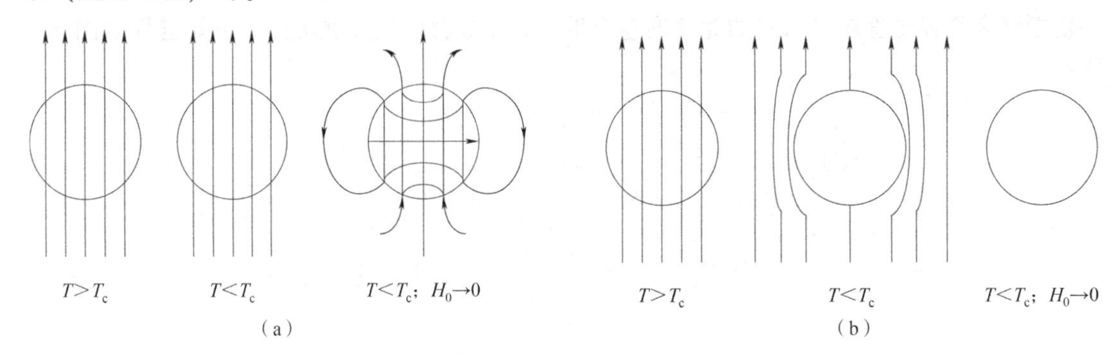

图 5-4　迈斯纳效应

（a）理想超导体（零电阻）的情形；（b）实际超导体的情形

（3）磁通量量子化，又称约瑟夫森效应，是指当两层超导体之间的绝缘层薄至原子尺寸时，电子对可以穿过绝缘层，产生隧道电流的现象，即在超导体-绝缘体-超导体结构可以产生超导电流。约瑟夫森效应分为直流约瑟夫森效应和交流约瑟夫森效应。直流约瑟夫森效应指电子对可以通过绝缘层形成直流超导电流。交流约瑟夫森效应指当外加直流电压达到一定程度时，除存在直流超导电流外，还存在交流超导电流，将超导体放在磁场中，磁场透入绝缘层，超导结的最大超导电流随外磁场大小有规律的变化。

约瑟夫森效应是一种隧道效应，又称势垒贯穿。根据量子力学理论，当粒子遇到大于其动能的势垒时，除了反射外，粒子具有一定的透射概率，即隧道效应。在超导体中，由于超流电子具有一定的概率进入绝缘层，因此当绝缘层厚度足够小时，被夹在两块超导体之间的绝缘层具有微弱的超导电性质。利用磁通量量子化和约瑟夫森效应制成的新器件可用作探头，对微弱磁场和电压的检测极其灵敏，并广泛应用在物理学和医学领域。

5.1.3　超导材料的相关理论

1934 年，Gorter 和 Casimir 等在超导相变热力学研究的基础上提出了二流体唯象模型。他们假设导体处于超导态时，共有化的电子分为两部分：一部分是正常态电子，遵从欧姆定律；另一部分是超流电子，其运动不受到晶格和杂质散射，不携带熵，两部分电子在同一空间上互相渗透但彼此独立运动。二流体唯象模型很好地解释了许多实验现象。

1935 年，F. London 和 H. London 提出了描述超导体临界电流密度和电场及磁场关系的两个唯象方程，它们与 Maxwell 方程一起构成超导体电动力学的基础，称为 London 理论。London 理论很好地解释了零电阻效应和迈斯纳效应，并提出穿透深度的概念。

1950 年，Pippard 对 London 理论做了非局域修正，并提出相干长度的概念。相干长度是超导电子波函数的空间关联范围，Pippard 理论成功地指出超导体界面能可为正、负。

1950年，Ginzberg和Landau在Landau二级相变理论的基础上建立了超导电性的唯象理论：G-L理论。G-L理论引入有效波函数$\psi(r)$作为复数序参量，利用在临界温度附近的自由能级数展开和变分原理得到了描述超导电子波函数和超导电流密度的G-L方程。

1957年，Bardeen、Cooper和Schriefer通过总结实验和理论的最新结果，提出了具有划时代意义的BCS理论。在BCS理论中，金属中的电子间除存在经屏蔽的库仑斥力外，由于电-声相互作用，在费米面附近一对电子间通过交换虚声子还存在着吸引力，如果这种吸引力超过电子间的库仑斥力，两两电子就会形成Cooper对，超导态就是这些Cooper对的集合表现。根据BCS理论，超导体的超导转变温度取决于三个因素：晶格中声子的德拜频率、费米面附近的电子态密度以及电声子耦合能的大小。BCS理论不仅完美诠释了常规的二元或者三元合金如Nb_3Al的超导现象，而且可以解释最新发现的先进高熵合金中的超导现象。

5.1.4　超导体的物理特性

在超导体基本特性的基础上，超导态依赖于三个相关的物理参数：温度、外加磁场和电流密度，每个参数都有一个临界值去区分超导态和正常态，三个参数彼此关联，其相互关系如图5-5所示。

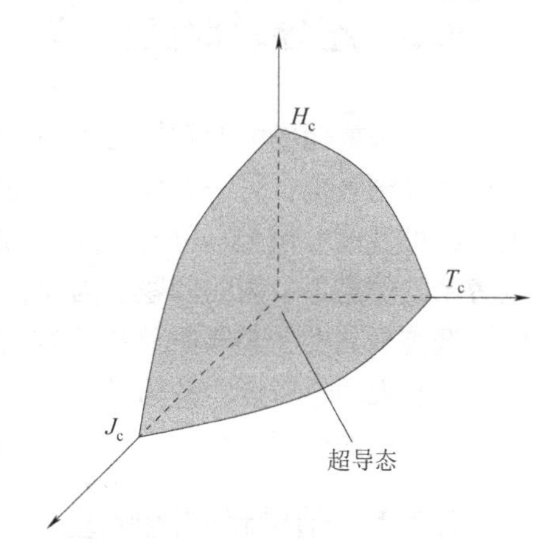

图5-5　温度、外加磁场和电流密度的相互关系

如前所述，汞在4.2 K附近（现在精确的测试结果是4.15 K），电阻突然消失。实验发现它不是汞独有的特性，许多元素和化合物在各自特有的温度下都具有这个超导现象的性质。我们把这个电阻突然消失的温度称为临界温度（T_c）。T_c是物质常数，同一种材料在相同的条件下有严格的确定值。

把一个超导体冷却至临界温度以下，超导体由正常态转变为超导态，外加磁场，超导态会在外加磁场超过某个临界值后转变为正常态，这个临界值就是临界磁场（H_c）。

当对超导线通以电流时，电阻的超流态要受到电流大小的限制，当电流达到某一临界值后，超导态恢复至正常态，对于大多数的超导金属元素，正常态的恢复是突变的，我们称这个电流为临界电流（I_c），相应的电流密度为临界电流密度（J_c）。

5.1.5　超导材料的分类

超导体的分类没有统一的标准，通常按以下方法进行分类：

（1）根据超导体在磁场中表现的迈斯纳效应，可以把超导体分成两类：第一类超导体和第二类超导体。当超导体的金兹堡-朗道（Ginzberg-Landau）参量$\kappa>1/\sqrt{2}$时，为第一类超导体；当$\kappa\leqslant1/\sqrt{2}$时，为第二类超导体。第一类超导体主要包括一些在常温下具有良好导电性的纯金属，如Al、Zn、Ga、Ge、Sn、In等，该类超导体熔点低、质地软，被称为软超导体，其特征是由正常态过渡到超导态时没有中间态，并且具有完全抗磁性。第一类超导体由于其临界电流密度J_c和临界磁场H_c较低，因而没有很好的实用价值。第二类超导体：除金属元素V和Nb外，第二类超导体主要包括金属化合物及其合金，以及陶瓷超导体。与第一类超导体的区别主要在于：①第二类超导体由正常态转变为超导态时有一个中间态（混合态)；②第二类超导体的混合态中有磁通量存在，而第一类超导体没有；③第二类超导体比第一类超导体有更高的 H_c、更大的 J_c 和更高的 T_c。

(2) 根据材料的临界温度高低可以分为低温超导材料和高温超导材料，超导物理中高温超导体通常指临界温度高于液氮温度（>77 K）的超导体，低温超导体通常指临界温度低于液氦温度（<77 K）的超导体。

(3) 根据微观配对机制，超导理论符合 BCS 理论的超导体称为常规超导体，其他的则称为非常规超导体。

(4) 根据材料类型可分为元素超导体（如铅和水银)、合金超导体（如铌钛合金)、氧化物超导体（如钇钡铜氧化物)、有机超导体（如碳纳米管、石墨烯)。

5.2 超导磁储能技术

在未来智能电网的发展过程中，一方面为了实现充足的能源储备，迫切需要容纳更多的新能源发电系统；另一方面为了满足电力用户的各种用电需求，还需要改善电能质量并提高供电的可靠性。但是，可再生能源的间歇性以及电力用户的负载功率需求的波动往往会造成电力系统供需不平衡的问题。因此，需要引入各种电力储能装置，以实现实时、高效的电网能量调控。其中，超导磁储能系统（Superconducting Magnetic Energy Storage , SMES）作为一种具有大功率密度、清洁无污染、快速响应、四象限调节等特点的储能装置，在电力系统中具有广阔的应用前景。

5.2.1 超导磁储能原理

超导磁储能原理是利用多组由超导带状材料绕制的超导线圈，以串、并联相结合的方式制成环形核心部件，当电流通过时会产生强度很高的磁场，由于超导材料零电阻、高密度载流的特性，可以长时间储能并做到无能量损耗。

对于一个电感线圈 L，其电感量为 L_0，如果流过电流强度为 I（A）的电流，则在线圈内存储一定的电磁能，电磁能 W（J）的大小可用式（5-1）表示：

$$W=\frac{1}{2}L_0I^2 \tag{5-1}$$

因普通线圈都有一定的电阻，通过线圈的电流很大时，电阻消耗大量电能而发热，因而储能量不能很大。根据超导体在临界温度以下电阻为零的特性，可以给出如图 5-6 所示的超导磁储能原理。在开关 2 断开的状态下，接通开关 1 给超导线圈充电之后，将开关 2 闭合，使开关 1 断开，超导线圈中便形成短路状态。由于超导线圈这一闭合回路中电流不会衰减而永久流通（永久电流），永久电流的能量以磁场的形式存储在超导线圈内。

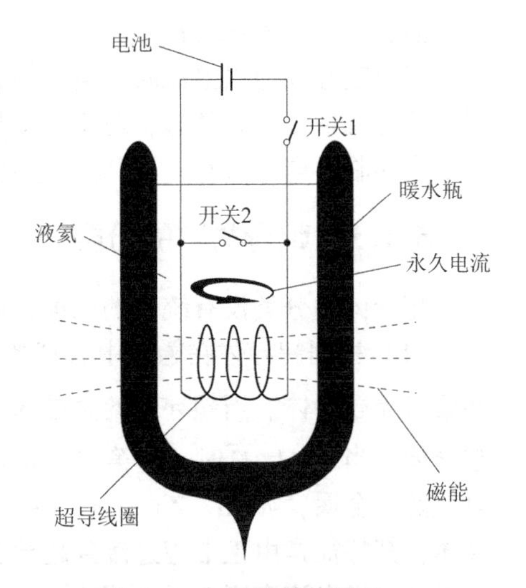

图 5-6 超导磁储能原理

5.2.2　超导磁储能系统组成

超导磁储能系统主要由超导磁体、低温系统、功率系统、失超保护系统、监控系统和电力系统等组成，如图 5-7 所示。

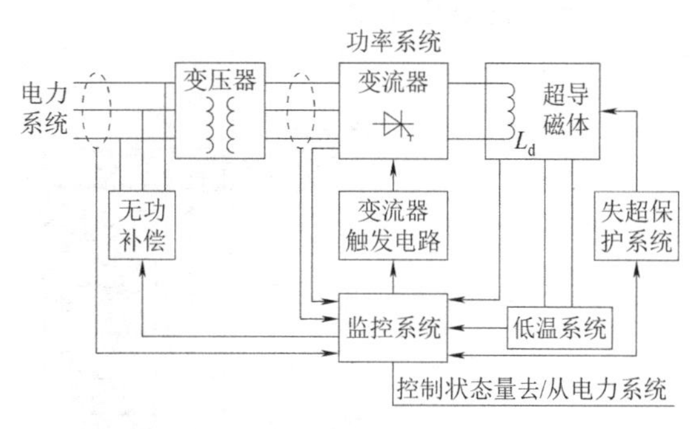

图 5-7　超导磁储能系统结构

1）超导磁体

超导磁体是超导磁储能系统的核心部件，超导磁体的优化设计可以提高 SMES 的经济性和运行性能。根据超导磁体的绕制方式，可将超导磁体分为螺线管磁体和环形磁体，如图 5-8 所示。两种超导磁体各有优缺点，其中螺线管磁体结构简单，便于设计，但周围杂散磁场较大；环形磁体周围杂散磁场小，但结构较为复杂，带材用量大。

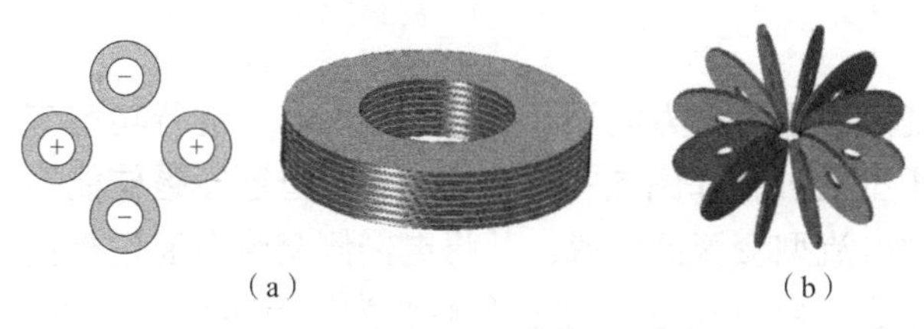

图 5-8　超导磁体的两种绕制方式

（a）螺线管磁体；（b）环形磁体

SMES 超导磁体在设计时最重要的设计目标是在单位体积的超导磁体中存储最多的能量。为了实现这个目标要考虑很多因素，如磁体结构、储能量、临界电流、漏磁场、电磁应力、磁体耐压、超导材料选取、背景电磁场及磁体运行温度等。以超导材料的选取为例，尽管目前已有 2 000 余种材料具有超导性能，但真正用于超导储电材料的却并不多。因为作为超导储电材料，除了具有良好的超导性能（临界温度 T_c 较高，临界磁场 H_c 较大，临界电流密度 J_c 较大）以外，还必须具备较好的强度和塑韧性及成形工艺性能，这样才有可能使之加工成线材和带材。而具备这两方面性能的超导材料，有金属类及合金类超导材料，其中纯合金超导材料很少用。在设计过程中，通过建立目标函数，对超导磁体进行综合优化设计，主要是通过结构优化设计更加高效的超导磁储能系统，提高最大允许运行电流。超导磁体的耐受电压是一个非常重要的影响因素，电压一般为 10~100 kV，需要对超导磁体进行良好的绝缘设计。

2）低温系统

低温系统多采用不锈钢立式真空杜瓦结构，杜瓦真空夹层内装有防热辐射屏蔽，真空度维持在约 10^{-1} Pa，超导磁体置于杜瓦内部，制冷机提供低温环境，可以采用将超导磁体直接浸泡在液氮或液氦中的方式，也可以采用制冷机直接传导冷却的方式，如图 5-9 所示。液氮浸泡冷却系统中的超导材料热稳定性较好，但会增大交流损耗、降低耐压水平，后者则相反。

良好的低温系统设计要从以下两个方面展开：①减少热对流引起的损耗；②对超导磁体进行优化设计以降低超导磁体的交流损耗，这对于超导磁体的运行稳定性具有重要意义。超导磁体的运行稳定性是指在运行过程中，超导磁体的温度是否能够始终保持在临界温度以下，不因超导磁体以最大容量储能或最大功率响应而发生失超。对超导磁体的运行稳定性进行分析，可通过对超导磁体在运行过程中的温度分布进行实时计算，需要全面考虑超导磁体运行过程中的各类热负荷，包括与外界环境的热交换和准确的交流损耗计算。在所计算得到的温度数据基础上，再通过临界电流的计算与超导磁体实际电流进行比较，得到超导磁体的运行稳定性的判定结果。

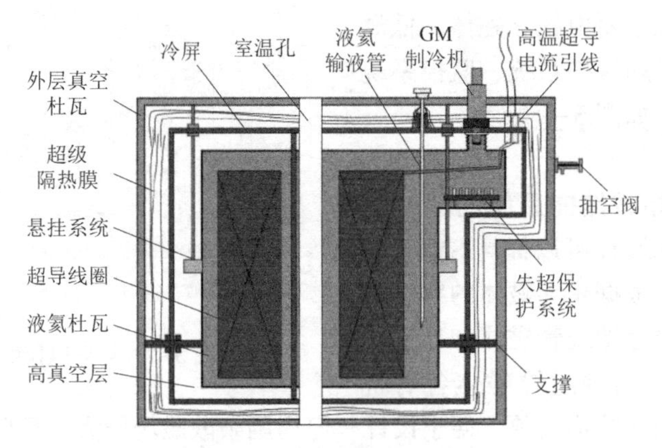

图 5-9　超导磁体冷却方式

3）功率系统

功率系统采用 AC/DC（交流/直流）变流器通过电力电子开关技术对 SMES 进行功率变换调节，在拓扑结构上可分为电流型和电压型两种，如图 5-10 所示。电流型超导磁储能系统中的功率调节系统由输出直流电流可控的电流型变流器组成，其将电网侧交流电通过整流器变为直流电对超导线圈充电，或者将超导线圈侧直流电通过逆变器变为交流电输入电网，采用 PWM（脉冲宽度调制）四象限脉宽调制器进行功率调控，以降低电网谐波，避免谐振。电压型超导磁储能系统中的功率调节系统由输出直流电压可控的电压型四象限变流器和二象限斩波器组成，二者间由直流电容联系，主要通过调节电容电压和交流电压相角实现功率调节，即当斩波器开关的导通占空比>50%时，直流电容对超导线圈充电，当斩波器开关

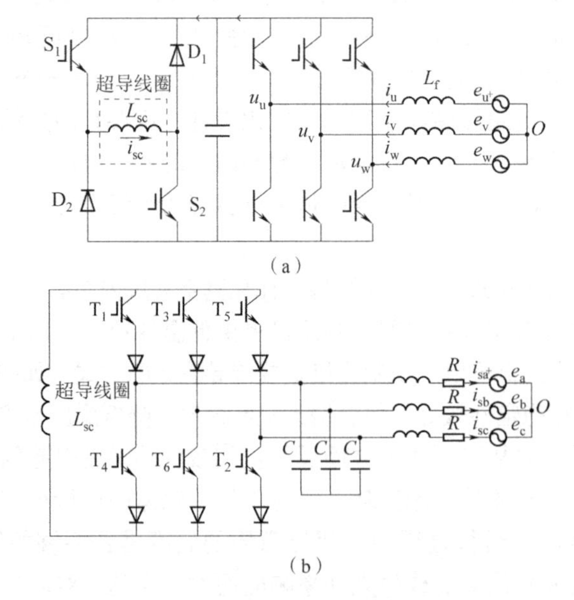

图 5-10　两种变流器的拓扑结构

（a）电压型变流器；（b）电流型变流器

的导通占空比<50%时，超导线圈对直流电容充电。对于电压型 SMES 而言，即使在超导线圈电流极小的情况下也可提供连续的额定功率，而电流型 SMES 则无法做到；此外，电压型 SMES 直流侧经直流电容和斩波器连接，不易产生高电压，开关耐压低易过流，而电流型 SMES 因直接控制强换流，则不易出现该问题。

4）失超保护系统

失超保护系统即当超导线圈失超或临近失超时提供自我修复的一种保护，能够确保超导线圈的安全。超导线圈因瞬时过电流或热失调等可能引起失超，此时往往会出现瞬时过电阻、过热、高压放电或应力过载等现象。高压放电或应力过载可在一定程度内自动修复，但过热问题则是致命的，为消除过热，多采用转移电流的方式，如通过加装分段电阻、并联保护电阻、引入谐振电路以及串接变压器等措施来解决。

5）监控系统

监控系统主要用于监测 SMES 的各运行参数，提前预判超导线圈的临近失超状态并发出信号，指令保护系统工作，从而保护超导线圈的安全。工程上常通过同时采集超导线圈工作电流、工作温度以及制冷液挥发量等参数来监测超导线圈的失超信号。

6）电力系统

电力系统为超导磁储能系统与公用电网或其他用户之间提供了接口。在电网低负荷时，将多余的电力转换成直流电存储于超导磁储能中；而当电网负荷高峰时，又将超导磁储能的直流电转换成交流电补充到电网中。

5.2.3　超导磁储能的用途及研究现状

20 世纪 70 年代，美国威斯康辛大学的 H. Peterson 和 R. Boom 发明了一种由超导线圈和三相格里茨桥路组成的电能存储系统，该电能存储系统是最早的超导储能技术应用，并由此逐渐得到广泛应用。20 世纪 80 年代，美国和日本率先研发出小型 SMES 产品，磁体集中使用低温超导材料；随着高温超导材料的广泛应用，1997 年，美国超导公司研制出一台 5 kJ 的 SMES，超导线圈采用铋系高温超导带材，随后世界各国竞相投入高温超导储能系统的研发当中，然后钇系高温超导带材出现，以之为主的 SMES 也慢慢成为主流。我国虽然起步较晚，但也取得了良好的试验成果，2011 年，甘肃白银建成了世界首座超导变电站（运行电压等级 10.5 kV），变电站内集成了一台 10.5 kV/1 MJ/0.5 MW 的高温超导储能系统。表 5-1 列出了世界各国较具代表性的超导磁储能的研究进展。

表 5-1　超导磁储能的研究进展

主要研究单位	主要技术参数	研究现状
1970 年美国威斯康星大学	超导线圈和三相格里茨桥路	试验完成
1983 年美国洛斯阿拉莫斯国家实验室	30 MJ/10 MW，低温超导	试验运行
1996 年法国 EC 公司	4.5 kV/22 MJ/10 MW，高温超导	完成样机
1999 年中国科学院电工研究所	25 kJ	完成样机
2001 年日本九州电力公司	3.6 MJ/1 MW，低温超导	投入运行
2002 年意大利 ENEL 公司	1.8 kV/4 MJ/1.2 MW，高温超导	并网运行
2003 年韩国电力科学研究院	2 MJ/1 MW，低温超导	完成样机

续表

主要研究单位	主要技术参数	研究现状
2005 年中国华中科技大学	35 kJ/7 kW，Bi-2223，制冷剂直冷 20 K，螺线管	完成示范
2006 年韩国电力科学研究院	3 MJ/750 kW	试验完成
2007 年中国科学院电工研究所	30 kJ/155 A，Bi-2223，制冷剂直冷 20 K，螺线管	试验完成
2008 年法国国家科学研究中心	800 kJ，Bi-2212，制冷剂直冷 20 K	试验完成
2009 年日本中部电力公司与三菱电机	20 MJ/10 MW	试验完成
2009 年日本中部电力公司与三菱电机	10.5 kV/1 MJ/0.5 MW，Bi-2223，液氦 4.2 K，螺线管	并网运行
2015 年中国华中科技大学与云南电力研究所	100 kJ/50 kW，Bi-2223，制冷剂直冷 20 K，螺线管	研制完成
2016 年中国南方电网	1 MJ/500 kW+超导限流器，制冷剂直冷 20 K，螺线管	并网运行

5.2.4 超导磁储能技术的优势与发展的限制因素

超导磁储能技术正处于当今高新技术的前沿，并具有广阔的商业化应用前景。

超导磁储能技术主要有以下几个优点：

（1）损耗少。这种方式的电能是由一个超导磁环中的环流存储的，没有能量转换到其他形式（如机械、化学能），因为使用了超导线圈，电流在其中流动几乎无损耗，能耗仅为保持超导冷却和少许辅助机械所用，所以其返回效率（Round Trip Efficiency）高达 90% 以上。

（2）储能密度高，可以缩小储能设备的体积，不太受安装场地的限制，可以建造在任何地方。目前的超导材料，可以获得 107 J/m^3 以上的储能密度，随着强磁场超导材料的发展，还可以获得 108 J/m^3 或更高的储能密度。

（3）可以节省送变电设备和减少送变电损耗。

（4）可以快速启动和停止，即可以瞬时储电和放电，从而也可以缩短停电事故修复时间。

（5）因为在系统输入、输出端使用交直流变换装置，短路容量的稳定度较高。

无论是从理论实验上还是从现如今的技术程度上，均已证明超导磁储能技术的发展前景巨大。但目前超导磁储能技术还有一些技术瓶颈亟待解决，主要体现在以下几个方面：

（1）目前 SMES 在应用推广中所受到的最大阻力来自装置昂贵的研制成本，其中 50% ~ 70% 的费用都投入在超导磁体的研制上。

（2）超导磁体绕制技术以及线圈大小对于超导磁体性能的影响还需要进一步研究。

（3）为了满足更高容量 SMES 的需求，功率系统的容量还有待提高。新型大容量的电力电子变换器拓扑和控制策略的研究设计十分迫切。

（4）超导磁体在运行时的绝缘设计及失超保护系统的设计，对于 SMES 的安全稳定运行具有重要意义。

（5）低温系统的设计，即低温系统的冷却效率将影响 SMES 的运行成本。

（6）超导磁体的优化设计，降低超导磁体交流损耗，提高超导磁体运行经济性。

5.3　超导磁悬浮飞轮储能技术

超导磁悬浮飞轮指的是利用超导磁悬浮轴承支承的飞轮储能系统。在超导储能装置中，超导磁悬浮飞轮储能较超导磁储能起步晚，是在高质量、高温超导块材技术基本形成后才发展起来的，与超导磁储能装置相比，超导磁悬浮飞轮储能密度更高，泄漏磁场较小。而且，超导磁储能的效率、单位容量成本与储能量大小密切相关，储能量太小则经济效益较差。在这方面，超导磁悬浮飞轮储能的效率、单位容量成本与储能量的相关性较小，从而更容易实现小型化。

5.3.1　超导磁悬浮飞轮储能的基本原理

1. 飞轮储能

运动的物体具有动能。质量为 m、质心以速度 v 作直线运动的物体所具有的动能 E 为

$$E=\frac{1}{2}mv^2 \tag{5-2}$$

绕某一轴心旋转的物体的动能与惯性矩 I 和角速度 w 相关，惯性矩 I 为

$$I=\int r^2\mathrm{d}m \tag{5-3}$$

物体以角速度 w 旋转时的动能为

$$E=\frac{1}{2}Iw^2 \tag{5-4}$$

这就是飞轮存储的能量。

但是，由机械轴承支承的飞轮，因承重轴承上的机械摩擦损耗，难以实现高效、大容量、长时间的储能。飞轮储能装置如图 5-11 所示。

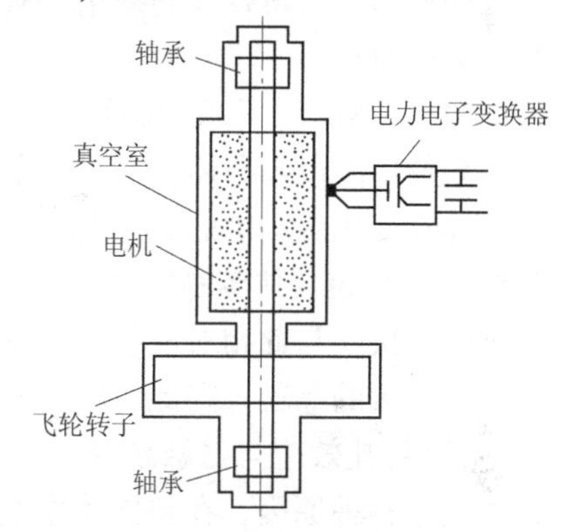

图 5-11　飞轮储能装置

2. 超导磁悬浮轴承

1）超导磁悬浮力

超导体在超导态具有迈斯纳效应（Meissner Effect），磁通量不能通过超导态，即超导体在磁场中呈现完全抗磁性，这一现象可以用图 5-12 形象地解释。当外部磁场（永久磁体）接近超导体时，在超导体内部感应电流，如图 5-12（a）所示；感应电流产生的磁场与外部磁场方向相反，大小相同，这相当于在超导体背后出现了外部磁场的镜像磁场，如图 5-12（b）所示。由此产生超导体和永久磁体之间的电磁斥力，使超导体或永久磁体稳定在悬浮状态。

图 5-13 所示为超导磁悬浮试验。这种悬浮力可以用来作为磁悬浮轴承。利用磁悬浮轴承悬浮起来的物体旋转时不存在机械摩擦，因此损耗很低。磁场间的引力或斥力 F 与磁通密度 B 有关，即

$$F=\frac{B^2A}{2\mu_0} \tag{5-5}$$

式中，A 为相互作用部分的电流大小，与磁场强度成正比。超导体具有高临界磁场，是实现磁悬浮的先决条件。

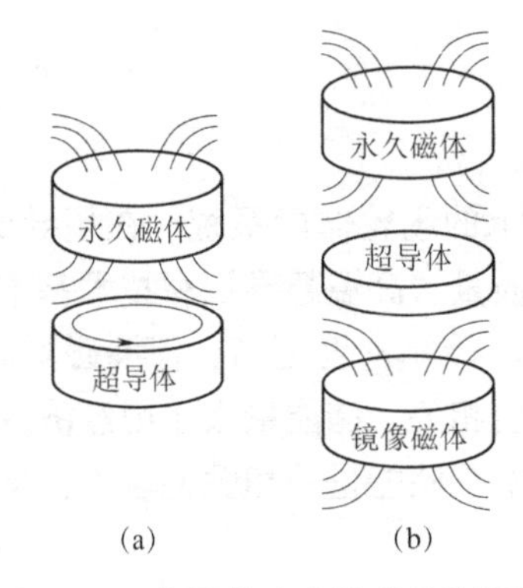

图 5-12　超导体完全抗磁性的解释

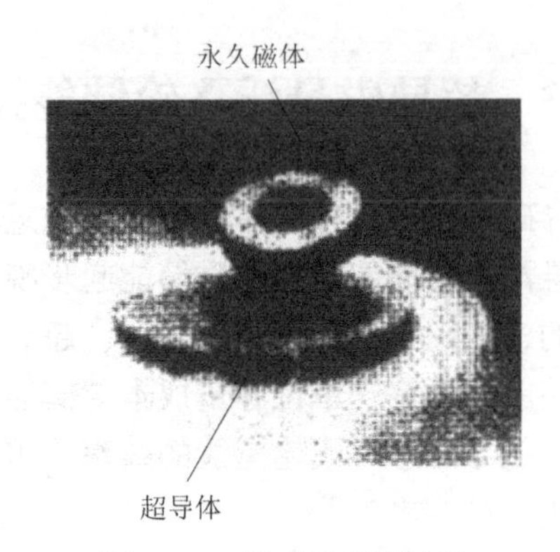

图 5-13　超导磁悬浮试验

超导体的磁悬浮力来源于超导体在外部磁场中的磁化，而超导体的磁化由感应的屏蔽电流决定。在超导体内的磁化产生的有效磁矩的最大值 M 正比于超导体的临界电流密度 J_c 和超导晶粒粒径 d，即

$$M \propto J_c d \tag{5-6}$$

因此，为获得较大的磁化，从而得到较强的磁悬浮力，要求超导体具有高临界电流密度和较大的粒径。

NbTi、Nb_3Sn 等低温超导体具有较高的临界磁场和临界电流密度。但是，超导磁悬浮轴承一般使用高温超导体，其原因主要在于：①低温超导体所需的液氦冷却成本较高；②低温超导体在变化磁场中的稳定性较差；③低温超导体难以制成高均匀度的块材。在高温超导材料中，Bi 系超导体容易制成线材，但是，其结晶颗粒较小，而且在磁场作用下临界电流密度下降较快。与此相对应，Y 系高温超导体临界磁场高，而且容易获得临界电流密度高、几何尺寸较大的晶粒。因此，超导磁悬浮轴承一般使用 Y 系高温超导块材。

2）钉扎效应与磁悬浮力

由于种种原因，在超导体中会存在一些物理缺陷或不均匀性。这些地方磁通量容易通过，而在其他地方磁通量难以通过。这种磁通量通过难易的差异使磁通量在超导材料中的运动受到阻力——钉扎力。磁通量容易通过的地方（局部常电导）称为钉扎中心。

外部磁场高于超导体的下部临界磁场时，磁通量将侵入超导体内部，通过钉扎中心。通过钉扎中心的磁通量受钉扎效应的作用而被拘束。如果给处于常态的具有钉扎中心的超导体先加磁场，然后冷却，将有部分磁通量被拘束在钉扎中心。这时，即使撤去外部磁场，这部分被拘束的磁通量仍然会保留在超导体内。通过这种办法可以获得被称为拘束磁通量超导磁体的超导永久磁体。

通过钉扎中心磁通量的增加或减少均会受到钉扎力的阻碍作用。这样，超导体和永久磁体之间不但存在阻碍二者接触的斥力，也存在阻碍二者分离的引力。因此，超导体和永久磁体之间的磁悬浮可以以悬浮式或悬垂式实现。而且，作为发生相向电磁作用的永久磁体也可以有多种组合形式：超导体对永久磁体、拘束磁通量超导磁体对永久磁体以及双方均采用拘束磁通量超导磁体。

由式（5-5）可知，超导体的磁悬浮力大小与钉扎中心拘束的磁通量有关，即与钉扎中心的密度及钉扎力大小有关。

3）超导磁悬浮轴承的动态特性

超导体钉扎中心拘束的磁通量会因磁通运动随时间的增加而减少。超导磁悬浮轴承旋转所产生的振动也可能会导致钉扎磁通量的变化，而使磁悬浮间隙的大小产生变化。如果磁悬浮轴承采用了拘束磁通量超导磁体，由磁通运动带来的磁通量的降低，存在轴承的承载力逐渐下降的问题。超导磁悬浮轴承还存在刚性较小的问题。所谓轴承的刚性，是指作用在轴承上的负荷 F 与轴承在该处产生的弹性变形 δ 的比值，即

$$k=\frac{F}{\delta} \tag{5-7}$$

超导磁悬浮轴承的刚性为

$$k=BdJ_{c}t \tag{5-8}$$

式中，d 为晶粒粒径；t 为厚度。

由于可稳定工作的磁场强度和临界电流密度都与钉扎力有关，由式（5-8）可知，提高超导磁体的钉扎力可以增强轴承的刚性。

理论分析证明，只要钉扎中心分布以及磁场强度均匀，钉扎力并不会在旋转过程中产生损耗。但是，由于目前可制作的高均匀度超导体和永久磁体的几何尺寸有限，欲获得较大承载力的磁悬浮轴承，必须使用拼接方式。所以，实际上不可能获得完全均匀的磁场强度和钉扎中心。超导磁悬浮轴承的损耗约为 0.1%，远低于一般机械轴承的 10%。图 5-14 给出了超导磁悬浮飞轮储能系统总体结构，其中转子系统由转轴、轴向约束磁体组合、径向约束磁体组合和飞轮共同组成，定子系统由准单畴超导体构成的径向约束定子、平面六边形准单畴超导块材构成的轴向约束定子以及冷却器共同组成。冷却器采用连续流液氮蓄冷方式向超导体定子提供冷量。电机转子定位于转轴中间部位，与电机绕组线圈一起组成驱动系统。为了便于转子系统的启动与落地，系统中设有保护轴承。整个系统置于封闭铝合金罩壳中，能够在一定真空度环境下运行。

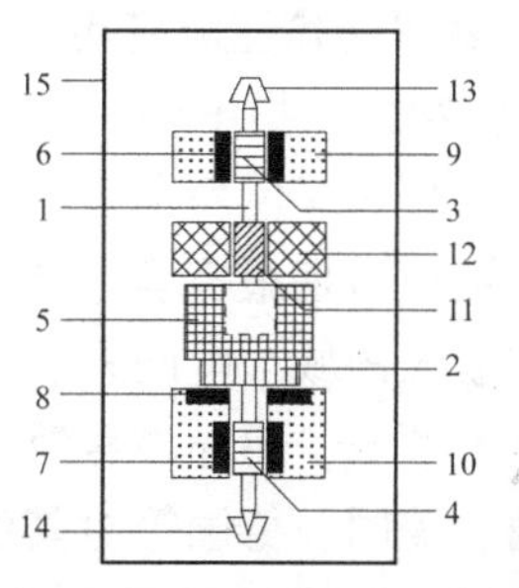

图 5-14　超导磁悬浮飞轮储能系统总体结构

1—转轴；2—轴向约束磁体组合；3，4—径向约束磁体组合；5—飞轮；6，7—径向约束定子；8—轴向约束定子；9，10—冷却器；11—电机转子；12—电机绕组线圈；13，14—保护轴承；15—铝合金罩壳

5.3.2　超导磁悬浮飞轮储能的应用

1. 超导磁悬浮飞轮储能技术

超导磁悬浮永久磁体承载储能装置中，飞轮用高抗张力强度材料制成。电机以电动机的方式运行，带动处于磁悬浮状态的飞轮旋转，将电能转换成动能存储；反过来，当电机以发电机方式运行时，飞轮所存储的动能将转换为电能。稳定飞轮轴向的轴承也可以使用磁性轴承。磁悬浮间隙的大小可以通过间隙调节电动机调节。调节磁悬浮间隙也可以改变磁悬浮力的大小。为了减小高速旋转飞轮上的风损，飞轮和磁悬浮轴承一般放置在真空环境中。真空环境也是维持超导体低温环境所必需的绝热手段。也有将飞轮直接置于空气中的试验样机。

随着超导磁悬浮飞轮储能量的减少，飞轮的转速逐步下降，因而它与电力系统的连接还

存在变频的问题。这既可以采用电力电子变频技术，也可以采用交流励磁可变速发电机技术来实现。通过对发电机的控制，既可以使超导磁悬浮飞轮储能输出有功功率，也可以使之输出无功功率。因此，和超导磁储能系统一样，超导磁悬浮飞轮储能也具有调节电力系统有功功率和无功功率的能力。

目前，超导磁悬浮飞轮储能技术的主要课题和相关部件如表 5-2 所示。

表 5-2　超导磁悬浮飞轮储能技术的主要课题和相关部件

目标	改善途径（相关部件）	
降低损耗	提高临界温度（超导体）	增强磁场均匀性（永久磁体）
	增强钉扎中心均匀性（超导体）	提高冷却系统效率（冷却系统）
提高轴承刚性	提高钉扎力（超导体）	采用辅助措施（辅件）
增加储能量	提高钉扎力（超导体）	—
提高承载量	提高临界磁场（超导体）	提高临界电流密度（超导体）
	改进磁场均匀性（超导体、永久磁体）	
提高转速	提高材料密度和强度（飞轮）	长轮形状优化设计（飞轮）
系统运用	变频手段	控制策略

2. 超导磁悬浮飞轮储能应用

《中国制造 2025》指出要大力发展和实施高端装备创新工程，包括航空发动机及燃气轮机、民用航天、智能绿色列车、节能与新能源汽车、智能电网成套装备等重大工程。超导磁悬浮飞轮储能被认为是最有竞争力和应用前景的新一代绿色储能技术之一，其应用领域广泛，包括航空航天领域、电网系统和动力电源等。

在航空航天领域，超导磁悬浮飞轮储能可以用于航天器和空间站的能源供应，发达国家如日本、法国、美国、德国等对其的研究从 20 世纪 60 年代就开始了。法国 Aerospatiale 生产的超导磁悬浮飞轮储能 SPOT1 是最早在卫星上使用的，被用作姿态控制。美国国家航空航天局（NASA）Glenn 研究中心研制的超导磁悬浮飞轮储能同时具备储能和姿态控制两种功能，被用于替换国际空间站上的第一代化学电池。

在电网系统中，超导磁悬浮飞轮储能具有绿色环保无污染、充放电速度快的特点，因此被用于电力调频调峰以及不间断电源。美国 Bacon Power 于 2011 年 7 月将超导磁悬浮飞轮储能用于调峰调频投入使用 20 MW 的飞轮储能工程。

在动力电源方面，从 2006 年起，美国 Calnetix 推出的超导磁悬浮飞轮储能可用于轮胎式起重机物料搬运的动力电源供给；德克萨斯大学 Austin 分校的电动汽车小组以及日本千叶工业大学均研制了装载于电动汽车的超导磁悬浮飞轮储能；除此之外，超导磁悬浮飞轮储能还可应用于航空母舰电磁弹射器的脉冲电源推进，美国“福特号”航母以及后续新造的航母均从原有的蒸汽弹射器装置改为电磁弹射器装置。

这些应用说明超导磁悬浮飞轮储能在国外已经有成熟的商业化产品，并在不同的高端技术领域使用；我国对其的研究已有一定的进展，但和实际应用还有一定的距离，有待继续研究。

5.4　电容器储能技术

5.4.1　电容器

电容器是存储电量和电能的元件。一个导体被另一个导体所包围，或者由一个导体发出的电场线全部终止在另一个导体的导体系，称为电容器。对于平行板电容器，其电容计算公式为

$$C=\frac{Q}{U_A-U_B}=\frac{\varepsilon_r S}{4\pi kd} \tag{5-9}$$

式中，U_A-U_B 为两平行板间的电势差；ε_r 为相对介电常数；k 为静电力常量；S 为两板正对面积；d 为两板间距离。

电容器的分类方法多种多样，根据电介质的不同可以将其分为空气电容器、云母电容器、纸质电容器、陶瓷电容器、涤纶电容器、电解电容器等；根据电容器的结构可以分为可变电容器、固定电容器等。

电容器的特点：①具有充放电特性和阻止直流电流通过，允许交流电流通过的能力；②在充电和放电过程中，两极板上的电荷有积累过程，即电压有建立过程，因此电容器上的电压不能突变；③电容器的容抗与频率、容量之间成反比，即分析容抗大小时，就得联系信号的频率高低、容量大小。

电容器的作用：①旁路。旁路电容器是为本地器件提供能量的储能器件，它能使稳压器的输出均匀化，降低负载需求。就像小型可充电电池一样，旁路电容器能够被充电，并向器件进行放电。②去耦。去耦，又称解耦。旁路是把输入信号的干扰作为滤除对象，而去耦是把输出信号的干扰作为滤除对象，防止干扰信号返回电源。③滤波。电容器的作用就是通交流隔直流，通高频阻低频。电容越大，高频越容易通过。具体用在滤波中，大电容（1 000 μF）滤低频，小电容（20 pF）滤高频。④储能。储能型电容器通过整流器收集电荷，并将存储 $E=CU$ 的能量通过变换器引线传送至电源的输出端。

在脉冲功率设备中，作为储能元件的电容器在整个设备中占有很大的比例，是极为重要的关键部件，广泛应用于脉冲电源、医疗器材、电磁武器、粒子加速器及环保等领域。我国现有的大功率脉冲电源中采用的电容器，基本上是按电力电容器的生产模式制造的箔式结构电容器，其存在储能密度低、发生故障后易爆炸的缺陷。目前国内脉冲功率电源中所用电容器的储能密度一般为 100~200 J/L，少数达到 500 J/L。国际上所用脉冲功率电源中的电容器的储能密度水平在 500~1 000 J/L，形成商品的电容器的储能密度约为 500 J/L，提高电容器的储能密度，将有效地减小大功率脉冲电源的体积。

5.4.2　电容器储能原理

对于平行板电容器，设电容器存储的能量为 W，则有

$$W=\frac{1}{2}CU^2=\frac{1}{2}\cdot\frac{\varepsilon_r S}{4\pi kd}U^2=\frac{\varepsilon_r SdU^2}{8\pi kd^2}=\frac{\varepsilon_r}{8\pi k}\cdot V\cdot E^2 \tag{5-10}$$

式中，ε_r 为相对介电常数；k 为静电力常量；V 为绝缘介质的体积；E 为介质承受的场强。

储能密度（J）是电介质单位体积存储的能量，J可按照式（5-11）定义：

$$J=\int_0^{D_{max}} E\mathrm{d}D \tag{5-11}$$

式中，E为外加场强；D_{max}为在击穿场强E_{max}下的电位移。材料的介电常数定义为$\varepsilon=\frac{\mathrm{d}D}{\mathrm{d}E}$，因此储能密度可以表达为

$$J=\int_0^{E_{max}} \varepsilon E\mathrm{d}E \tag{5-12}$$

由此可见，电介质的储能密度与介电常数ε、击穿场强E_{max}有直接关系。

对线性电介质而言，介电常数ε与场强无关，储能密度可以由式（5-12）直接积分得到式（5-13），即

$$J=\frac{1}{2}\varepsilon E_{max}^2 \tag{5-13}$$

工程实践中，往往使用相对介电常数ε_r来表征材料的介电性能。相对介电常数与介电常数ε的关系为

$$\varepsilon=\varepsilon_0\varepsilon_r \tag{5-14}$$

式中，ε_0为真空中的介电常数，$\varepsilon_0=8.85\times10^{-12}$ F/m。

因此对于线性电介质，储能密度进一步表达为

$$J=\frac{1}{2}\varepsilon_0\varepsilon_r E_b^2 \tag{5-15}$$

由式（5-15）看出，对线性电介质而言，储能密度与相对介电常数成正比，与击穿场强的平方成正比。因此，材料要有尽可能高的击穿场强（E_b）和相对介电常数（ε_r），才能获得较高的储能密度。在没有特别说明的情况下，一般将相对介电常数简称为介电常数。

5.4.3 箔式结构脉冲电容器

现有箔式结构脉冲电容器普遍采用纸膜复合的介质结构，这种电容器主要利用纸和聚酯膜的高介电常数及纸良好的浸渍性能。但纸的物理结构疏松，导致这种复合介质的击穿强度较低。因此，从现有水平看，再提高这种电容器的储能密度是很困难的。从提高介质的工作场强出发，高储能密度电容器的介质材料应选择击穿强度较高的聚合物膜，而不是纸膜复合介质。

5.4.4 电解电容器

电解电容器的内部有存储电荷的电解质材料，分正、负极性，类似于电池，不可接反。正极为粘有氧化膜的金属基板，负极通过金属极板与电解质（固体和非固体）相连接。无极性（双极性）电解电容器采用双氧化膜结构，类似于两只有极性电解电容器将两个负极相连接后构成，其两个电极分别为两个金属极板（均粘有氧化膜）相连，两组氧化膜中间为电解质。有极性电解电容器通常在电源电路或中频、低频电路中起电源滤波、解耦、信号耦合及时间常数设定、隔直流等作用。图5-15所示为普通电容器和电解电容器示意图。

电解电容器根据其电解质的种类可分为液体电解质电解电容器和固体电解质电解电容器。液体电解质电解电容器中典型代表为铝电解电容器和钽电解电容器，固体电解质电解电

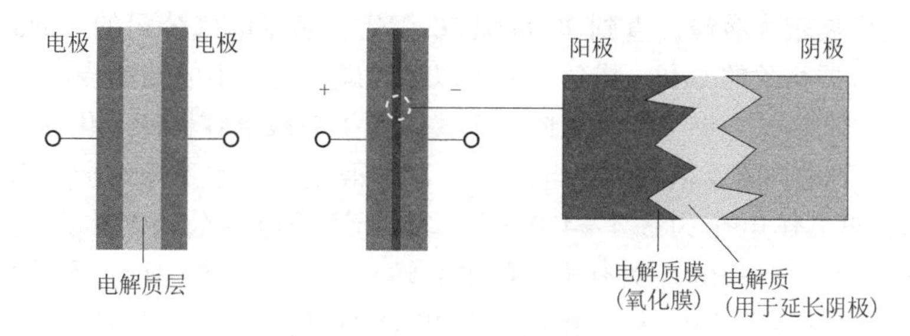

图 5-15　普通电容器和电解电容器示意图

容器中典型代表为二氧化锰固体电解电容器、有机半导体固体电解电容器、导电高分子固体电解电容器等。以铝电解电容器为例，对电解电容器进行介绍。

铝电解电容器是以采用电化学表面处理方法在金属表面生成的一层氧化膜作为电介质，其结构如图 5-16 所示。同时，还通过对电极铝箔的表面实施蚀刻处理，使其粗糙化，以扩大实际表面积，从而增大容量。铝电解电容器的正极板为铝箔，介质为紧贴正极板的氧化铝，负极板不一定非得是金属，只要是导体就行，所以铝电解电容器的负极为电解质。实际产品，加一层铝箔作为电解质的引导，方便连接。

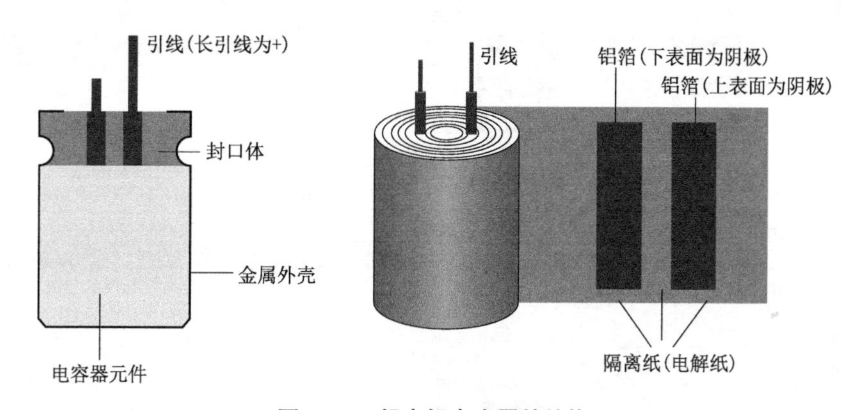

图 5-16　铝电解电容器的结构

5.4.5　超级电容器

超级电容器是 20 世纪七八十年代发展起来的一种介于常规电容器与蓄电池之间的新型储能器件，由于具有很高的储能密度和功率密度，适合于中、大功率的储能应用场合。超级电容器也称为双电层电容器，其突出特点是储能密度比蓄电池低，但比常规电容器要高得多。此外，它还具有免维护和耐高温的优点，可以用来填补常规统电容器和蓄电池之间的空白，在便携式计算机、电动汽车、移动通信等领域具有广阔的应用前景。

1. 超级电容器研究进程

超级电容器的发展史其实就是电荷存储机制的探索历史，其发展历史如图 5-17 所示。18 世纪 40 年代，首个电容器雏形装置被发明出来，该装置被命名为“莱顿瓶”。1879 年，Helmholtz 首次阐述了界面双电层的概念并创建了相应的理论模型，即 Helmholtz 模型。随后，该理论模型经 Gouy 等人的修正和完善，最终发展成为较为完备的双电层理论模型。然而该储能装置的发展较为缓慢，直到 20 世纪 50 年代，通用电气公司的 Becker 申请了第一个水系电化学电容器相关的专利，搭建了一种以多孔碳电极为主的储能装置，并在水系电解质界面上以双电层的模式存储电能。至此，正式掀开了超级电容器商业化的大幕。1962 年，美国 SOHIO 公司开发了碳基非水系双电层电容器，得益于非水系电解质较宽的分解电压，该专利所述体系的工作电压为 3.4～4.0 V，远高于通用电气公司的水系电化学电容器。1971 年，Trasatti 等人发现 RuO_2 具有优异的电容性行为，由于其储能过程中涉及法拉第反应，电容量得到大幅度提升。为了和双电层电容加以区分，赝电容的概念应运而生。1978 年，日本 NEC 电气公司首次将电化学电容器商品化，并命名为"Super-Capacitor"，成功地开拓了电化学电容器的应用市场。在这一发现的基础上，平顶山研究所（PRI）于 20 世纪 80 年代开始了基于钌/钽氧化物赝电容的高性能超级电容器的研制，并将其命名为 PRI 超级电容器。但由于贵金属钌的价格较高，PRI 超级电容器仅用于军事领域，如激光武器和导弹定向发射的电源。此后，世界领先的超级电容器制造公司（Maxwell）与美国能源部签订了开发高性能超级电容器的合同。其中包括应用于电动汽车或混合动力汽车中的能量负载系统，超级电容器与电池或燃料电池协同使用，用以收集制动的能量，并在后续将电能释放用以加速。

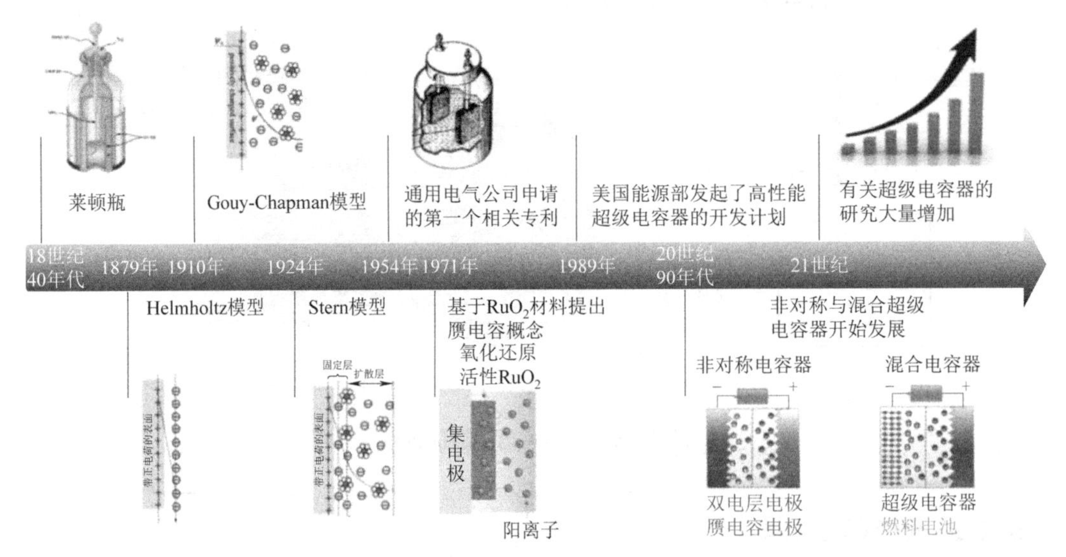

图 5-17 超级电容器的发展历史

从第一份关于超级电容器的专利被申请以来，超级电容器便在全球科学界以及工程界引起关注，仅 1992—2012 年，全球关于超级电容器的发表文章数量就呈现指数增加（见图 5-18），而这个趋势还在进一步加剧。此外，由于生产生活中对高功率密度设备的需求持续增长，例如能源备份系统、便携式电子器件、混合动力汽车等，研究人员在这方面的探索还在继续深入。

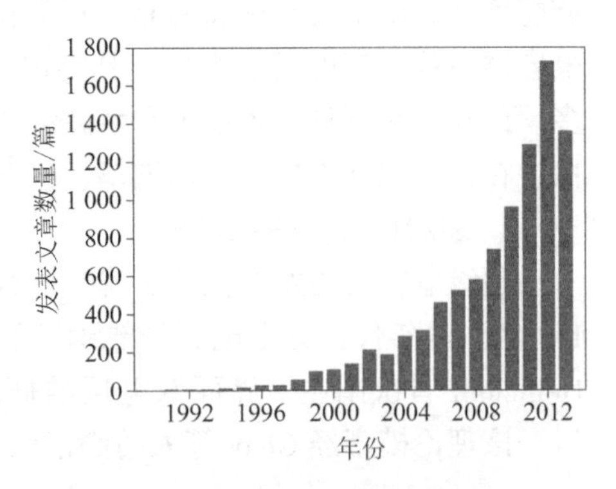

图 5-18 全球关于超级电容器的发表文章数量的趋势

2. 超级电容器结构

超级电容器由电解液、活性材料和其他非活性组分（如隔膜、集流体和黏结剂）等构成。电解液主要起着两电极间的电荷转移和平衡的作用。全电池超级电容器的结构可以是对称的，也可以是非对称的。两电极由隔膜（滤纸、玻璃纸、纤维素或聚丙烯腈膜）隔开，其具有良好的离子渗透性，便于离子传输。

集流体的主要作用是负载电化学活性材料并传递电荷。因此，集流体的选择需要满足以下要求：与电极材料有较大的接触面积、接触内阻小、良好的耐腐蚀性。此外，集流体在电化学储能过程中决不能与电解液发生反应。例如，廉价的铝材料常被用于有机电解液中；在碱性和酸性的电解液中，需要分别使用钛材料和镍材料集流体，防止电解液的集流体的腐蚀，在含有氯离子的电解液中不能使用泡沫镍作为集流体。在使用集流体时，一般需要配合使用导电剂和黏结剂使活性材料附着在集流体上。但导电剂和黏结剂的使用往往会在长时间的电化学充放电过程中发生脱落，降低超级电容器寿命。因此，基于无黏结剂和导电剂的自支撑电极策略已经得到广泛的研究。此外，电化学活性材料是电荷存储的载体，由超级电容器储能机理可知，理想的活性材料应该具有大比表面积和丰富的孔隙率。

电解液本身的固有性质将直接影响超级电容器的性能，如电解液的分解电压、黏度、适应温度、电阻率、离子直径等。一般要求电解液应该具有以下特点：高电导率、良好的浸润性、腐蚀性低、环境友好等。超级电容器的电解液种类很多，其中水系电解液有成本低廉、离子电导率较高的优点。与此同时，水系超级电容器的储能密度普遍较低，这是因为水的分解电压（1.23 V）限制了水系电解液工作电压范围。在电解液工作电压范围方面，有机电解液具有较大的优势，对于超级电容器储能密度的提升有很大的意义。但有机电解液黏度大，电导率相对较低，使用过程中容易发生燃烧、挥发等现象，限制了它的发展。离子电解液被认为是继水系电解液和有机电解液之后的第三类电解液，具有低黏度、低蒸气压、不可燃性、高热稳定性、高离子电导率、高沸点、不挥发等优点。其工作电压窗口较宽，普遍能够达到 2~6 V，通常为 4.5 V 左右。

隔膜的作用是防止正、负电极物理接触造成短路。为了防止超级电容器出现故障，隔膜通常要包括以下特点：①优异的隔离性能，良好的机械强度；②只能通过离子穿梭来阻挡电子；③柔韧性好；④对电解液有良好的吸收和包容能力；⑤成分和厚度均匀，表面光洁平整。目前常用的隔膜材料有无纺布、玻璃纤维、聚丙烯膜等。

3. 超级电容器分类

根据能量存储机理，超级电容器一般可以分为三种，分别是双电层超级电容器、赝电容超级电容器和混合型超级电容器，如图 5-19 所示。通常，双电层超级电容器主要采用碳材料电极，如活性炭、石墨烯和碳气凝胶，通过离子在电极与电解液界面可逆的吸附/解吸来积累电荷。双电层超级电容器的充放电过程相当于传统电容器的介电行为，在储能过程中不会发生法拉第反应。双电层超级电容器由于其良好的导电性和优异的机械稳定性被广泛研究，但其比容量较低。赝电容超级电容器通过发生可逆的氧化还原反应来存储能量，主要的电极材料为过渡金属化合物和导电聚合物。由于它们具有很高的比容量和比能量，使其成为高性能超级电容器的电极材料。然而，过渡金属化合物的电导率低，这极大地阻碍了其比容量的提升。对于导电聚合物来说，由于在长时间的充放电反应中，聚合物链反复膨胀和收缩，大大降低了超级电容器的循环寿命。混合型超级电容器采用一个双电层电极和一个赝电

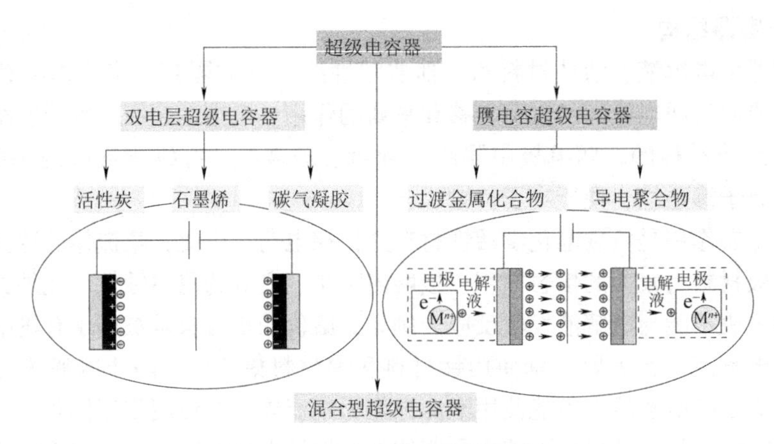

图 5-19　超级电容器的分类

容电极组装成非对称型超级电容器。这样组装好的混合超级电容器兼具双电层电容和赝电容的优点，从而达到较宽的工作电势窗口、高储能密度、高功率密度和长循环寿命。

超级电容器的储能密度比蓄电池低。因此，以超级电容器作为唯一电源的应用很少。但是，由于超级电容器在功率密度和寿命方面的优势，使其适用于任何能量需求不高，但瞬时功率需求较大的应用场合。可以将超级电容器的应用分为两类：第一类是作为独立的电源，由短时尖峰功率进行充电，然而由于超级电容器的储能密度较低，把超级电容器作为主电源的应用非常少；第二类是作为辅助电源，这种应用比较常见，超级电容器与其他主电源共同供电。在第二类应用中，超级电容器的作用在于弥补主电源在输出功率方面的不足。因此，任何混合动力系统的应用都应属于此类。下文将主要介绍超级电容器在混合动力系统中的应用。

4. 超级电容器的应用

混合动力系统一般由两部分组成，各个部分都是以互补的方式为系统提供电能。在理想情况下，各个部分都能工作于额定运行状态。在混合动力系统中，使用超级电容器的原因就是其高功率密度与长循环寿命，作为辅助电源可以很好地满足实际应用中的高功率需求，或者平抑功率波动的需求。系统的主电源可以是主电网、蓄电池、内燃机或燃料电池等。这些应用案例都有一个共同点，即主电源用于满足系统的能量需求，超级电容器用于满足功率需求。将超级电容器作为辅助电源的混合动力系统具有很广泛的应用。

在低功耗应用中，比如在照相机或摄像机中，将超级电容器与电池配合使用，以减小对电池的诸多不利影响，延长其寿命。

对于几十千瓦的应用而言，超级电容器可以替换电梯中的制动电阻。在此类应用中，超级电容器需要具备一定的储能量与功率输出能力，以减小电梯在升降过程中对电网的不利影响，而这种影响可以看成是断续的功率需求。

汽车和牵引机车领域也是超级电容器比较适合的应用领域。对于汽车而言，超级电容器非常适合“起停”行驶模式，或者作为更高级的应用，超级电容器可以降低对内燃机的功率输出限制。图 5-20 所示为超级电容器应用于汽车领域和混合动力原理示意图。

随着工业技术发展需求和电子消费的崛起，超级电容器在军事、航空航天、高速列车、电信通信等领域被广泛应用。例如作为点焊机、X 光机等设备中的脉冲电源，提供短时功率输出；利用超级电容器充电速度快的特点为城市短途交通工具（如公交车、城市轨道交通）

(a)

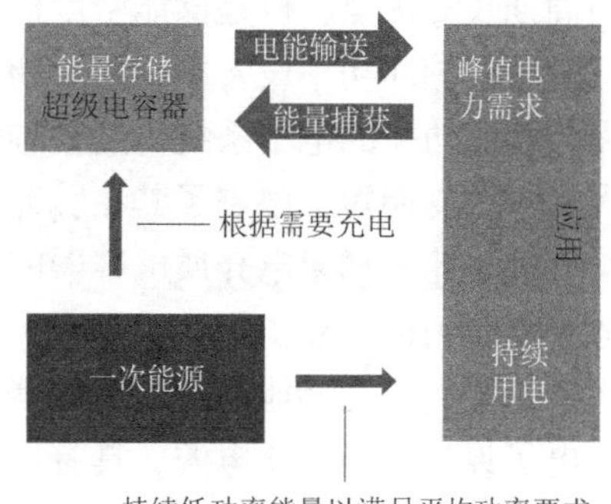

(b)

图 5-20　超级电容器的实际应用和混合动力原理示意图

(a) 超级电容器应用于汽车领域；(b) 混合动力原理示意图

提供电源；利用超级电容器瞬时功率密度大的特点作为大型机械设备的起动辅助电源（如高速动车、内燃机起动）；等等。表 5-3 列举了超级电容器的典型应用及性能要求。

表 5-3　超级电容器的典型应用及性能要求

应用领域	典型应用	性能要求
电力系统及设备	动态电压补偿器和静止同步补偿器	可靠性非常高
交通运输电动车	为新型混合动力车辆供能和回收列车的剩余能量	高功率，快速放电
风能	风力发电机的储能系统	高功率
太阳能	路灯和航标	使用寿命长
空间	能量束的收集与释放	高功率，高电压
军事	辅助消声装置及电子枪	可靠性非常高
工业	新型遥控装置和实现自动化工厂	高功率，高电压
记忆存储	消费电子产品，手机，电脑	低功率，低电压
汽车辅助装置	辅助冷起动装置和用回热器刹车	中功率，高电压

5.5　高储能密度电容器

能源与环境是当今世界面临的最大问题和挑战。如何有效地存储能量、减少能量损耗和减轻环境负担是近年来研究人员关注的热点问题。大多数的可再生能源必须首先转换成电能，虽然电能可以通过电缆长距离输送到需要的地方，但是由于需求不同，仍然需要发展有效的电能存储技术。

常用的电能存储器件有电池、超级电容器和电介质电容器等。电池虽然具有最高的储能密度，但是功率密度低，而且电池中的重金属元素对环境的危害也比较大。超级电容器具有中等的储能密度和功率密度，但是结构复杂、操作电压低、漏电流大和循环周期短。相比较而言，电介质电容器不仅具有最高的功率密度，而且具有使用温度范围宽、快速充放电和使用周期长等优点，但是储能密度低。特别地，对脉冲功率设备而言，电池由于功率密度低，不适合在脉冲功率设备中使用。超级电容器虽然具有中等的储能密度和功率密度，但是对于需要超高功率的电子系统仍然很难满足。同时，超级电容器结构复杂、操作电压低、漏电流大、循环周期短，限制了其在脉冲功率设备中的应用。

基于此，如果电介质电容器的储能密度能够提高到超级电容器或者电池的水平，其应用势必能得到进一步扩展，特别是对电子电气器件的小型化、轻量化和集成化有重要促进作用。这样具备高储能密度的电容器具有充放电速度快、抗循环老化、性能稳定等优点，可作为电子设备的小型化电源，具有广泛的应用前景。

5.5.1 电容器储能密度

从上节电容器储能原理中可以知道，想要实现高储能密度，材料要有尽可能高的击穿场强（E_b）和介电常数（ε）。从介电常数考虑，铁电体、弛豫铁电体和反铁电体通常具有较高的介电常数。但由于介电常数与场强的非线性，储能密度与介电常数不是简单的线性关系。这些材料中由于极化 P 非常大，电位移近似于极化，即 $D \approx P$，因此式（5-11）可表示为

$$J = \int_0^{P_{max}} E \mathrm{d}P \tag{5-16}$$

即储能密度为场强对极化积分的面积（见图 5-21 中阴影部分）。因此储能密度与击穿场强、饱和极化强度和剩余极化强度有关。大的饱和极化强度和小的剩余极化强度能够存储更多的能量。反铁电体在具有大的饱和极化强度前提下，剩余极化强度为 0，理论上可实现更高的储能密度。

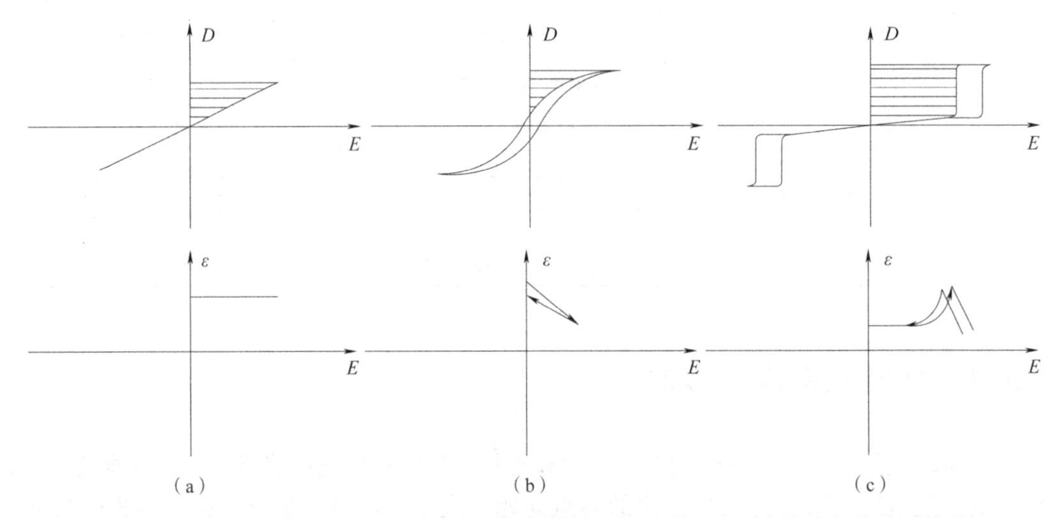

图 5-21 线性电介质，铁电体、弛豫铁电体和反铁电体中电位移、介电常数与场强的关系

(a) 线性电介质；(b) 铁电体、弛豫铁电体；(c) 反铁电体

实际上，材料的储能密度与介电常数、击穿场强、极化存在比较复杂的关系。考虑到电位移矢量的饱和，在击穿场强不变的情况下，并非高介电常数就能获得高储能密度。理论研究表明，对无机晶体而言，随着介电常数的增大，其击穿场强随之降低；对聚合物而言，极

性聚合物反而具有更高的击穿场强。因此，高储能密度材料往往不是由于材料具有非常高的介电常数，而是材料具有中等的介电常数和击穿场强。

因此，提高电容器储能密度的方法有两种：①提高工作场强 E，在这方面主要研究工作集中于金属化膜电容器，通过金属化膜的“自愈”，使电极材料在更高场强下工作，以提高储能密度；②提高介电常数 ε，在这方面主要研究工作集中于研究开发新型高储能密度介电材料，包括陶瓷材料、聚合物材料以及复合材料等。

5.5.2　金属化膜电容器

20 世纪 70 年代，金属化蒸镀技术开始应用于储能电容器。金属化膜电容器就是采用金属化蒸镀技术，以聚丙烯薄膜为介质，将很薄一层金属（通常为铝或锌铝合金）蒸镀到薄膜上形成电极。金属化膜电容器是最常见的高储能密度脉冲电容器。当金属化膜电容器工作于高场强时，薄膜中电弱点首先被击穿，击穿点处介质薄膜存储的能量瞬间释放，使该击穿点及其周围的金属电极蒸发，形成绝缘恢复。因局部击穿不会影响整体电容器，故该过程称为“自愈”。自愈过程原理示意图如图 5-22 所示。自愈成功后，金属化膜电容器能继续稳定工作，因此该类型电容器能够稳定工作在较高场强下，从而具有高储能密度。

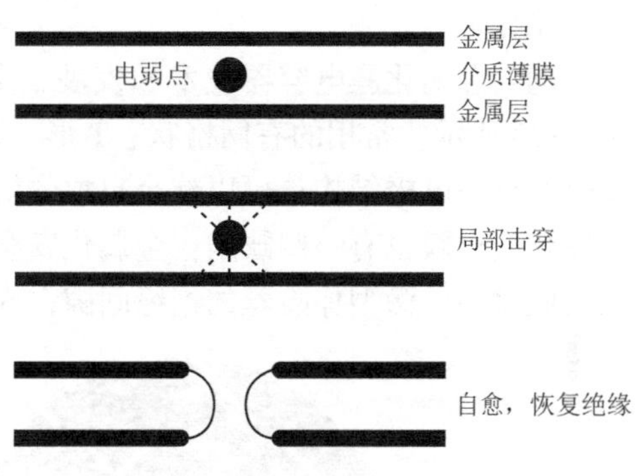

图 5-22　自愈过程原理示意图

电容器在自愈的过程中会生成少量气体、水分以及碳等化学物质，会对电容器绝缘电阻等电气参数有一定影响，但除非发生大面积的自愈，通常对电气参数的影响较微弱。在自愈过程中，金属层蒸发消失了部分电极面积，从而使金属化膜电容器在工作中电容会逐渐下降，一般下降>5%后降速骤增且电容器绝缘电阻骤减，故金属化膜电容器的失效一般定义为电容损失大于额定电容的 5%。此外电容器也可能发生贯穿性短路等其他损坏。

为进一步提高金属化膜电容器的可靠性、安全性与储能密度，一些新的研究成果与工艺也应用于电容器领域。

1. 自愈性能

普遍认为，金属化膜电容器自愈是否成功，关键在于自愈过程能量的大小。适中的电弧能量是自愈成功的关键，过大的能量可能引发贯穿性的电容器短路，过小的能量可能使电极蒸发不完全，导致连续的放电或电晕。国外学者一系列自愈研究结果表明，影响金属化膜自愈的因素包括薄膜材料、电容、电极厚度、层间压强、外施电压和热定型工艺等。自愈能量可表示为

$$E=\frac{kU_{\mathrm{b}}^{\alpha_1}C_0}{\beta^{\alpha_2}f(p)} \tag{5-17}$$

式中，U_{b} 为击穿电压；C_0 为电容；β 为方阻；$f(p)$ 为层间压强的函数；α_1、α_2、k 为系数。

自愈性能是电容器可靠性的决定性因素。为提高电容器的性能，降低自愈能量，可采取

的主要措施有增大电容器层间压强、提高金属化膜的方阻、优化热定型工艺等。

2. 安全膜设计

金属化膜电容器生产过程中，一项十分重要的工序就是进行赋能处理，即在电容器上施加一定的电应力，人为地引发电弱点自愈，通过减少薄膜的电弱点，从而提高电容器在工作状态下的稳定性。优异的自愈性能是金属化膜电容器可靠工作的必要保证。当系统对电容器的工作安全稳定性提出更高的要求时，金属化膜可根据要求设计，制成自愈性能更强的隔离膜，通常称为安全膜。安全膜中应用了蒸镀的微型保险丝连接金属化膜上的极板单元模块，当金属化膜的介质发生击穿自愈时，击穿点所在的极板网格四周的微型保险丝由于瞬间流过大电流而动作，使击穿点所在的极板单元从整个极板中脱离，防止电容器因自愈不彻底而进一步恶化。

随着金属化膜电容器技术的发展，金属化膜形成了许多种结构形式的安全膜图案，如图 5-23 所示，常用的有网格状、T 形、六边形、强化网格状、改良形网格状，等等。采取安全膜分块电极结构，可以减小自愈的能量，提高电容器工作的稳定性和工作寿命。同时，金属化安全膜也有一些缺陷：金属化安全膜的微型保险丝导致电容器的损耗角正切比普通金属化膜稍高，微型保险丝的绝缘间隙占 5% 左右的电极有效面积，使膜的利用率降低。

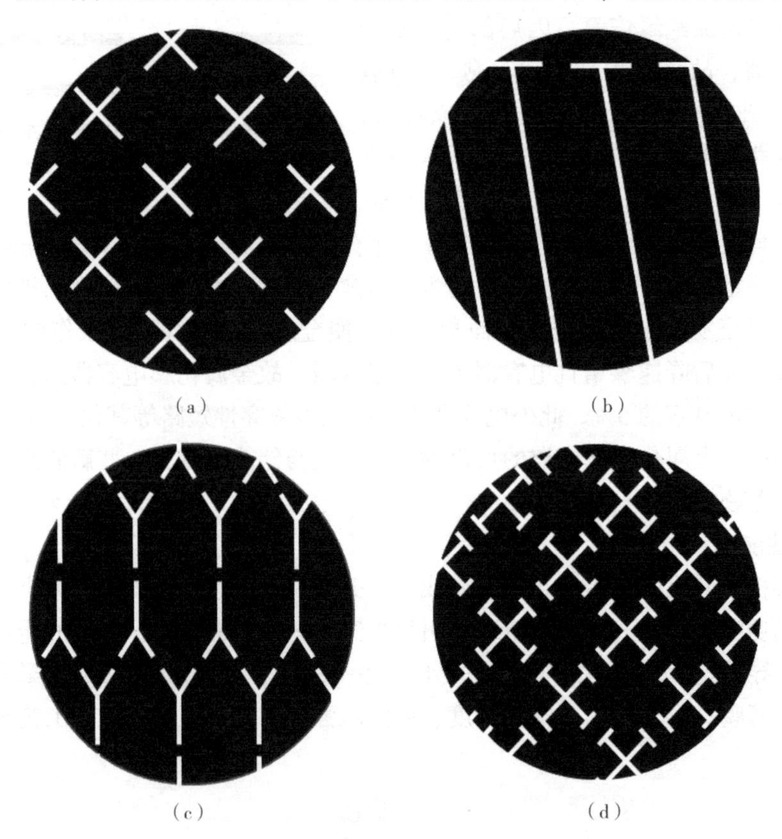

图 5-23　几种常见的金属化安全膜结构图案

(a) 网格状；(b) T 形；(c) 六边形；(d) 强化网格状

3. 改善端部接触

电容器应用于大电流脉冲放电时，喷金与金属化膜加厚边的接触松动或脱离是造成电容器失效的主要原因之一。端部接触成为限制金属化膜电容器在高储能脉冲功率应用的主要因素。电容器端部失效机制主要有：①脉冲电流作用下端部局部温升过大，端部薄膜的收缩不可忽略，此时导致局部脱落；②喷金颗粒受到电动力作用导致接触松动。此外，高储能密度电容器采用高方阻结构，电极厚度仅为纳米级。在脉冲电流作用下，流经金属电极的电流密度可达到 10^{10} A/mm^2，该电流作用可导致蒸镀金属电极断裂。在高储能密度电容器中，金属电极断裂现象在脉冲电流作用下时常发生，金属化膜靠近加厚边的区域出现金属层裂纹。大电流下金属化膜电容器失效形式如图 5-24 所示。

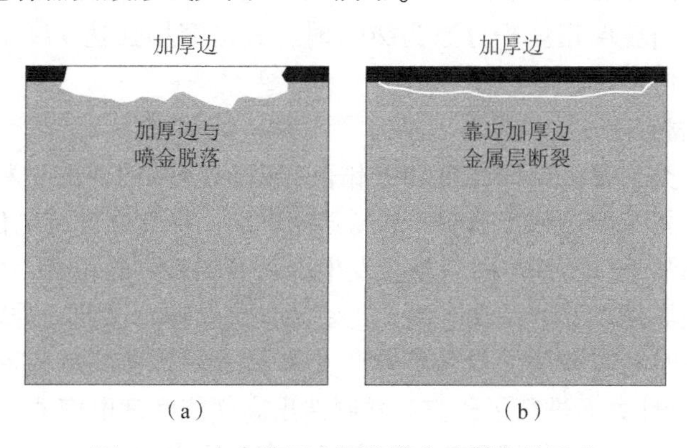

图 5-24　大电流下金属化膜电容器失效形式

(a) 端部接触恶化；(b) 金属层断裂

保证电容器通流性能主要有以下措施：

(1) 增强金属化膜端部通流能力，如蒸镀金属电极端部采用加厚边，改进喷金参数，并通过错边的方式增大端部接触面积。

(2) 根据金属化膜电容器采用的方阻，界定电容器最大电流工作范围，或根据实际电流，在保证寿命的条件下适当控制电容器方阻。

(3) 在电容器出厂测试中，通过等效串联电阻的测试，剔除等效串联电阻大的电容器。

5.5.3　高储能密度介电材料

开发高储能密度电容器的一条研究路径是开发新型的高储能密度介电材料，目前主要开发的材料包括陶瓷介电材料、聚合物介电材料和复合介电材料等。

1. 陶瓷介电材料

陶瓷介电材料是高储能密度介电材料研究的重要方向。一般分为三类：铁电陶瓷材料、反铁电陶瓷材料与玻璃陶瓷材料。

1) 铁电陶瓷材料

一般来说，铁电陶瓷材料具有介电常数高、击穿场强低、热稳定性好等特点，可以应用于中压、温度变化不太大的环境中。$BaTiO_3$ 就是典型的铁电陶瓷材料。纯 $BaTiO_3$ 铁电陶瓷材料在室温时的介电常数约为 1 400，储能密度约为 2 J/cm^3。在一些高端领域中，为了满足更高性能的要求，铁电陶瓷材料正在取代铝电解和聚合物薄膜材料。严格控制工艺条件可获得高纯、无缺陷、击穿场强高达 10 kV/mm 的铁电陶瓷材料。然而，实际上晶界、空隙、杂质、表面缺陷和化学腐蚀等因素的作用使材料在较低场强下就被击穿了。铁电陶瓷材料的高介电损耗以及电致伸缩导致的微裂纹也会引发击穿。

通过掺杂改性提高铁电陶瓷材料的综合性能是该领域的研究焦点。由于铁电陶瓷材料的介电常数相对较低，因此提高铁电陶瓷材料储能密度的难点在于提高其介电常数。

采用不同稀土金属铱、镝、钬和铒掺杂 $BaTiO_3$ 陶瓷，可以使 $BaTiO_3$ 陶瓷的居里峰展宽。研究表明，在细晶粒的 $BaTiO_3$ 陶瓷中掺杂质量分数为 0.6% 的镝后，陶瓷颗粒细化、分布均一，击穿场强增大，介电常数增大到 4 100。另外，也有研究者通过改进制备工艺来提高储能密度，如采用掺杂助烧剂进行液相烧结。发现液相烧结使烧结温度降低、颗粒尺寸减小、击穿场强增大，当玻璃相体积分数为 20% 时，其击穿场强达 779 kV/cm，是纯 $BaTiO_3$ 铁电陶瓷材料的 2.8 倍。

2）反铁电陶瓷材料

反铁电陶瓷是一类主要由锆酸铅晶相或锆酸铅基固溶体构成的材料。存在一个相变电场，当外加场强小于相变场强时，随着外加场强的增加，极化强度或电位移呈线性增加；当外加场强大于相变场强时，反铁电材料就会发生由斜方到四方的相变，呈现铁电体特征；当外加场强降低到相变场强以下时，铁电体又转变为非铁电体。这种场诱导相变使材料储能密度相当大，能在很短时间内释放大量的能量。美国 Sandia 国家实验室在稀土元素掺杂锆钛酸铅的铁电/反铁电特性方面进行了研究，并制造出高储能密度电容器。

在充放电过程中，反铁电薄膜和其界面之间会产生巨大的应变。一方面，反复充放电的过程中极易产生裂纹，导致薄膜的击穿场强变小并降低其实际使用寿命。另一方面，反铁电体在大电场下双电滞回线的特点，导致进一步提高其能量存储效率变得困难。同时，由于铅对环境和人体的危害限制了含铅材料在很多领域的应用，目前大量研究还是集中于无铅钙钛矿反铁电陶瓷材料上。

3）玻璃陶瓷材料

玻璃陶瓷又称微晶玻璃，是将特定组成的基础玻璃在加热过程中通过控制晶化而制得的一类含有大量微晶相及玻璃相的多晶固体材料。如果通过调整组成，析出铁电晶相，就可以形成铁电微晶玻璃，从而获得既有较高介电常数又有高击穿场强的介电材料。微晶玻璃的晶粒均一、大小可控，并且致密度很高，使材料具有很高的击穿场强。微晶玻璃的性质主要取决于主晶相的性质。玻璃基体的组成、析晶动力学特性、次晶相的成核机制和晶粒大小也是影响材料整体性能的重要因素。

尽管微晶玻璃在介电常数和击穿场强特性方面具有突出的优势，但研究中存在由界面极化等原因导致存储在材料内的能量无法充分释放的问题。例如，钛酸锶钡基微晶玻璃虽然具有很好的击穿性能和高介电常数，也因此具有较为理想的设计储能密度（10 J/cm^3），但该材料在放电回路的实际测试中储能密度仅为 1 J/cm^3。一般认为晶相与无定形相之间的界面极化是降低储能密度的主要原因，微晶玻璃中存在无定形相和晶相的性能差异，如热膨胀系数、介电常数和电导率之间存在巨大差异，大量的两相界面的存在易产生空间电荷的积累，引起较强的界面极化；但是这些电荷由于界面极化的慢弛豫过程，很难在放电过程中被释放，从而使微晶玻璃材料的实际介电损耗较大，储能密度也远低于预期。

基于减小两相性能差异的思路，采用一种能够析出钙钛矿晶体结构、具有高介电常数的微晶玻璃进行掺杂形成液相辅助烧结来改善材料的微观结构和放电性能，制备具有较高理论储能密度和良好放电性能的复相材料是一条值得探索的途径。

2. 聚合物介电材料

20 世纪 60 年代以来，很多学者在高介电常数聚合物方面进行了大量研究，诸如铁电高分子材料聚偏氟乙烯（PVDF）及其共聚物都具有明显的铁电体特征。聚合物薄膜电容器以其高击穿场强和良好的机械弹性等优点，在高储能密度材料制备方面具有不可替代的地位。PVDF 是一种特殊的晶体状线形聚合物，具有相对较高介电常数（约 12）和优越的压电和热释电性能。

理论上，PVDF 的本征击穿场强可达 600 V/μm，但在薄膜制备过程中有很多不利工艺因素影响实际结果。挤压成形和注模成形的 PVDF 通常都分别含有 40% 和 60% 以主晶相（α，β）形式存在的晶体，而 β 相的相对含量对其压电、铁电性能起决定性作用。由于 PVDF 薄膜的储能密度低于 2.4 J/cm^3，而提高其储能密度的一种方法是增加聚合物中 β 相的含量。美国宾夕法尼亚州立大学报道了一种富含 β 相的拉伸 PVDF 共聚物，其储能密度达到 17 J/cm^3。提高 PVDF 储能密度的另一种方法是把 PVDF 与其他聚合物共混得到三元或多元聚合物，以提高其薄膜质量和击穿场强。

相对于陶瓷材料而言，聚合物材料的优点在于材料的高致密性和柔韧性，但即使是目前所知的介电常数最高的聚合物，其介电常数较铁电陶瓷也相去甚远，且聚合物材料也不适于在高温极端环境中使用。此外，新型聚合物的合成工艺非常复杂，而且成本很高。

3. 复合介电材料

铁电陶瓷具有很高的介电常数，但是介电强度不大；而聚合物具有很高的击穿场强，但介电常数却很小。通过适当工艺制备的铁电陶瓷-聚合物复合材料能够同时具有较大的介电常数和击穿场强，从而获得较高的储能密度。该途径是目前介电材料在高储能密度应用方向上的研究热点。

一种制备复合材料的方法是在聚合物中填充高介电常数陶瓷。介电填料通常使用高介电常数的 $BaTiO_3$、$PbTiO_3$、$Pb(Zr,Ti)O_3$(PZT)、$Ba_{0.65}Sr_{0.35}TiO_3$、$Pb(Mg_{1/3}Nb_{2/3})O_3$ 等铁电、弛豫铁电材料。这种复合材料中高介电常数填料的含量一般在 50% 左右，但是介电常数却很少能超过 100。

另一种方法是使用导电颗粒填充聚合物基体，使用少量即可产生更高的介电常数，但是介电损耗和击穿性能恶化非常明显。使用 $BaTiO_3$ 纳米粒子作为填料的聚合物，其介电常数<35，击穿场强只有（0.8~2.0）$\times 10^7$ V/m。使用导电颗粒填充会引起明显的介电损耗，这对电介质储能材料而言是不可接受的。

由此可以看出，聚合物复合材料的主要问题在于介电损耗增大，击穿场强降低。填料颗粒与有机基体在介电常数、电导率上的显著差异，使无机-有机界面电场集中，介电损耗增大，击穿性能恶化。填料颗粒与基体之间介电、电导性能的均匀过渡是提高材料储能密度的关键。两相界面的结合特性还严重影响材料的力学性能和使用寿命。

为此，需要对填料颗粒进行改性。例如，无机填料-有机基体复合材料往往需要使用偶联剂，但是，偶联剂使用量少时两相润湿特性不好，而使用量大时材料的介电损耗增加。导体-介电复合材料往往需要对导电颗粒表面使用介电/绝缘层包覆，形成所谓的芯-壳结构，从而提高复合材料的击穿场强，降低介电损耗。除对填料颗粒进行表面改性外，填料颗粒的尺寸对复合材料性能也非常重要，其中纳米复合可以对材料特性进行裁剪和提高。理论分析表明，与微米颗粒相比，纳米颗粒界面极化和耦合增强，可以更大程度地增强复合材料的介电常数。在聚合物复合材料中，纳米复合能够显著提高储能密度，降低材料的介电损耗，并且使用纳米粒子的复合材料可以在微米级保持均匀性。

实际上往往将表面改性、尺寸效应同时使用。例如，在 $BaTiO_3$ 与聚合物的复合材料中，对纳米 $BaTiO_3$ 进行表面改性能形成高质量复合材料，降低漏电流，提高介电常数和击穿场强，从而使储能密度显著提高。另外，在复合材料中添加少量的纳米金属颗粒，也能有效提高击穿场强，从而提高储能密度，例如在 $BaTiO_3$/PVDF 复合材料中加入 Ni 纳米颗粒，可以使复合材料的储能密度提高 4 倍，击穿场强达到 2.0×10^8 V/m。

4. 研究方向展望

单相的陶瓷材料具有较高的介电常数，但是由于缺陷的存在，其击穿场强降低。近年来，大量的研究集中在薄膜材料上。在薄膜材料中可降低缺陷，因此击穿场强提高，从而有效提高储能密度。但是，薄膜相比陶瓷尺寸小，总存储的能量不高，缺乏应用前景。因此，必须研究薄膜材料制备成多层结构时的性能，使储能密度显著提高的同时总的储能量也得以提高。

聚合物具有非常高的击穿场强，但是介电常数低，根据聚合物体系的结构特点，研发出高介电常数的聚合物相对困难，其研究重点仍集中在制备复合材料时，通过提高介电常数来提高储能密度。

聚合物复合材料和玻璃陶瓷是近年来复合材料储能领域的研究重点。然而，聚合物复合材料存在介电损耗增大、击穿场强下降的问题；玻璃陶瓷材料存在部分能量很难释放的问题。这些问题归根结底与复合材料中的两相界面密切相关，探索界面可控的新方法，是进一步提高复合材料储能密度的关键。

为了满足对高储能密度介电材料的使用要求，需要在介电复合材料制备、组分优选、加工工艺改进等方面进行深入研究。

思考题

1. 简述超导材料的基本性质。
2. 二流体唯象模型中假设的内容是什么？
3. 简述区分超导态和正常态的三个物理参数及其相互关系。
4. 第一类超导体和第二类超导体的定义分别是什么？二者有什么区别？
5. 简述超导磁储能系统的主要组成部分。
6. 超导体的磁悬浮力与哪些因素相关？请说明具体影响原理。
7. 电容器储能与磁储能相比，其优势是什么？
8. 提高电容器储能密度的方法有哪些？
9. 简述高储能密度介电材料的种类以及各自的优缺点。

参考文献

[1] ONNES H K. Through measurement to knowledge：The selected papers of Heike Kamerlingh Onnes 1853-1926 [M]. Berlin：Springer，2012.

[2] 张裕恒．超导物理 [M]. 合肥：中国科学技术大学出版社，1992.

[3] 赵忠贤，陈立泉，杨乾声，等．Ba-Y-Cu 氧化物液氮温区的超导电性 [J]. 科学通报，1987，32（6）：412-414.

[4] MEISSNER W，OCHSENFELD R. Ein neuer effekt bei eintritt der supraleitfähigkeit [J]. Naturwissenschaften，1933，21（44）：787-788.

[5] 黄昆，韩汝琦．固体物理学 [M]. 北京：高等教育出版社，1988.

[6] JOSEPHSON J. Tunneling into superconductors [J]. Physical Review Letters，1962（1）：251.

[7] GORTER C J，CASIMIR H. On supraconductivity I [J]. Physica，1934，1（1-6）：306-320.

[8] LONDON F，LONDON H. The electromagnetic equations of the supraconductor [J]. Proceedings of the Royal Society of London，1935，149（866）：71-88.

[9] Bardeen J. Field variation of superconducting penetration depth [J]. Physical Review Journals Archive，1951，81（6）：1070-1071.

[10] GINZBURG，LANDAU. Phenomenological theory [J]. Proceedings of the Royal Society of London，1950，20（1064）：17.

[11] BARDEEN，COOPER，Schrieffer J R. Theory of superconductivity [J]. Physical Review，1957，108（1175）：5.

[12] 邹芹，李瑞，李艳国，等．超导材料的研究进展及应用 [J]. 燕山大学学报，2019，43（2）：95-107.

[13] 樊栓狮，梁德青，杨向阳．储能材料与技术 [M]. 北京：化学工业出版社，2004.

[14] 曹雨军，夏芳敏，朱红亮，等．超导储能在新能源电力系统中的应用与展望 [J]. 电工电气，2021（10）：1-6，26.

[15] 韩翀，李艳，余江，等．超导电力磁储能系统研究进展（一）：超导储能装置 [J]. 电力系统自动化，2001，25（12）：6.

[16] 焦丰顺．高温超导磁储能磁体电磁热力综合设计 [D]. 武汉：华中科技大学，2013.

[17] ALI M H，WU B，DOUGAL R A. An overview of SMES applications in power and energy systems [J]. IEEE Transactions on Sustainable Energy，2010，1（1）：38-47.

[18] 詹三一，唐跃进，李敬东，等．超导磁悬浮飞轮储能的基本原理和发展现状 [J]. 电力系统自动化，2001（25）：67-72.

[19] 高峰．电力系统日负荷率的改善与电能储存技术 [J]. 建筑电气，2001（11）:52-56.

[20] 程三海．长轮储能技术及其运用 [J]. 日用电器，2000（6）：31-33.

[21] 张绍成，武仲，宋永昌，等．风力发电储能胶体电池的研究 [J]. 河北农业大学学报，1994（17）：69-72.

[22] 徐友龙．铝电解电容器技术的新进展［J］．电子元件与材料，2008，27（9）：3.
[23] ZHAO X，SANCHEZ B M，DOBSON P J，et al. The role of nanomaterials in redox-based supercapacitors for next generation energy storage devices［J］．Nanoscale，2011，3（3）：839-55.
[24] SHAO Y L，EL-KADY M F，SUN J Y，et al. Design and mechanisms of asymmetric supercapacitors［J］．Chemical Reviews，2018，118（18）：9233-9280.
[25] 张杰．高电压碳纤维基超级电容器的构筑及其电化学性能研究［D］．合肥：中国科学院大学（中国科学院过程工程研究所），2021.
[26] CONWAY B E，BIRSS V，WOJTOWICZ J. The role and utilization of pseudocapacitance for energy storage by supercapacitors［J］．Journal of Power Sources，1997，66（1-2）：1-14.
[27] YAN J，WANG Q，WEI T，et al. Recent advances in design and fabrication of electrochemical supercapacitors with high energy densities［J］．Advanced Energy Materials，2014，4（4）：1300816.
[28] LUO H L，XIONG P X，XIE J，et al. Uniformly dispersed freestanding carbon nanofiber/graphene electrodes made by a scalable biological method for high-performance flexible supercapacitors［J］．Advanced Functional Materials，2018，28（48）：1803075.
[29] WATANABE M，THOMAS M L，ZHANG S G，et al. Application of ionic liquids to energy storage and conversion materials and devices［J］．Chemical Reviews，2017，117（10）：7190-7239.
[30] 程亮．电化学超级电容器负极材料 $Li_4Ti_5O_{12}$ 的研究［D］．上海：复旦大学，2008.
[31] ABDAH，AZMAN，KULANDAIVALU S，et al. Review of the use of transition-metal-oxide and conducting polymer-based fibres for high-performance supercapacitors［J］．Materials & Design，2020（186）：108199.
[32] KULANDAIVALU S，SULAIMAN Y J E. Recent advances in layer-by-layer assembled conducting polymer based composites for supercapacitors［J］．Energies，2019，12（11）：2107.
[33] PENG Y J，WU T H，HSU C T，et al. Electrochemical characteristics of the reduced graphene oxide/carbon nanotube/polypyrrole composites for aqueous asymmetric supercapacitors［J］．Journal of Power Sources，2014（272）：970-978.
[34] GAN J K，LIM Y S，Pandikumar A，et al. Graphene/polypyrrole-coated carbon nanofiber core-shell architecture electrode for electrochemical capacitors［J］．RSC Advances，2015，5（17）：12692-12699.
[35] 顾逸韬，刘宏波，马海华，等．电介质储能材料研究进展［J］．绝缘材料，2015，48（11）：1-7，13.
[36] HAO X. A review on the dielectric materials for high energy storage application［J］．Journal of Advanced Dielectrics，2013，3（1）：1330001.
[37] WANG Y，ZHOU X，CHEN Q，et al. Recent development of high energy density polymers for dielectric capacitors［J］．Dielectrics and Electrical Insulation，2010，17（4）：1036-1042.
[38] 王亚军，武晓娟，曾庆轩．高储能密度钛酸钡基复合材料［J］．科技导报，2012，30

(10)：65-71.
[39] TORTAI J H, DENAT A, BONIFACI N. Self healing of capacitors with metallized film technology: Experimental observations and theoretical model [J]. Journal of Electrostatics, 2001, 53 (2)：159-169.
[40] 刘泳斌，曹均正，黄金魁，等．金属化膜电容器可靠性研究进展 [J]．电力电容器与无功补偿，2019，40 (1)：53-58.
[41] 严飞，李化，陈伟，等．金属化安全膜结构设计方法研究 [J]．电力电容器与无功补偿，2020，41 (4)：7-11.
[42] 许峰，高鹏．金属化安全膜防爆电容器的防爆原理及发展概况 [J]．电力电容器，2006 (5)：34-38.
[43] 李化，李智威，黄想，等．金属化膜电容器研究进展 [J]．电力电容器与无功补偿，2015，36 (2)：1-4，18.
[44] 黄佳佳，张勇，陈继春．高储能密度介电材料研究进展 [J]．材料导报，2009，23 (S1)：307-312，321.
[45] 成宏卜，欧阳俊，张伟，等．高储能密度铁电薄膜电容器研究进展 [J]．现代技术陶瓷，2019，40 (4)：256-264.
[46] GORZKOWSKI E P, PAN M J, BENDER B, et al. Glass ceramics of barium strontium titanate for high energy density capacitors [J]. Journal of Electroceramics, 2007, 18 (3-4)：269-276.
[47] WANG J, TANG L, SHEN B, et al. Property optimization of BST based composite glass ceramics for energy storage applications [J]. Ceramics International, 2014, 40 (1)：2261-2266.
[48] CHU B, ZHOU X, REN K, et al. A dielectric polymer with high electric energy density and fast discharge speed [J]. Science, 2006 (313)：334-336.
[49] 李建勇，杨晓军，雷永平，等．聚合物基介电复合材料研究进展 [J]．化工新型材料，2013，41 (6)：21-23.
[50] 申玉芳，邹正光，李含，等．高介电聚合物/无机复合材料研究进展 [J]．材料导报，2009，23 (3)：29-34.

第6章
化学能存储技术

6.1 化学能

化学能是内能的一种，是指需要经由化学反应释放的能量。

在日常生活中，许多物品都蕴含着化学能，我们摄取食物，在体内经过消化系统中一系列的化学反应，其中存储的化学能被释放，供给我们的呼吸、血液循环、行走、思考等一系列活动。植物进行的光合作用实质上是通过一系列光化学反应，将太阳能转化为可利用的高能化合物三磷酸腺苷（ATP）中的化学能，进而获得生存、繁衍所需的能量。在各种燃料中也存储着化学能，例如煤、石油通过燃烧（与氧气反应）能够释放大量能量，用于驱动各种大型机械设备。电池将存储的化学能通过一系列电化学反应转化为电能供人类使用。对化学能的利用充斥着日常生活的各个角落。

化学能本质上来源于化学反应中化学键的断裂与生成。化学键是相邻的两个或多个原子（或离子）间强烈相互作用力的统称。化学键形成时会释放能量，称为键能；反之，破坏化学键也需要能量，称为化学键的解离能。化学能可以通过键的生成与断裂进行计算，如某一化学反应的反应焓可以近似地等于反应中断裂的键的总焓与生成的键的总焓之差。

化学键根据两原子间电负性差异大小分为三类，即离子键、共价键与金属键。电负性表征元素原子在分子中对成键电子的吸引能力，元素电负性数值越大，原子在形成化学键时对成键电子的吸引力越强。记A原子电负性为X_A。

1. 离子键

离子键是一种具有较大电负性差异的原子之间的静电相互作用。没有精确的值可以区分离子键和共价键，但对于A、B两成键原子，一般认为$|X_A-X_B|\geqslant 1.7$时为离子键。离子键导致分离的正离子和负离子，离子电荷通常在$-3e \sim +3e$。

离子键的一个典型特征是物质中任何离子不与特定方向键中的单个其他离子特异性配对；相反，每种离子都被带相反电荷的离子包围，并且它与附近的每个带相反电荷的离子之间的距离对于所有周围相同类型的原子都是相同的。因此，不可能将离子与附近的任何特定的其他单个电离原子相关联。

理想的离子化合物并无分子结构。然而实际上，由于离子间总有极化作用发生，所以离子之间的电子云并不可能完全无重叠，因此离子化合物总是带有一部分共价性。

离子键亦有强弱之分，键能为150~400 kJ/mol。离子半径越小或所带电荷越多，阴、阳离子间的作用就越强，即离子键越强。离子键的强弱影响该离子化合物的熔点、沸点和溶解性等性质。

离子键一般存在于各种金属（或 NH_4^+）盐中，如 NaCl、$MgCl_2$、$(NH_4)_2SO_4$、$KClO_3$ 等，也存在于各种金属（或 NH_4^+）碱中，如 KOH、NaOH 等。

2. 共价键

共价键是两个或多个非金属原子共同使用它们的外层电子，在理想情况下达到电子饱和的状态，由此组成比较稳定和坚固的化学结构。对于 A、B 两个成键原子，一般认为 $0 \leq |X_A - X_B| \leq 1.7$ 时为共价键。与离子键不同的是，进入共价键的原子向外不显示电荷，因为它们并没有获得或损失电子。同一种元素的原子或不同元素的原子都可以通过共价键结合，一般共价键结合的产物是分子，在少数情况下也可以形成晶体。键能为 150～400 kJ/mol，有方向性。

共价键中由于成键原子的电负性差异，又可以分为极性与非极性共价键。

$0 \leq |X_A - X_B| \leq 0.3$ 时为非极性共价键，电子均匀分布于成键的两原子间，电子对均等共用，一般为相同原子成键，或多数含碳化合物中的共价键，如 O_2、CO_2 等。

$0.3 < |X_A - X_B| < 1.7$ 时为极性共价键，电子因成键原子较大的电负性差异产生不均等共用，而略偏向电负性较大的原子，使电荷分布不均匀。这样电荷分布的不均匀形成了一对偶极，电负性高的原子是负偶极，记作 δ^-；电负性低的原子是正偶极，记作 δ^+，如 H（δ^+）－（δ^-）Cl。

3. 金属键

金属键是一种化学键，由传导电子（以离域电子的电子云的形式）和带正电的金属离子之间的静电引力产生，即在阳离子结构之间共享自由电子。

处于凝聚状态的金属原子，将它们的价电子贡献出来，作为整个原子基体的共有电子。金属键本质上与共价键有类似的地方，只是此时其外层电子的共有化程度远远大于共价键。这些共有化的电子称为自由电子，自由电子组成所谓的电子云或电子气，在点阵的周期场中按量子力学规律运动。而失去价电子的金属原子成为正离子，嵌在这种电子云中，并依靠与这些共有电子的静电作用而相互结合。

由于失去的这些价电子不再固定于某一原子位置，在外加电压作用下，这些价电子就会运动，并在闭合回路中形成电流。金属键没有方向性，金属正离子之间改变相对位置并不会破坏电子与正离子间的结合。同样，金属正离子被另外一种金属正离子取代也不会破坏结合键。以上这些基于金属键的特性能够很好地解释金属的良好导电性与塑性，同时解释了金属间互相固溶以形成合金的能力。

此后由于半导体材料的发现，研究人员基于量子力学完善了金属键的理论框架，提出了能带理论。但是基于此前介绍的自由电子理论已经能够对金属键有初步理解，具体的能带理论内容可以在量子力学或固体物理学等书籍中进一步学习，本书不再进行介绍。

金属键存在于金属中，但是金属键不是金属可以表现的唯一化学键类型，即使是纯金属也不一定仅存在金属键。例如，元素镓由共价键原子对形成的晶体结构组成，这些原子对间存在金属键。

三种化学键的特性对比如表 6-1 所示。

表 6-1　三种化学键的特性对比

项目	离子键	共价键	金属键
条件	$\vert X_A - X_B \vert \geq 1.7$	$0 \leq \vert X_A - X_B \vert \leq 1.7$	低游离能及空价轨域
结合方式	阴、阳离子间静电引力	共用电子对原子核的引力	金属阳离子与电子云间的静电引力
键能	150~400 kJ/mol	150~400 kJ/mol	约为共价键或离子键的 1/3
其他特性	无方向性	有方向性	无方向性

物质所含的化学能可以通过化学反应进行释放，供人们利用，同时也可以通过各种复杂化学反应，将热能、电能、机械能、太阳能等多种能量形式以化学能形式进行存储。下面将介绍化学能与其他形式能量间的转化与存储。

6.2　化学能储热

化学反应发生时经常伴随热量的吸收与释放，因此化学能与热能之间的转换是最频繁的。在这些化学反应中，燃烧现象是生活中最常见的利用化学能来释放热能的例子。人类从远古时就在利用木头的燃烧来提供热量以取暖或者加热食物，现在大量使用的化石燃料也是在利用化学能与热能的转换。

6.2.1　化学反应热

化学反应热是指一个化学反应在恒压及不做非膨胀功的情况下发生后，若使生成物的温度回到反应物的起始温度，体系所放出或吸收的热量，即表征体系在等温、等压过程中发生化学变化时所放出或吸收的热量。

化学反应热一般通过恒压下反应前后物质的焓变（ΔH）来表征，焓变可以通过生成物总焓与反应物总焓之差计算。如果 $\Delta H>0$，化学反应吸热；反之，如果 $\Delta H<0$，则化学反应放热。

根据化学反应类型，化学反应热一般可以分为 6 种。

1. 摩尔生成热

摩尔生成热是指在 25 ℃，1 atm（标准大气压，101 325 Pa，下同）下，1 mol 化合物由其成分元素化合而成的热量变化。如：

$$\mathrm{Na(s)}+\frac{1}{2}\mathrm{Cl_2(g)}\longrightarrow \mathrm{NaCl(s)},\ \Delta H=-411\ \mathrm{kJ}$$

特别地，①标准状态（25 ℃，1 atm）下，元素的单质摩尔生成热为 0（物质存在同素异形体时，仅最稳定状态单质的摩尔生成热为 0）；②摩尔生成热可能为吸热也可能为放热。

2. 摩尔分解热

摩尔分解热是指在 25 ℃，1 atm 下，1 mol 化合物分解为其元素成分时的热量变化。如：

$$\mathrm{NaCl(s)}\longrightarrow \mathrm{Na(s)}+\frac{1}{2}\mathrm{Cl_2(g)},\ \Delta H=411\ \mathrm{kJ}$$

同一种化合物的摩尔分解热与摩尔生成热等值异号。

3. 摩尔燃烧热

摩尔燃烧热是指在25 ℃，1 atm下，1 mol纯物质完全燃烧所释放的热量。如：

$$H_2(g)+\frac{1}{2}O_2(g)\longrightarrow H_2O(l),\ \Delta H=-285.8\ kJ$$

燃烧过程必定为放热反应，即摩尔燃烧热 $\Delta H<0$。

4. 摩尔解离热

摩尔解离热是指在25 ℃，1 atm下，1 mol气态纯物质分解为气态原子时所吸收的热量。如：

$$NH_3(g)\longrightarrow\frac{1}{2}N_2(g)+\frac{3}{2}H_2(g),\ \Delta H=1\ 171.5\ kJ$$

解离过程必定为吸热反应，即摩尔解离热 $\Delta H>0$。解离热可以看作分子中各键能之和，例如，CH_4 的解离热为1 652 kJ/mol，而C—H的平均键能为413 kJ/mol，因为 CH_4 分子有4个C—H键。

5. 摩尔中和热

摩尔中和热是指在25 ℃，1 atm下，水溶液中酸与碱反应生成1 mol水时所放出的热量。如在强酸强碱反应时：

$$H^+(aq)+OH^-(aq)\longrightarrow H_2O(l),\ \Delta H=-56.0\ kJ$$

6. 摩尔熔解热

摩尔熔解热是指在25 ℃，1 atm下，将1 mol溶质溶解在大体积溶剂中发生的热量变化。如：

$$NaOH(s)+aq\longrightarrow NaOH(aq),\ \Delta H=-43.1\ kJ$$

$$NaCl(s)+aq\longrightarrow NaCl(aq),\ \Delta H=4.27\ kJ$$

如实例所示，溶解过程可能吸热，也可能放热。

6.2.2 化学能储热技术

化石能源的日益枯竭以及大量的能源消费所引发的严重环境问题，促使人们开始高度关注能源的可持续发展以及清洁可再生能源的开发及利用。在工业生产过程中存在大量的低品位工业余热，其总量虽大，但由于热能的供应与需求都有较强的时效性，很多情况下尚不能合理地加以利用而被当作废热排放，从而导致能源的极大浪费。

热能存储技术不仅可用于解决热能供需在时间、空间上不匹配的矛盾，而且可缩小相应能源系统的规模，节约初投资，是提高能源利用率及保护环境的重要技术和途径。因而，热能存储技术的发展对缓解能源压力及促进社会经济的可持续发展具有十分重要的意义。储热技术将成为未来能源系统中热电生产的一个重要组成部分，热化学储热在储能密度以及工作温度范围上的优势是显热储热和潜热（相变）储热方式无可比拟的。作为化学能与热能相互转换的核心技术，热化学储热是利用化学变化中吸收、放出热量进行热能存储，是21世纪最为重要的储热技术之一。热化学储热方法可以分为浓度差热存储、化学吸附热存储以及化学反应热存储三类，在本书3.2.3节已有介绍，这里针对其原理不再赘述，仅展示这三类化学反应储热的应用实例。

1. 浓度差热存储

浓度差热存储方式典型的是利用硫酸浓度差循环的太阳能集热系统、氢氧化钠-水以及溴化锂-水的吸收式系统。图 6-1 显示了一种基于 NaOH-H_2O 工质构筑的闭式系统设计原理，用于实现太阳能的长期热存储。

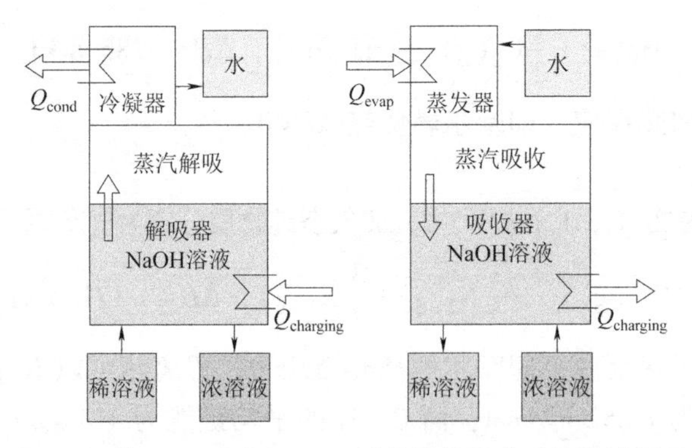

图 6-1　基于 NaOH-H_2O 工质构筑的闭式系统设计原理

2. 化学吸附热存储

化学吸附热存储是利用吸附剂与吸附质在解吸/吸附过程中伴随大量的热能吸收/释放进行能量的存储与释放，主要包括以水为吸附质的盐水合物体系和以氨为吸附质的氨络合物体系。目前主要进行研究的储热体系有：①基于 Na_2S 的水合/脱水反应储热体系；②基于 $MgSO_4$ 的水合/脱水反应储热体系；③以氨为吸附质的氨络合物体系。

3. 化学反应热存储

化学反应热存储是利用可逆化学反应中分子键的破坏与重组实现热能的存储与释放，图 6-2 展示了氢氧化物分解/合成反应体系中 $Mg(OH)_2$/MgO 储热体系原理。

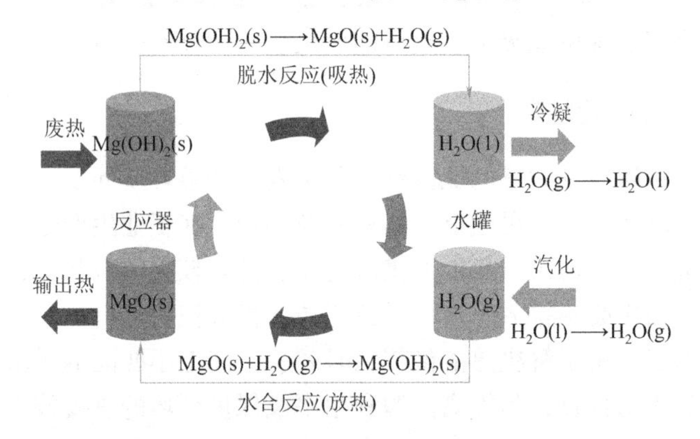

图 6-2　$Mg(OH)_2$/MgO 储热体系原理

众多反应体系各有优劣，但整体看来由于需要将相应的化学物质隔离，因而系统复杂，体积大，投资较高，整体效率仍较低，反应过程复杂，有些反应的动力学特性尚不完全清楚，而且些许反应需要催化剂，有一定的安全性要求，目前仍处于小规模的研究和尝试阶段。

6.2.3　化学能储热的应用与展望

热化学储热是典型的热能的化学存储。在这里我们以固态无机盐用作储热材料的制冷机为例说明热化学储热，另外还介绍一下化学反应储热在供暖领域中的应用。

1. 固态无机盐用作储热材料

将一种或两种或两种以上的固态无机盐与水混合并搅拌，并加入成核剂，配制成储热材料，灌入储热式冷凝器。

以硫酸钠为例，当压缩机工作时，冷凝器放出冷凝热，使硫酸钠在水中的溶解度提高而溶液吸纳更多溶质，溶解过程是吸热的，可吸收一部分冷凝热，阻止溶液迅速升温。

当压缩机停止工作时，冷凝器开始降温，储热材料放热，以致溶液的溶解度下降，有部分溶质析出而放热。

当压缩机再度工作时，析出的硫酸钠因冷凝热而再度溶解，溶解过程再度吸热，而当压缩机再度停止工作时，溶液再度放热，如此循环往复，储热材料使冷凝器更加有效地消除了热流高峰而提高其工作效率。

例如，当含10个结晶水的硫酸钠（$Na_2SO_4 \cdot 10H_2O$）的质量分数为33.2%时，冷凝器的工作温度为32.4 ℃，因此，在夏季，冷凝器工作温度高于溶质的熔点32.4 ℃，储热材料相当于相变储热；在冬季，冷凝器的工作温度低于溶质的熔点32.4 ℃，储热材料相当于显热储热和热化学储热。

2. 化学能储热在供暖和空调领域中的应用

德国Fisher博士研究了利用沸石储热系统调节热网峰谷负荷的供暖系统，其原理如图6-3所示。该系统运行模式及其与建筑及供暖系统的连接方式如图6-4所示。

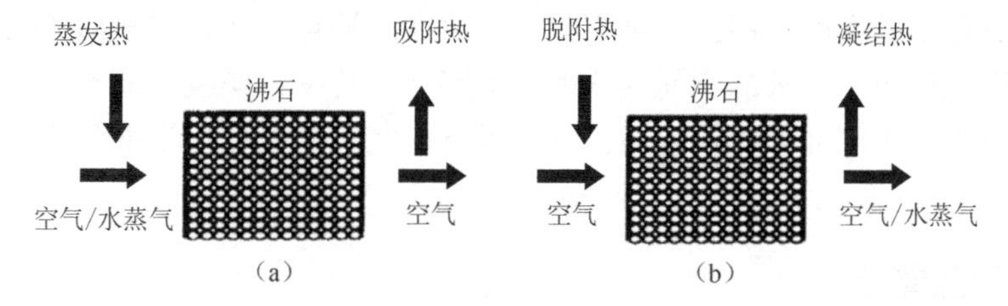

图6-3 沸石储热系统工作原理

(a) 吸热过程（吸附过程）；(b) 吸热过程（脱附过程）

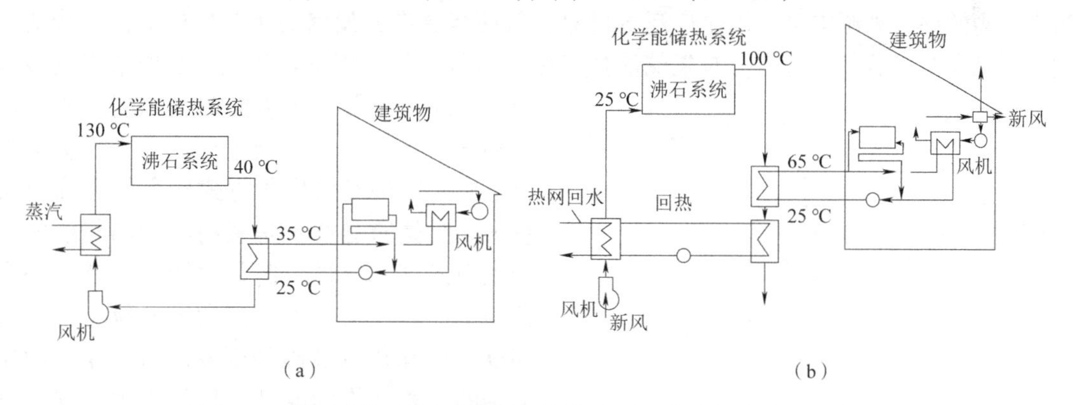

图6-4 沸石储热系统运行模式及其与建筑及供暖系统的连接方式

(a) 吸热模式（夜间）；(b) 放热模式（白天）

这一系统已在实际建筑中应用，建筑供暖面积为1 625 m^2，热负荷（环境温度为-16 ℃时）为96 kW，热源为热网供热系统，采用7 000 kg沸石，加热功率为130 kW，充热温度为130~180 ℃，储能密度为180 kW·h/m^3，系统冷却性能系数COP约为1。

3. 化学能储热展望

化学能储热涉及多学科交叉的各种综合问题，为了推进化学能储热技术的规模化应用，真正实现从单纯的理论研究到工程实际应用，未来的研究方向主要在以下几个方面：

（1）研究合适的储热体系，在完善储热材料的制备以及合成的基础上，从系统整体出发，研究其反应机理及动力学特性。

（2）针对载体材料的传热传质进行理论研究和动态建模，优化反应器结构，以获得较高的系统综合性能。

（3）根据吸热温度（热源温度）、放热温度以及应用要求，兼顾系统的可靠性和经济性，对化学能储热系统的设计方式进行研究。

（4）展开化学能储热系统循环的动态特性研究，并对其进行建模。

（5）发展并完善热化学储热系统能量转换的理论和评价方法。

6.3 化学能储电

从 1800 年 3 月 20 日意大利教授伏打发明世界上第一个发电器——“伏打电堆”开始，储能就与电结合起来，到今天已经有二百多年的历史。化学储能主要利用化学反应，实现电能和化学能的相互转换，从而进行能量存储。抽水储能电站日益被人们重视，它在削峰填谷方面确实发挥着越来越大的作用，但是它有一个致命的缺点，就是对地形的依赖性太强。化学储能方式可以根据应用需求的不同灵活地配置能量和功率，摆脱了地理条件的制约，反应能力好，可以批量化生产和大规模应用，下面重点对制氢储能和化学电源这两种典型的化学能储电技术进行介绍。

6.3.1 制氢储能

氢能是一种高能燃料，其单位燃烧热值为 1.4×10^8 J/kg，与传统能源相比，氢能具有零污染、高效率、来源丰富、用途广泛等优势，氢储能具有开发潜力大、生产灵活、清洁高效、污染少等显著发展特点。对氢储能技术在电力行业的应用进行研究，发掘未来发展潜力，有助于推动可再生能源大规模投资建设与科学发展，对降低能源环境污染、缓解能源危机、促进经济增长方式转变等方面意义重大。制氢储能技术是利用电能和氢能的互变性而发展起来的，制氢储能电站就是一个典型例子：在可再生能源发电系统中，电力间歇产生和传输被限的现象时有发生，利用富余的、非高峰的或低品位的电力大规模制氢，将电能转化为氢能存储起来，然后在电力输出不足时，利用氢气通过燃料电池或其他反应补充发电，其应用结构如图 6-5 所示。氢能存储的主要过程可以分为制氢、储氢、

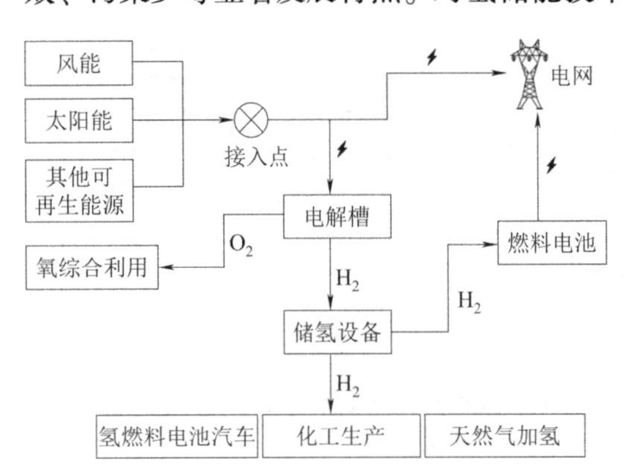

图 6-5 制氢储能电站应用结构

利用氢能发电三个阶段，通过这三个阶段可以实现完整的电能—氢能—电能转化过程，它可用于新能源消纳、削峰填谷、热（冷）电联供、备用电源等很多场景。

1. 制氢

将电能以氢气的形式转化为化学能存储的主要方法是通过电解水制氢，它的效率一般为75%～85%，工艺过程简单、无污染，我国于 20 世纪 50 年代成功研制了第一代水电解槽，经过逐步改进后，目前的电解水工艺和设备已经非常成熟，一些技术指标已经接近或达到国际先进水平。迄今为止，已开发和常用的电解技术有碱性电解槽、质子交换膜（PEM）电解槽和固体氧化物电解槽（SOEC）等。

碱性电解槽通常由电极、微孔隔板和质量分数约 30% 的 KOH 或 NaOH 的水溶液组成。在碱性电解槽中，带有催化涂层（如铂）的镍是最常见的阴极材料，阳极则使用涂有金属氧化物如锰、钨或钌的镍或铜金属。电解液不会在反应中消耗，但必须随着时间的推移补充，主要是因为在氢气回收过程中的其他系统损失。其工作原理如图 6-6 所示，阴极附近的 H_2O 被电解为 H^+和 OH^-，H^+得到电子生成氢气，而 OH^-在电场的静电作用下穿过隔膜，在阳极失去电子形成 H_2O 和 O_2，发生的化学反应如下：

阴极：　$2H_2O+2e^- \longrightarrow H_2+2OH^-$

阳极：　$4OH^- \longrightarrow 2H_2O+O_2+4e^-$

总反应：　$2H_2O \longrightarrow 2H_2+O_2$

在碱性电解液体系中，KOH 会和空气中的 CO_2 发生反应，形成在碱性条件下不溶的碳酸盐，从而对多孔的催化层造成阻塞，大大降低了电解槽的性能；而且，为了使阴极和阳极两侧的压力保持均衡，防止氢气和氧气穿过隔膜混合引起爆炸，制氢的速度难以快速调节，目前已经开发出其他制氢技术。

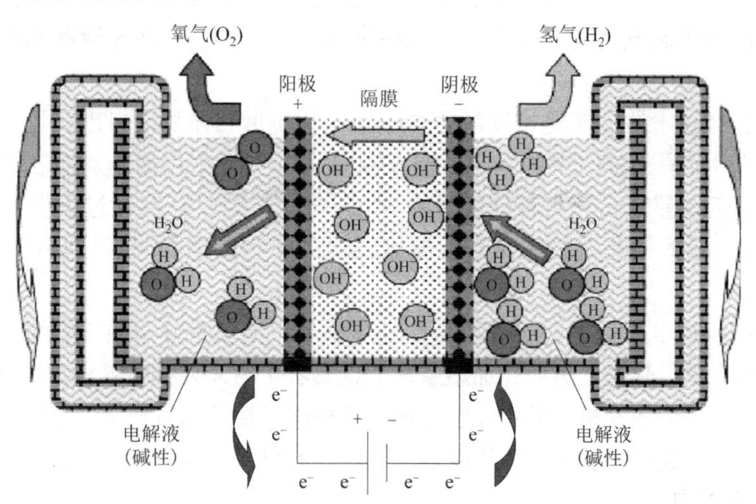

图 6-6　碱性电解槽原理

PEM 电解槽是以质子交换膜代替石棉膜来传导质子，同时可以隔绝两侧电极的气体，这就可以避免使用碱性水溶液作为电解液导致的缺点。与碱性电解槽不同的是，在 PEM 电解槽中，水在阳极被分解成质子和氧气，质子穿过膜到达阴极，在那里重新组合生成氢气，O_2 与未反应的水一起留在另一侧，不需要分离单元，其电极反应如下：

阳极：$2H_2O \longrightarrow O_2 + 4H^+ + 4e^-$

阴极：$4H^+ + 4e^- \longrightarrow 2H_2$

总反应：$2H_2O \longrightarrow 2H_2 + O_2$

PEM 电解槽的运行电流密度通常在 1 A/cm^2 以上，至少是碱性电解槽的 4 倍以上，具有效率高、能耗低、环保、产气压力高等优点，是极具前景的电解制氢技术之一，但是在酸性环境下使用的质子交换膜和贵金属催化剂成本很高，大规模使用较为困难，需要开发低成本的电解体系。

固体氧化物电解槽（SOEC）本质上即反向操作的固体氧化物燃料电池，采用固体氧化物作为电解质，用热能代替分解水所需的部分电能，反应过程类似于碱性系统：

阴极：$2H_2O + 2e^- \longrightarrow H_2 + 2OH^-$

阳极：$4OH^- \longrightarrow 2H_2O + O_2 + 4e^-$

总反应：$2H_2O \longrightarrow 2H_2 + O_2$

由于需要在高温条件下进行工作，SOEC 对材料的要求较为苛刻，例如常用的氢电极中 Ni 容易氧化失活，常用的氧电极有严重的阳极极化和电压损失，这些问题是需要未来解决的关键点。

2. 储氢

常态下，1 kg 氢气占据的空间超过 11 m^3，由于具有如此低的密度，如何将氢气存储利用已经成为其广泛使用的关键。目前主要的储氢技术有高压气态储氢、低温液态储氢和固态金属储氢等类型。

高压气态储氢技术是最常用的储氢技术，其成本低、充放氢速度快，常温下就可以进行，是一种简单易行、应用广泛的储氢方式；但其体积储氢密度仅为 25 g/L，远低于美国能源部设定的目标体积储氢密度 70 g/L，需要厚重的耐压容器，存在易泄漏和容器爆破等安全隐患。

低温液态储氢技术体积储氢密度可达 70 g/L，从质量和体积上考虑，是一种较为理想的储氢方式，其在生产配送的过程中具有一定的优势，如可以采用罐车运输。但是，因为氢气在液化时需要消耗能量，占用可存储能量的 30%～40%，同时在存储过程中氢每天的蒸发损失为 0.1%～4%，故效率是制约低温液态储氢技术的不利因素，目前主要应用于航空航天、军事等特殊领域。

固态金属储氢技术是指氢气通过解离形成氢原子，与现有分子结构中的金属元素形成金属键，进而形成金属氢化物，然后在加热条件下金属氢化物又会释放氢气，其吸氢和释氢本质上是一步化学反应，金属晶格一般不发生变化。这种储氢技术相对安全，对温度、压强没有太高的要求，但是由于金属密度很大，所以氢的质量分数很低，成本较高，需要进一步发展。

3. 利用氢能发电

目前，将氢能重新转化为电能的主要形式是燃料电池或燃气轮机技术，其中燃料电池是很长一段时间内氢能利用的核心技术，其能量转换效率可达 60%～80%，是一种高效、环保的发电设备，使用效率为普通内燃机的 2～3 倍。发电过程是氢气和氧气在催化剂表面分别进行氧化和还原反应，负极消耗电子，正极产生电子，形成回路。

6.3.2　化学电源

除制氢储能外，化学电源也是一种典型的化学能储电手段，具有响应速度快、爬坡迅速、储能密度高、配置灵活等诸多优点。化学电源又称为电池，是能够将化学能转化为电能的装置。按照工作性质，可将电池分为一次电池、二次电池和燃料电池等。燃料电池将在6.4节进一步说明。

1. 一次电池

一次电池属于化学电源中的原电池（俗称干电池），是通过氧化还原反应而产生电流，将化学能转变成电能的装置。一次电池为一次性电池，是放电后不能再充电使其复原的电池。

锌-二氧化锰电池（简称锌/锰电池）采用二氧化锰作正极，锌作负极，氯化铵和氯化锌的水溶液作电解液，面糊粉或浆层纸作隔离层。锌/锰电池的电解液通常制成凝胶状或被吸附在其他载体上，成不流动状态，所以又称“干电池”。碱性锌-二氧化锰电池是20世纪中期在锌/锰电池的基础上发展起来的，采用活性高的专用电解二氧化锰作正极，氢氧化钾水溶液作电解液，锌膏作负极，电池采用反极结构，使电化学反应面积成倍增长，其容量是普通锌/锰电池的5倍左右。其电极反应式如下：

正极：$$MnO_2+H_2O+e^- = MnO(OH)+OH^-$$

负极：$$Zn+2OH^- = Zn(OH)_2+2e^-$$

总反应：$$2MnO_2+Zn+2H_2O = 2MnO(OH)+Zn(OH)_2$$

电化学反应使电流在外部电路中流动，到MnO_2和Zn用尽之后电池便不再有电流输出，这种使用一次之后就废弃的电池就称为一次电池，其适合小电流间歇放电，如遥控器、收音机等。

2. 二次电池

二次电池也被称为蓄电池，能够将电能转化为化学能进行存储，并在需要放电时将化学能转化为电能释放，它能够实现多次电能与化学能的相互转化，常用的二次电池有铅蓄电池、镉/镍电池、金属氢化物/镍电池、液流电池、锂离子电池等。锂离子电池将在之后的章节详细介绍。

1）铅蓄电池

应用于储能工程的铅蓄电池包括铅酸蓄电池和铅碳蓄电池。铅酸蓄电池是最早商业化应用的二次电池，根据铅酸蓄电池工作的双硫酸盐理论，二氧化铅和铅作为活性物质，分别在正极和负极参与化学反应，且都会生成硫酸铅，电解液中的硫酸在起到导电作用的同时，还会参与电池反应。其工作原理在7.1.1节具体介绍。

铅酸蓄电池制造工艺成熟、成品价格低廉、性能安全可靠，但是由于循环寿命低，无法满足储能应用所需的循环寿命需求，导致总体成本优势难以体现，新型铅酸蓄电池应运而生。铅碳蓄电池是传统铅酸蓄电池中的铅负极以“内并”的形式引入具有电容特性的碳材料，以二氧化铅为正极，铅碳复合电极为负极，其结构如图6-7所示，电极反应与铅酸蓄电池相同。与传统铅酸蓄电池相比，铅碳蓄电池的性能有较大的提升，但是作用机制尚不明确，而且引入碳材料容易引发负面效应，还需要进一步发展。

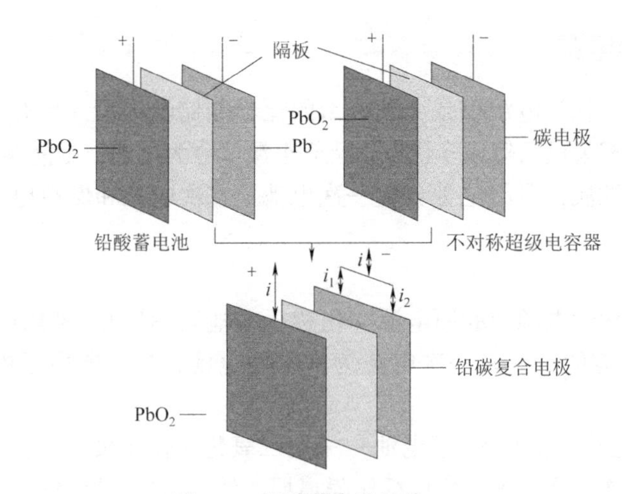

图 6-7　铅碳蓄电池结构

2）镉/镍电池、金属氢化物/镍电池

镉/镍电池是最早应用于手机、笔记本电脑等设备的电池种类，1899 年，由瑞典人尤格涅尔发明，并于 1960 年实用化。它是以氢氧化镍为正极活性材料，并加入石墨或镍粉以增加其导电性，负极使用的活性材料是海绵状金属镉，电解液为氢氧化钾或氢氧化钠水溶液。电极反应式如下：

正极：
$$2Ni(OH)_3+2e^- \rightleftharpoons 2Ni(OH)_2+2OH^-$$

负极：
$$Cd+2OH^- \rightleftharpoons Cd(OH)_2+2e^-$$

总反应：
$$2Ni(OH)_3+Cd \rightleftharpoons 2Ni(OH)_2+Cd(OH)_2$$

镉/镍电池的优点是机械强度高，使用温度范围宽，有良好的大电流放电特性，但其电极材料中含有镉，高浓度的镉会造成植物生长发育滞缓，还会在生物体内残留或富集，最终通过食物链等进入人体，危及人类健康，不利于生态环境的保护。而且，在充放电过程中，如果处理不当，会出现严重的记忆效应，使用寿命大大缩短。而金属氢化物/镍电池以稀土储氢合金作为负极活性物质，与镉/镍电池相比，电压相当，体积比储能高 1.5~2.0 倍，且无毒、无记忆效应，因此取代了镉/镍电池，成为手机、笔记本电脑的第二代电池。

3）液流电池

液流电池是美国国家航空航天局于 20 世纪 70 年代提出的一种二次电池，与其他二次电池不同的是，其电极材料封闭在电池壳体中，电解液作为电极反应的活性物质单独存储并通过泵调节流量，进而调节容量和输出功率，其示意图如图 6-8 所示，由于电解液为水溶液，不易起火，安全性高。目前最有前景的液流电池为全钒液流电池，但是其成本高昂，钒溶液也有毒性，存在一定的环保隐患，仍有许多亟待解决的技术

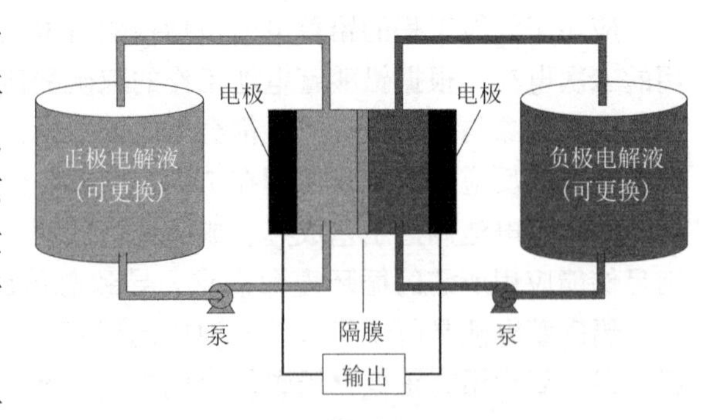

图 6-8　液流电池示意图

难题。

6.4　燃料电池

燃料电池（Fuel Cell，FC）是一种能够将燃料和氧化剂中的化学能直接转化为电能的电化学装置，又称电化学发电器。由于燃料电池是通过电化学反应把燃料化学能中的自由焓部分转换成电能，不受卡诺循环限制，因此效率高。

目前，燃料电池有三大关键技术：制氢技术、储氢技术和燃料电池技术。制氢技术的方法包括化石燃料的重整和裂解、电解水制氢、热化学循环制氢。而储氢技术要面临的难题包括：①所有元素中氢的质量最轻，在标准状态下，氢气的密度为 0.089 9 g/L，为水的密度的万分之一。在-252.7 ℃时，氢气可变成液体，密度为 70 g/L，仅为水的 1/15。②作为元素周期表上的第一位元素，氢的原子半径非常小，氢气能穿过大部分肉眼看不到的微孔。不仅如此，在高温高压下，氢气甚至可以穿过很厚的钢板。③氢气非常活泼，稳定性极差，泄漏后易发生燃烧和爆炸。

燃料电池技术的难点主要在于核心技术的革新，以降低成本提升电池寿命。燃料电池具有常规电池的基本构造，其中燃料作为还原剂在阳极被氧化，在阴极通入空气或氧气作为氧化剂被还原。可用于燃料电池的燃料有很多，如氢气、甲烷、甲醇、乙醇以及合成气等。这些燃料在燃料电池中反应后，生成的产物为 CO_2 和水，与传统化石燃料燃烧相比，避免了 SO_2 和氮氧化物的产生，具有清洁、环境友好的优点。随着能源短缺和环境问题日益严重，清洁高效的燃料电池技术逐渐受到人们重视，并不断发展创新。

燃料电池发展的历史最早可追溯到 1839 年格罗夫发明气体伏打电池，因此他也被称为“燃料电池之父”。1889 年，蒙德和朗格尔改进了氢氧气体电池，并正式将该类电池命名为燃料电池。时至今日，燃料电池技术已发展得较为成熟，并广泛应用于车辆动力电池、航空航天、储能电站和便携式电子设备等诸多领域。

燃料电池体系多样，种类丰富。根据燃料的使用方式，燃料电池可以分为直接型燃料电池、间接型燃料电池和再生型燃料电池。按照电解质类型，燃料电池可以分为质子交换膜燃料电池（PEMFC）、碱性燃料电池（AFC）、磷酸燃料电池（PAFC）、固体氧化物燃料电池（SOFC）和熔融碳酸盐燃料电池（MCFC）。按照工作温度，燃料电池可以分为高温型（>750 ℃）燃料电池、中温型（200~750 ℃）燃料电池和低温型（<200 ℃）燃料电池。

燃料电池与传统电池相比，其相同之处在于二者都是将化学能转化为电能的装置。然而，由于传统电池一般为封闭体系，只有能量交换，没有物质交换，所以当电极内部的活性物质消耗殆尽时，如果无法给电池充电，电池就会停止工作。而燃料电池是一个开放体系，理论上只要不断地向阳极补充燃料，向阴极通入氧气（空气），燃料电池能一直工作下去，这也是燃料电池相比传统电池的一大优势，即能够方便快速地使电池恢复或保持高效的工作能力。燃料电池与内燃机相比，二者共同之处是能够实现燃料和氧化剂中化学能的利用。然而内燃机是通过将燃料点燃引爆，产生的气体推动内燃机活塞做功，通过传动装置带动汽车行驶，根据热力学第二定律，此过程的做功效率必然受卡诺循环限制，存在较大的能量浪费，效率较低；而燃料电池是将化学能直接转化为电能，中间无须其他机械装置，因此具有较高的效率，是实现能源高质量利用的重要手段。

燃料电池虽然发展较早，但它仍然作为一种新能源技术在当今世界发挥着重要作用。总结燃料电池的特点如下：

（1）能量转化效率高。

（2）能量转化效率与电池规模大小、容量和荷载无关。

（3）适应性强，具有很强的过负载能力。

（4）通过与燃料供给装置组合可以适用的燃料广泛。

（5）操作自由度高，负荷响应性好。

（6）清洁，环境友好。

6.4.1 燃料电池的结构

燃料电池主要由4个基本单元构成，如图6-9所示。

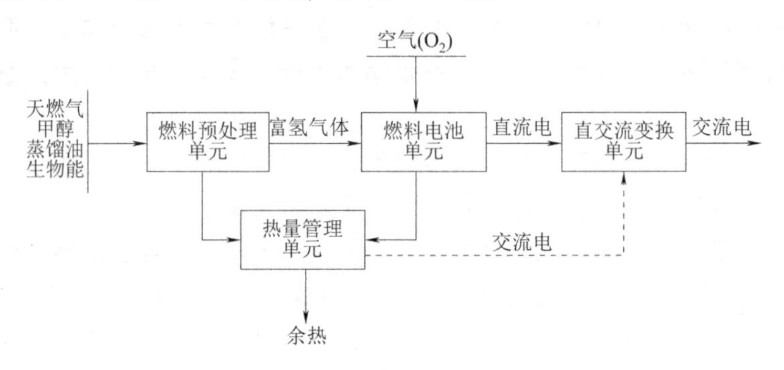

图6-9 燃料电池结构

燃料电池一般包括4个部分，即燃料预处理单元、燃料电池单元、直交流变换单元和热量管理单元。由于大多数燃料电池阳极催化剂被CO、氮氧化物等气体毒化，因此在使用开采的天然气或其他燃料时，需要对燃料进行重整，一方面可提高燃料的使用效率，另一方面能够保护燃料电池组件的性能。同时，不同种类的燃料电池，其工作温度范围不同，因此需要对电池的温度进行控制，并实现对余热的回收，提升电池组的能源利用率。此外，对于产物水分也需要管理，多余的水会影响燃料电池反应的平衡，影响电解质的性能，因此需要控制电池内部的水分含量。除此之外，需要直交流变换单元将燃料电池输出的直流电转化为交流电，以满足燃料电池不同的应用场景。

6.4.2 燃料电池的原理

燃料电池的工作原理与传统电池相似，都是通过反应物在正负极发生氧化还原反应，向外电路传递电子，实现化学能向电能的转化。以质子交换膜燃料电池为例，其基本结构如图6-10所示。

氢气通过双极板注入燃料电池阳极，阳极催化氢气发生氧化反应，生成氢离子，如式（6-1）所示：

$$H_2 \longrightarrow 2H^+ + 2e^- \tag{6-1}$$

氢离子通过质子交换膜到达阴极区，与注入阴极的氧气或空气发生还原反应生成水，如式（6-2）所示：

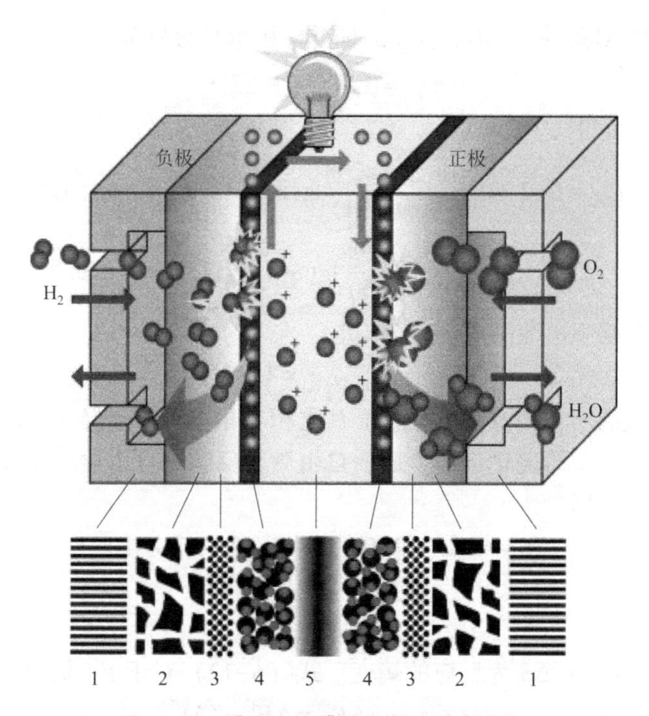

图 6-10　质子交换膜燃料电池基本结构

1—双极板；2—衬底层；3—多孔层；4—催化层；5—质子交换膜

$$\frac{1}{2}O_2+2H^++2e^-\longrightarrow H_2O \tag{6-2}$$

6.4.3　燃料电池的电动势

燃料电池电极反应为氧化还原反应，其一般表达式为

$$a\mathrm{O}+ne^-\longrightarrow b\mathrm{R} \tag{6-3}$$

假设该燃料电池为气体电池，在阳极，燃料 R 为气体，氧化剂 O 为离子；在阴极，O 为气体，R 为离子。当在一定条件下 O 和 R 与电极上交换的电子数量保持平衡时，这个电极的平衡电位 E 可用能斯特方程表示为

$$E=E^\ominus+\frac{2.303RT}{nF}\lg\frac{(\alpha_\mathrm{O})^a}{(\alpha_\mathrm{R})^b} \tag{6-4}$$

式中，R 为气体常数，8.314 J/(mol · K)；T 为绝对温度，K；F 为法拉第常数；α_O 为 O 的活度；α_R 为 R 的活度；$E^\ominus$ 为 $\alpha_\mathrm{O}=\alpha_\mathrm{R}=1$ 时的标准平衡电位，即标准电极电位。

以 $H_2|H_2SO_4$(稀)$|O_2$ 燃料电池为例，计算电解液的 H^+浓度与平衡电位关系。该燃料电池的电极反应为

阳极：

$$H_2\longrightarrow 2H^++2e^- \tag{6-5}$$

阴极：

$$\frac{1}{2}O_2+2H^++2e^-\longrightarrow H_2O \tag{6-6}$$

在0.1 MPa、25 ℃条件下，H_2、O_2的标准电极电位分别为

$$E_{H_2}^{\ominus}=0, E_{O_2}^{\ominus}=1.23\ \text{V} \tag{6-7}$$

依据式（6-4）可得

$$E_{H_2}=0+2.303\times\frac{8.314\times298}{2\times96\ 500}\lg(a_{H^+})^2=0.059\ 1\lg[H^+] \tag{6-8}$$

$$E_{O_2}=1.23+2.303\times\frac{8.314\times298}{2\times96\ 500}\lg(a_{H^+})^2=1.23+0.059\ 1\lg[H^+] \tag{6-9}$$

因此，在开环电路中电池的电动势为

$$\Delta E=E_{O_2}-E_{H_2}=1.23\ \text{V} \tag{6-10}$$

电池对环境所做的功，为电流 I 与电压 U 之积，相当于给定温度与压力条件下，电池自发进行反应时体系的自由焓变化，即生成物自由焓与反应物自由焓之差（ΔG）。定义其为负号时，表示获得电能，即

$$-\Delta G=nF\Delta E=2\times96\ 500\times1.23=2.37\times10^5\ \text{J} \tag{6-11}$$

在热力学上有

$$\Delta G=\Delta H-T\Delta S \tag{6-12}$$

式中，ΔH 为反应的焓变；ΔS 为反应的熵变。式（6-12）对于 $E^{\ominus}$ 仍成立，即

$$\Delta G^{\ominus}=-nF\Delta E^{\ominus}=\Delta H^{\ominus}-T\Delta S^{\ominus} \tag{6-13}$$

式中，$\Delta G^{\ominus}$、$\Delta H^{\ominus}$、$\Delta S^{\ominus}$ 分别为标准自由焓变、标准焓变及标准熵变。

燃料电池的电动势与电池工作的温度以及通入气体的压强有关。根据热力学基本公式，可以得

$$\left(\frac{\partial\Delta G}{\partial\Delta T}\right)_p=-\Delta S \tag{6-14}$$

因此，可以得到燃料电池电动势的温度系数为

$$\left(\frac{\partial\Delta E}{\partial\Delta T}\right)_p=-\frac{\Delta S}{nF} \tag{6-15}$$

此外，假定燃料电池内部的气体满足理想气体定律，则有

$$E_p=E_p^{\ominus}-\frac{\Delta nRT}{F}\ln\frac{p^{\ominus}}{p} \tag{6-16}$$

定义燃料电池的压力系数为$\frac{\partial E}{\partial \lg p}$。

6.4.4 燃料电池的效率

在理想情况下，燃料电池在等温等压条件下工作的最大效率为

$$\eta=\frac{-\Delta G}{-\Delta H}=1-\frac{T\Delta S}{\Delta H} \tag{6-17}$$

一般来说，燃料电池中发生的氧化还原反应的熵变值较小，因此燃料电池的理论效率可以达到80%以上。然而，在实际工况中，燃料电池的实际工作效率受到诸多因素的影响，通常用如下公式计算燃料电池的工作效率：

$$f=f_t f_v f_i f_g \tag{6-18}$$

式中，f_t 为热力学效率；f_v 为电压效率，为电池工作电压与可逆电势之比；f_i 为电流效率；f_g 为反应气体利用效率。

考虑到电极活化、浓差极化和电化学极化等因素，一个单池，工作电压仅在 0.6～1.0 V，为满足用户的需要，需将多节单池串、并联起来，构成一个电池组。首先依据用户对电池工作电压的需求，确定电池组中单电池的节数，再依据用户对电池组功率的求和，对电池组效率、电池组质量比功率和体积比功率综合考虑，确定电池的工作面积。以燃料电池组为核心，构建燃料（如氢）供给分系统，氧化剂（如氧）供应分系统，水热管理分系统，输出直流电升压、稳压分系统。如果用户需要使用交流电，还需加入直流交流逆变部分构成总的燃料电池系统。因此，一台燃料电池系统相当于一个小型自动运行的发电厂，它能够高效清洁地将存储在燃料与氧化剂中的化学能转化为电能。

6.4.5　燃料电池的种类

目前，已被广泛研究并投入使用的燃料电池技术有质子交换膜燃料电池、碱性燃料电池、磷酸燃料电池、熔融碳酸盐燃料电池和固体氧化物燃料电池等，将在本节逐一进行介绍。

1. 质子交换膜燃料电池（PEMFC）

PEMFC 的工作原理在 6.4.2 节已经介绍过，其阳极通入氢气，阴极通入氧气或空气，电解质是一种质子交换膜。该薄膜是一种聚合物电解质膜，可以交换质子，但不会传导电子，兼具分隔正负极以及传导离子的作用，目前应用最为成熟的是聚全氟磺酸质子交换膜。PEMFC 结构如图 6-11 所示。

其中，双极板起着向正负极注入气体以及分隔正负极板的作用，而通常将正负极与质子交换膜的组装称为膜电极（MEA），二者的交替排列可以实现电池的串联。同时，通过合理地设计双极板表面的流道，可以有效提升燃料电池的效率。PEMFC 的工作温度为 20～80 ℃，属于低温型燃料电池，因此其通常需要使用金属铂作为催化剂，提高氧化还原反应的速率。

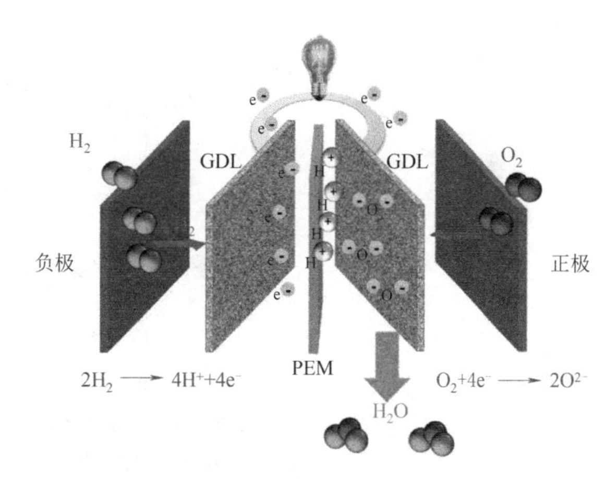

图 6-11　PEMFC 结构

GDL—气体扩散层（Gas Diffusion Layer）；
PEM—质子交换膜（Proton Exchange Membrane）

质子交换膜是 PEMFC 中最重要的材料之一，其理化性质决定了燃料电池的使用性能。首先，理想的质子交换膜应该具有良好的离子传导率、低气体渗透率以及良好的绝缘性，以保证燃料电池的顺利工作。其次，燃料电池在工作时会源源不断地产生水分，因此质子交换膜应该具有良好的吸水率和较低的溶胀率，以保证电池结构的稳定性。质子交换膜的成本、化学稳定性和热稳定性等也是需要考虑的。目前，应用最广的是聚全氟磺酸质子交换膜，但该膜对电池内部的温度和水分要求较高，在 90 ℃以上会分解，不能用于中高温质子交换膜燃料电池，而且成本较高，在一定程度上限制了其发展。目前，学者开展了无氟质子交换膜以及其他类型的聚合物电解质膜的研究，如聚硅氧烷、聚苯硫醚、聚对亚苯等，进一步拓展 PEMFC 的工作温度，提升膜的使用性能。

PEMFC 对催化剂也有诸多要求。理想的催化剂应该具有良好的电催化活性、较强的抗毒化能力、较大的比表面积和良好的化学稳定性。广泛使用的铂催化剂对 CO 极其敏感，痕量的 CO 就能导致铂催化剂失效。解决该问题的方法首先是提升氢气的纯度以及减少空气中的 CO 含量或使用纯氧，但该方法会增加燃料电池成本；其次是制备抗中毒的催化剂，例如制备如 PtRu 等多组分合金，或在催化剂中添加如 H_2O_2 等氧化剂以减少 CO 附着，科学家们仍在开发多种方法来解决催化剂中毒问题。

PEMFC 拥有许多其他类型燃料电池所没有的优势。与磷酸型和熔融碳酸盐型燃料电池相比，PEMFC 不存在电解质泄漏的风险。此外，它工作温度低，常温下即可启动，并且结构简单，可以实现小型化和轻量化设计，然而 PEMFC 在质子交换膜和催化剂上仍有较大的改进空间，这也是提高其使用寿命的关键之处。

2. 碱性燃料电池（AFC）

与 PEMFC 一样，AFC 通常采用氢气为燃料，氧气或空气为氧化剂，而不同之处在于 AFC 以 KOH 溶液为电解液，正负极之间通过石棉膜隔开，催化剂一般用镍。其工作原理如图 6-12 所示。

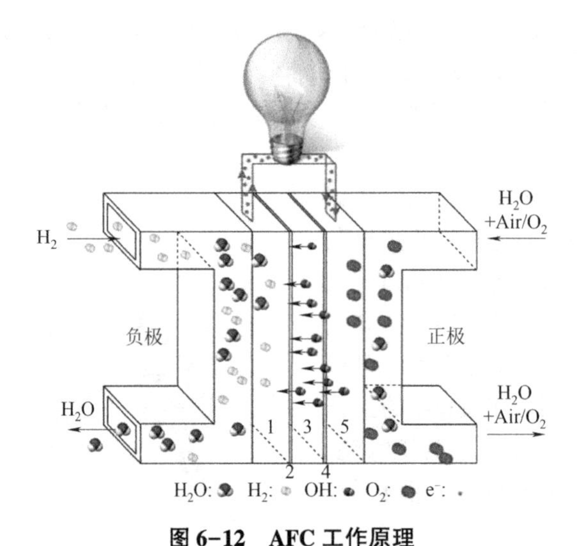

图 6-12　AFC 工作原理

层 1 和层 5—气体扩散层；层 2 和层 4—电极催化层；

层 3—液体或聚合物膜电解质；Air—空气

氢气通过极板上的气道进入阳极，在多孔镍催化作用下被氧化，失去的电子通过外部电路流经负载做功，最后到达阴极：

$$H_2+2OH^- \longrightarrow 2H_2O+2e^- \tag{6-19}$$

失去电子的氢离子与由阴极在电场作用下流经 KOH 电解液到达阳极的 OH^- 在阳极生成水，在气流的作用下被携带出电池体系。在阴极，进入阴极的 O_2 由外部电路来的电子和多孔镍催化作用下与 H_2O 生成 OH^-，随后在电场力的作用下经过 KOH 电解液由阴极流向阳极。

$$\frac{1}{2}O_2+H_2O+2e^- \longrightarrow 2OH^- \tag{6-20}$$

AFC 的优势在于其既可以选择贵金属为催化剂，也可以选择廉价的泡沫镍为催化剂，极大地降低了成本。另外与酸性介质相比，在碱性介质中，燃料电池的电压更高，且氧气的还原反应动力学较好，反应速度快。但是 AFC 的碱性环境使其极容易与 CO_2 发生反应生成 K_2CO_3、Na_2CO_3 等碳酸盐，影响燃料电池的性能，因此限制了空气直接作为氧化剂的使用。此外，KOH 电解液需要循环以维持电池的水、热平衡问题，使系统变得复杂，影响电池的稳定性和操作性能。因此 AFC 很少应用于民用设备，通常应用在如太空，CO_2 含量极少的环境中。

目前，关于 AFC 的研究主要集中在阴离子交换膜燃料电池上，即用 OH^- 的阴离子交换膜替代 KOH 溶液作为电解液，其结构与 PEMFC 类似，显著改善了原 AFC 的诸多缺陷。

3. 磷酸燃料电池（PAFC）

PAFC 以高浓度的磷酸为电解液，与 PEMFC 和 AFC 相比，其工作温度更高，在 150~210 ℃，工作原理如图 6-13 所示。较高的温度和较浓的电解液使 PAFC 的水管理比 PEMFC 和 AFC 更容易。磷酸在常温下导电性小，但在高温下具有良好的离子导电性，所以 PAFC 的工作温度较高。磷酸是无色、油状且有吸水性的液体，它在水溶液中可离析出导电的氢离子，起着传输质子的作用。浓磷酸（质量分数为 100%）的凝固点是 42 ℃，低于这个温度使用时，PAFC 的电解液将发生固化，而电解液的固化会对电极产生不可逆转的损伤，导致电池性能下降。所以 PAFC 电池一旦启动，体系温度要始终维持在 45 ℃以上。尽管 PAFC 的工作温度提升了，但仍然需要贵金属来作为催化剂提高反应速率，与 PEMFC 和 AFC 相比，其反应速率已经大幅提升。PAFC 使用 SiC 为隔膜材料，磷酸填充在多孔 SiC 的空隙中，SiC 将正负极板隔开。

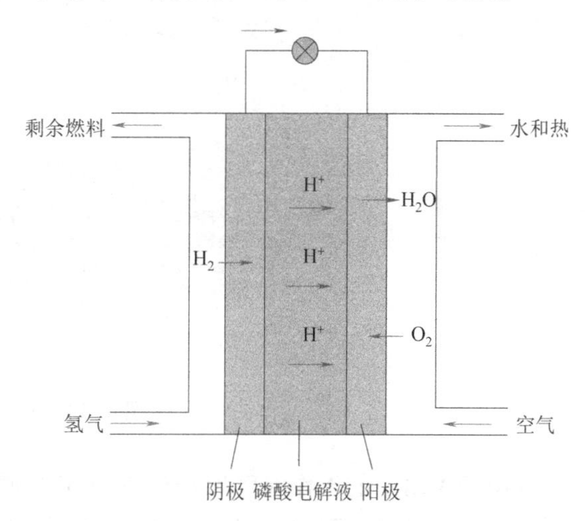

图 6-13　PAFC 工作原理

与 PEMFC 和 AFC 相比，PAFC 不再要求必须使用纯氢气作燃料，使用的是甲烷、轻质油或甲醇等重整气。燃料气体或城市煤气添加水蒸气后送到改质器，把燃料转化成 H_2、CO 和水蒸气的混合物，CO 和水进一步在移位反应器中经触媒剂转化成 H_2 和 CO_2。经过如此处理后的燃料气体进入燃料堆的负极（燃料极），同时将氧输送到燃料堆的正极（空气极）进行化学反应，借助触媒剂的作用迅速产生电能和热能。

PAFC 的优点在于：首先与 MCFC、SOFC 等高温燃料电池相比，PAFC 系统工作温度适中，构成材料易选，成本较低；其次 PAFC 启动时间短，稳定性良好，热电联产时，产生的热水可直接供人们日常生活使用，余热利用效率高，与 AFC（燃料气中不允许含 CO_2 和 CO）及 PEMFC（燃料气中不允许含 CO）等低温型燃料电池相比，具有耐燃料气及空气中 CO_2 能力，使 PAFC 更能适应各种工作环境。但是 PAFC 仍然对 CO 十分敏感，需要对催化剂进行抗毒化处理。此外，考虑到磷酸的酸性，需要着重注意电解液泄漏问题和回收处理问题。

4. 熔融碳酸盐燃料电池（MCFC）

MCFC 采用碱金属（Li、Na、K）的碳酸盐作为电解质隔膜，Ni-Cr/Ni-Al 合金为阳极，NiO 为阴极，电池工作温度为 650～700 ℃。在此温度下，电解质成熔融状态，导电离子为碳酸根离子（CO_3^{2-}）。其工作原理如图 6-14 所示。

阳极反应：

$$CO_3^{2-}+H_2 \longrightarrow H_2O+CO_2+2e^- \tag{6-21}$$

阴极反应：

$$CO_2+\frac{1}{2}O_2+2e^- \longrightarrow CO_3^{2-} \tag{6-22}$$

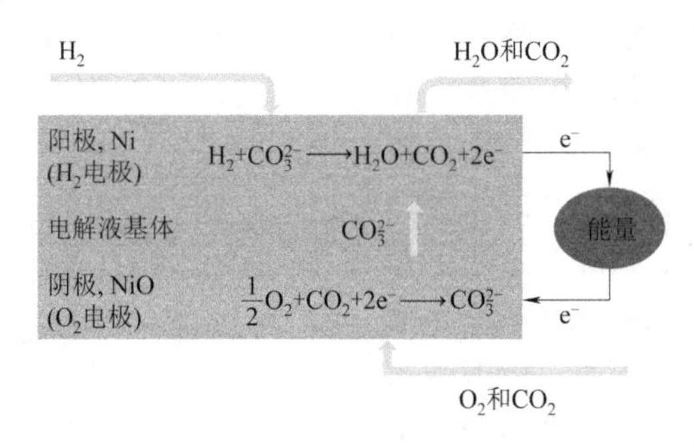

图 6-14　MCFC 工作原理

由于 MCFC 的工作温度为 650～700 ℃，属于高温燃料电池，其本体发电效率较高，实际工作效率可以达到 60% 以上，并且不需要贵金属作催化剂。此外，MCFC 既可以使用纯氢气作燃料，又可以使用由天然气、甲烷、石油、煤气等转化产生的富氢的合成气作燃料，可使用的燃料范围大大增加。在高温下，CO 对电池性能的影响显著减少，但由于硫氧化物会与碳酸盐电解质发生反应，因此需要对燃料气体进行脱硫处理。

尽管 MCFC 在上述方面有着显著的优势，但是由于其较高的工作温度，MCFC 很难在交通运输领域及民用储能等领域得到应用。出于其优异的特点，MCFC 依然是科学家研究的重点之一。

5. 固体氧化物燃料电池（SOFC）

19 世纪末，Nernst 发现了固态氧离子导体，1935 年，Schottky 发表论文指出，这种 Nernst 物质可以被用来作为燃料电池的固体电解质。Baur 和 Preis 在 1937 年首次演示了以固态氧离子导体作为电解质的燃料电池。SOFC 以能够传导离子的固体氧化物为电解质隔膜，是一种全固态结构的燃料电池。根据传导的离子种类，电解质分为氧离子导体和质子导体两大类，其工作原理如图 6-15 所示。常用的 SOFC 电解质有很多，如氧化钇稳定的氧化锆（YSZ）、掺杂氧化铈（DCO）、钙钛矿结构镓酸镧基氧化物（LSGM）等。阴极材料通常为贵金属或锰酸锶镧（LSM）等。阳极材料为石墨、贵金属，或过渡金属铁、钴、镍等。

SOFC 与其他类型的燃料电池相比，有着较高的转化效率，一般工作温度在 800～1 000 ℃。但近年来科学家们开展了低温固体氧化物燃料电池研究，提高固体氧化物在低温

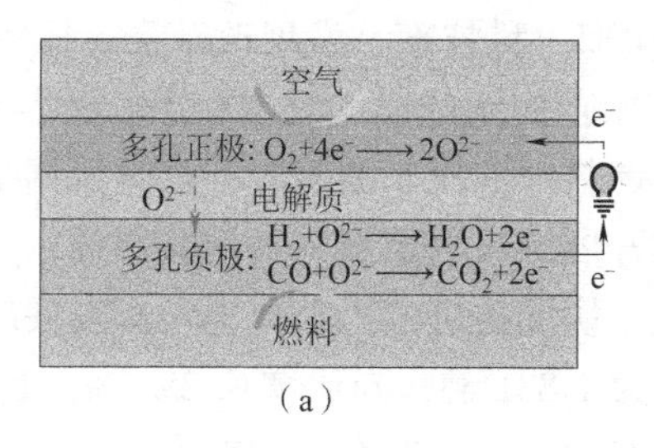

（a）

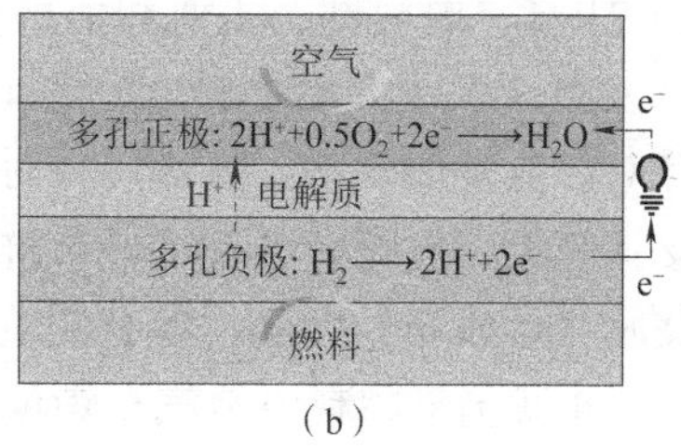

（b）

图 6-15　SOFC 工作原理

（a）氧离子导体；（b）质子导体

下的电导率以及电催化活性，拓宽 SOFC 的应用场景。低温 SOFC 能够在兼顾高温 SOFC 的各方面优点的同时，克服高温下电池器件寿命衰减的问题。此外，SOFC 对燃料的种类没有要求，诸如煤油、天然气以及其他碳氢化合物都可以作为燃料被使用，适应性强。全固态的结构杜绝了电解液腐蚀和泄漏的风险。总而言之，SOFC 以其出色的性能成为当今燃料电池研究的热门，在大中小型发电站、移动式或便携式电源，以及军事、航天航空等领域都有着广泛的应用前景。

6.4.6　燃料电池的应用

燃料电池作为一种清洁高效的新能源器件，在解决能源危机和环境污染等问题上具有重要的意义。燃料电池发展至今，体系成多样化发展，且技术日趋成熟，逐步在新能源汽车和分布式发电等领域得到应用，具体如图 6-16 所示。

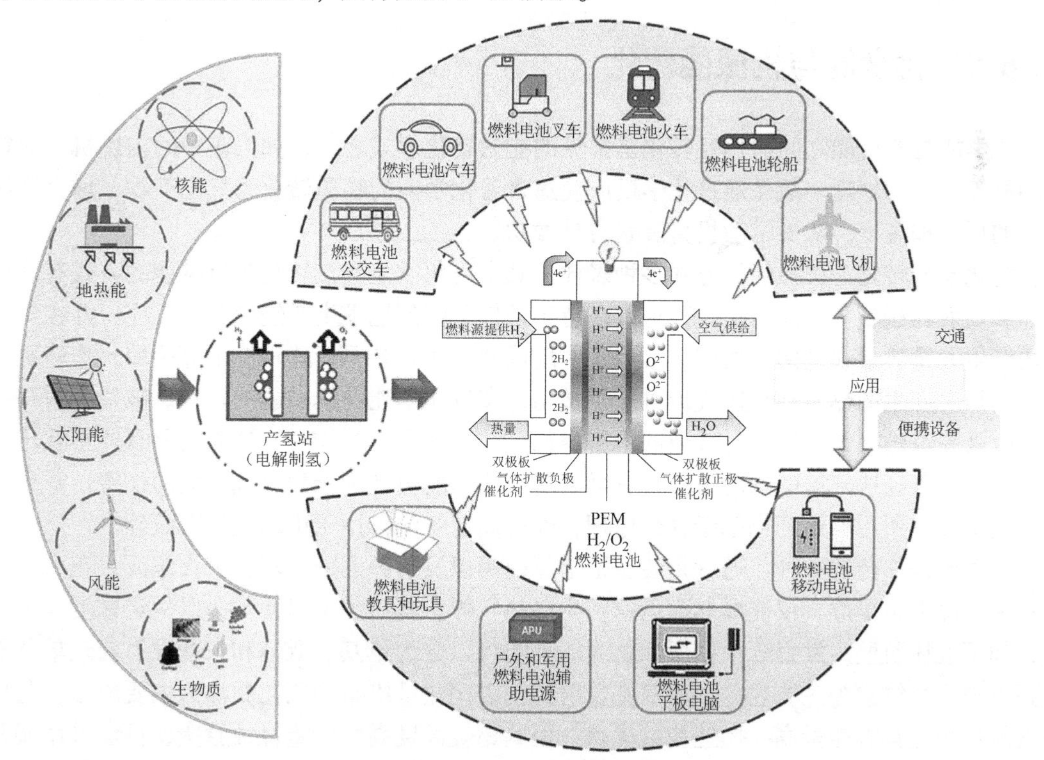

图 6-16　燃料电池的应用场景

2020 年 9 月 21 日，财政部、工业和信息化部、科技部、发展改革委、国家能源局（以下简称五部门）发布《关于开展燃料电池汽车示范应用的通知》，决定开展燃料电池汽车示范应用工作。针对产业发展现状，五部门将对燃料电池汽车的购置补贴政策调整为燃料电池汽车示范应用支持政策，对符合条件的城市群开展燃料电池汽车关键核心技术产业化攻关和示范应用给予奖励，形成布局合理、各有侧重、协同推进的燃料电池汽车发展新模式。在政策的驱动下，2021 年我国氢燃料电池汽车销量为 1 881 辆，同比增长 25.7%，自 2021 年 9 月起，销量逐月增加。但在销售的氢燃料电池汽车中，公交客车占比较大，这主要是因为燃料电池汽车市场在我国起步不久，储氢站等基础设施建设不到位，与锂离子电池相比，其吸引力不大。然而随着储氢站等设施的建设，燃料电池汽车必将成为民众绿色出行的选择之一。2014 年，日本丰田汽车公司推出首款氢燃料电池汽车 Mirai，搭载三个容量为 70 MPa 储氢罐，最大输出功率为 128 kW，最大里程可以达到 650 km 左右。

此外，煤气化燃料电池联合发电技术（IGFC）可以实现碳的近零排放，是一种燃料电池与煤气化循环发电系统相结合的高效发电技术，实现了高效的碳捕捉，是一种极具潜力的分布式发电技术。Ceres Power 是一家英国公司，是新一代、低成本金属支撑燃料电池技术的领导者，其特有的 Steel Cell TM 技术已持续研究开发近 16 年。2019 年，Ceres Power 宣布成功开发了首个专为氢燃料设计的零排放热电联产系统。为推进我国 IGFC 相关技术攻关，科技部于 2017 年立项了国家重点研发计划——“CO_2 近零排放的煤气化发电技术”，由国家能源集团牵头，联合中国矿业大学（北京）、中国华能集团清洁能源技术研究院有限公司、清华大学等单位组成“产学研”攻关团队，旨在开发高温固体氧化物燃料电池和固体氧化物电解池技术，建成 CO_2 近零排放的 IGFC 示范工程。

6.5 化学能与机械能转化

化学能与机械能之间的相互转化是常见的能量转化形式之一，如汽车中的内燃机、火箭发动机等。它的原理一般是通过化学反应使蕴含着化学能的物质转化为气态产物，增大系统内部的压力和温度，从而推动机械装置对外做功。

将化学能转化为机械能的方式多种多样，其中将化学能直接转化为机械能的方式有炸药爆炸和发射药爆燃等。炸药是一种可以在特定条件下剧烈地发生燃烧或分解反应，并在短时间内产生大量热量和气体的物质，常用于军用武器、矿石开采、建筑施工等领域。炸药可以通过爆炸时产生的热量和高速气流对外界做功，实现化学能向机械能的转化。破片手雷是一种具有极高杀伤力的武器，与普通的手雷相比，破片手雷在爆炸时，外壳会分裂成形状不规则的碎片，在高速气流的推动下，具有极高的动能，能对周围士兵造成极大的伤害。开采矿石和施工隧道所用的炸药也基于这个原理，通过高速气流作用于山体使岩石破碎。

发射药是炸药的一种，通常指装在枪炮膛内用以发射弹丸的火药，由火焰或火花引燃后在正常条件下不爆炸，仅能爆燃而迅速产生高热气体，其压力足以使弹头以一定速度发射出去，却不破坏膛壁。发射药根据所加物质的种类可以分为单基、双基和三基发射药。单基发射药以硝化纤维素为主要成分，而双基发射药则以硝化纤维素和硝化甘油为主要成分，与单基发射药相比具有能量高、燃速快的优点，但其燃烧温度高，严重烧蚀膛壁，目前采用调整硝化甘油比例或加入钝化剂等方法进行改善。三基发射药在双基发射药的基础上添加了硝基胍改善发射药的燃烧温度，有利于减少对膛壁的烧蚀，延长武器寿命。火箭推进剂也是一种发射药，一般为双基推进剂，通过在火箭发动机内和氧化剂发生化学反应，产生高速气体，利用冲量原理推动火箭前进。

内燃机是一种实现化学能间接转化为机械能的装置。以活塞往复式四冲程汽油内燃机为例，阐释内燃机实现化学能向机械能转化的原理。四冲程指的是内燃机在实现一次能量转化下，依据活塞运动及内燃机工作情况分为 4 个阶段，分别为吸气冲程、压缩冲程、做功冲程和排气冲程。处于吸气冲程时，进气阀打开而排气阀关闭，燃料与空气按照一定混合比例进入气缸中，推动活塞向下运动。处于压缩冲程时，进气阀和排气阀皆关闭，活塞向上运动压缩气缸中的气体，增加气缸中气体的内能。处于做功冲程时，燃料与气体被压缩到一定比例，并促使燃料点燃爆炸。这个过程中会释放大量的气体与热量，推动活塞向下运动，并带动传动曲轴对外做功。部分燃料需要点火花塞引燃才能进入做功冲程。做功冲程结束，排气阀打开，活塞向上运动，排出气缸中的气体，这个过程为排气冲程。

内燃机的发展推动了人类社会在交通和运输领域的建设，给人们的生活提供了无限的便利。然而，内燃机的大量使用也带来了能源短缺以及环境污染。内燃机所需的燃料通常来自石油，而且内燃机中燃料的不充分燃烧会排放大量的污染气体。汽油车的大规模使用，使近百年来 CO_2 的排放急剧升高，引发了温室效应。因此人们开始研究用清洁的燃料替代传统化石燃料的新型内燃机技术，作为解决能源短缺和环境污染问题的新路径。

1. 氢燃料内燃机

氢燃料内燃机的结构与传统化石燃料内燃机的结构大致相似，但采用了氢气替代汽油作为燃料，可以显著降低 CO_2 和 CO 的排放。与氢燃料电池相比，氢燃料内燃机不需要使用贵重金属，而且对所需氢气的纯度要求不高，极大地降低了成本。然而氢燃料内燃机也存在很多问题，如氢气的异常燃烧和氢气回火等问题。氢燃料具有点燃速度快、点燃能量低和绝热温度高的特点，使氢气在与空气反应时，空气中的氮气更易被氧化，增大氮氧化物的排放。总之，氢燃料内燃机尽管有着许多优势，但其也存在着不少挑战，仍有许多工作需要进行。

2. 氨燃料内燃机

与氢气相比，氨气具有易存储（易液化）、生产技术成熟、成本低等优点。因此，人们很早就开始研究氨气在燃料方面的应用。然而，氨气所需的最低点燃能量更多，并且点燃速度较慢，因此自 20 世纪 60 年代，关于氨燃料的研究持续低迷。之后，有研究发现氨气与其他燃料混合使用能极大改善氨燃料的性能，人们重新将目光投向混合氨燃料的应用上。氨燃料内燃机目前最严重的缺陷是其较大的氮氧化物排放，因此能否减少氮氧化物的排放是其能否应用于清洁能源市场所要解决的关键问题。

除了氢气和氨气，还有其他类型的燃料也在被研究中，如天然气、乙醇、合成气等。它们作为化石燃料的替代品，在节能减排上表现了积极的作用。然而，这些技术仍有许多地方需要改进，一方面是要提升该燃料与内燃机的相容性，使燃料能安全地释放更多的能量；另一方面是需要优化燃料与空气的比例，优化反应条件，提升其环境效益，全面满足节能减排的各方面要求。

6.6　太阳能存储生物质能

太阳能对人类来说是一种取之不尽、用之不竭的清洁能源，然而由于太阳能的特殊性质，人们难以对太阳能进行直接利用。因此人们采取了多种方式将太阳能存储起来，转化为方便使用的其他形式的能源，例如人们通过光伏发电技术，将太阳能转化为电能并存储起来。除此之外，将太阳能以化学能形式存储起来也是可行的，典型的例子就是植物利用光合作用将空气中的 CO_2 和水转化为植物生长所需要的糖分。因此，人们展开了如何利用太阳光催化化学反应制备燃料的研究。

1. 光催化分解水制氢技术

电解水是制备氢气的主要方式。然而该方法会消耗大量的电能，如果使用的电能来自燃煤发电，无疑会导致大量的排放，违背氢能使用的初衷。因此人们开始研究使用半导体光催化制备氢气的技术，实现太阳能向化学能的转化，而制备的氢气可以用于燃料电池及其他新能源技术，整个过程都是清洁无污染的。

光催化制氢的原理如图 6-17 所示，选择不同的催化剂，其反应步骤也多种多样，但一般包含如下三个过程：

（1）光子的吸收以及激子的产生。

（2）电子-空穴对向半导体催化剂表面的迁移。

（3）析氢与析氧反应的发生。

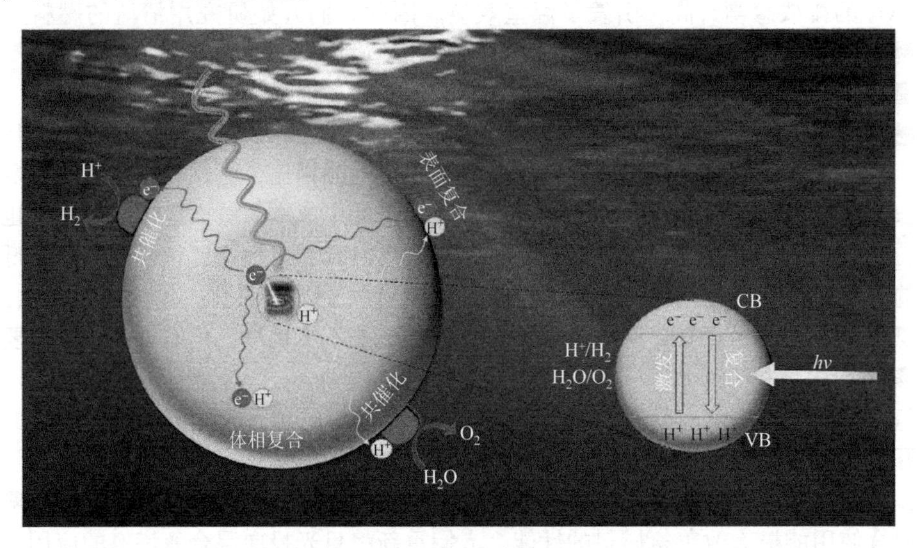

图 6-17　光催化制氢的原理

催化剂一般为半导体材料，在吸收特定范围波长的光子后，会激发电子-空穴对。电子-空穴对的迁移促进催化剂表面的水发生分解。目前，人们对该反应的催化剂进行了详尽的研究，开发出多种多样应用于分解水制氢的光催化剂。

石墨相氮化碳（g-C_3N_4，GCN）是一种具有石墨结构的有机半导体材料，作为光催化剂具有易制备、可调控、成本低等优点。GCN 具有较小的带隙，说明其可以吸收更大范围波长的太阳光用于催化，具有较高的转化效率。然而，GCN 也存在着不足，例如 GCN 较弱的氧化催化能力以及高的电子-空穴对复合率，限制了其作为光催化的应用。

$SrTiO_3$ 是一种钙钛矿结构材料，能够在紫外光照射下，催化水分解产生氢气，在掺杂 Cr、Ag、Ta 等元素后可以实现在可见光范围内的催化。除此之外，还有金属硫化物（如

CdS）、金属氧化物（如 TiO_2）也具有光催化的作用。

2. 光催化 CO_2 还原制备太阳燃料（Solar Fuels）技术

通过类比植物的光合作用，人们开始研究利用光催化反应还原 CO_2，制成燃料，将太阳能转化为燃料中化学能的技术。该技术的优点在于可以清洁地将 CO_2 转化为燃料供人们使用，减少 CO_2 排放的同时为人们的生活提供能源，对实现碳达峰、碳中和具有积极的意义。该技术的原理与水分解制氢的原理类似，都是通过光激发半导体催化剂产生电子-空穴对促进氧化还原反应的进行。光催化 CO_2 还原需要水的参与，选择不同的催化剂可以得到不同的产物，如图 6-18 所示。

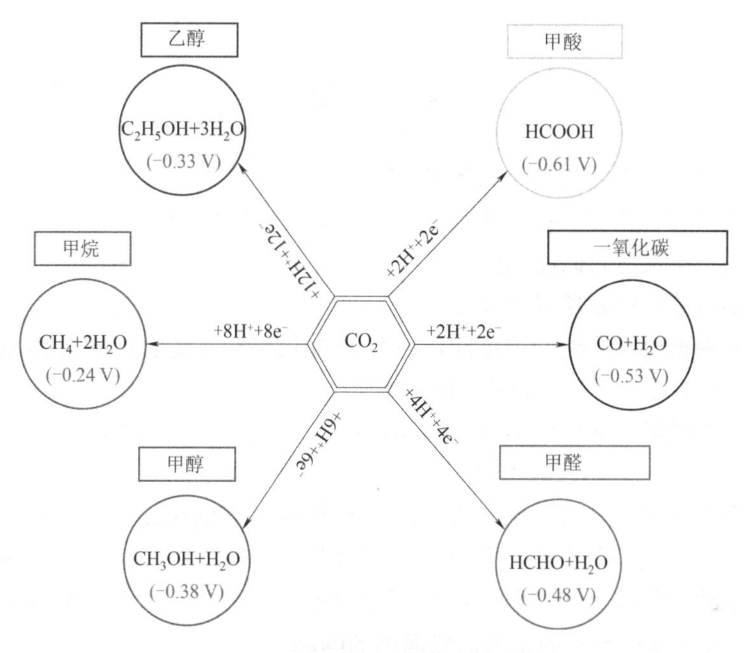

图 6-18　光催化 CO_2 还原反应产物

这些产物通过分离提纯可以用于汽车燃料、燃料电池、居民取暖等多方面。目前，科学家已经研发出多种催化剂材料用于光催化 CO_2 还原技术，如金属有机框架（MOFs）、层状双氢氧化物、钙钛矿结构半导体、石墨烯基材料。目前的主要研究方向为进一步提升反应的转化效率，为其商业化的应用提供可能。

3. 生物质能（Biomass Energy）

植物通过光合作用固定空气中的 CO_2，为自身的成长提供养料，而对于人类来说，植物体本身即太阳能存储为化学能的产物。基于这个理论，对人类生产活动中产生的植物废弃物（如秸秆、稻草等）的合理利用，即生物质能的利用也是实现太阳能利用的另一种方式。农作物废弃物是生物质能的主要来源之一。通过焚烧处理秸秆，增加 CO_2 排放的同时，也浪费了生物质中存储的化学能。因此开发生物质能的利用技术也至关重要。图 6-19 所示为利用生物质加热裂解制备燃料气体和生物炭（Biochar）材料的流程。

生物质在干燥后隔绝空气加热裂解，一部分分解为甲烷和水蒸气，剩下的固体为生物炭。生物炭的用处有很多，首先它可以作为十分清洁的燃料使用，其次生物炭填埋在土地中可以提升土壤肥力和保湿能力，此外还可以制备成多种多样、性能优异的碳材料。

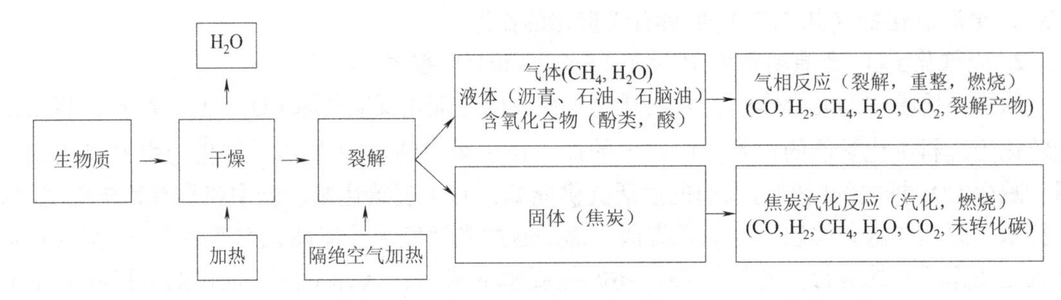

图 6-19　生物质产气流程

思考题

1. 简述化学键的分类以及不同化学键的定义。

2. 化学反应热有哪几种？吸热或放热反应的决定因素是什么？

3. 举例说明化学反应热储能的应用。

4. 简述化学能储电的原理以及应用。

5. 燃料电池根据电解质类型的不同可以分为哪几类？简述它们的工作原理，并思考它们存在哪些优点和不足，以及它们的应用场景。

6. 结合近几年燃料电池应用案例，简述燃料电池技术在节约能源和保护环境上发挥的作用。

7. 氢燃料和氨燃料内燃机技术，与传统化石燃料内燃机相比，具有哪些特点？氢燃料内燃机和氢燃料电池之间的区别有哪些？思考氢燃料和氨燃料内燃机技术发展的意义。

8. 简述光催化制氢技术和光催化 CO_2 还原制备太阳燃料技术对环境保护和新能源技术发展的意义，并思考这些技术的发展仍然面临的问题。

9. 我国作为农业大国，发展生物质能技术具有怎样的意义？结合我国生物质能应用案例，阐述生物质能利用对我国实现“碳达峰，碳中和”目标的重要性。

参考文献

[1] 樊栓狮，梁德青，杨向阳. 储能材料与技术［M］. 北京：化学工业出版社，2004.

[2] JONES L，ATKINS P. Chemistry：Molecules，matter，and change［M］. New York：W. H. Freeman，2000.

[3] 岳永霖. 无机化学［M］. 北京：中国轻工业出版社，2001.

[4] 闫霆，王文欢，王程遥. 化学储热技术的研究现状及进展［J］. 化工进展，2018，37（12）：4586-4595.

[5] WEBER R，DORER V. Long-term heat storage with NaOH［J］. Vacuum，2008，82（7）：708-716.

[6] Li T X，Xu J X，Yan T，et al. Development of sorption thermal battery for low-grade waste

heat recovery and combined cold and heat energy storage [J]. Energy, 2016 (107): 347-359.
[7] MASTRONARDO E, BONACCORSI L, Kato Y, et al. Efficiency improvement of heat storage materials for $MgO/H_2O/Mg(OH)_2$ chemical heat pumps [J]. Applied Energy, 2016 (162): 31-39.
[8] 张寅平，康艳兵，江亿. 相变和化学反应储能在建筑供暖空调领域的应用研究 [J]. 暖通空调，1999，29 (5)：34-37.
[9] 榊原建树. 电能基础 [M]. 北京：科学出版社，2002.
[10] 邱倬. 储能技术在电力系统中的应用 [J]. 低碳世界，2016 (29)：51-52.
[11] 刘金朋，侯焘. 氢储能技术及其电力行业应用研究综述及展望 [J]. 电力与能源，2020，41 (2)：230-233，247.
[12] 苏伟，刘世念. 化学储能技术及其在电力系统中的应用 [M]. 北京：科学出版社，2013.
[13] NIKOLAIDIS P, POULLIKKAS A. A comparative overview of hydrogen production processes [J]. Renewable and Sustainable Energy Reviews, 2017 (67): 597-611.
[14] HOLLADAY J D, HU J, KING D L, et al. An overview of hydrogen production technologies [J]. Catalysis Today, 2009 (139): 244-260.
[15] 俞红梅，衣宝廉. 电解制氢与氢储能 [J]. 中国工程科学，2018，20 (3)：58-65.
[16] BUTTLER A, SPLIETHOFF H. Current status of water electrolysis for energy storage, grid balancing and sector coupling via power-to-gas and power-to-liquids: A review [J]. Renewable and Sustainable Energy Reviews, 2018 (82): 2440-2454.
[17] 丛琳，王楠，李志远，等. 电解水制氢储能技术现状与展望 [J]. 电器与能效管理技术，2021 (7)：1-7，28.
[18] 伊夫·布鲁内特. 储能技术及应用 [M]. 北京：机械工业出版社，2018.
[19] 焦元红. 化学电源的发展及应用 [J]. 郧阳师范高等专科学校学报，2006 (3)：26-28.
[20] 桂长清. 实用蓄电池手册 [M]. 北京：机械工业出版社，2010.
[21] 李建林，徐少华，刘超群，等. 储能技术及应用 [M]. 北京：机械工业出版社，2018.
[22] 高啸天，匡俊，楚攀，等. 化学电源及其在储能领域的应用 [J]. 南方能源建设，2020，7 (4)：1-10.
[23] SAJID A, PERVAIZ E, ALI H, et al. A perspective on development of fuel cell materials: Electrodes and electrolyte [J]. International Journal of Energy Research, 2022, 46 (6): 6953-6988.
[24] HOOSHYARI K, AMINI HORRI B, ABDOLI H, et al. A review of recent developments and advanced applications of high-temperature polymer electrolyte membranes for PEM fuel cells [J]. Energies, 2021, 14 (17): 1-38.
[25] TELLEZ-CRUZ M M, ESCORIHUELA J, SOLORZA-FERIA O, et al. Proton exchange membrane fuel cells (PEMFCs): Advances and challenges [J]. Polymers, 2021, 13 (18): 3064.
[26] ALASWAD A, OMRAN A, SODRE J R, et al. Technical and commercial challenges of

proton-exchange membrane (PEM) fuel cells [J]. Energies, 2021, 14 (1): 1-21.
[27] WANG C, SPENDELOW J S. Recent developments in Pt-Co catalysts for proton-exchange membrane fuel cells [J]. Current Opinion in Electrochemistry, 2021 (28): 100715.
[28] 梁铣, 吴亮, 杨正金, 等. 聚电解质燃料电池中的质子交换膜研究进展 [J]. 科学通报, 2022 (19): 2226-2240.
[29] FERRIDAY T B, MIDDLETON P H. Alkaline fuel cell technology - A review [J]. International Journal of Hydrogen Energy, 2021, 46 (35): 18489-18510.
[30] HREN M, BOŽIČM, Fakin D, et al. Alkaline membrane fuel cells: Anion exchange membranes and fuels [J]. Sustainable Energy & Fuels, 2021, 5 (3): 604-637.
[31] SAMMES N, BOVE R, STAHL K. Phosphoric acid fuel cells: Fundamentals and applications [J]. Current Opinion in Solid State and Materials Science, 2004, 8 (5): 372-378.
[32] 郭心如, 郭雨旻, 罗方, 等. 磷酸燃料电池的能效、㶲及生态特性分析 [J]. 发电技术, 2022, 43 (1): 73-82.
[33] SELMAN J R. Molten salt fuel cells: Diversity and convergence, cycles and recycling [J]. International Journal of Hydrogen Energy, 2021, 46 (28): 15078-15094.
[34] ANTOLINI E. The stability of molten carbonate fuel cell electrodes: A review of recent improvements [J]. Applied Energy, 2011, 88 (12): 4274-4293.
[35] HU L, LINDBERGH G, LAGERGREN C. Performance and durability of the molten carbonate electrolysis cell and the reversible molten carbonate fuel cell [J]. The Journal of Physical Chemistry C, 2016, 120 (25): 13427-13433.
[36] KUTERBEKOV K A, NIKONOV A V, BEKMYRZA K Z, et al. Classification of solid oxide fuel cells [J]. Nanomaterials, 2022, 12 (7): 1059.
[37] MATSUI T, FUJINAGA T, SHIMIZU R, et al. Degradation behavior of solid oxide fuel cells operated at high fuel utilization [J]. Journal of the Electrochemical Society, 2021, 168 (10): 104509.
[38] WEBER A. Fuel flexibility of solid oxide fuel cells [J]. Fuel Cells, 2021, 21 (5): 440-452.
[39] XU Q, GUO Z, XIA L, et al. A comprehensive review of solid oxide fuel cells operating on various promising alternative fuels [J]. Energy Conversion and Management, 2022 (253): 1.
[40] 刘光辉, 王星. 2021 年氢燃料电池汽车市场分析与 2022 年发展探讨 [J]. 专用汽车, 2022 (3): 4-7.
[41] RATH R, KUMAR P, MOHANTY S, et al. Recent advances, unsolved deficiencies, and future perspectives of hydrogen fuel cells in transportation and portable sectors [J]. International Journal of Energy Research, 2019, 43 (15): 8931-8955.
[42] 胡亮, 杨志宾, 熊星宇, 等. 我国固体氧化物燃料电池产业发展战略研究 [J]. 中国工程科学, 2022, 24 (3): 118-126.
[43] STęPIEń Z. A comprehensive overview of hydrogen-fueled internal combustion engines: Achievements and future challenges [J]. Energies, 2021, 14 (20): 6504.
[44] SHADIDI B, NAJAFI G, YUSAF T. A review of hydrogen as a fuel in internal combustion

engines [J]. Energies, 2021, 14 (19): 6209-6228.

[45] BERWAL P, KUMAR S, KHANDELWAL B. A comprehensive review on synthesis, chemical kinetics, and practical application of ammonia as future fuel for combustion [J]. Journal of the Energy Institute, 2021 (99): 273-298.

[46] CHIONG M, CHONG C T, NG J, et al. Advancements of combustion technologies in the ammonia-fuelled engines [J]. Energy Conversion and Management, 2021 (244): 114460.

[47] AREFIN M A, NABI M N, AKRAM M W, et al. A review on liquefied natural gas as fuels for dual fuel engines: Opportunities, challenges and responses [J]. Energies, 2020, 13 (22): 1-19.

[48] AWAD O I, MAMAT R, ALI O M, et al. Alcohol and ether as alternative fuels in spark ignition engine: A review [J]. Renewable & Sustainable Energy Reviews, 2018 (82): 2586-2605.

[49] FIORE M, MAGI V, VIGGIANO A. Internal combustion engines powered by syngas: A review [J]. Applied Energy, 2020 (276): 115415.

[50] PAYKANI A, CHEHRMONAVARI H, TSOLAKIS A, et al. Synthesis gas as a fuel for internal combustion engines in transportation [J]. Progress in Energy and Combustion Science, 2022 (90): 100995.

[51] LAKHERA S K, RAJAN A, RUGMA T P, et al. A review on particulate photocatalytic hydrogen production system: Progress made in achieving high energy conversion efficiency and key challenges ahead [J]. Renewable and Sustainable Energy Reviews, 2021 (152): 111694.

[52] NIU P, DAI J, ZHI X, et al. Photocatalytic overall water splitting by graphitic carbon nitride [J]. InfoMat, 2021, 3 (9): 931-961.

[53] LI Y, LI X, ZHANG H, et al. Porous graphitic carbon nitride for solar photocatalytic applications [J]. Nanoscale Horizons, 2020, 5 (5): 765-786.

[54] TASLEEM S, TAHIR M. Recent progress in structural development and band engineering of perovskites materials for photocatalytic solar hydrogen production: A review [J]. International Journal of Hydrogen Energy, 2020, 45 (38): 19078-19111.

[55] WANG G, CHANG J, TANG W, et al. 2D materials and heterostructures for photocatalytic water-splitting: A theoretical perspective [J]. Journal of Physics D: Applied Physics, 2022, 55 (29): 293002.

[56] ISMAEL M. A review and recent advances in solar-to-hydrogen energy conversion based on photocatalytic water splitting over doped-TiO_2 nanoparticles [J]. Solar Energy, 2020 (211): 522-546.

[57] IKREEDEEGH R R, TAHIR M. A critical review in recent developments of metal-organic-frameworks (MOFs) with band engineering alteration for photocatalytic CO_2 reduction to solar fuels [J]. Journal of CO_2 Utilization, 2021 (43): 101381.

[58] CHEN X, GUO R, HONG L, et al. Research progress on CO_2 photocatalytic reduction with full solar spectral responses [J]. Energy & Fuels, 2021, 35 (24): 19920-19942.

[59] GONG E, ALI S, HIRAGOND C B, et al. Solar fuels: Research and development strategies to accelerate photocatalytic CO_2 conversion into hydrocarbon fuels [J]. Energy & Environmental Science, 2022, 15 (3): 880-937.

[60] YOON J, KIM J, KIM C, et al. MOF-based hybrids for solar fuel production [J]. Advanced Energy Materials, 2021, 11 (27): 2003052.

[61] WANG X, LI L, LI D, et al. Recent progress on exploring stable metal-organic frameworks for photocatalytic solar fuel production [J]. Solar RRL, 2020, 4 (8): 1900547.

[62] BIAN X, ZHANG S, ZHAO Y, et al. Layered double hydroxide-based photocatalytic materials toward renewable solar fuels production [J]. InfoMat, 2021, 3 (7): 719-738.

[63] MADI M, TAHIR M, TASLEEM S. Advances in structural modification of perovskite semiconductors for visible light assisted photocatalytic CO_2 reduction to renewable solar fuels: A review [J]. Journal of Environmental Chemical Engineering, 2021, 9 (5): 106264.

[64] TEZER Ö, KARABĞN, ÖNGEN A, et al. Biomass gasification for sustainable energy production: A review [J]. International Journal of Hydrogen Energy, 2022, 47 (34): 15419-15433.

第 7 章

电化学储能与储能材料

电化学储能是指利用化学元素作储能介质，通过电化学氧化还原反应完成化学能与电能之间的转换。依据存储设备的不同，电化学储能可分为蓄电池、锂离子电池、金属空气电池、液流电池、钠硫电池，等等。本章将介绍常见的电化学储能方式，叙述其储能原理、关键材料以及实际应用。

7.1　传统蓄电池工作原理

可以再充电并反复使用的电池，称为蓄电池或二次电池。1859 年，法国物理学家 Gaston Plante 发明了铅酸蓄电池，此后，蓄电池被广泛地应用于交通、通信储能等各个领域。蓄电池的特点在于可以进行充放电，将电能转变为化学能并再次转变为电能，其电极反应具有很好的可逆性，放电时消耗的活性物质在充电时得以恢复。蓄电池分为铅酸蓄电池和二次碱性蓄电池两大类，本节将重点介绍两种蓄电池的工作原理。

7.1.1　铅酸蓄电池

铅酸蓄电池的历史始于 1859 年，由 Plante 制造出第一个实用铅酸蓄电池，如图 7-1 所示。该电池包括两条卷式铅条，用亚麻布将其隔开，这种电池是目前广泛使用的二次电池的雏形。铅酸蓄电池的优势在于成本低廉，电化学可逆性良好，且易于回收利用，在世界电池市场中占有很高的比例。

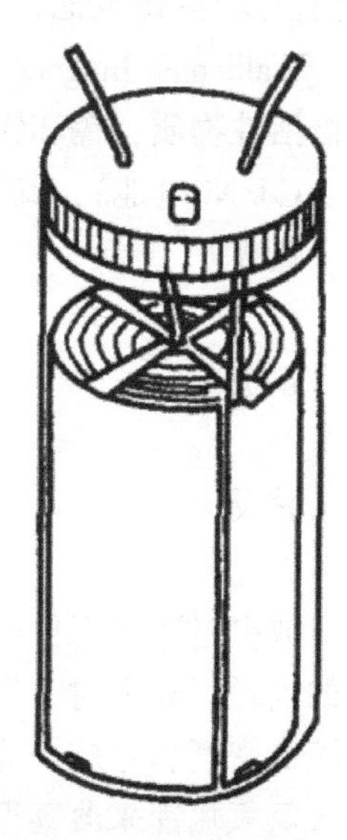

图 7-1　Plante 制造的铅酸蓄电池

铅酸蓄电池使用二氧化铅作为正极活性物质，高比表面积多孔结构金属铅作为负极活性物质，电解液通常采用硫酸水溶液。电池放电时，两个电极的活性物质分别转变为硫酸铅，充电时，反应向逆反应方向进行，具体反应如下：

负极：

$$Pb \rightleftharpoons Pb^{2+}+2e^- \tag{7-1a}$$

$$Pb^{2+}+SO_4^{2-} \rightleftharpoons PbSO_4 \tag{7-1b}$$

正极：

$$PbO_2+4H^++2e^- \rightleftharpoons Pb^{2+}+2H_2O \tag{7-2a}$$

$$Pb^{2+}+SO_4^{2-} \rightleftharpoons PbSO_4 \tag{7-2b}$$

总反应：

$$Pb+PbO_2+2H_2SO_4 \rightleftharpoons 2PbSO_4+2H_2O \tag{7-3}$$

铅酸蓄电池充放电时，消耗硫酸，生成水，因此电解液的组成和密度会发生变化。25 ℃时，电池在完全充电状态下，硫酸的质量分数约为40%，完全放电后，硫酸质量分数为16%，通过电解液密度的变化可以测定电池荷电状态。

放电过程中，由于硫酸铅的形成，内阻增加，随着硫酸的消耗，电解液的导电性能下降。充电过程中，硫酸铅在负极再转变为铅，在正极转变为二氧化铅。硫酸铅的导电性差，它沉积的细晶粒致密层可以屏蔽和钝化两电极，电池实际容量因此受到极大限制，大电流密度下仅可达其理论容量的5%～10%。

正极活性物质二氧化铅自身的互相结合度不牢，放电时生成硫酸铅，充电时又恢复为二氧化铅，硫酸铅的摩尔体积比氧化铅大，则放电时活性物质体积膨胀。若1 mol氧化铅转化为1 mol硫酸铅，体积增加95%。此外，过充电时有大量气体析出（电解水），这时正极板活性物质遭受气体的冲击，这种冲击同样会促进活性物质脱落。在两极活性物质中，负极板的海绵状铅的结合力较强，而正极板的过氧化铅的结合力弱，因而在充放电之际会不断脱落，此即铅酸蓄电池寿命受到限制的原因。

7.1.2 二次碱性蓄电池

除铅酸蓄电池外，大部分常用的蓄电池都采用碱性水溶液（KOH或NaOH）作为电解液。电极材料与碱性电解液的反应活性低于与酸性电解液的反应活性。此外，碱性电解液中的充放电机理仅包括氧气或氢氧根离子在两极间的传递，因此在充放电过程中，电解液的组成和浓度不发生变化。常见的二次碱性蓄电池包括镉/镍电池、金属氢化物/镍电池、铁/镍电池以及锌/镍电池，等等。

Waldemar Jungner于1899年发表了关于二次碱性蓄电池的第一个专利，提出以NiOH作正极活性物质，镉和铁的混合物作负极，氢氧化钾溶液作电解液的电池体系，称为镉/镍电池（Cd/Ni电池），其电化学反应如下：

负极：

$$Cd+2OH^- \rightleftharpoons Cd(OH)_2+2e^- \tag{7-4}$$

正极：

$$NiO(OH)+H_2O+e^- \rightleftharpoons Ni(OH)_2+OH^- \tag{7-5}$$

总反应：

$$Cd+2NiO(OH)+2H_2O \rightleftharpoons Cd(OH)_2+2Ni(OH)_2 \tag{7-6}$$

放电过程中三价的氧化镍还原为二价的氢氧化镍，金属镉氧化成氢氧化镉，并且伴随着水的消耗。充电时，发生上述反应的逆反应。与铅酸蓄电池中的硫酸不同，氢氧化钾溶液电解液的密度和组成在充放电过程中变化不大，电解液密度一般约为1.2 g/mL。电解液中常加入氢氧化锂来改善循环寿命和高温性能。密封Cd/Ni纽扣电池结构如图7-2所示。

Cd/Ni电池的优点在于使用寿命长、可连续过充电、充放电倍率高、放电电压稳定及低温使用性能良好，然而镉对身体的危害性和电池处理对环境的危害性限制了该类电池的发展。

金属氢化物/镍电池（MH/Ni电池）的研究起始于20世纪60年代，将氢气吸入金属合金后作为电池的负极材料，代替 Cd/Ni 电池中的镉负极，在提高电池储能密度的同时，优化了电池的环保问题，其电化学反应式如下：

负极：

$$MH+OH^- \rightleftharpoons M+H_2O+e^- \quad (7-7)$$

正极：

$$NiO(OH)+H_2O+e^- \rightleftharpoons Ni(OH)_2+OH^- \quad (7-8)$$

总反应：

$$MH+NiO(OH) \rightleftharpoons M+Ni(OH)_2 \quad (7-9)$$

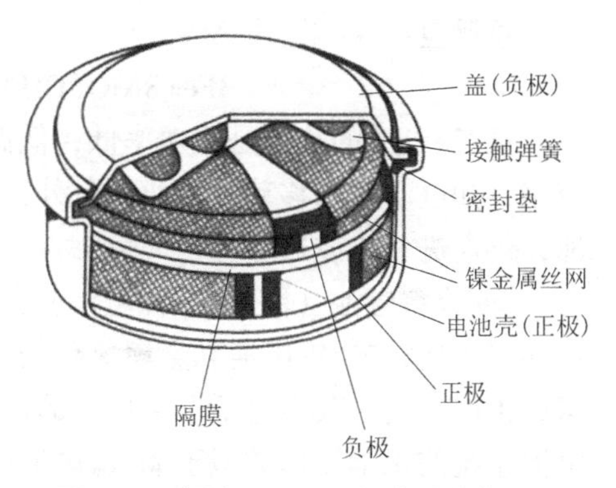

图 7-2　密封 Cd/Ni 纽扣电池结构

与 Cd/Ni 电池一样，MH/Ni 电池的电解液也采用 KOH 溶液。电池电动势在 1.32~1.35 V，取决于所采用的金属合金。与 Cd/Ni 电池不同的是，水不参与电池反应。电池的容量由 $Ni(OH)_2$ 限制。因此，电池在正极产生氧气，而不在负极产生氢气。当充电快满时或过充电时，电流有极限值，氧气可通过隔离层扩散，发生如下反应：

$$4MH+O_2 \longrightarrow 4M+2H_2O \quad (7-10)$$

从而防止压力升高，负极有同样的保护措施。密封 MH/Ni 电池电极示意图如图 7-3 所示。

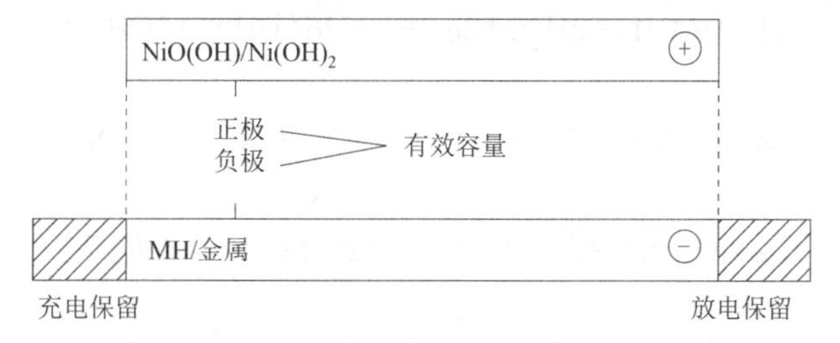

图 7-3　密封 MH/Ni 电池电极示意图（分为有效容量、充电保护、放电保护）

$NiOOH/Ni(OH)_2$—碱式氧化镍/氢氧化镍；MH—金属氢化物

与 Cd/Ni 电池相比，MH/Ni 电池具有环保优势，成本更低，但在实际应用中仍会存在储氢合金在碱性环境中的腐蚀和催化稳定性等问题。目前，MH/Ni 电池已经完成了商品化，可大批量生产，广泛应用于多种消费品及电动汽车中。

Junger 与爱迪生于 1900 年发明了以铁作负极的铁/氧化镍电池（铁/镍电池）。铁是受人们欢迎的电池活性材料，它成本低，理论比容量高（是镉的 2 倍），无毒，无污染。铁/镍电池的负极活性物质为金属铁，正极活性物质为氧化镍，电解液为含有氢氧化锂的氢氧化钾溶液。铁/镍电池总的电极反应结果是氧从一个电极迁移到另一个电极，其确切的反应细节非常复杂，并且涉及许多反应中间体。铁溶于电解液，起初生成 Fe^{2+}，Fe^{2+} 随后与电解液络合，生成低溶解度的 $Fe(OH)_n$，继续充电会形成 Fe^{3+}，Fe^{3+} 与 Fe^{2+} 一起生成 Fe_3O_4。具体反应如下：

第一阶段反应：

$$Fe+2NiO(OH)+2H_2O \rightleftharpoons 2Ni(OH)_2+Fe(OH)_2 \quad (7-11)$$

第二阶段反应：

$$3Fe(OH)_2+2NiO(OH) \rightleftharpoons 2Ni(OH)_2+Fe_3O_4+2H_2O \quad (7-12)$$

总反应：

$$3Fe+8NiO(OH)+4H_2O \rightleftharpoons 8Ni(OH)_2+Fe_3O_4 \quad (7-13)$$

铁/镍电池的缺点是比功率低，低温及荷电保持能力差，搁置时会有气体析出。除某些应用，如电动车和移动式工业设备外，对于绝大部分应用，铁/镍电池的成本高于铅酸蓄电池，仍需进一步改进。

锌/镍蓄电池（简称锌/镍电池）是一种应用广泛的电池技术，能够在大部分高容量应用环境中代替镉/镍电池和金属氢化物/镍电池。锌/镍电池是基于镍正极的碱性水体系电池家族中的一员，其中包括上文提到的铁/镍电池、镉/镍电池以及金属氢化物/镍电池。锌/镍电池系统的化学原理类似于镉/镍电池的原理，只是将镉换成锌。电解液一般为氢氧化物溶液，通过加入特殊的添加剂来调节锌电极的充放电状态。正极的活性材料为 $NiO(OH)$，负极为高比表面积的金属锌。其主要的电化学反应如下：

负极：

$$Zn+2OH^- \longrightarrow Zn(OH)_2+2e^- \quad (7-14a)$$

$$Zn(OH)_2+2OH^- \longrightarrow ZnO_2^{2-}+2H_2O \quad (7-14b)$$

$$ZnO_2^{2-}+2H_2O \longrightarrow ZnO+2OH^- \quad (7-14c)$$

正极：

$$2NiO(OH)+2H_2O+2e^- \longrightarrow 2Ni(OH)_2+2OH^- \quad (7-15)$$

总反应：

$$2NiO(OH)+Zn+2H_2O \longrightarrow 2Ni(OH)_2+Zn(OH)_2 \quad (7-16a)$$

或

$$2NiO(OH)+Zn+2OH^- \longrightarrow 2Ni(OH)_2+ZnO_2^{2-} \quad (7-16b)$$

或

$$2NiO(OH)+Zn+H_2O \longrightarrow 2Ni(OH)_2+ZnO \quad (7-16c)$$

锌/镍电池体系的开路电压较高，在高压电池组中应用可以减少电池的数量，有利于降低电池的成本（相对于其他碱性体系），同时降低内部阻抗。锌/镍电池具有较高的比能量与较快的电化学动力学，可以应用于混合电动车，以及便携式高能耗设备等领域中。

7.2 锂离子电池

锂离子电池（LIB）的研究始于 20 世纪 80 年代，从 John B. Goodenough 发现锂离子电池正极材料 $LiCoO_2$ 后，全球就开始了对锂离子电池的广泛研究。索尼公司于 1992 年最早实现了锂离子电池的商业化。锂离子电池的储能密度和功率密度分别是上一代电池（镉/镍电池、铅酸蓄电池等）的 3 倍和 5 倍左右，且具有循环寿命长、无记忆效应、环境友好等优点。同时，为了便于在各种场景下应用和存储，锂离子电池可根据不同的工作环境、不同材料定制各种机械物理形状（如比亚迪刀片电池等），是目前最具潜力、可行性最高的储能路线。

锂离子电池由正极和负极组成，分别附着在两个独立的集流体上。其中，正极通常由金属氧化物组成，而负极往往是碳材料。此外，电解液允许锂离子在两个电极之间移动，隔膜可以防止正极和负极接触发生内短路。图 7-4 中给出了以钴酸锂为例的锂离子电池结构及工作原理：在充电过程中，锂离子（Li^+）从正极脱嵌迁移至负极一侧并嵌入负极材料层间；放电时，Li^+从负极脱嵌向正极迁移并嵌入正极材料，通过Li^+在正负极之间的迁移，实现对于电能的存储和释放。这种往复迁移如同在“摇椅”两端往复运动，因此锂离子电池也被称为“摇椅式”电池。在正常的充放电情况下，锂离子在层状结构的碳材料和氧化物晶体间或片层间的嵌入和脱嵌，一般只会引起层间距的变化，不会破坏材料原有结构。所以理论上来说锂离子电池是一种较为理想的可逆电池。锂离子电池的正负极充放电反应如下：

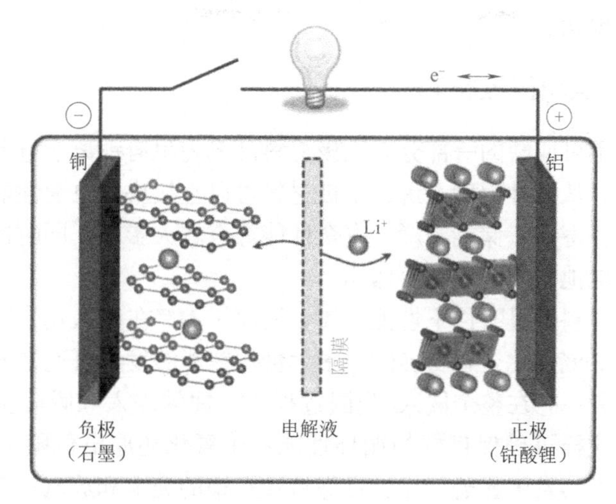

图 7-4　以钴酸锂为例的锂离子电池结构及工作机理

（1）充电过程。

负极反应：

$$6C+xLi^++xe^- \longrightarrow Li_xC_6 \tag{7-17}$$

正极反应：

$$LiMO_2 \longrightarrow xLi^++Li_{1-x}MO_2+xe^- \tag{7-18}$$

电池反应：

$$LiMO_2+6C \longrightarrow Li_{1-x}MO_2+Li_xC_6 \tag{7-19}$$

（2）放电过程。

负极反应：

$$Li_xC_6 \longrightarrow 6C+xLi^++xe^- \tag{7-20}$$

正极反应：

$$xLi^++Li_{1-x}MO_2+xe^- \longrightarrow LiMO_2 \tag{7-21}$$

电池反应：

$$Li_{1-x}MO_2+Li_xC_6 \longrightarrow LiMO_2+6C \tag{7-22}$$

影响锂离子电池性能的关键材料包括正极材料、负极材料、电解质材料以及黏结剂等。理论上讲，能够进行锂离子可逆脱嵌的材料均具有作为锂离子电池电极材料的潜力。目前已经商用的有钴酸锂、磷酸铁锂、镍酸锂、三元材料等多种正极材料和石墨、硅碳等负极材料。不同的电极材料会赋予锂离子电池不同的工作特性。例如，磷酸铁锂正极材料具有高温性能好、循环性能优异、安全性好等优点；以镍钴锰和镍钴铝为代表的三元正极材料具有更高的工作电压和更大的容量；钴酸锂正极材料的优点为放电平台平稳、大电流性能优异。除电极材料外，电解质的选择也影响了锂离子电池的表现。目前实际应用的锂离子电池采用有机电解液体系，在要求有更高储能密度、可靠性和安全性的应用中，不足以满足应用要求。而使用固态电解质显然能够抑制锂枝晶的形成，并且具有高于 5 V 的电化学窗口，使应用锂金属阳极和高电压阴极成为可能，从而制备出具有高储能密度的锂离子电池，使固态电池更具实际应用可能。下面将分别介绍锂离子电池的正极材料、负极材料以及电解质材料等，阐述它们的特点及应用现状。

7.2.1 锂离子电池正极材料

作为锂离子电池不可或缺的一部分，正极材料已成为阻碍锂离子电池进一步大发展、大跨越的最大难题之一。从某种程度上讲，正极材料可以直接决定电池性能的好坏，正极材料不仅对电池整体的循环寿命、储能密度、安全性能等有较大影响，同时也影响着电池的价格和成本，其研究对于电池的发展有重要作用。

锂离子电池正极材料应具有以下性能：①金属离子 M^{n+} 在嵌入化合物 $Li_xM_yX_z$ 中应有较高的氧化还原电位；②嵌入化合物 $Li_xM_yX_z$ 中大量的锂能够发生可逆嵌入和脱嵌以得到高比容量，即 x 值尽可能大；③在整个嵌入/脱嵌过程中，锂的嵌入和脱嵌应可逆且主体结构没有或很少发生变化，这样可确保良好的循环性能；④氧化还原电位随 x 的变化应该尽可能少，这样电池的电压不会发生显著变化，可保持较平稳的充电和放电；⑤嵌入化合物应有较好的电子电导率和离子电导率，这样可减少极化，并能进行大电流充放电；⑥嵌入化合物在整个电压范围内应化学稳定性好，不与电解液等发生反应；⑦锂离子在电极材料中有较大的扩散系数，便于快速充放电；⑧从实用角度而言，嵌入化合物应该便宜，对环境无污染等。

按照材料结构的不同，常用的锂离子电池正极材料可以分为层状结构（$LiCoO_2$、$LiMnO_2$、$LiNiO_2$）、尖晶石型（$LiMn_2O_4$、$LiCo_2O_4$）和橄榄石型（$LiFePO_4$、$LiMnPO_4$、$LiCoPO_4$）等类型。下面将对各类正极材料逐一进行介绍。

1. 层状结构正极材料

由 Goodenough 提出的钴酸锂正极材料 $LiCoO_2$（LCO）是锂离子电池正极材料最早的插层型化合物形式，也是第一种商业化的层状过渡金属氧化物正极。$LiCoO_2$ 具有典型的 α-$NaFeO_2$ 型层状二维结构，如图 7-5 所示，CoO_2^- 密堆成二维原子层，Li^+可在 CoO_2^- 密堆二维原子层间运动。Li^+ 和 Co^{3+} 交替地分布在 O 原子立方密堆的八面体位置，层状结构保证了充放电过程中锂离子的快速脱嵌和嵌入。当全部 Li^+ 从 $LiCoO_2$ 结构中脱嵌时，$LiCoO_2$ 的比容量可达到 274 mA · h/g，但过多的 Li^+脱嵌将使层状结构塌陷，循环性能能迅速恶化，在实际充放电过程中，只有不到一半的 Li^+可以可逆地脱嵌时，实际应用中通常将 $LiCoO_2$ 的充电电压限制在 4.35 V 以下。图 7-6 所示为 $LiCoO_2$ 的充放电电压曲线及循环性能示意图。

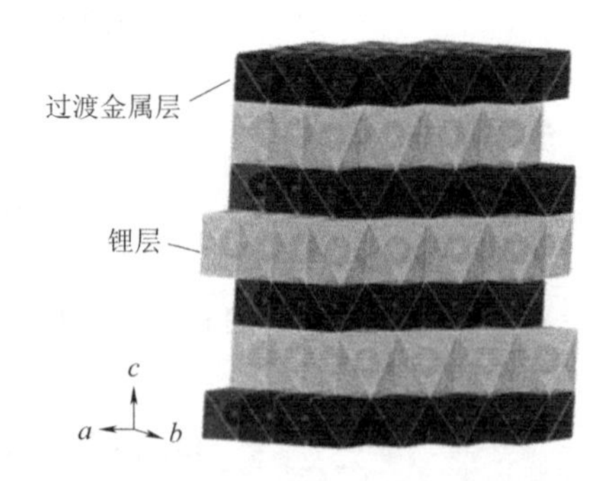

图 7-5　层状 $LiCoO_2$ 材料的晶体结构

$LiCoO_2$ 材料在高电流密度或深度充放电过程中容量衰减速度过快，在这一过程中 $LiCoO_2$

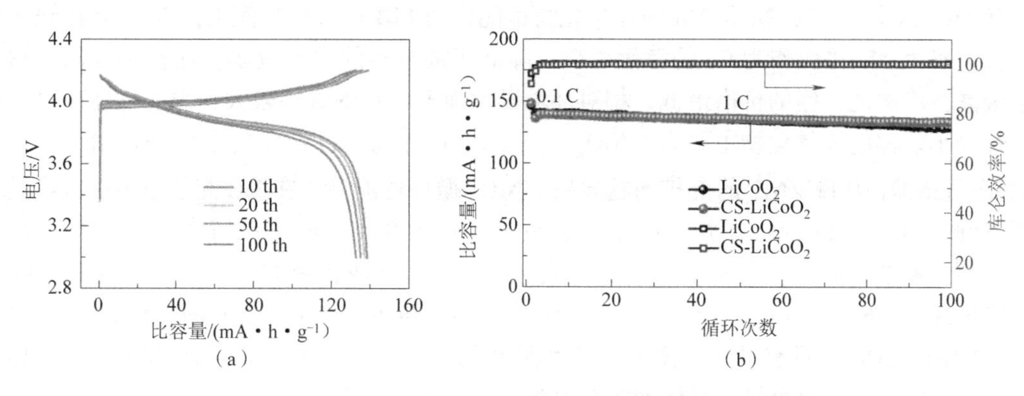

图 7-6　$LiCoO_2$ 的充放电电压曲线及循环性能示意图（书后附彩插）

(a) Li_2O/Co 共包覆 $LiCoO_2$(CS-$LiCoO_2$)的充放电电压曲线；(b) $LiCoO_2$ 及 CS-$LiCoO_2$ 的比容量及库仑效率

材料会发生从六方晶系向单斜晶系的转变，而这一相变过程并不完全可逆，这也制约了 $LiCoO_2$ 材料在高电压场景下的应用。目前研究者们通常采用掺杂改性和表面包覆改性等来解决这些问题。掺杂改性指向钴酸锂中引入新的元素，抑制其高压下的相变，提升综合性能。Zhang 等通过微量 Ti-Mg-Al 共掺杂实现了 $LiCoO_2$ 在 4.6 V 下的稳定循环，大大改善了 $LiCoO_2$ 的循环和速率性能，有效解决了其在高压下的稳定性问题。Al 和 Mg 原子成功地结合到 $LiCoO_2$ 晶格中，并且可以有效地抑制高充电电压（高于 4.5 V）下的有害相变。Ti 原子在晶界和颗粒表面偏析，促进锂的快速扩散，减轻 $LiCoO_2$ 颗粒内的内应力，同时起到抑制不必要的电极-电解质界面反应的作用。LCO 与 TMA-LCO 的半电池循环性能比较如图 7-7 所示。

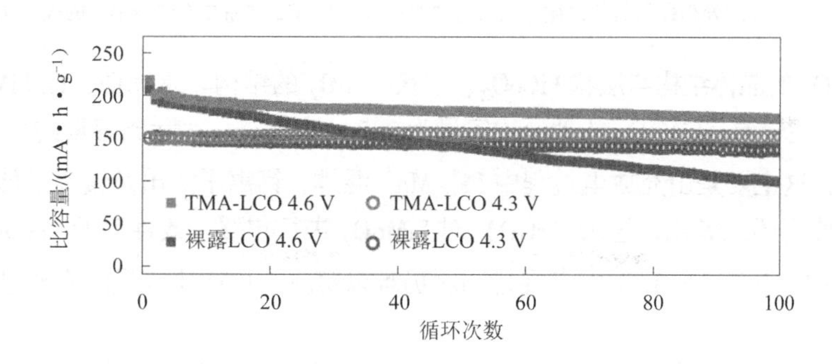

图 7-7　LCO 与 TMA-LCO 的半电池循环性能比较（书后附彩插）

包覆改性是指在钴酸锂表面包覆一层电子导体或离子导体，包括各类固态电解质材料。Hideyuki Morimoto 等在钴酸锂表面包覆一层电解质 $Li_{1.4}Al_{0.4}Ti_{1.6}(PO_4)_3$(LATP)，有效提高了其在 4.5 V 高电压下的倍率性能与循环性能。此外还有 Al_2O_3 包覆、TiO_2 包覆等方法能够提高材料在高压下的稳定性与倍率性能。不同比例的 LATP 修饰 $LiCoO_2$ 电极的循环性能如图 7-8 所示。

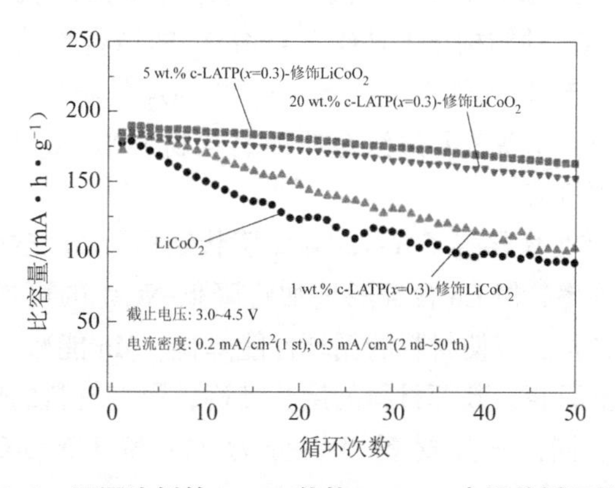

图 7-8　不同比例的 LATP 修饰 $LiCoO_2$ 电极的循环性能

除 $LiCoO_2$ 外，层状 Ni 和 Mn 的锂氧化物也能作为 LIB 正极材料使用。Co 资源稀缺，价格昂贵，Ni 和 Mn 可以作为 Co 的替代材料，降低正极材料的生产成本。在价格方面，钴的价格最高，镍次之，锰的价格最低。相对环境毒性而言，钴的毒性较大，镍的毒性次之，锰的毒性最小。镍的锂氧化物主要为 $LiNiO_2$，与 $LiCoO_2$ 相比，$LiNiO_2$ 的电压平台稍低，比容量稍高。$LiNiO_2$ 中 Li^+/Ni^{3+}的混排问题导致 $LiNiO_2$ 循环性能差，在 1 C 充放电 100 次容量保持率不到 70%，而 $LiCoO_2$ 在相同的条件充放电循环 100 次，容量保持率达到 90%。针对 $LiNiO_2$ 循环性能的问题，通常采用降低合成温度，减小前驱体颗粒尺寸，缩短烧结时间等策略来解决。Juho Valikangas 等系统地研究了烧结温度对 $LiNiO_2$ 性能的影响，最终确定 670 ℃烧结的 $LiNiO_2$ 具有最优的循环性能和最高的比容量，在 0.2 C 循环 400 次后仍具有 135 mA·h/g 的可逆比容量，具体如图 7-9 所示。

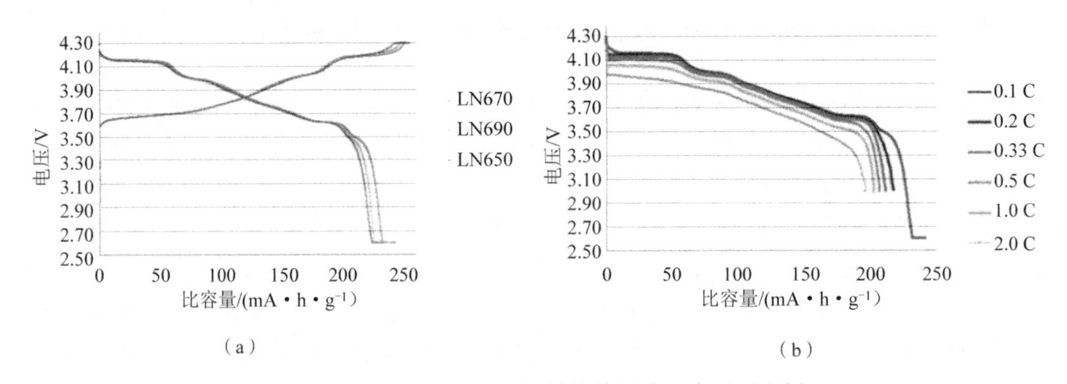

图 7-9 烧结温度对 $LiNiO_2$ 性能的影响（书后附彩插）

（a）不同温度处理样品的首次循环充放电曲线；（b）LN670 样品在不同倍率下的放电曲线

层状 $LiMnO_2$ 的晶体结构与层状 $LiCoO_2$、层状 $LiNiO_2$ 的结构非常相似，但 $LiMnO_2$ 的晶胞对称性较低，稳定性较差。$LiMnO_2$ 的理论比容量为 285 mA·h/g，实际比容量约为 150 mA·h/g，循环性能较差，这主要是由充放电过程中 Li^+/Mn^{3+}混排、锰离子溶出及锰离子催化电解液分解所致。Tian 等使用还原氧化石墨烯（rGO）对 $LiMnO_2$ 进行包覆，改性后的 $LiMnO_2$ 的可逆比容量可达到 180 mA·h/g，但 Li^+/Mn^{3+}混排问题仍难以解决，可逆比容量随充放电循环进行衰减较快。

为了解决以上层状正极材料的问题，通过复合几种金属的优点，制备三元过渡金属锂氧化物，可较大程度提高材料的循环寿命，获得成本低、循环性能优越的正极材料。由于 $LiCoO_2$ 的结构比 $LiNiO_2$、$LiMnO_2$ 的结构更稳定，实际上 Ni 相对于 Co 为过电子状态，Mn 相对于 Co 为缺电子状态，将 $LiCoO_2$ 的稳定性、$LiNiO_2$ 的高容量性、$LiMnO_2$ 的高电压性相结合，制备三元过渡金属锂氧化物 $LiNi_xCo_yMn_{1-x-y}O_2$（NCM）正极材料，具有较大的实际应用价值。

NCM 保持了 α-$NaFeO_2$ 层状结构。Co 能减少阳离子混排、稳定结构、增加材料的电子电导率，但 Co 含量的增加将降低 NCM 的可逆比容量，增加成本；Ni 能提高可逆比容量，但含量过多使材料的循环性能降低；Mn 能减少成本、提高热稳定性，但含量过高容易引入尖晶石相，破坏材料的层状结构，影响材料的倍率性能。按照 Ni、Co、Mn 三种元素计量比的不同，三元材料可以分为 111 型 $LiNi_{1/3}Co_{1/3}Mn_{1/3}O_2$、523 型 $LiNi_{0.5}Co_{0.2}Mn_{0.3}O_2$ 与

811 型 $LiNi_{0.8}Co_{0.1}Mn_{0.1}O_2$ 等几种。当 NCM 的 Ni 含量从 33% 增加至 80% 时，其充放电机制保持一致。图 7-10 所示为 $LiNi_{1/3}Co_{1/3}Mn_{1/3}O_2$ 及 $LiNi_{0.8}Co_{0.1}Mn_{0.1}O_2$ 的循环性能、充放电曲线和 CV 曲线。

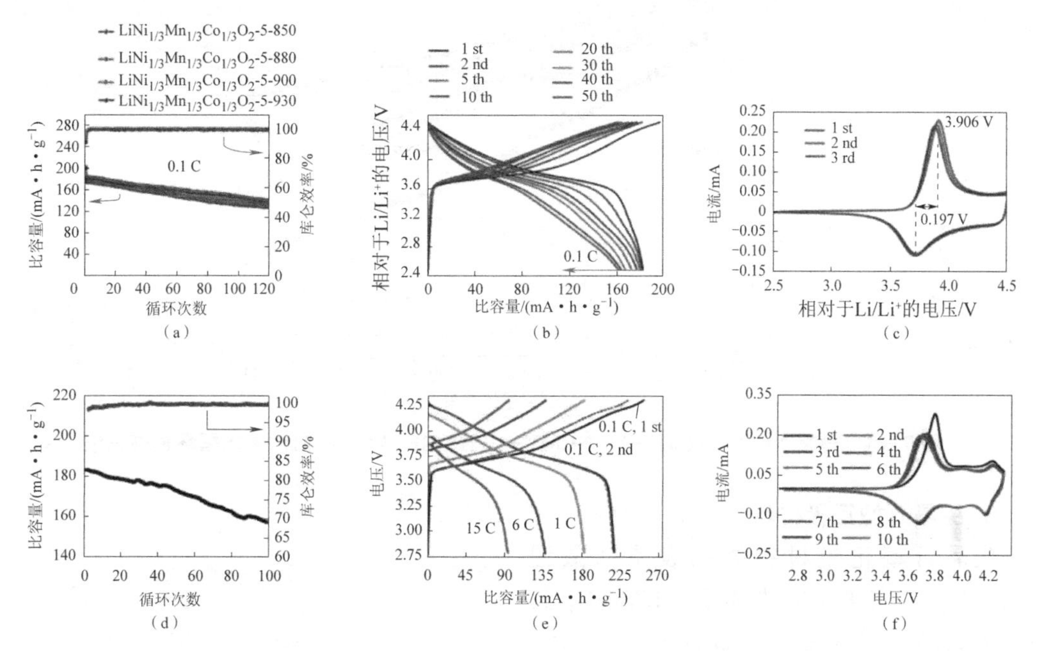

图 7-10　$LiNi_{1/3}Co_{1/3}Mn_{1/3}O_2$ 及 $LiNi_{0.8}Co_{0.1}Mn_{0.1}O_2$ 的循环性能、充放电曲线和 CV 曲线（书后附彩插）

（a）不同温度烧结的 $LiNi_{1/3}Co_{1/3}Mn_{1/3}O_2$ 在 0.1 C 的充放电循环性能；

（b）930 ℃烧结的 $LiNi_{1/3}Co_{1/3}Mn_{1/3}O_2$ 的充放电曲线；

（c）930 ℃烧结的 $LiNi_{1/3}Co_{1/3}Mn_{1/3}O_2$ 的 CV 曲线；（d）$LiNi_{0.8}Co_{0.1}Mn_{0.1}O_2$ 在 1 C 的充放电循环性能；

（e）$LiNi_{0.8}Co_{0.1}Mn_{0.1}O_2$ 的充放电曲线；（f）$LiNi_{0.8}Co_{0.1}Mn_{0.1}O_2$ 的 CV 曲线

高镍三元材料的高比容量、高电压等特性，使其成为近年来三元电池材料的主要研究对象。高镍三元材料的主要问题在于其首次库仑效率不高（通常<90%），且高镍三元材料容易与空气中的水和 CO_2 发生反应生成碳酸锂和氢氧化锂，造成循环性能下降。研究者们通过掺杂技术来增强材料的结构稳定性和电化学性能。添加不同的离子所呈现的作用也不同，常见的掺杂元素包括 Na、Al、Mg、F、Zr 等。Mg 掺杂能够提高导电性，且当 Mg 的量达到一定时可以降低电极极化，改善循环性能；Ti 掺杂可以提高放电电压，平稳放电平台；Al 掺杂可以改善三元材料的稳定性；Zr 掺杂可以提高材料的倍率性能。Zhao 通过对 $LiNi_{0.8}Co_{0.1}Mn_{0.1}O_2$ 进行 F 掺杂，得到样品 $LiNi_{0.8}Co_{0.1}Mn_{0.1}O_{2-y}F_y$（$y$=0.01，0.02，0.03，0.04），发现 F 掺杂量为 2% 时，得到的 $LiNi_{0.8}Co_{0.1}Mn_{0.1}O_{1.98}F_{0.02}$ 具有较高的首次放电比容量，同时也具有较佳的倍率性能及循环性能。Bare-NCM、NCMF-1、NCMF-2、NCMF-3 和 NCMF-4 的循环性能曲线如图 7-11 所示。

除 NCM 以外，氧化镍钴铝锂（$LiNi_xCo_yAl_{1-x-y}O_2$，NCA）也是一种高比容量层状结构正极。NCA 正极与 NCM 的结构非常相似，也是层状 $\alpha-NaFeO_2$ 结构。由于没有 Mn，NCA 的电压平台略低于 NCM 的电压平台。Ni 含量相同时，NCA 的可逆比容量高于 NCM 的可逆比容量。NCA 的技术难点在于其前驱体 $Ni_{0.8}Co_{0.15}Al_{0.05}(OH)_2$ 的合成，前驱体的形貌及离子的均匀性对 NCA 的比容量及循环性能有至关重要的影响，想要实现大规模应用还需在前驱体合成方面进行技术攻关。

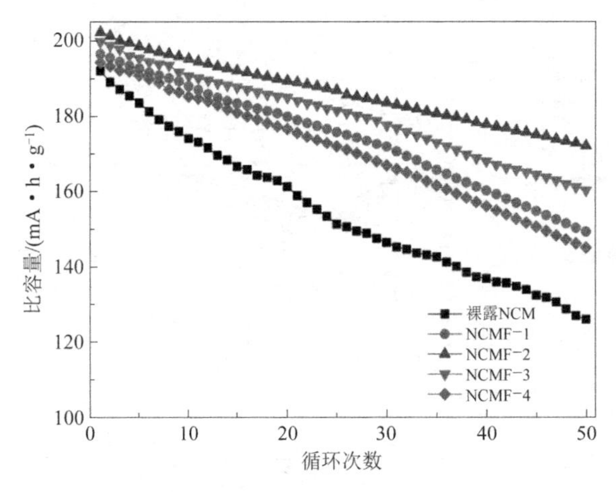

图 7-11　裸露 NCM、NCMF-1、NCMF-2、NCMF-3 和 NCMF-4 的循环性能曲线

2. 尖晶石型正极材料

尖晶石型正极材料的代表是锰酸锂（$LiMn_2O_4$），它属于立方晶系。$LiMn_2O_4$ 具有立方尖晶石晶体结构，如图 7-12 所示，其结构分配为：O^{2-} 对应 32e 四面体位置，Mn^{3+}/Mn^{4+} 对应 16d 八面体位置，Li^+ 对应 8a 四面体位置。以上位点形成了内部传输的三维通道（8a-16c-8a-16c），为锂离子在晶体中的迁移提供了途径。

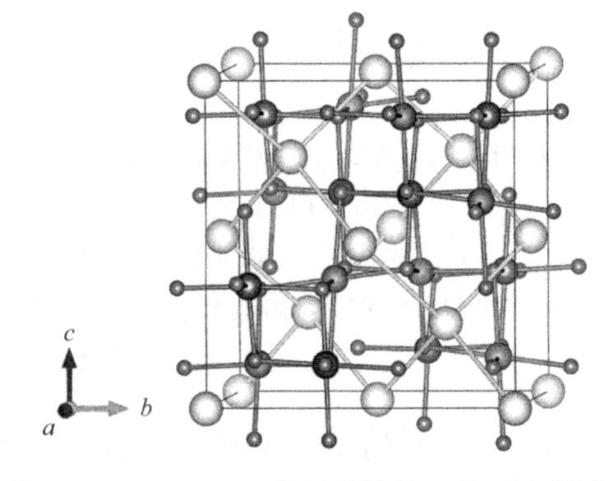

图 7-12　$LiMn_2O_4$ 的晶体结构（书后附彩插）

（灰色球体 Li^+，蓝色球体 Mn^{3+}/Mn^{4+}，红色球体 O^{2-}）

$LiMn_2O_4$ 内部的三维结构有利于 Li^+ 迁移，因此具有良好的充放电性能；然而材料在高温下循环性能较差，可能是因为 Mn^{3+} 易发生 Jahn-Teller 畸变，同时 Mn^{3+} 易受到电解液中少量水分和 F^- 侵蚀，发生溶解，导致材料电化学性能恶化。$LiMn_2O_4$ 的理论比容量接近 $LiCoO_2$，约为 148 mA·h/g，但实际放电比容量约为理论的 80%，与其他正极材料相比不具备比容量优势，不能满足部分应用中长续航里程的要求。

为了提高 $LiMn_2O_4$ 材料的工作电压，改善循环性能，将过渡金属离子 Ni^{2+} 引入来代替部分 Mn^{3+}，获得镍锰酸锂（$LiNi_{0.5}Mn_{1.5}O_4$，LNMO）正极材料。$LiNi_{0.5}Mn_{1.5}O_4$ 是一种具有尖晶石型结构的锂离子电池正极材料，其充放电结构稳定，具有锂离子脱嵌速率快、储能密度大、安全无污染等优点。$LiNi_{0.5}Mn_{1.5}O_4$ 同样存在尖晶石型结构导致的 Jahn-Teller 畸变以及电解液中 Mn^{3+} 的溶解与歧化反应，这导致该材料在高电压下循环性能不佳。研究者们通过材料纳米化以及材料复合等方法来改善这一现象。Hong 等采用水热法制成 $LiNi_{0.5}Mn_{1.5}O_4$ 纳米颗粒，改善了材料的循环稳定性，在 10 C 倍率下循环 1 000 次后放电比容量仍高达 105 mA·h/g。材料复合亦是提升镍锰酸锂循环性能的方法之一。Jia 等将 $LiNi_{0.5}Mn_{1.5}O_4$ 与氧化石墨烯（GO）复合，并在 400 ℃下烧结，得到 CGO-LNMO 复合材料，该材料在 3.8~4.9 V 的电压范围内比容量为 131.2 mA · h/g，在 10 C 倍率下放电比容量为 94 mA · h/g。CGO-LNMO、LNMO、GO-LNMO 的倍率性能比较如图 7-13 所示。

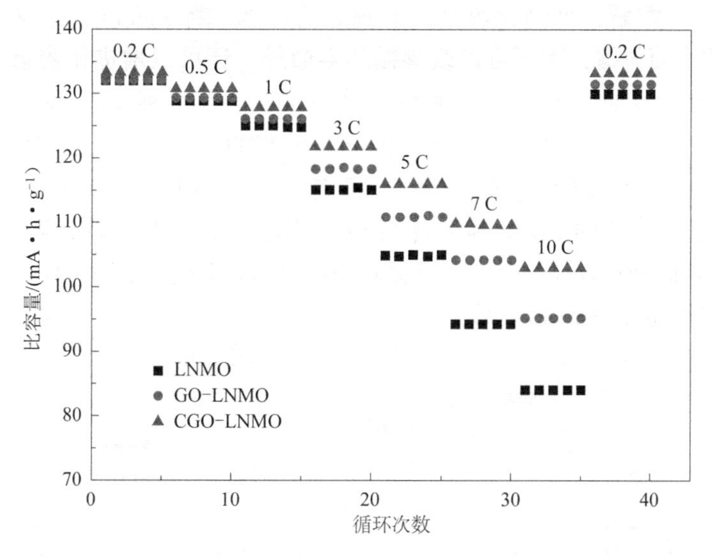

图 7-13　CGO-LNMO、LNMO、GO-LNMO 的倍率性能比较

3. 橄榄石型正极材料

橄榄石型正极材料又称聚阴离子型正极材料，磷酸铁锂（$LiFePO_4$）材料是其中的代表。$LiFePO_4$ 原料价格低，资源含量丰富，是已知的正极材料中对环境最友好、最安全的正极材料。作为正极材料，$LiFePO_4$ 工作电压适中（3.2 V）、比容量高（170 mA · h/g）、放电功率大、可快速充电且循环寿命长，循环性能好。其问题在于离子电导率低，倍率性能差，低温性能不好，需要通过技术手段予以解决。由于其独特的稳定性能，$LiFePO_4$ 材料受到动力电池市场的青睐。

$LiFePO_4$ 的晶体结构属于正交晶系，如图 7-14 所示，FeO_6 八面体、LiO_6 八面体、PO_4 四面体交替排列。材料导电性能之所以差，是因为不存在 FeO_6 共棱八面体的网络结构，导致电子传导只能通过 Fe-O-Fe 进行，限制了 $LiFePO_4$ 的电导率。

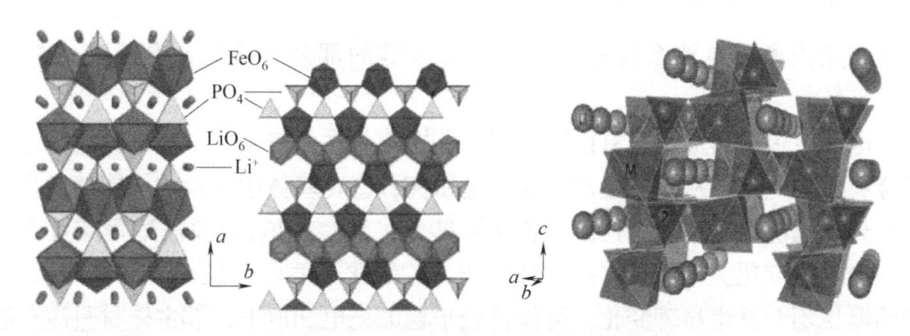

图 7-14　$LiFePO_4$ 的晶体结构

目前，研究者们能够通过包覆、取代、制备成纳米级材料等改性方法来改善 $LiFePO_4$ 的低电导率。引入分散性能良好的导电剂，如炭黑或碳，可以明显提高粒子间的导电性能，使磷酸铁锂的利用效率提高。此外，利用无机氧化物进行表面包覆的方法也是提高结构稳定性、增加材料导电性的手段之一。传统的钴酸锂材料包覆后循环性能有了明显提高，并且包覆层可以防止 Co 的溶解，抑制比容量的衰退。同样地，将 $LiFePO_4$ 晶粒进行无机物（如 ZnO 或 ZrO_2）的表面包覆，除了可以改善循环寿命外，还可以增进比容量与大电流放电时的表现。此外，还可以通过 Fe 原子位置或 Li 原子位置的取代来提高 $LiFePO_4$ 的导电能力，如通过 Zn、Mg、Ti 等原子的取代，提高 $LiFePO_4$ 材料的 Li^+ 脱嵌能力。Yang 采用高分子网络凝胶法制备 Ni 包覆的 $LiFePO_4$ 正极材料，研究了不同 Ni 包覆量（1%、3% 和 5%）对正极材料结构及电化学性能的影响。确定当 Ni 包覆量为 3% 时，材料具有最佳的倍率性能，在高倍率下具有良好的循环性能，在 5 C 下循环 50 次后保持率仍为 86.0%。不同 Ni 包覆量制备 $LiFeO_4$ 的倍率性能如图 7-15 所示。

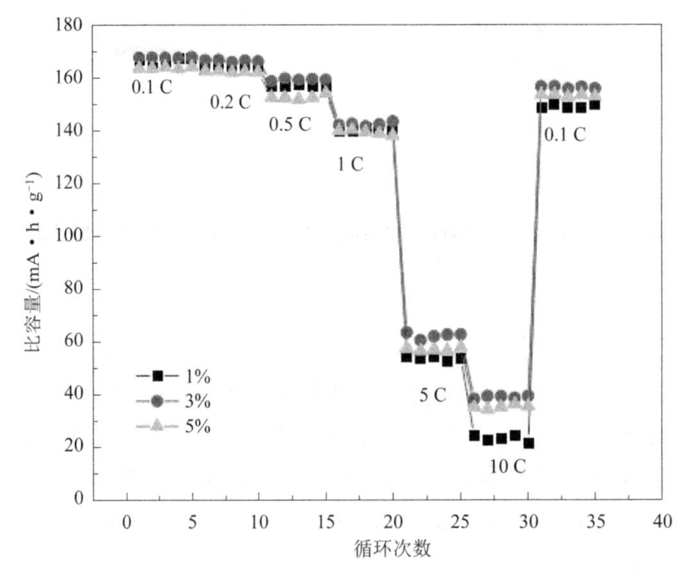

图 7-15 不同 Ni 包覆量制备 $LiFePO_4$ 的倍率性能

7.2.2 锂离子电池负极材料

负极材料是锂离子电池系统中另一个非常关键的部分，是提升电池整体性能的关键一环。

锂离子电池负极材料应该具有以下性能：①锂离子在负极基体中的氧化还原电位尽可能低，接近金属锂的电位，从而使电池的输出电压高；②在基体中大量的锂能够发生可逆嵌入和脱嵌以得到高储能密度，即可逆的 x 值尽可能大；③整个嵌入/脱嵌过程应可逆且主体结构没有或很少发生变化，确保良好的循环性能；④氧化还原电位随 x 的变化应该尽可能少，这样电池的电压不会发生显著变化，可保持较平稳的充电和放电；⑤主体材料应有较好的电子电导率和离子电导率；⑥主体材料具有良好的表面结构，能够与电解质形成良好的固体电解质界面（SEI）膜；⑦嵌入化合物在整个电压范围内具有良好的化学稳定性，在形成 SEI 膜后不与电解质等发生反应；⑧锂离子在主体材料中有较大的扩散系数，便于快速充放电；

⑨从实用角度而言，主体材料应该便宜，对环境无污染等。

金属锂最早被用于锂离子电池负极。但在充电过程中，锂不均匀沉积形成枝晶，枝晶容易穿破隔膜导致电池内部短路，放出大量热量使电解液分解，导致电池膨胀，性能迅速降低，甚至造成电池壳体爆炸，存在安全隐患。因此需要研发其他代替金属锂的材料作为锂离子电池负极。根据储锂机制的不同，常用的负极材料可以分为嵌入型、合金型和结构转化型三大类。

1. 嵌入型负极材料

嵌入型负极材料的储锂机制类似于层状结构正极材料。在充放电过程中，Li^+ 自由地从该材料的晶格间隙、层间嵌入或脱嵌，材料的晶体结构不会发生改变。

碳基负极材料是嵌入型负极材料的代表，也是锂离子电池最常用的负极材料，包括石墨、无定形碳、纳米碳材料，等等。石墨、石墨烯、碳纳米管模型如图 7-16 所示。

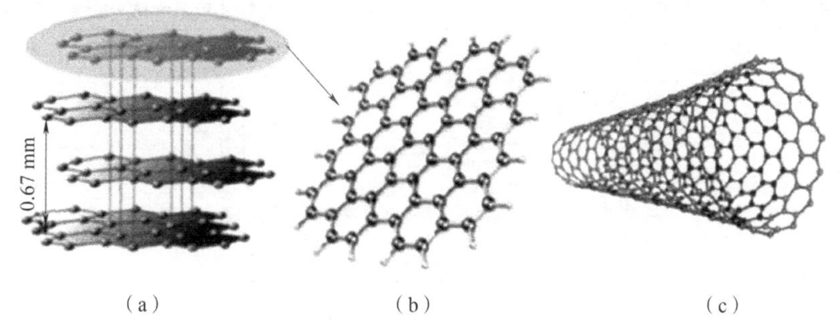

图 7-16　石墨、石墨烯、碳纳米管模型

(a) 石墨模型；(b) 石墨烯模型；(c) 碳纳米管模型

石墨是层状结构材料，碳原子间通过共价键形式连接成层，再通过范德华力使各层连接。由于石墨的特殊层状结构，在脱嵌锂过程中只改变石墨的层间距大小，并不会使晶体结构破坏，增加了石墨材料的循环性能。石墨中锂的脱嵌反应发生在 0~0.25 V，具有良好的充放电电位平台，理论比容量为 372 mA · h/g，可以与各种正极材料匹配，是目前商用锂离子电池主要的负极材料。石墨材料包括天然石墨与人造石墨两大类。天然石墨材料按结晶度的不同可以分为鳞片石墨与微晶石墨两种。鳞片石墨的石墨化程度大于 98%，作为 LIB 负极，首次库仑效率为 90%~93%。在 0.1 C 倍率下，其可逆比容量为 340~370 mA · h/g，几乎接近理论比容量，但石墨片层易发生剥离，导致电池的循环性能不理想。微晶石墨的石墨化程度通常低于 93%，一般由煤变质而成，含有少量 Fe、S、P、N、Mo 和 H 等杂质，用作 LIB 负极材料需提纯。其可逆比容量一般低于 300 mA · h/g，比容量、倍率性能均差于鳞片石墨，研究较少。

人造石墨主要由石油焦、沥青、针状焦和高分子纤维等高温隔氧热处理而成，中间相碳微球（MCMB）是其中的代表，MCMB 是沥青类化合物受热时发生收缩形成的各向异性小球，直径通常在 1~100 μm。在 700 ℃以下热解炭化处理时，锂的嵌入比容量可达 600 mA · h/g 以上，但不可逆比容量较高。在 1 000 ℃以上热处理时，MCMB 石墨化程度提高，可逆比容量增大。通常石墨化温度控制在 2 800 ℃以上，可逆比容量可达 300 mA · h/g，不可逆比容量小于 10%。MCMB 作为 LIB 负极具有如下优点：①球形颗粒有利于形成高密度堆积的电极涂层，且比表面积小，有利于降低副反应；②球内部碳原子层径向排列，锂离子容易嵌入、脱嵌，大电流充放电性能好。但是，MCMB 边缘的碳原子经锂离子反复嵌入、脱嵌，容易导致碳层剥离和变形，引发比容量衰减，表面包覆工艺能有效抑制剥离现象。Mehrdad 等通过物理气相沉积法将薄层 TiO_2 沉积在 MCMB 表面，提高了 MCMB 的初始放电比容量以及循环性能。BAG 和 AG/TiO_2 的循环性能和充放电循环曲线如图 7-17 所示。

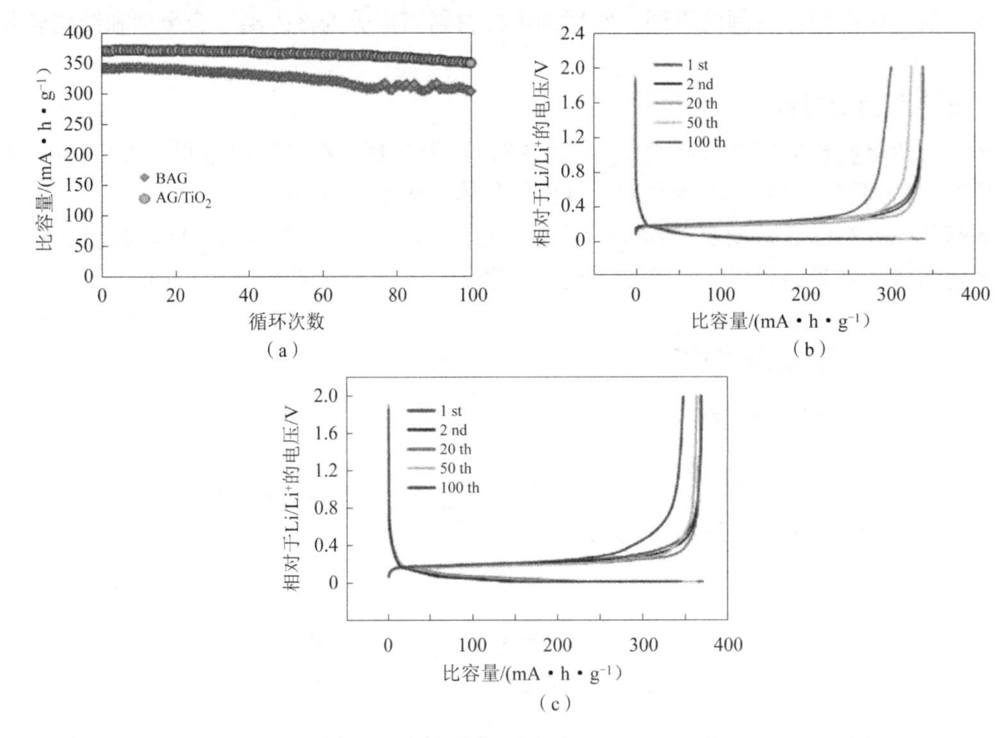

图 7-17　BAG 和 AG/TiO_2 的循环性能和充放电循环曲线（书后附彩插）

(a) 在 0.5 C 倍率下，BAG 和 AG/TiO_2 负极的循环性能；

(b)，(c) BAG 和 AG/TiO_2 在 0.5 C 倍率下的充放电循环曲线

纳米碳材料包括石墨烯和碳纳米管等。石墨烯是一种有 6 个角晶格结构的二维材料，具有良好的物理和化学特性，包括高导电性、优异的热传导性、良好的光学特性、较高的亲油性和疏水性、高比表面积、较好的电化学稳定性，以及良好的机械韧性和较高的强度等。碳纳米管是由碳原子相互结合成 σ 键形成的正六边形组合成单层或者多层的一维碳材料，结构如图 7-16（c）所示，其电化学性能与片层的不同有关。Zhang 等采用自蔓延高温合成的方法制备了介孔石墨烯（MPG）、碳纳米管（CTN）与空心碳纳米盒（HCB）等纳米碳材料，并研究了其储锂性能，其在 1 A/g 电流密度下的比容量分别为 486 mA · h/g、267 mA · h/g 和 227 mA · h/g，具有较高的比容量与良好的循环性能和倍率性能。电流密度为 0.1~4 A/g 的纳米碳阳极的充放电曲线如图 7-18 所示。

无定形碳主要分为软碳和硬碳。软碳是在 2 500 ℃以上高温处理易石墨化的碳，与石墨相比，软碳的低石墨化程度能够缓解脱嵌锂的体积变化，有利于循环性能的提升，其缺点在于比容量小、倍率性能差。硬碳是指高温处理（2 500 ℃以上）下也难以石墨化的碳，其结构无序，且石墨片叠层少，存在较多缺陷。与石墨相比，无定形碳高度不规则和无序的结构能够带来更多的锂离子存储空间，比容量比石墨更大；但其嵌锂平台不稳定，在形成 SEI 膜

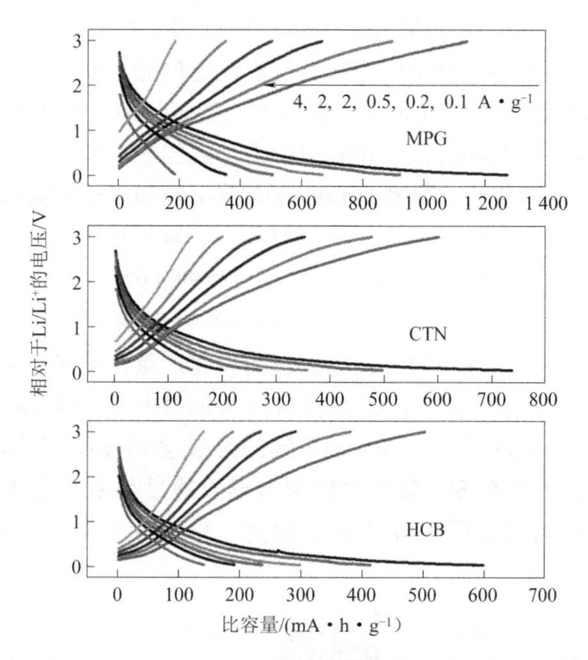

图 7-18　电流密度为 0.1~4 A/g 的纳米碳阳极的充放电曲线（书后附彩插）

时硬碳大的比表面积和过多表面官能团存在会造成大的锂损失，增加了不可逆比容量。

除碳基材料外，钛酸锂（$Li_4Ti_5O_{12}$）也是一种常见的含氧的嵌入型负极材料，属于尖晶石结构，在充放电过程中，Li^+会反复嵌入和脱嵌 $Li_4Ti_5O_{12}$ 晶格，随着 Li^+嵌入量的增加，$Li_4Ti_5O_{12}$ 将逐渐转化为具有良好导电性能的深蓝色 $Li_7Ti_5O_{12}$，材料的电子电导率显著提高，反应前后晶格参数非常接近，从 $a=0.836$ 提高到 $a=0.837$，仅增长约 0.3%，可认为晶格参数基本未发生变化。而且，这种变化是动力学高度可逆的，可避免 Li^+在反复嵌入和脱嵌过程中对晶体结构的破坏，能大幅提高电池的循环性能及使用寿命。除此之外，$Li_4Ti_5O_{12}$ 具有较高的嵌锂电位，基本不与电解液反应形成 SEI 膜，因此避免了一部分的锂消耗；其较高的充放电平台电压也可大大减少锂枝晶的产生，从而确保电池的安全性。$Li_4Ti_5O_{12}$ 充放电过程结构示意图如图 7-19 所示。

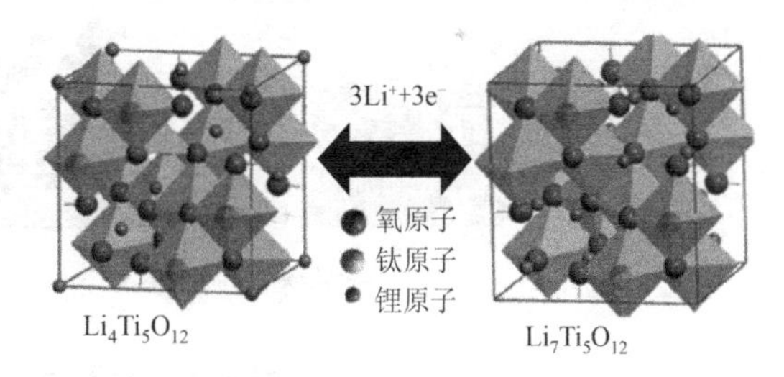

图 7-19　$Li_4Ti_5O_{12}$ 充放电过程结构示意图

但是，$Li_4Ti_5O_{12}$ 材料的理论比容量（172 mA・h/g）和本征电导率（10^{-9} S/cm）都非常低，导致该材料在高电流下产生严重的极化现象。通过改性可显著提高 $Li_4Ti_5O_{12}$ 材料的倍率性能，改性途径包括形貌特征调控、元素掺杂、导电材料包覆等。Yan 等将 P^{5+}掺杂到 $Li_4Ti_5O_{12}$ 中得到 $Li_4Ti_{5-x}P_xO_{12}$ 负极材料，在 1 C 倍率下首次放电比容量为 132.1 mA・h/g，经 500 次循环后放电比容量为 128.3 mA・h/g，容量保持率为 97.1%。

2. 合金型负极材料

合金型负极材料通过与锂离子进行合金化反应形成合金储锂，包括硅负极与锡负极等。合金型负极材料参与反应的化学方程式如下：

$$M+xLi^{+}+xe^{-}\longrightarrow Li_xM \tag{7-23}$$

合金型负极材料具有超高的理论比容量，且嵌锂电位低，安全性能好。但是，这类负极材料在 Li^{+}脱嵌和嵌入的过程中有着非常严重的体积膨胀效应，会引发电极结构的崩塌，导致电化学性能迅速衰减，同时还会破坏材料表面上生成的 SEI 膜，重新暴露出来的面又再一次生成 SEI 膜，并持续不断生长，导致材料的库仑效率低和电子传输速率缓慢。

硅负极是一种非常有代表性的合金型负极材料，其理论比容量高达 4 200 mA · h/g，远高于石墨负极和 $Li_4Ti_5O_{12}$ 负极，甚至高于金属锂负极的 3 620 mA · h/g。然而，硅基材料在充电过程中会形成 Li_xSi 合金，在合金形成的过程中往往伴随着巨大的体积膨胀（>300%），这会在电极材料内部产生强大的应力，使电极材料粉化严重，同时与集流体之间失去良好的电接触，造成比容量不可逆的衰减。硅基材料巨大的体积膨胀效应会使活性材料表面的 SEI 膜破裂，同时不断形成新的 SEI 膜。SEI 膜的形成会消耗有限的电解液和锂离子，使比容量不可逆地降低，而且在 SEI 膜反复破裂与形成的过程中，会使 SEI 膜逐渐变厚，致使内阻不断增大。这些问题阻碍了硅负极在锂离子电池中的进一步应用。硅负极失效机制如图 7-20 所示。

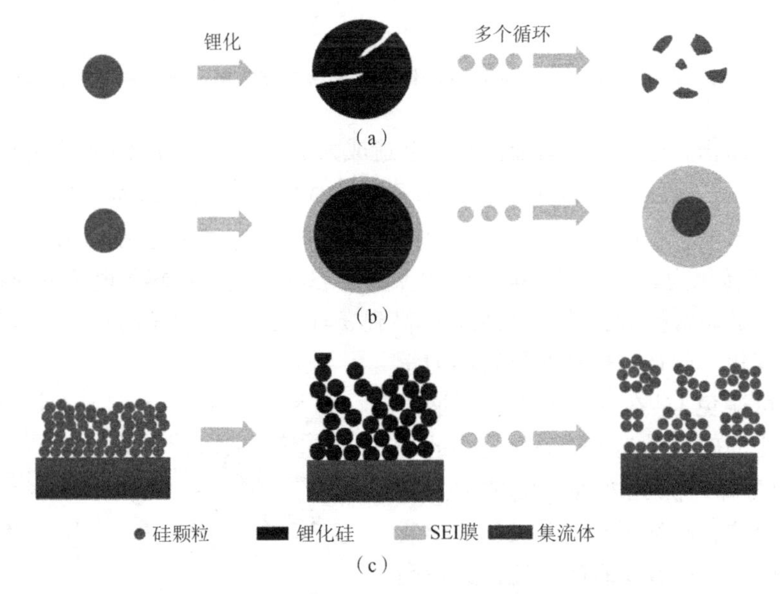

图 7-20 硅负极失效机制（书后附彩插）

（a）材料粉化；（b）整个硅负极的形貌和体积变化；（c）连续的 SEI 膜生长

目前，研究者们采用了多种方法来克服硅负极存在的问题，包括硅基材料纳米化、硅碳复合材料等。纳米尺度的硅材料能有效地缓解材料的体积变化，减小材料内部的应力，避免硅颗粒的粉化和破碎，提高锂离子电池的循环性能。Liu 等设计制备了 4 种具有不同硅颗粒尺寸但容量一致的纳米材料，用以验证纳米化尺度对于其性能的影响。实验结果显示，硅颗粒尺寸减小后，电池的容量保持率和库仑效率逐渐增大。从硅负极的对比研究来看，硅的晶粒越小循环性能越好，但是较小的纳米硅大规模制备、分散、防止表面氧化都较为困难，在应用过程中需要根据实际情况选用大小合适的纳米硅颗粒。不同尺寸硅颗粒第一次循环的充放电曲线和循环性能如图 7-21 所示。

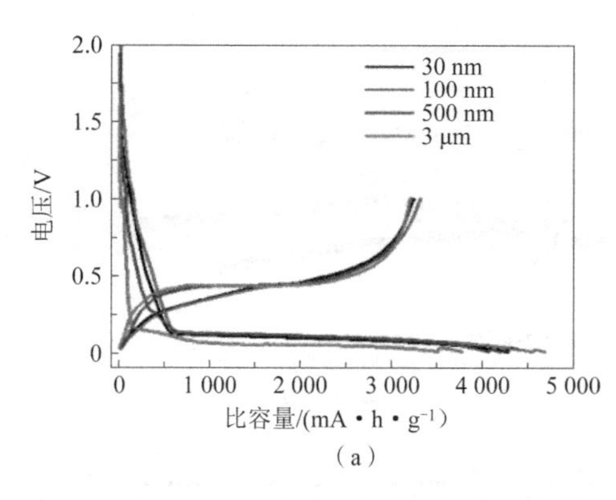

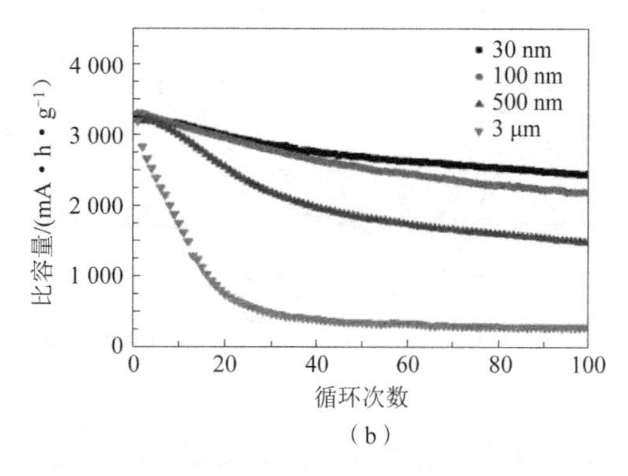

图 7-21　不同尺寸硅颗粒第一次循环的充放电曲线和循环性能（书后附彩插）

(a) 不同尺寸硅颗粒第一次循环的充放电曲线；(b) 不同尺寸硅颗粒的循环性能

硅材料的纳米化可以改善硅负极的体积膨胀问题，避免电极的破裂和粉化，但是纳米硅电极仍然存在诸如电接触不良、SEI 膜不稳定等问题。通过将硅材料与碳材料、金属氧化物、导电聚合物等功能材料复合，可以有效改善其性能。目前主流的研究方向是将纳米硅与碳材料复合，即硅碳负极材料。在碳材料的电化学循环体系中，锂离子嵌入与脱嵌时，碳材料的体积变化比较小，因此将碳材料与纳米硅材料复合可以进一步缓解硅负极材料的体积膨胀问题。此外，碳材料的加入还可以增加导电子能力，提高负极材料的导电性，对于抑制 SEI 膜的破裂也有正面作用。Xu 等利用化学气相沉积法在多孔硅上直接沉积无定形碳层，制备出直径约为 165 nm 的介孔 Si/C 微球复合材料，其中微球是由直径约为 10 nm 的硅纳米晶体相互连接，有丰富的内部结构，在其表面涂有导电石墨碳。这些改进的结构和功能特性可以防止 Si/C 微球粉碎，使用 Si/C 微球制备的硅碳负极在 0.1 A/g 电流密度下的可逆比容量为 1 500 mA・h/g，在 1 A/g 电流密度下循环 1 000 次的容量保持率约为 90%，具有良好的电化学性能。介孔 Si/C 电极的电化学性能如图 7-22 所示。

近几年，研究者发现硅基金属复合材料也能改善硅的导电性。金属材料的高导电性形成导电网络，同时金属具有较好的延展性，可以很好地负载硅颗粒，起到缓解体积膨胀的作用，进而提高材料的电化学稳定性。与硅复合的金属材料有活性金属（Mg、Ag 等）和惰性金属（Ti、Fe 等）。Wang 等利用硅阳极不可避免的粉碎现象，设计了一种原位自适应电化学磨削（ECG）策略。利用 MgH_2 作为助磨剂，以电化学的方式研磨微米级 Si 颗粒。在 ECG 过程中，MgH_2 和 Si 的锂化过程发生在不同的电位下，都会导致明显的体积膨胀，导致电极内部产生强烈的内应力。在这种强烈的内应力作用下，MgH_2 的锂化产物 Mg 和 LiH 会迁移到破裂的 Si 颗粒中，逐渐转化为由 LiH 离子导电和通过 Mg 的部分可逆锂化的电子导电组成的导电基体。在 ECG 处理后，微 Si 颗粒自发地被磨至纳米尺寸，能够适应体积变化，保证稳定的循环。制备的硅负极具有 3 228 mA・h/g 的优异的可逆比容量，200 次循环后的容量保持率为 91%。Si-MgH_2 复合材料 ECG 过程示意图如图 7-23 所示。ECG 过程得到的硅阳极的长循环性能、充放电电压和倍率能力如图 7-24 所示。

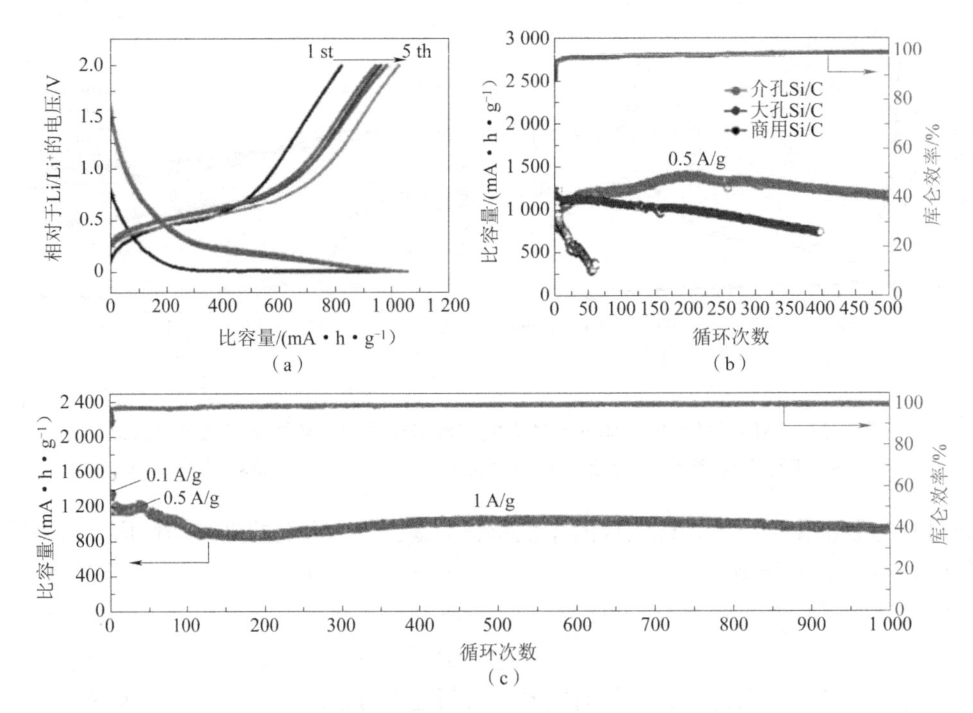

图 7-22　介孔 Si/C 电极的电化学性能（书后附彩插）

(a) 电流密度为 0.5 A/g 时，前 5 次循环的充放电曲线；(b) 电流密度为 0.5 A/g 时，介孔 Si/C、大孔 Si/C 和商用 Si/C 电极的循环性能；(c) 在电流密度为 0.1 A/g 和 0.5 A/g 下激活 50 次循环后，在 1 A/g 下进行 1 000 次循环的长循环性能

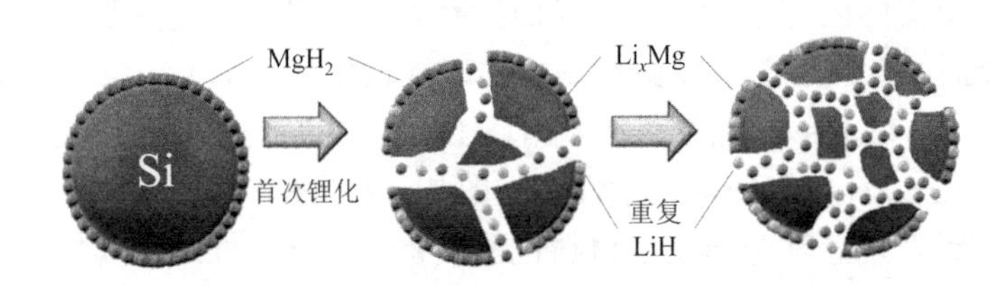

图 7-23　Si-MgH_2 复合材料 ECG 过程示意图

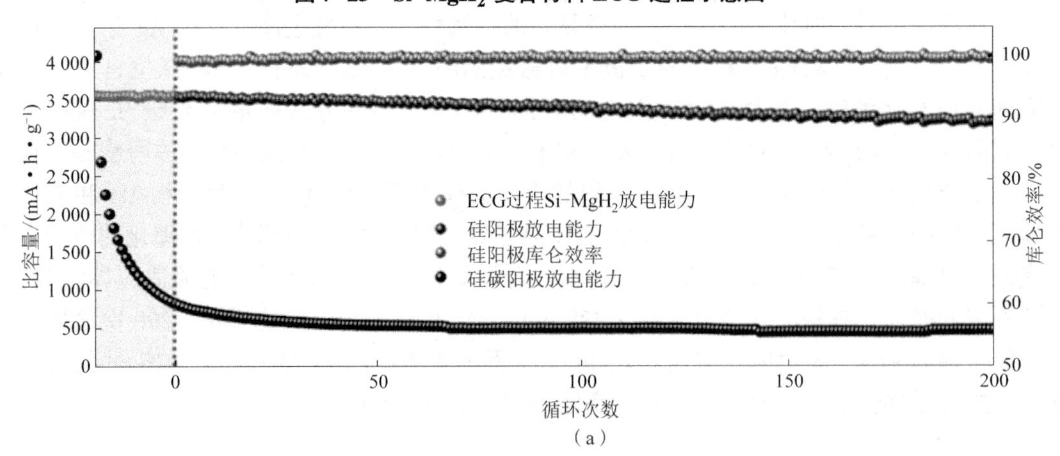

图 7-24　ECG 过程得到的硅阳极的长循环性能、恒流充放电电压分布和倍率能力（书后附彩插）

(a) ECG 过程得到的硅阳极的长循环性能

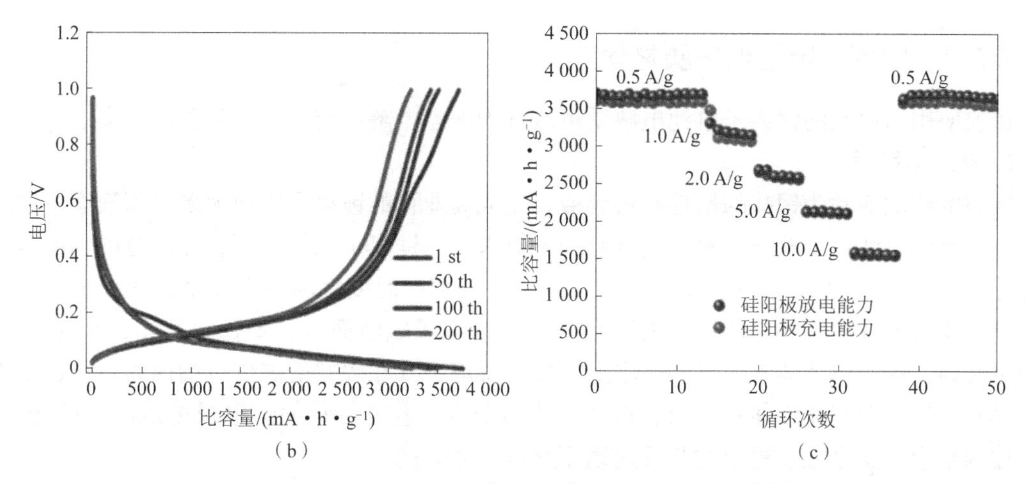

图 7-24　ECG 过程得到的硅阳极的长循环性能、恒流充放电电压分布和倍率能力（书后附彩插）（续）

（b）在 0.5 A/g 下 ECG 过程得到的硅阳极的第 1、50、100 和 200 次循环的恒流充放电电压分布；

（c）在不同电流密度下 ECG 过程得到的硅阳极的倍率能力

3. 结构转化型负极材料

结构转化型负极材料主要包括各类过渡金属氧化物 M_xO_y（M＝Fe，Co，Ni，Cu，Mn 等）。其转化机理一般满足：

$$M_xO_y+2yLi^++2ye^-\longrightarrow xM+yLi_2O \tag{7-24}$$

$$M_xS_y+2yLi^++2ye^-\longrightarrow xM+yLi_2S \tag{7-25}$$

嵌锂过程中，M_xO_y 会迅速分解形成 Li_2O，分散在纳米级的过渡金属簇中；脱锂过程中，Li_2O 在金属单质的催化作用下又被还原成 M_xO_y，类似于金属与锂离子的置换反应。结构转化型负极材料具有高可逆比容量和高储能密度，然而，它们存在首次库仑效率低，SEI 膜形成不稳定，潜在的滞后现象以及容量保持率低等问题。

α-Fe_2O_3 作为一种结构转化型负极材料，其理论比容量高达 1 007 mA・h/g。然而，其较低的容量保持率和较差的倍率能力阻碍了它在锂离子电池中的应用。将 α-Fe_2O_3 与碳材料复合，可以有效地提高材料的性能。Li 等将活性炭浸渍在硝酸铁溶液中并煅烧，制备了 Fe_2O_3/碳复合材料，用作锂离子电池负极材料时，100 次循环后，其可逆比容量为623 mA・h/g。这种高度提高的可逆比容量和倍率性能归因于：复合材料中石墨化层的形成，提高了基体电导率；相互连接的多孔通道，增加了锂离子的迁移速率；均匀的 Fe_2O_3 纳米粒子，促进了电子传输和缩短了 Li^+的扩散距离。除铁基氧化物材料外，钴基氧化物、钼基氧化物等均可作为锂离子电池负极材料，如 Co_3O_4、MoO_2 和 MoO_3 的理论比容量分别为 890 mA・h/g、830 mA・h/g 和 1 111 mA・h/g。在实际应用过程中，需要对这些材料进行一定的改性，进一步提高材料的电化学性能。Fe_2O_3/碳复合材料与无处理材料的循环性能如图 7-25 所示。

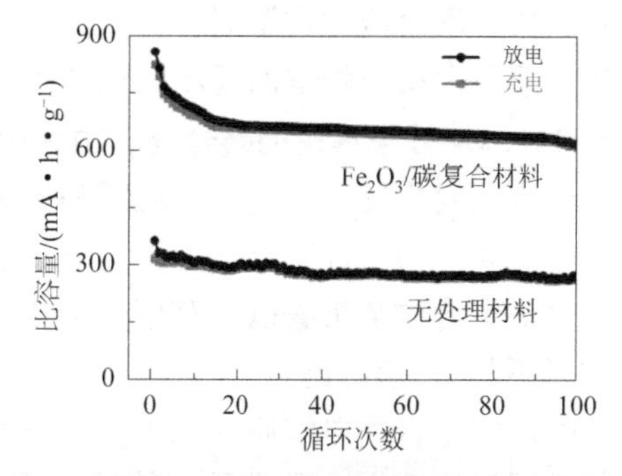

图 7-25　Fe_2O_3/碳复合材料与无处理材料的循环性能（书后附彩插）

7.2.3 锂离子电池电解质材料

目前使用与研究的锂离子电池电解质可以分为液态电解质与固态电解质两大类。

1. 液态电解质

液态电解质通常为锂盐的惰性有机溶液。完成商业化的锂离子电池大多采用液态电解质体系。锂离子电池对于液态电解质应具有如下要求：①锂离子电导率高，在较宽的温度范围内电导率应大于 3×10^{-3} S/cm；②热稳定性好，在较宽的温度范围内不发生分解反应；③电化学窗口宽，即在较宽的电压范围内稳定（对于锂离子电池而言，要稳定到 4.5 V）；④化学稳定性高，即与电池体系的材料基本上不发生反应；⑤在较宽的温度范围内为液体；⑥对离子具有较好的溶剂化性能；⑦没有毒性，使用安全；⑧能尽量促进电极可逆反应的进行。在上述因素中，安全性、稳定性与反应速率是最为重要的。

液态电解质的主要成分包括有机溶剂、锂盐与各种添加剂，主要考虑有机溶剂以及锂盐的选择。对于有机溶剂，应着重考察其闪点、挥发性、毒性、反应性、氧化还原稳定性以及盐溶液的电导率，等等。目前，常用的有机溶剂包括高介电溶剂［碳酸亚乙烯酯（EC）和二甲基碳酸酯（DMC）的混合物］、低黏度溶剂［二甲氧基乙烷（DME）、甲基甲酸酯（MF）］等。高介电溶剂可以稳定保护电极表面形成的钝化膜，而低黏度溶剂可以确保足够的离子电导率。锂盐的选择也十分重要，主要考虑其热稳定性、电化学稳定性、毒性，等等。目前，最常使用的是六氟磷酸锂（$LiPF_6$），已经在商业化锂离子电池中得到应用。

2. 固态电解质

固态电解质是一类新兴的锂离子电解质体系，具有安全性高、理论储能密度高等优点，是电解质行业的热门研究对象。液态电解质难以与高电压正极兼容，且存在一定的安全问题，而固态电解质能够抑制锂枝晶的形成，并且通常所具有的高于 5 V 的电化学窗口，使应用锂金属阳极和高电压正极成为可能，从而制备出具有高储能密度的锂离子电池。

固态电解质可以分为聚合物固态电解质与无机固态电解质两种。

（1）聚合物固态电解质。根据所含物质不同及导电机理的区别，聚合物固态电解质分为两大类：固态聚合物电解质和凝胶聚合物电解质。现有聚合物电解质分类如图 7-26 所示。

①固态聚合物电解质（SPE），通常由有助于锂离子迁移的聚合物基体和溶解于其中的锂盐组成，不含液体增塑剂。目前关于全固态电解质导电机理仍存在较大争议，主流学界认为依靠非晶态聚合物链的运动实现离子传导，即 Li^+ 与聚合物链上的极性基团相互作用，形成基于 Lewis 酸碱理论的络合物，由无定形聚合物链的运动产生推力，使阴阳离子在新的相邻配位点间发生反复的离解、跳跃和再配位，在外部电场的作用下，实现定向运动，从而实现离子传导。另一种观点认为，锂离子运动不依赖无定形的聚合物链，而是在螺旋通道上跳跃。结晶聚合物链折叠以在有序骨架内形成联锁的通道，Li^+ 驻留在通道中，阴离子位于外部并且不与 Li^+ 进行配位。

②凝胶聚合物电解质（GPE），一般由聚合物、液体有机增塑剂与锂盐三部分组成。三种物质通过互溶方法形成具有特殊微观结构的聚合物凝胶网络，网络中含有液态电解质分子，利用这些固定在凝胶中的液态电解质实现离子传导与迁移。在凝胶聚合物电解质系统中，聚合物基质形成凝胶网络，液态电解质被溶胀到这种网络中，分别形成了凝胶相与液态相。在实际应用过程中，离子的迁移和传导主要发生在凝胶网络和被其包裹的液态相中。

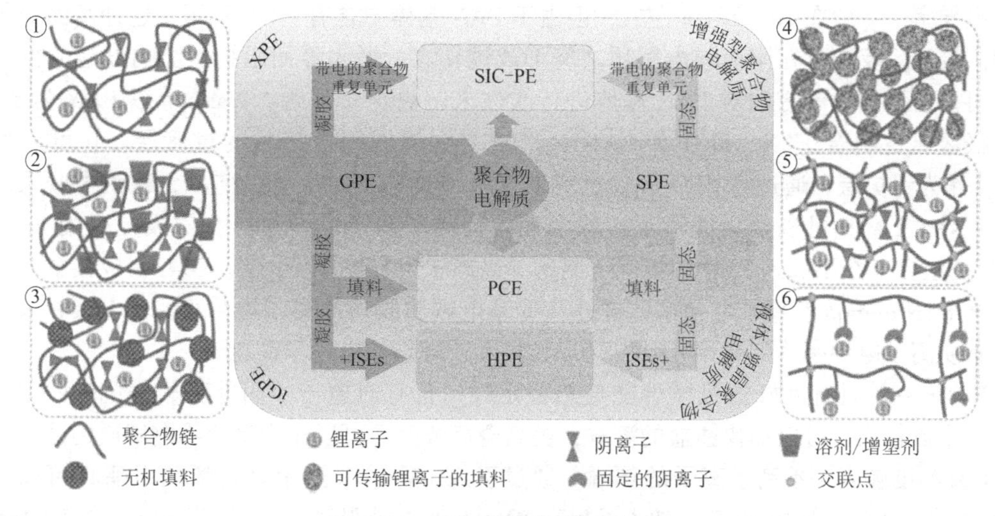

图7-26　现有聚合物电解质分类

XPE—交联聚合物电解质；SIC-PE—单离子导体聚合物电解质；
GPE—凝胶聚合物电解质（聚合物增塑剂电解质，聚合物+盐+增塑剂）；SPE—固态聚合物电解质
（干聚合物电解质，聚合物+盐）；iGPE—离子凝胶聚合物电解质；
PCE—复合聚合物电解质；HPE—杂化聚合物电解质；ISEs—无机固态电解质

常用的聚合物电解质基体包括聚环氧乙烷（PEO）、聚丙烯腈（PAN）、聚偏二氟乙烯（PVDF）等。

PEO是研究较早，并被作为聚合物电解质的基体材料。在PEO基聚合物电解质中，在电场作用与分子链段热运动的作用下，锂离子与氧官能团不断进行配位与解离，从而实现了锂离子的迁移过程。PEO基聚合物电解质结构稳定，安全性能好，但室温下导电性能很差，离子电导率在10^{-6} S/cm以下，会使用PC（碳酸丙烯酯）或EC（碳酸乙烯酯）等有机溶剂对其进行增塑，使其形成凝胶态，离子电导率可以达到10^{-3} S/cm。但是，在添加有机增塑剂后，PEO失去原有的机械强度，导致机械性能降低。通过掺杂聚合物的方式可以提高其机械性能。Li等采用静电纺丝技术制备了基于PVDF/PEO纳米纤维膜的GPE，通过将PVDF掺杂于PEO膜中，提高了PEO膜的机械性能。在这一体系中，PVDF保证了良好的机械性能，解决了PEO电化学性能良好但机械性能不佳的问题。通过这种方法制备的GPE离子电导率最高可以达到4.80×10^{-3} S/cm，同时将制备的GPE组装成锂离子电池时，表现良好的充放电循环性能及倍率性能。使用PVDF/PEO基固态电解质在第1、30、60次的充放电电压分布如图7-27所示。

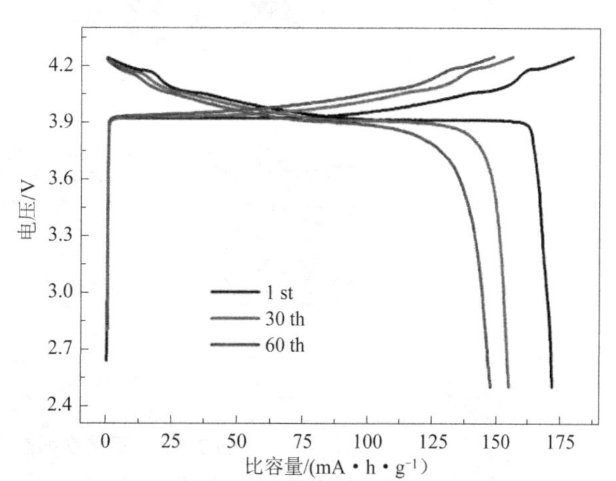

图7-27　使用PVDF/PEO基固态电解质在第1、30、60次的充放电电压分布（书后附彩插）

PAN具有优异的力学性能和超高的离子电导率，且能耐高温，热稳定性极佳。PAN体系聚合物电解质具有较高的

离子电导率，一般在 10^{-3} S/cm 左右，但由于 PAN 基体中含有—CN 基团，这种基团会与金属锂阳极发生反应，在阳极与电解质之间形成钝化层，增大界面阻抗，影响电池的循环性能。可以通过共混等方法对 PAN 基体进行改性来解决这一问题。Wang 等以 PAN 为基体，在阳极区通过组合 PAN、PEO 和 LATP，形成与金属锂阳极接触的过渡层。它可以称为 PPL，作为保护层，通过与 PEO 形成氢键来克服纯 PAN 的“钝化效应”，在膜中嵌入的高离子电导率 LATP 可以作为锂离子传输通道，提高了离子电导率；在阴极区采用 PAN 和 LATP 的组合，在不加入 PEO 的情况下制备了高离子电导率的 PL 层。当与阴极接触时，可以发挥 PAN 的高固有离子电导率，进一步提高电解质膜的总离子电导率。PPL-PL 双层凝胶电解质离子电导率达到 8.61×10^{-4} S/cm，显示了理想的电化学性能。

PVDF 基体具有良好的机械性能与热稳定性，含有对电子吸附能力较强的—CF 基团，且介电常数较高，可以加快锂盐的溶解，提高电荷浓度，可以作为聚合物电解质的晶体。但 PVDF 结晶度较高，不利于离子的传输。通过引入 PMMA（聚甲基丙烯酸甲酯）可以降低 PVDF 的结晶度，同时 PVDF 的加入可提高 PMMA 的机械强度。Liu 等将 PVDF 与 PMMA 进行共混复合，使用 N-甲基吡咯烷酮（NMP）和碳酸丙烯酯（PC）两种有机物作为增塑剂，制备了几种不同比例的 CGPE（复合凝胶聚合物电解质）。实验结果表明，将 PVDF 与 PMMA 共混可有效降低体系的结晶度，同时这一体系相比于纯 PMMA 体系具有良好的热稳定性。当 PVDF 与 PMMA 的质量比为 8∶2 时，离子电导率最高，可以达到 6.88×10^{-4} S/cm，具有理想的电化学性能。

（2）无机固态电解质。无机固态电解质是既具有较高的离子电导率，又具有较低的活化能和电子电导率的一类无机材料。按照组成元素的不同，无机固态电解质可以分为氧化物固态电解质和硫化物固态电解质两大类。

氧化物固态电解质具有较好的化学稳定性，主要包括 NASICON 型、LISICON 型、石榴石型、钙钛矿型和反钙钛矿型等结构。氧化物固态电解质晶体结构如图 7-28 所示。

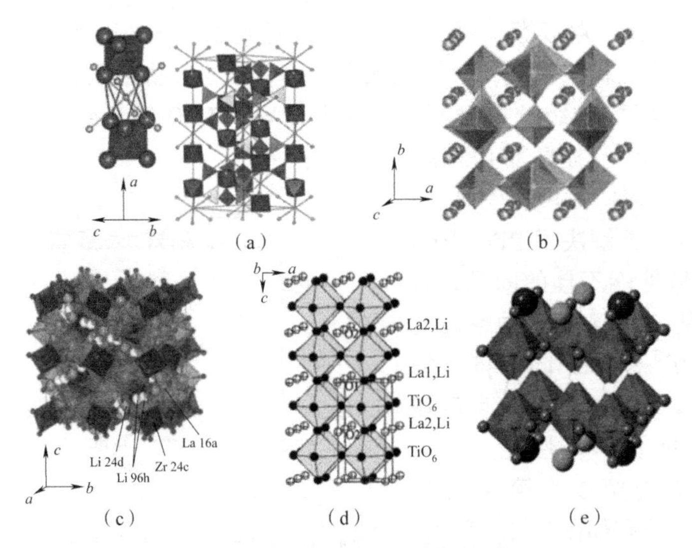

图 7-28　氧化物固态电解质晶体结构

（a）NASICON 型；（b）LISICON 型；（c）石榴石型；（d）钙钛矿型；（e）反钙钛矿型

NASICON 型氧化物的通式为 $AM_2(BO_4)_3$，A 为一价碱金属阳离子（如 Li^+、Na^+），M 和 B 分别为四价、五价阳离子。当 Na 被 Li 取代时，NASICON 型材料可以保持其原始结构并转变为基于 Li^+的固态电解质。可以通过控制微观结构来调整 NASICON 型固态电解质，因此用不同的元素取代骨架离子可以优化其离子电导率，包括 Al、Cr、Ga、Fe 等金属元素。研究表明，Al 取代的 $Li_{1.4}Al_{0.4}Ti_{1.6}(PO_4)_3$(LATP)具有 1.09×10^{-3} S/cm 的高离子电导率。

LISICON 型氧化物的晶体结构与 γ-Li_3PO_4 类似，用小体积阳离子取代原有阳离子，可以有效增加给定 LISICON 型结构中每个 Li 原子的晶格体积，增大锂离子传导空间，并降低其传输能垒，进而提升其锂离子电导率。Kanno 等用 S^{2-}取代 O^{2-}，从而创建了 $Li_{10}GeP_2S_{12}$（LGTP）的硫代 LISICON 型固态硫化物电解质。LGTP 具有新的 3D 框架结构，在室温下具有 12 mS/cm 的极高电导率。

石榴石型氧化物的通式为 $A_3B_2(XO_4)_3$，其结构如图 7-28（c）所示，A、B 和 X 阳离子位于 8 个、6 个和 4 个氧配位的阳离子位点。在已经开发出的一系列石榴石型固态电解质中，$Li_7La_3Zr_2O_{12}$（LLZO）受到广泛的关注，它具有室温高离子电导率，同时与锂金属具有化学相容性。依据烧结温度不同，LLZO 具有低温四方相与高温立方相两种晶体结构，而且立方相 LLZO 具有相对较高的离子电导率。掺杂金属离子同样会对石榴石晶格结构产生影响而引起离子电导率的变化，对 LLZO 来说，掺杂元素可以稳定立方相晶格，提高离子电导率常用的掺杂元素有 Al、Ta、Ge、Ga 等，目前主要通过掺杂 Al 或 Ta 元素来获得稳定立方相 LLZO。

钙钛矿型氧化物的通式通常表示为 ABO_3（A=Sr，La，Ca 等；B=Al，Ti 等），其晶体结构如图 7-28（d）所示。$Li_{3x}La_{2/3-x}TiO_3$（LLTO）是典型的钙钛矿材料，其中的 $Li_{0.34}La_{0.56}TiO_3$ 离子电导率最高，室温离子电导率可达 10^{-3} S/cm。LLTO 具有高体积电导率和宽电化学窗口，通过大离子半径的 Sr^{2+}或 Ba^{2+}代替 La^{3+}可以进一步提高锂离子的体积电导率。然而，当 LLTO 与锂金属接触时，Ti^{4+}会还原为 Ti^{3+}，限制了它的实际应用。

与氧化物电解质相比，硫化物电解质同样具有较高的离子电导率，同时质地更加柔软，与电极之间的界面接触更加紧密。由于硫元素具有较低的电负性，对 Li^+的束缚较小，更有利于 Li^+在固态电解质中的解离与迁移。硫化物固态电解质的局限性在于空气中的化学不稳定性，其容易吸潮并产生有害的 H_2S 气体；此外，硫化物固态电解质一般采用球磨法制备，制备工艺较为复杂，限制了其大规模生产。同时，硫化物电解质同样存在严重的界面问题，不利于电池高容量、长寿命的发挥。

7.2.4　锂离子电池隔膜材料

隔膜是锂离子电池的关键组成部分，位于正负极之间，阻止正负极直接接触而允许锂离子在其中自由通过，其性能对电池的安全性、储能密度和功率密度等有直接影响。用于锂离子电池的隔膜可分为聚烯烃微孔膜、无纺布隔膜及有机、无机复合膜三类，其中使用最广泛的是聚烯烃微孔膜。锂离子电池隔膜的分类如图 7-29 所示。

聚烯烃微孔膜主要以聚乙烯（PE）、聚丙烯（PP）等聚烯烃材料通过干法或湿法工艺制成，特征是拥有纳米级的孔径。聚烯烃微孔膜最大的优点是具有良好的拉伸强度和穿刺强度，值得注意的是，因电池在反复充放电循环过程中产生大量热量，软化和熔化温度较低的聚烯烃材料可以在不同温度下通过关闭孔结构，起到保护电池的作用。

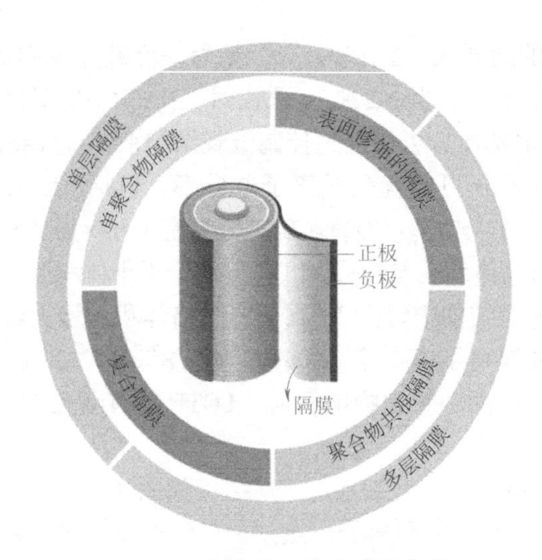

图 7-29　锂离子电池隔膜的分类

聚烯烃微孔膜的制备方法主要分为干法（熔融拉伸法）和湿法（相分离法）两种。干法就是将聚烯烃材料在应力场下熔融挤出，迅速退火形成片晶，拉伸使片晶结构分离，将缺陷晶体撕裂成孔，热定形后即可得到聚烯烃微孔膜，制备过程如图 7-30 所示。干法不需要溶剂，环境友好且操作过程简单。由于通常采用单向拉伸，所得到的隔膜表现各向异性，横向几乎无热收缩，强度较差。

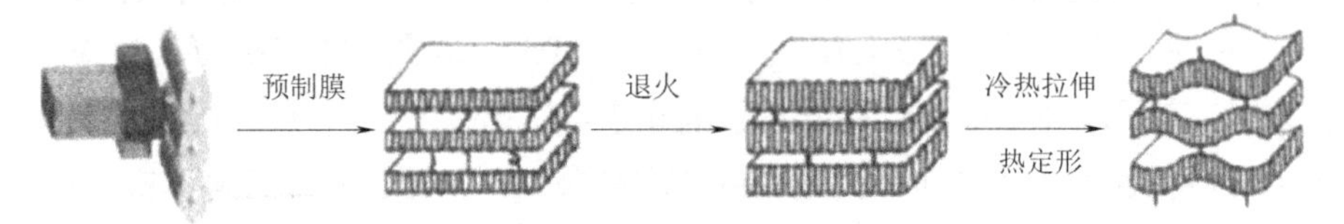

图 7-30　干法制备聚烯烃微孔膜过程

湿法，又称相分离法，是将聚烯烃材料与小分子增塑剂共混后在高温下挤出，降温后发生固-液相分离，再用低沸点溶剂萃取增塑剂，得到聚烯烃微孔膜，制备过程如图 7-31 所示。湿法过程通常采用双向拉伸增大孔径和孔隙率，因而得到的孔类似圆形，分布较均匀。与干法相比，湿法可用于更多的聚合物种类，且制得的隔膜均一性好，抗穿刺强度大。但溶剂的引入增加了生产成本，且对环境有污染。

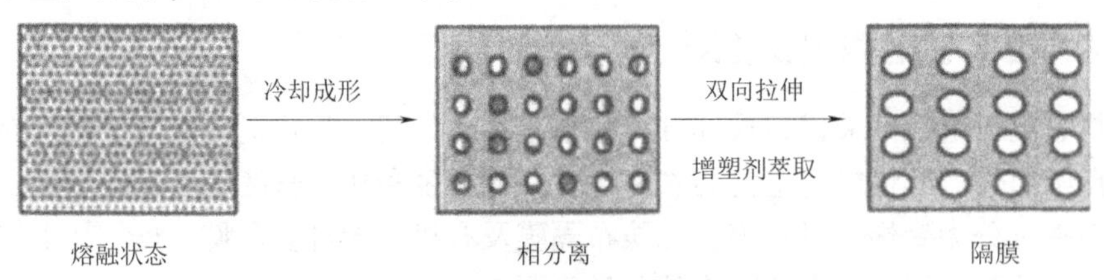

图 7-31　湿法制备聚烯烃微孔膜过程

无纺布隔膜热稳定性高，有利于电池的安全性能。无纺布隔膜的制备方法主要有造纸法和静电纺丝法。用于制造纤维无纺布隔膜的材料包括纤维素、聚烯烃、聚酰胺（PA）、聚氯乙烯（PVC），等等。与传统的聚烯烃微孔膜相比，无纺布隔膜还具有孔隙率高、电解液浸润性好等优点，但无纺布隔膜较厚且孔径较大，不均匀，无法满足锂离子电池的要求。针对这些缺点，研究者们通过对无纺布隔膜进行涂覆、凝胶填充等改性方法以改善无纺布隔膜的性能，从而实现其在锂离子电池中的应用。Zhang 等采用 2-丙烯酰胺基-2-甲基丙磺酸（AMPS）在商业的聚酰亚胺（PI）无纺布中原位聚合制备得到 AMPS 凝胶填充的无纺布隔膜，改善了原聚酰亚胺膜孔径过大导致的漏电现象，从而顺利应用于锂离子电池中。AMPS 填充凝胶填充 PI 无纺布的制备过程如图 7-32 所示。

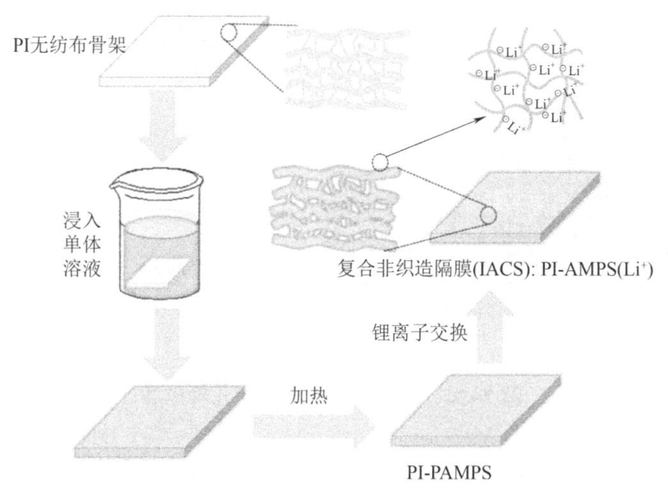

图 7-32　AMPS 凝胶填充 PI 无纺布的制备过程

虽然聚合物隔膜在商业化的锂离子电池中占据主导地位，但受限于材料本身低熔点的特性，其热稳定性差，容易在电池升温时发生热收缩，导致正负极直接接触短路，造成燃烧爆炸等危险事故。无机纳米粒子具有耐高温、亲液能力强、比表面积大等优点，与有机材料复合可以显著提高隔膜的热稳定性。这种有机、无机复合膜按照制备方式可以分为两种：涂覆和共混。

涂覆是以聚烯烃微孔膜、无纺布隔膜等为基膜，将无机粒子和黏结剂按一定比例共混制成浆液后涂覆在基体表面，即可得到有机、无机复合膜。Fu 等以 PVDF-HFP（聚偏二氟乙烯六氟丙烯共聚物）为黏结剂，丙酮为溶剂，在聚丙烯隔膜表面沉积一层纳米 SiO_2 粒子，降低了隔膜的热收缩效应，抗拉伸性能显著提高。

共混制备有机、无机复合膜是先将无机粒子分散在铸膜液中，再通过湿法或静电纺丝制成隔膜。Woo 等将聚苯醚（PPO）和 SiO_2 纳米粒子共混制备有机、无机复合膜，该复合膜具有优异的耐高温性，250 ℃下隔膜的结构仍然保持不变。采用该隔膜组装的电池也表现良好的循环性能，在 2 C 倍率下，循环 200 次后容量保持率仍有 97%。PPO/SiO_2 原位复合陶瓷隔膜的表面和截面 SEM 照片如图 7-33 所示。

图 7-33　PPO/SiO_2 原位复合陶瓷隔膜的表面和截面 SEM 照片

7.2.5 锂离子电池电芯与 PACK 技术

在 PACK（电池成组）行业，人们都把未组装、不直接使用的电池称为电芯（指单个含有正、负极的电化学电芯，一般不直接使用），而把连接上 PCM（保护电路模块）板（简单 BMS），有外壳，有充放控制等功能的成品电池称为电池。电芯设计是 PACK 设计与组装的基础。PACK 中最常用的几种电芯如图 7-34 所示，包括圆柱形、方形（铝壳、钢壳、塑料）、软包等。

图 7-34　PACK 中最常用的几种电芯

电池管理系统（Battery Management System，BMS），是连接车载动力电池和电动汽车的重要纽带，其主要功能包括：电池物理参数实时监测；电池状态估计；在线诊断与预警；充放电与预充控制；均衡管理和热管理等。

PACK 技术包括焊接工艺、螺栓连接工艺，如图 7-35 所示。焊接工艺包括超声波焊接和激光焊。超声波焊接是指利用超声频率（超过 16 kHz）的机械振动能量，连接同种金属或异种金属的一种特殊方法。金属在进行超声波焊接时，既不向工件输送电流，也不向工件施以高温热源，只是将振动能量转变为工件间的摩擦功、形变能及有限的温升。接头间的冶金结合是母材不发生熔化的情况下实现的一种固态焊接。激光焊是指利用激光辐射加热待加工表面，表面热量通过热传导向内部扩散，通过控制激光脉冲的宽度、能量、峰功率和重复频率等激光参数，使工件熔化，形成特定的熔池。螺栓连接的方式虽然简单、方便检修、成本低，但是表面容易受到腐蚀，且振动后容易发生螺栓松动，出现电阻波动等现象。

图 7-35　PACK 焊接工艺与螺栓连接工艺

7.3　金属空气电池

金属空气电池是指以活性金属作为负极，空气作为正极的一类能源技术，其结构如图 7-36 所示。与一般储能电池不同，金属空气电池只有金属电极存储能量，空气电极是转变能量的工具，是锂离子电池比容量的几倍；相比氢燃料电池，金属空气电池结构更加简单，原料易得且成本更低，还可以实现充电功能，同时拥有蓄电池与燃料电池的优点，有望在新能源汽车、便携式设备、固定式发电装置等领域获得应用。

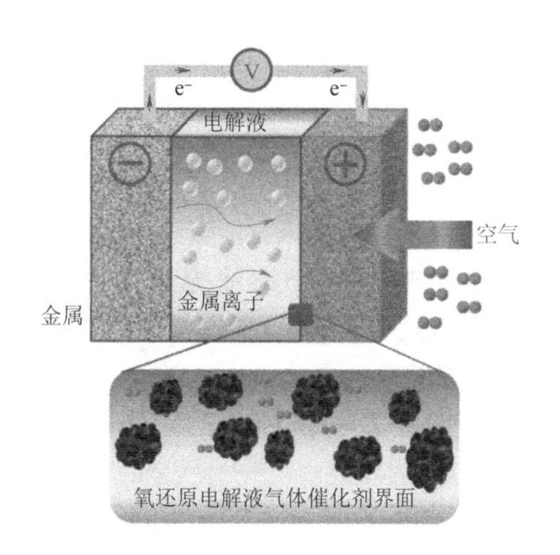

图 7-36　金属空气电池结构

金属空气电池由金属负极、电解液、隔膜和空气催化正极组成。金属负极一般是容易与空气发生反应的金属，在放电过程中发生氧化反应，失电子后变为离子或者与电解液中的离子形成配合物；在充电过程中发生还原反应，金属重新沉积在负极上。根据金属负极的不同，金属空气电池可以分为锌空气电池、锂空气电池、镁空气电池、铝空气电池等。表 7-1 对比了金属空气电池与锂离子电池的理论储能密度与工作电压，更直观地展示了金属空气电池在储能密度方面的优势。

表 7-1　金属空气电池与锂离子电池参数对比

特性	电池类型			
	锌空气电池	铝空气电池	锂空气电池	锂离子电池
正极反应物	氧气	氧气	氧气	钴酸锂
负极反应物	金属锌	金属铝	金属锂	碳化锂
工作电压/V	~1.2	~1.5	~2.7	~3.6
理论储能密度/($W \cdot h \cdot kg^{-1}$)	1 180	2 290	11 400	444

金属空气电池的正极为空气扩散电极，包括活化层、扩散层和集流网等部分。空气中的氧气进入扩散层后在活化层被还原，而电子则通过集流网导出。扩散层由炭黑和高分子材料组成透气疏水薄膜，既能保证气体扩散效果，又能防止电解液泄漏。活化层则由炭黑、高分子材料及催化剂组成。正极催化剂需要具有良好的氧还原反应催化性能与氧析出反应催化性能，对应电池的充电过程与放电过程。正极材料直接决定着整个金属空气电池的循环性能、比容量、储能密度等关键性能，提高正极的催化性能、寻找廉价高效的催化剂是目前研究的热点。目前常用的催化剂主要有以下几类：贵金属及其合金、金属有机络合物、金属氧化物和碳等。

7.3.1　锂空气电池

锂空气电池的概念由 Littauer 教授首先提出，采用碱性水溶液作为电解液，金属锂作为负极，并以氧气为活性物质进行放电，其反应式如下：

负极反应：

$$Li \longrightarrow Li^+ + e^- \tag{7-26}$$

正极反应：

$$O_2 + 2H_2O + 4e^- \longrightarrow 4OH^- \tag{7-27}$$

总反应：

$$4Li + O_2 + 2H_2O \longrightarrow 4LiOH \tag{7-28}$$

由于金属锂极为活泼，会与水发生不可逆反应，使用有机溶液体系代替水溶液作为电解液，实现了锂空气电池的充放电循环。在非水体系中，空气正极上的反应产物为过氧化锂（Li_2O_2），其正极反应方程式如下：

放电：

$$O_2 + Li^+ + e^- \longrightarrow LiO_2 (3\ V\ vs\ Li/Li^+) \tag{7-29a}$$

$$2LiO_2 \longrightarrow Li_2O_2 + O_2 \tag{7-29b}$$

$$LiO_2 + Li^+ + e^- \longrightarrow Li_2O_2 (3.1\ V\ vs\ Li/Li^+) \tag{7-29c}$$

充电：

$$Li_2O_2 \longrightarrow 2Li^+ + 2e^- + O_2 \tag{7-30}$$

在整个放电反应中，Li^+先与氧气形成超氧化锂，然后超氧化锂再被氧化为过氧化锂，同时超氧化锂也会和 Li^+发生反应产生过氧化锂，过氧化锂会沉积在正极的表面；而在充电过中，沉积的过氧化锂发生分解，完成一个充放电循环。

根据电解质种类的不同，锂空气电池分为 4 种体系，除上述非水系锂空气电池、水系锂空气电池外，还包括全固态锂空气电池和水系/非水系混合锂空气电池，其结构示意图如图 7-37 所示。

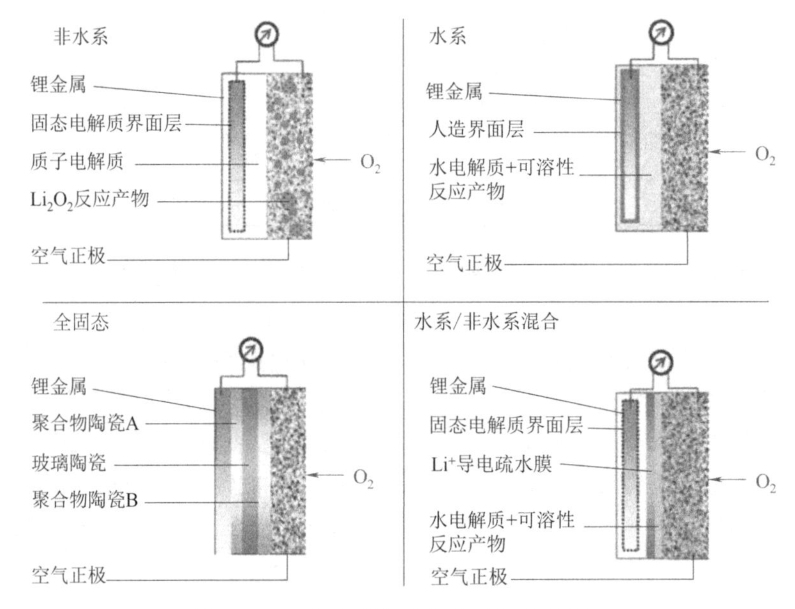

图 7-37　4 种体系锂空气电池结构示意图

在水系/非水系混合电解质锂空气电池，金属锂负极一侧为有机电解质，空气电极一侧为 KOH 水溶液，并在中间用 LISICON 材料隔开。水溶液中的 O_2 在空气电极上反应生成可溶于水产物的 LiOH，可以有效地解决有机体系中空气电极反应产物堵塞电极微孔的问题。其缺点在于隔膜耐碱性差，并且电阻与放电电流密度有关，是这个体系需要克服的问题。Hiroyoshi Nemoria 等使用锂离子导体 $Li_{1.3}Al_{0.5}Nb_{0.2}Ti_{1.3}(PO_4)_3$（LANTP）为隔膜设计水系/非水系混合电解质锂空气电池。电池采用金属锂负极和 MnO_2 正极，其比容量可达 1 750 mA·h/g，比能量为 984 W·h/kg，于 0.26 mA/cm^2 的电流密度下在空气中循环 30 次，改善了水系/非水系混合电解质电池的电化学性能。采用 LANTP 为隔膜的锂空气电池循环性能如图 7-38所示。

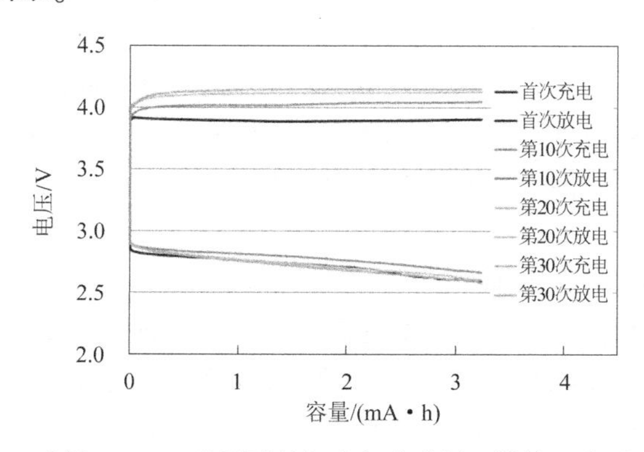

图 7-38 采用 LANTP 为隔膜的锂空气电池循环性能（书后附彩插）

全固态锂空气电池的电解质由三部分组成，最中间一层为玻璃陶瓷，靠近锂负极和氧气正极分别是两层不同的聚合物陶瓷。Liu 等以 $Li_{1.5}Al_{0.5}Ge_{1.5}P_3O_{12}$（LAGP）为固态电解质，金属锂为负极，单壁碳纳米管、RuO_2 纳米粒子和 LAGP 为复合阴极，制成全固态锂空气电池，全固态锂空气电池在氧气中循环的平衡电压保持在 2.96 V，而在环境空气中循环的平衡电压保持在 3.15 V。全固态锂空气电池解决了电池安全性问题，且不存在漏液问题，但固态电解质的界面接触较差，导致电池的内阻增加，仍需在充放电机理、界面调控、电池结构等方面取得更进一步的突破。

7.3.2 锌空气电池

锌空气电池自 1868 年被首次报道，至今已有 150 余年的研究发展历史。锌空气电池以金属锌作为阳极，金属锌理论电位为 1.6 V，理论比能量为 1 350 W·h/kg，其电位和储能密度要低于锂、镁、铝等金属，但是其在水系电解液中更安全，成本更低，经济性能更好，具有更长的搁置寿命，并且绿色环保，因此受到广泛关注。

对于锌空气电池，在放电过程中，空气中的氧气通过空气电极扩散进入后，被负载在其上的催化剂催化发生氧气还原反应，而在负极锌电极上则发生锌的氧化过程，电解液中依靠 OH^-离子进行传导，而在外电路形成放电电流。在充电过程中，则是正极空气电极上的催化剂催化 OH^-生成氧气，并通过膜扩散到电极外部，而负极的锌电极则将电解液中的 Zn^{2+}电镀到电极上，完成充电反应。其基本原理如下：

（1）放电过程。

负极反应：

$$Zn+4OH^- \longrightarrow Zn(OH)_4^{2-}+2e^- \quad (7-31a)$$

$$Zn(OH)_4^{2-}+4OH^- \longrightarrow ZnO+H_2O+6OH^- \quad (7-31b)$$

正极反应：

$$O_2+2H_2O+4e^- \longrightarrow 4OH^- \quad (7-32)$$

（2）充电过程。

负极反应：

$$ZnO+H_2O+2e^- \longrightarrow Zn+2OH^- \quad (7-33)$$

正极反应：

$$4OH^- \longrightarrow O_2+2H_2O+4e^- \quad (7-34)$$

催化剂的良好设计是更好实现锌空气电池大规模应用的关键。作为空气电极最重要的部分，为了获得良好的电池性能，需要具有高催化活性和稳定耐久性的催化剂。常用的锌空气电池催化剂包括 Pt、IrO_2、RuO_2、过渡金属化合物以及碳基材料等。Wang 等在 Cu 纳米针的表面原位生长了 PtRuCu 层作为锌空气电池催化剂层，具有独特的组成优势，包括 PtRuCu 三元合金赋予的良好催化活性、基底金属的高导电性、高热稳定性等。所得电极对氧还原反应和析氧反应均表现优异的电催化活性和稳定性。这种锌空气电池开路电压可达 1.48 V，比容量达 782.9 mA · h/g，在 30 mA/cm^2 的电流密度下可以稳定循环 120 h，具有优越的循环性能，具体如图 7-39 所示。

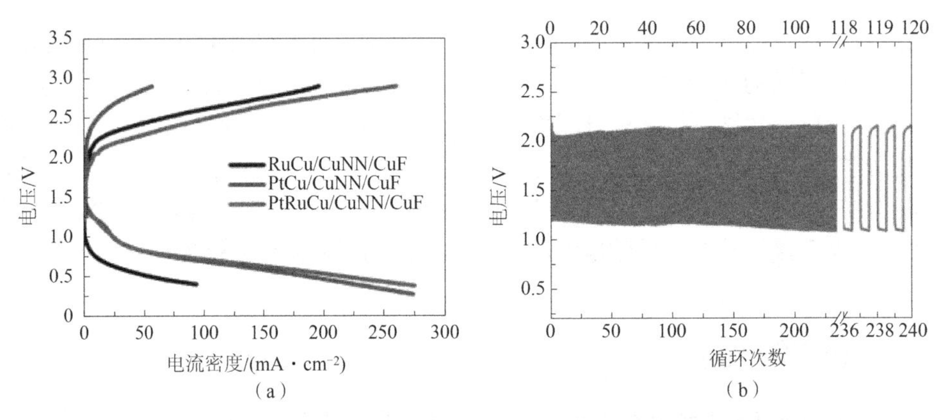

图 7-39　使用 PtRuCu 催化剂的锌空气电池的充放电极化曲线及循环曲线

（a）充放电极化曲线；（b）电流密度为 30 mA/cm^2 时的循环曲线

在水系电解液中，金属锌负极也同样面临腐蚀和放电问题。可以通过在锌极板中添加 Bi 元素以及调整电解液成分等手段抑制锌极板的腐蚀。除阳极腐蚀问题外，充电过程中产生枝晶也是锌空气电池需要关注的问题。锌极板出现枝晶由锌原子沉积速率影响所致，而锌原子沉积速率与电解液中 Zn^{2+} 的浓度关系密切，当电解液中 Zn^{2+} 的浓度降低到某一个特定值以下时，锌极板容易出现枝晶，因此在锌空气电池充电过程中必须调整合理的电流密度，确保电解液中的 Zn^{2+} 浓度不低于该特定值。

7.3.3　铝空气电池

铝空气电池主要是以高纯度铝（或铝合金）作为阳极，碱性铝空气电池的理论电池电压为 2.7 V，理论比能量为 8 046 W・h/kg。铝是地壳中含量最高的金属元素，储量丰富，成本低廉，是金属空气电池的首选材料。铝空气电池的结构如图 7-40 所示。

图 7-40　铝空气电池结构

对于使用碱性电解液的铝空气电池，其放电反应为

正极反应：

$$O_2+2H_2O+4e^- \longrightarrow 4OH^- \tag{7-35}$$

负极反应：

$$Al+4OH^- \longrightarrow Al(OH)_4^-+3e^- \tag{7-36}$$

在中性电解液中，铝金属会发生自腐蚀反应：

$$Al+3H_2O+OH^- \longrightarrow Al(OH)_4^-+\frac{3}{2}H_2 \tag{7-37}$$

$Al(OH)_4^-$ 可能进一步转换为 $Al(OH)_3$：

$$Al(OH)_4^- \longrightarrow Al(OH)_3+OH^- \tag{7-38}$$

$Al(OH)_3$ 存留在电解液中，会降低电解液的电导率，使电池内阻增加，输出功率下降。此外在中性电解液中，金属铝容易发生氧化，在表面形成一层致密的氧化铝钝化膜，阻碍电极反应，使电极电位提高，而氧化层一旦破坏，由于氧化膜与金属铝存在电位差异，又会加速金属铝的腐蚀，最终影响铝空气电池寿命，甚至失效。电解液为碱性溶液时，金属铝表面形成的钝化膜较薄，且生成的 $Al(OH)_3$ 会与电解液反应，转化为偏铝酸盐，有利于电导率的提升。但在碱性溶液中，金属铝易发生析氢反应，腐蚀铝电极并放出氢气。合金化法可以有效解决铝的腐蚀问题，通过向基体中添加 Pb、Bi、Sn、Zn、Mg、Mn 等元素形成铝合金材料。Ma 等研究了 Al-Mg-Ga-Sn-Mn 合金材料在 2 mol/L 的 NaCl 溶液中的腐蚀行为和放电性能，并与 Al、Zn 和 Al-Mg-Ga-Sn 等材料进行比较，发现 Al-Mg-Ga-Sn-Mn 合金具有更优秀的电化学性能与更低的腐蚀速率，使用 Al-Mg-Ga-Sn-Mn 合金作为负极可以改善铝空气电池的性能，解决严重的自腐蚀和钝化问题。采用不同负极的金属空气电池的放电行为如图 7-41 所示。

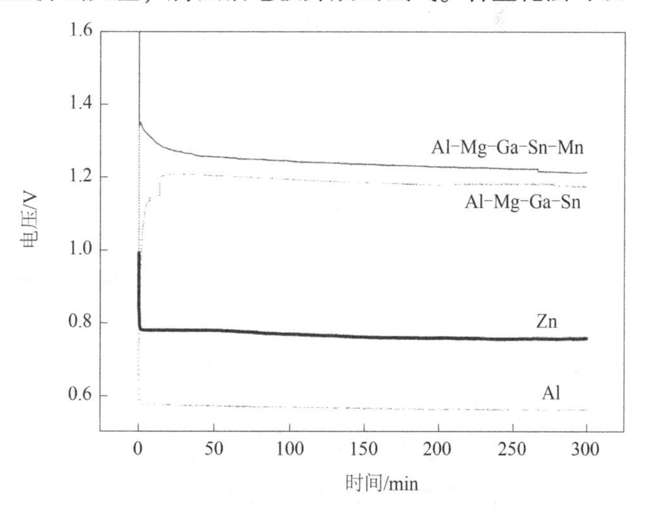

图 7-41　采用不同负极的金属空气电池的放电行为

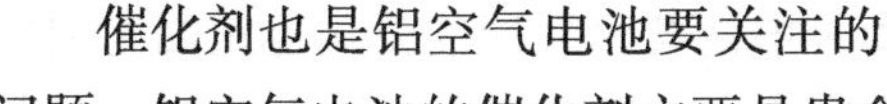

催化剂也是铝空气电池要关注的问题。铝空气电池的催化剂主要是贵金属、碳材料及金属复合氧化物等。最常用的贵金属催

化剂包括 Pt、Pd、Au 等。贵金属的催化活性受其表面原子构型和电子态的影响很大。因此，改善贵金属催化剂性能最常用的方法是设计它们的原子构型。几十年来 Pt 一直被人们深入研究，并且因其优异的电催化活性而被广泛应用。然而，铂有限的资源和高成本使降低铂基催化剂的铂负载量成为必要。像铂纳米颗粒这样具有高表面积催化的载体材料，是现有技术基础上广泛使用的电催化剂。碳材料成本低，且设计成多孔结构，比表面积大，可通过掺杂其他元素进一步提高碳材料催化性能。过渡金属化合物也是目前铝空气电池催化剂发展的方向，包括尖晶石型、烧绿石型及钙钛矿型等结构的过渡金属化合物。

7.3.4 其他金属空气电池

除上述金属空气电池外，还有镁空气电池、钠空气电池、铁空气电池等。镁空气电池具有比能量高、原料来源广泛、成本低的特点，主要以水系电解液为主，但镁金属活性较高，在碱性或中性溶液中容易发生腐蚀，引起放电现象，需要采用合金化法提高其抗腐蚀能力。钠空气电池起步较晚，理论上锂空气电池的储能密度比钠空气电池更高，但钠和氧生成物比锂更加稳定，使钠空气电池反应可逆性提高。铁空气电池主要是采用金属铁作为正极，空气电极作为负极，以碱性或者中性盐溶液作为电解液，一般不采用块状铁，而是采用活性铁粉的形式制成袋式电极。为提高其活性，往往在铁粉中添加氧化物或其他元素，提高铁电极放电容量。

7.4 其他化学电池

7.4.1 钠离子电池

1. 简介

随着便携式穿戴设备、电动汽车和智能电网时代的到来，其对锂的需求越来越高，全球的锂资源存储将迅速进入供不应求的境况。锂元素在地壳中的含量只有 0.006 5%，并且 70%都分布在南美洲。同时，受生产工艺的制约，技术含量较高的电池级碳酸锂、高纯碳酸锂等成本更是水涨船高。对锂电的爆炸式需求与锂资源并不富余的矛盾状态必然会愈演愈烈，因此，如何给新能源体系续命将成为关键问题。

研究发现，寻找锂元素附近的具有相似性质的元素作为替代元素是一种省时可行的思路。如氢元素在燃料电池中的应用技术已经比较成熟，但就实际应用来说，最主要的问题是燃料堆、充电站以及存储成本都比较高。而铍作为更稀有金属则被排除，在这种研究大背景下，钠很自然地进入电池设计者的视野。钠离子电池作为二次电池的热门研究方向，具有很多与锂离子电池可比拟的特点以及独特的优势。首先，钠离子电池和锂离子电池在可逆存储和迁移机制方面存在相似性；其次，钠作为锂的热门替代元素，在地壳中的丰度高达 2.6%，同时海水中还存在大量的氯化钠；再次，钠的分布完全不受资源和地域的限制，这在大规模储能系统中也是不可忽视的重要因素；最后，有计算表明，未来钠离子电池成本约为 0.37 元/（W·h），低于锂离子电池的 0.47 元/（W·h），且仍有下降空间。与此同时，不仅与钠离子电池有关的论文数量飞速增加，依托钠离子电池技术发展的公司也正竭力促成钠离子电池的商业化，这有利于减少对锂资源的进一步攫取。因此，钠应用于储能技术领域，无论是商业价值方面还是可持续利用的前景方面都具有巨大优势。

2. 钠离子电池发展历史

关于钠离子电池的研究最早可以追溯到 20 世纪 80 年代，与锂离子电池相比较，它发展非常缓慢，主要有以下几点原因：第一，钠具有较大的离子半径，驱动钠离子运动需要更高的能量；第二，钠的标准电极电势较低（2. 71 V，Na/Na^+，3. 04 V vs Li/Li^+），因此在储能密度方面，钠离子电池通常逊于锂离子电池；第三，对于钠离子电池电极材料的选择，当时研究者只是简单地将锂离子电池中的适用材料进行套用，忽略了钠离子电池对材料晶格结构等方面的独特需求，所以导致大部分尝试以失败结尾。最后不可忽视的一点是实验室的研究与产业化的需求并不匹配，前者主要是对不同的正负极材料和电解质进行不同搭配，从而获得高比容量、高倍率的电池性能；但对于后者，核心问题在于电池的循环性能，即充放电次数是否能满足实际需求。

近年来，关于钠离子电池的研究热度只增不减。除了锂离子电池大规模应用带来的锂资源紧迫感，还有研究人员对钠离子电池的特殊性认识越来越充分，据此来设计的电极材料取得了很多振奋人心的成果。如 Dong 等通过简单的自组装工艺，制备出纳米薄片构建的微花层状 NaV_6O_{15}，作为钠离子电池的正极材料，NaV_6O_{15} 在电流密度为 5 A/g 时的比容量为 126 mA · h/g，而且经过 2 000 次循环后的放电容量可以保持 87%。独特的材料结构提供了连续的电子传递途径，从而获得材料优异的导电性。

此外，经过近年的开发和竞争，钠离子电池的储能量可以达到锂的 90%，且已经有不少企业将目标瞄准在钠离子电池的商业化应用。基于全球首个符合工业标准的 18650 钠离子电池原型，法国 Timat 公司从 2020 年起正式启动生产可充电钠离子电池。中国长城旗下公司研发的 48 V/10 A · h 钠离子电池组是国内首个钠离子电池实现示范应用（电动自行车）的成功案例。世界首条钠离子电池生产线在辽宁星空钠电电池有限公司投入运行，预计规模化生产后年产值将超过 100 亿元，与此同时，该公司自主研发的钠离子电池也进入量产阶段。由中科海钠科技有限责任公司和中国科学院物理研究所胡勇胜团队合作的钠离子电池储能电站项目在江苏常州长三角物理研究中心成功投运，该储能电站项目创新采用了 30 kV/100 kW · h 的钠离子电池，也属世界首次。锂离子电池和钠离子电池的发展历史如图 7-42 所示。

图 7-42　锂离子电池和钠离子电池的发展历史

3. 钠离子电池结构及工作原理

如图7-43所示，钠离子电池主要构成部分为正极、负极、电解液、隔膜和集流体等。其工作原理与锂离子电池类似，都为“摇椅式”，即Na^+在正负极材料之间进行可逆的嵌入和脱嵌来实现电荷转移。当电池开始放电时，Na^+先从负极材料中脱嵌，然后再经电解液进入正极材料内部。此时，外电路会有电子从负极流向正极，从而保证整个电池系统的电荷数量平衡。当电池开始充电时，Na^+从正极材料中脱嵌，然后再经电解液进入负极材料内部。此时，外电路会有电子从正极流入负极。在正负极的氧化还原反应都理想的情况下，Na^+在正负极材料中的脱嵌并不影响材料的结构或组分，同时也不会与电解液发生副反应。电池系统的可逆性充放电保证钠离子电池持续稳定地循环使用。但实际上，Na^+很难在自由脱嵌过程中不引起材料的任何变化或者电解液的分解，这就使电池系统的循环性能变差。从工作原理考虑，设计或优化电池的重心变成如何获得稳定的电极材料结构、最优的材料组成以及调配合适的电解液，这也是最终影响电池容量高低、循环性能、倍率性能的关键因素。

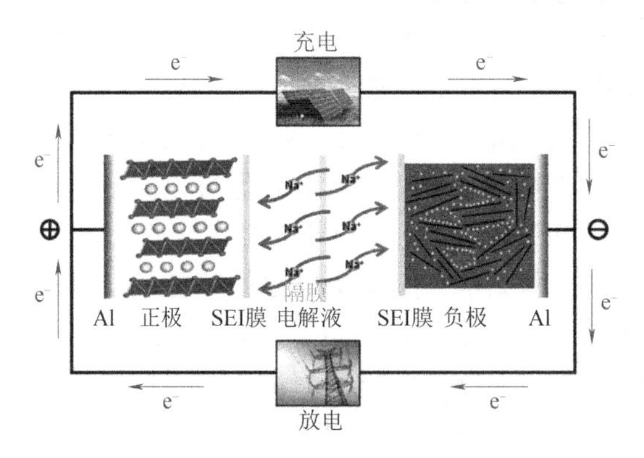

图7-43　钠离子电池结构及工作原理

4. 目前存在的问题

钠离子电池具备高功率快速充放电的理论基础，且除储能密度不是其优势外，充放电倍率性能、高低温性能、循环性能等相比于锂离子电池均不落下风，甚至更具有优势。而且由于钠离子电池与锂离子电池相似的装配结构，可在规模化生产中借鉴锂离子电池的生产检测设备、工艺技术和制造方法等，加快钠离子电池的产业化速度。因此如何充分发挥钠离子电池的特性优势，并凭借这些优势切入目标应用场景，被市场快速接受，成为研究人员应该首先重点考虑和关注的问题。

7.4.2　镁离子电池

1. 简介

作为一种锂离子电池的替代体系，可充电镁离子电池逐渐走入人们的视野，并在近10年中引起了广泛的关注和大量的研究（见图7-44）。与金属锂相比，金属镁具有很多优势。首先，镁资源丰富，在地壳中储量为2.9%，比锂资源储量高3个数量级，而且镁的提纯工艺更为简单，因而成本更低廉。此外，金属镁在空气中更为稳定，不会发生剧烈的反应，熔点更高，相比于锂来说更安全。金属镁作为电池负极，镁离子的二价特性使其可以携带和存储更多的电荷，具有更高体积比容量3 833 mA·h/cm³，人们也希望通过合理利用二价镁的物理特性提供更高的储能密度，在容量上超过当前的锂离子电池。更重要的是，镁负极在电解液中的均匀沉积行为，保证了电池更高的安全性。因此，镁离子电池的发展有利于构建安全性高、可持续发展的新能源二次电池体系。

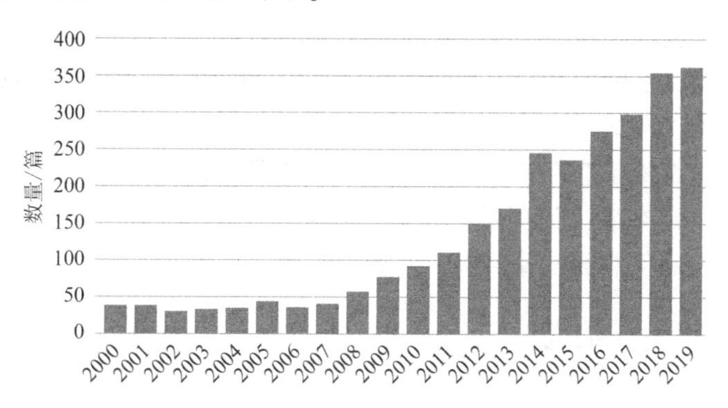

图 7-44　2000—2019 年镁离子电池相关论文发表数量

2. 镁离子电池结构及工作原理

与其他二次电池相似，镁离子电池主要由正极、负极、电解液、集流体、隔膜以及电池壳组成。正极的成分主要包括活性材料、导电助剂、集流体和黏结剂，是电池的核心部件。负极根据电解液的选择一般为金属镁或者活性炭/碳布，相应的电解液通常为醚类电解液或者高氯酸镁电解液。集流体需要具有耐腐蚀性、稳定性好等特点，不会与其他物质发生化学反应。目前镁离子电池中常用的集流体为不锈钢箔。隔膜的作用是防止正负极材料之间相互接触而短路，同时作为电解液离子传输的通道，隔膜需要允许镁离子通过，且具有一定渗透性和稳定性。目前，镁离子电池中常用的隔膜为玻璃纤维膜。

镁离子电池的工作原理如图 7-45 所示，与锂离子电池的“摇椅”相似。在放电过程中，电解液中的 Mg^{2+} 存储在正极材料中，与此同时金属镁负极溶解的 Mg^{2+} 进入电解液中；而在充电过程中，Mg^{2+} 从正极材料中脱嵌，并沉积于镁负极一侧，从而实现化学能到电能的转换。

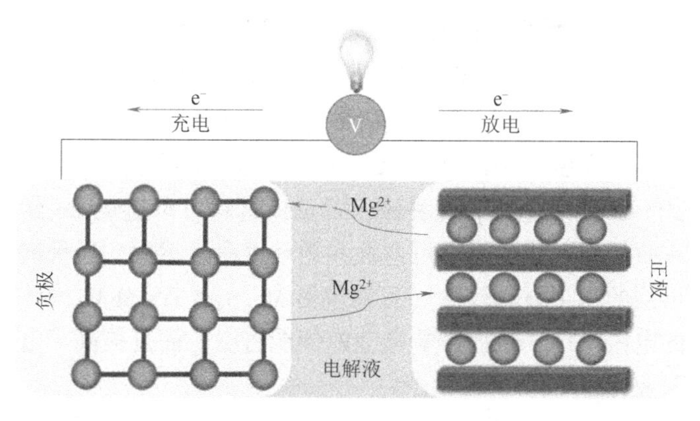

图 7-45　镁离子电池工作原理

3. 目前存在的问题

与锂离子电池相比，镁离子电池的发展迟缓，仍然处于开发的早期阶段。阻碍其发展的一个主要原因是正极材料的发展，Mg^{2+}自身带两个电荷且离子半径小，使电荷密度高，与宿主阴离子间相互作用强，影响Mg^{2+}在晶格中的扩散速率，而且嵌入的二价阳离子在宿主内的电荷再分配困难，使平衡时难以维持局部电中性，这在很大程度上限制了正极材料的选择。另一个主要原因是镁负极与传统电解液不兼容的问题，不同于锂金属电极上极性非质子电解液形成的SEI膜，在镁负极生成的致密表面膜（MgO）既是电子绝缘体又是离子绝缘体，致使Mg^{2+}不能够在材料中迁移，造成镁负极钝化。而在锂离子电池中实现很好应用的大多数传统非水系电解液都会在镁负极表面形成钝化层，使镁离子电池电解液的选取受限。尽管在这方面有了一定突破，但仍然存在诸如电解液具有腐蚀性、电压窗口窄等问题。综上，镁离子电池的发展仍然面临着巨大的困难和挑战。

7.4.3 水系锌离子电池

1. 简介

在众多新型电池体系中，二价的锌离子电池表现了与众不同的巨大潜力。锌离子电池（ZIBs）一般利用Zn金属作为负极，金属锌价格低廉，储量丰富，与其他金属电极相比，Zn金属负极具有较高的体积比容量5 855 mA·h/cm^3，且电化学性质相对稳定。锌的氧化还原电位较高，为-0.763 V vs SHE（标准氢电极），这使它可以在水系电解液中稳定工作。水系电解液具有不易燃易爆的本质安全性，且相对于有机系电解液成本更低，具有更高的离子电导率，不必在惰性气体保护中封装，更利于大规模生产制造，而且环境友好，不挥发有毒有害物质。可见，从性能、成本、安全性等角度出发，锌离子电池都将成为下一代储能电池中极具前途的竞争者。

2. 锌离子电池发展历史

19世纪80年代末，Shoji等人首次将中性或微酸性的硫酸锌电解液应用于锌离子电池中。研究表明，硫酸锌电解液有效抑制了锌枝晶和副反应的产生，这为锌离子电池的快速发展奠定了基础。然而，由于当时的研究手段有限，锌离子电池的储能机理仍不明确，而且电池的循环性能和倍率性能都较差，导致很长一段时间锌离子电池没有取得很好的研究进展。随后，Kang等人报道了一种新型的锌离子电池。在这个电池系统中，电解液和正极分别是$ZnSO_4$水溶液和$\alpha-MnO_2$。研究结果揭示在$Zn/\alpha-MnO_2$电池中，电荷的存储机制是Zn^{2+}在$\alpha-MnO_2$正极材料隧道中的迁移和Zn^{2+}在负极锌片上的溶解与沉积。至此，锌离子电池的概念基本建立，并得到迅速发展。2019年以来，出现了用嵌入式负极材料代替Zn金属负极而构建的新型“摇椅式”锌离子电池，这种嵌入式负极材料可以避免Zn金属负极的枝晶、腐蚀和其他副反应，有效提高电池的循环可逆性和循环寿命。然而，这种嵌入式负极材料研究尚处于起始阶段，可用的宿主材料较少（目前包括Mo_6S_8、TiS_2MoO_3等材料），其比容量较小，会降低全电池的电压窗口，从而影响电池的储能密度，而且提高了电池的制作成本，不利于锌离子电池的商业化生产。

从图7-46可见，水系锌离子电池在近10年里蓬勃发展，且中国是进行相关研究工作最多的国家，表明其具有重大的应用前景。尽管如此，锌离子电池总体上还处于研究的初级阶段，其储能机理比较复杂，电化学性能还有很大的改进空间，距离大规模商业应用还有一定差距，需要继续探究和改进。

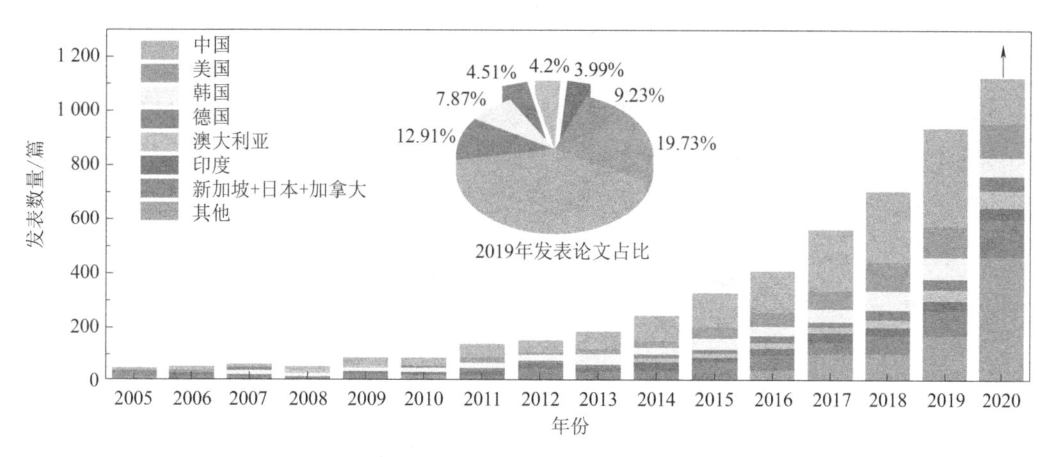

图 7-46　锌离子电池相关文献的报道数据和 2019 年出版来源国家的占比（书后附彩插）

3. 锌离子电池结构及工作原理

锌离子电池由正极、负极、电解液和隔膜 4 个部分组成。一般情况下，负极是经过砂纸打磨过的锌箔。电解液最常用的是硫酸锌（$ZnSO_4$）和三氟甲烷磺酸锌[$Zn(CF_3SO_3)_2$]水溶液。一般情况下，根据正极的成分加入不同的添加剂（如 $MnSO_4$、$MgSO_4$ 等）以抑制元素溶解。锌离子电池的隔膜主要是玻璃纤维膜。正极主要有锰基氧化物、钒基氧化物、普鲁士蓝类似物、二维过渡金属硫化物、有机化合物等。其中，锰基氧化物和钒基氧化物的应用居多。

对于锂离子电池和钠离子电池，其储能反应机制已被清楚地研究。然而，研究人员对锌离子电池的反应机制还不完全了解，还存在很多疑问。目前，锌离子电池的反应机制主要有以下三种：Zn^{2+}嵌入/脱嵌机制、化学转化机制以及双离子共嵌入机制。

（1）Zn^{2+}嵌入/脱嵌机制。在宿主材料中可逆的 Zn^{2+} 嵌入/脱嵌是最常见的储能机制，这与传统的锂离子电池类似。在放电过程中，锌离子作为载流子嵌入正极材料中，正极得到电子，氧化态降低；在反向充电过程中，正极释放 Zn^{2+}，并在电场的作用下被氧化，化合价升高。通常，具有孔道结构、层状结构、开放式框架结构等晶体结构的材料能为 Zn^{2+} 提供足够的嵌入和扩散空间，是 ZIBs 的理想正极材料。

（2）化学转化机制。化学转化机制归因于 Zn^{2+} 和宿主材料晶体结构之间的强静电相互作用，导致在充/放电过程中一个新的可逆相出现并消失。与插层化学相比，电池中的化学转化反应由于直接的电荷转移而具有更高的理论比容量。因此，在 ZIBs 中引入合理的转化反应是制备高性能水系电池的有效方法。Kim 等人的研究结果表明，当 Zn^{2+} 嵌入宿主晶体结构时，会导致部分 $\gamma-MnO_2$ 转化成 $ZnMn_2O_4$。随着嵌入 Zn^{2+} 的增加，$\gamma-MnO_2$ 被 Zn^{2+} 所占据，形成了一种具有正交斜方结构的 $\gamma-Zn_xMn_2O_4$ 新结构相。在这个过程中，尖晶石型 $ZnMn_2O_4$ 也增加了。在放电结束时，共有三个相结构，分别是尖晶石型 $ZnMn_2O_4$、隧道型 $\gamma-ZnMn_2O_4$ 和层状结构 $L-Zn_xMn_2O_4$。

（3）双离子共嵌入机制。考虑到大尺寸水合 Zn^{2+} 会导致缓慢的嵌入动力学，以及二价离子的强静电斥力，从理论上讲可以允许宿主材料同时插入其他具有更高扩散动力学的离子，以提高电池总体的电化学表现。因此，嵌入一些一价离子（如 H^+、Li^+、Na^+ 等）可以促进宿主结构活性位点的有效利用，提高 ZIBs 的性能。

H^+和Zn^{2+}在二氧化锰正极中的共嵌入是最常见的情况。Wang 等人最早在 Zn/ε-MnO_2 体系中发现了这种可逆的共嵌入现象，通过分析不同放电深度的离子扩散动力学（见图 7-47）发现，在低放电深度区间，电池表现快速的扩散动力学，对应于H^+的嵌入过程；而在高深度放电区间，电池的动力学明显减慢，对应于Zn^{2+}的嵌入。

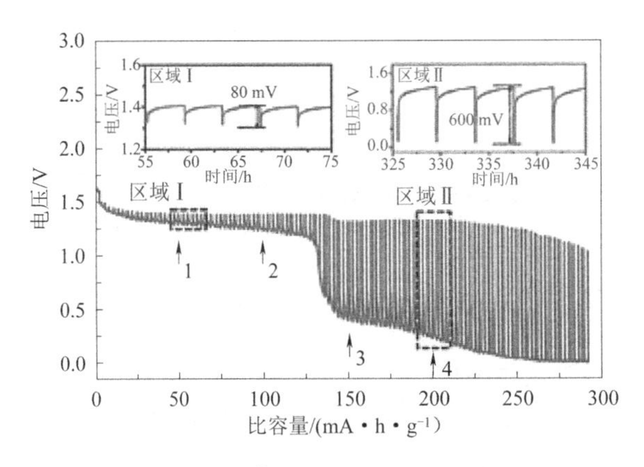

图 7-47　H^+和 Zn^{2+}在 ε-MnO_2 共嵌入机理

4. 目前存在的问题

与碱性电解液不同，中性电解液（如硫酸锌水溶液）锌离子电池产生的锌枝晶和副产物较少，因此被认为是最有前途的新兴水系电池和电网级储能的候选者，但是目前锌离子电池仍然面临很多问题。第一个问题是正极材料的选择有限，而且正极材料在循环过程中会发生溶解、相转变、不可逆副反应等问题，因此锌离子电池的循环容量保持率较低。此外，Zn^{2+}与宿主材料晶体结构之间产生的静电作用使Zn^{2+}的嵌入/脱嵌过程非常缓慢。此外，锌片负极在循环测试过程中仍然有少量枝晶产生，因此存在短路风险。目前，锌离子电池的电解液主要是 $ZnSO_4$ 和 $Zn(CF_3SO_3)_2$ 水溶液。电解液的种类很少，选择有限。虽然大部分电极材料在$Zn(CF_3SO_3)_2$ 水溶液中的循环性能得以提高，但 $Zn(CF_3SO_3)_2$ 价格较高。因此，开发一种更廉价且高效的电解液尤为重要。最后，锌离子电池的储锌机制还不明确，仍然存在很多争议，而且对锌离子电池的工作原理、性能提升的方法和电池失效的原因仍然不够了解，在未来的研究中应当对这些问题进行更多、更深入的探索。

7.4.4　钾离子电池

近年来，钾离子电池（PIBs）引起了研究者们的密切关注。锂离子电池、钠离子电池和钾离子电池具有相同的组成部分（正极、电解液、隔膜和负极）和典型的“摇椅式”工作机理（见图 7-48）。充电过程中，K^+作为离子载流子从正极的活性物质中脱嵌，通过电解液嵌入负极的活性物质中，电子通过外部电路也从正极转移到负极。在放电情况下，插入负极的K^+被脱嵌并重新嵌入正极，电子通过外部电路也从负极转移到正极。此外，K 和 Li 具有相近的标准还原电位［-2.93 V 和-3.04 V，见图 7-49（a）］，使 PIBs 具有较高的放电平台和储能密度；K 在地壳中储量丰富（1.5%）、价格低廉［见图 7-49（b）］，并且K^+在电解液中的扩散动力学更快。同时，铝和钾热力学上不形成 Al-K 金属间化合物，表明铝箔也可以作为 PIBs 的负极集流体，这不仅能显著降低 PIBs 的价格，还能减少集流体的质量，解决过放问题。此外，尽管钾离子半径（1.38 Å）比锂离子半径（0.68 Å）和钠离子半径（0.97 Å）都要大，但是，溶剂化 K^+的斯托克斯（Stokes）半径（3.6 Å）比 Li^+（4.8 Å）和 Na^+（4.6 Å）的斯托克斯半径都要小［见图 7.49（c）］，表明 K 具有最好的离子迁移率和离子电导率。此外，根据从头算分子动力学模拟（AIMDS），K^+的扩散系数大约是 Li^+的 3.41 倍。基于上述优势，K^+取代 Li^+后可实现快速的离子扩散速度，有望提高电池的倍率性能。

近些年，关于 PIBs 的文章数量快速增长［见图 7-49（d）］，表明人们对于 PIBs 研究热情的增加。但是，PIBs 仍然面临着诸多问题［见图 7-49（e）］，例如动力学性能差/扩散性弱，体积膨胀大，副反应严重，枝晶生长和安全问题，导致 PIBs 具有较差的倍率性能、较低的放电容量和较差的循环性能。此外，由于 K^+半径较大和充放电过程中动力学性能差，其储能密度和功率密度同样不尽如人意，严重制约了 PIBs 在实际生产中的应用。鉴于此，要实现 PIBs 的大规模商业化应用仍然有很长的路要走，从电池的负极、正极材料，到电解液及隔膜的选择，各个方面都需要进行更深入的探索。

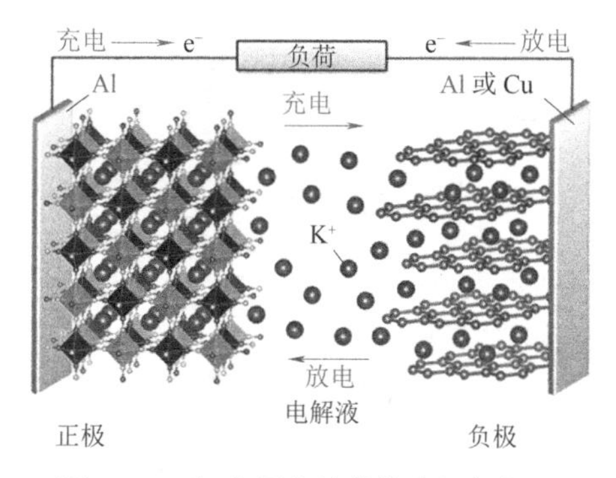

图 7-48　钾离子电池结构和运行机理

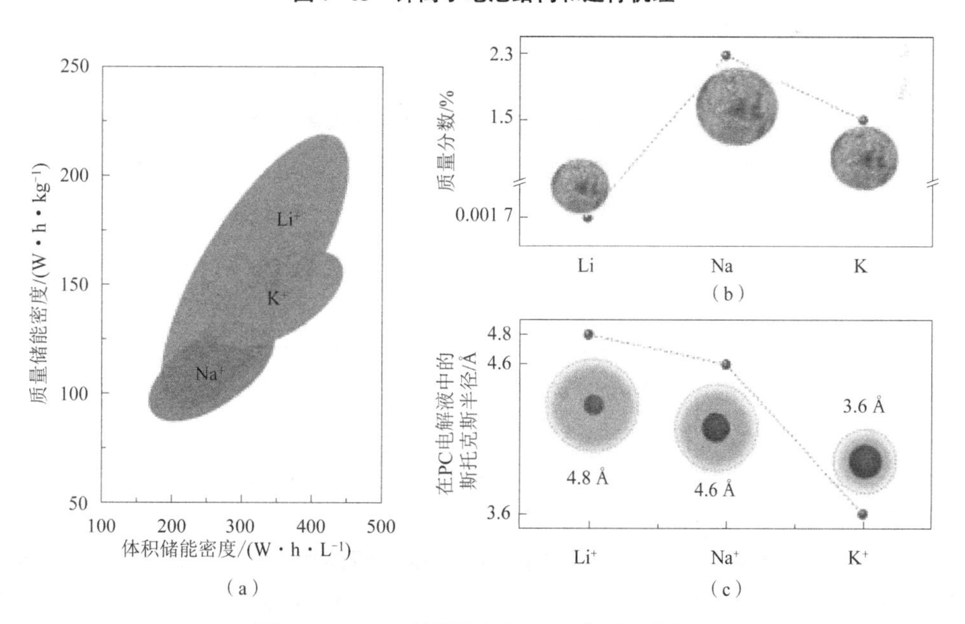

图 7-49　PIBs 的挑战与机遇（书后附彩插）

（a）锂离子电池、钠离子电池、钾离子电池储能密度对比；（b）Li、Na、K 在地壳中储量 1%；

（c）Li^+、Na^+、K^+在 PC 电解液中的斯托克斯半径；

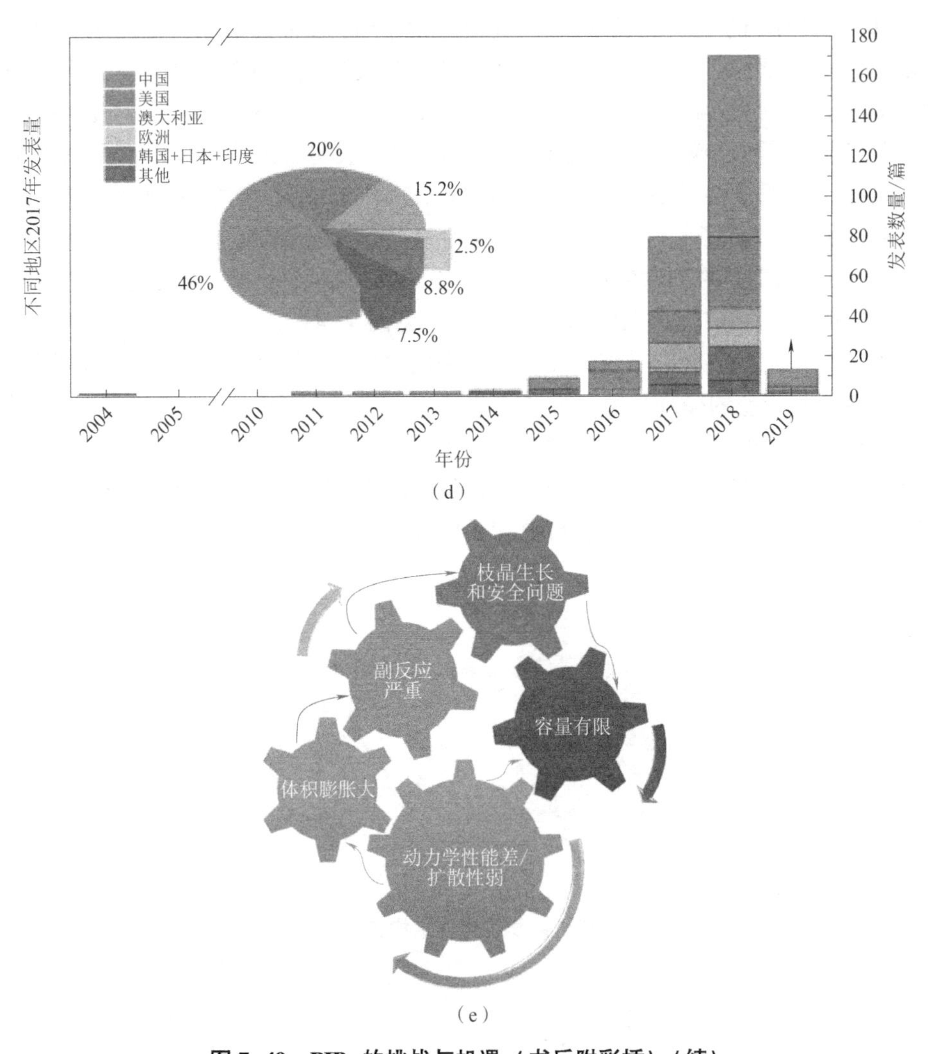

图 7-49 PIBs 的挑战与机遇（书后附彩插）（续）

(d) 2004—2019 年 PIBs 相关文献的报道数据和 2017 年出版来源国家的占比；

(e) PIBs 面临的挑战及其关系

7.4.5 铝离子电池

铝是地壳中含量排第三的元素，在中性及酸性电解液中电位为-1.68 V（vs SHE），在碱性电解液中电位为-2.35 V（vs SHE），理论电化学比容量为 2 980 mA · h/g，仅次于锂（3 870 mA · h/g），其体积比容量为 8 050 mA · h/cm^3。

1850 年，Hulot 提出用铝作电池电极材料的设想。20 世纪 50 年代，人们开始研制 Leclanche 型干电池，即 Al/MnO_2电池。20 世纪 60 年代，首次证实碱性电解质中 Al/空气电池体系在技术上的可行性。铝空气电池因具有极高的储能密度，在军事中得到广泛应用。2014 年，美铝加拿大公司和以色列公司 Phinergy 新展示的 100 kg 重的铝空气电池存储了可行驶 3 000 km 的足够电量。

目前对于铝二次电池的反应机理仍具有争议。关于过渡金属氧化物或硫化物等正极材料，研究者们认为是 Al^{3+} 在层状材料的晶格间嵌入和脱嵌：$Al^{3+}+M_xO_y+3e^- \rightleftharpoons AlM_xO_y$。而对于碳材料，M. Lin 等人认为是 $AlCl_4^-$ 阴离子在具有大层间距的碳材料间进行脱嵌：$C_n+AlCl_4^- \rightleftharpoons C_n[AlCl_4]+e^-$。

2015 年，M. Lin 等人在 Nature 上发表以石墨为正极材料的超大倍率长循环寿命铝二次电池的报道，在世界范围内都引起轰动，铝二次电池开始受到广泛关注。该电池以酸性 $AlCl_3$/[EMIM]Cl（摩尔比 1.3：1~1.5：1）离子液体为电解液，金属铝为负极，泡沫石墨或热解石墨（PG）为正极。Al/PG 电池的放电过程如图 7-50（a）所示，放电时负极的铝金属 氧化成铝离子，与电解液中的 $AlCl_4^-$ 配合物阴离子形成 $Al_2Cl_7^-$，正极的 $AlCl_4^-$ 离子则嵌入石墨层。Al/PG 电池的两个放电电压平台在 2.00~2.25 V 和 1.5~1.9 V，如图 7-50（b）所示，反应机理认为是电解液中游离的 Al^{3+} 在晶格中嵌入/脱嵌。可以看到，在 66 mA/g 的电流密度下，Al/PG 电池的放电容量循环 200 次后基本无衰减，充放电效率稳定在 98% 左右［见图 7-50（c）］，且对其负极进行观察发现无枝晶形成。

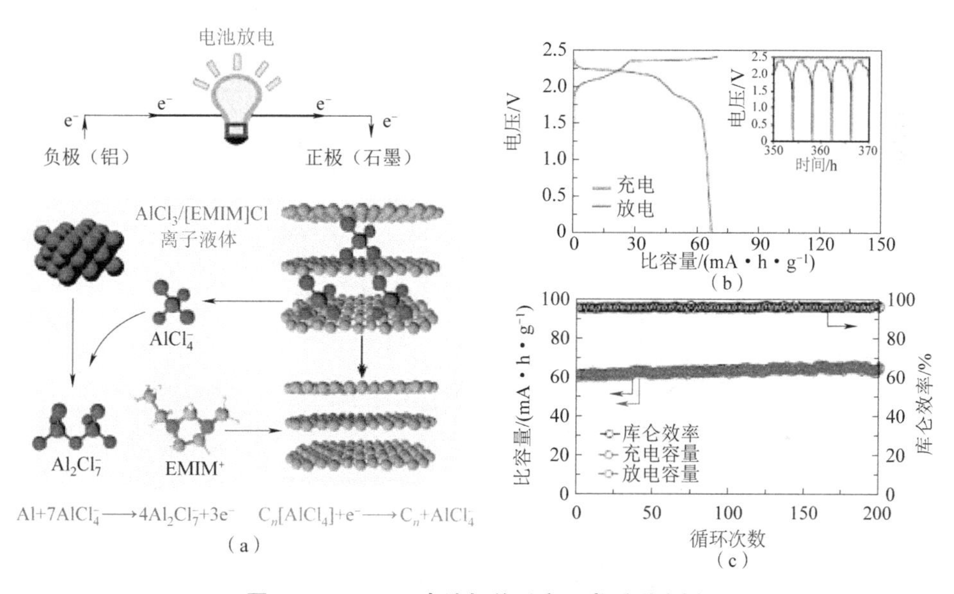

图 7-50　Al/PG 电池相关反应（书后附彩插）

（a）Al/PG 电池放电过程，电解液采用 $AlCl_3$/[EMIM]Cl 离子液体电解液；

（b）Al/PG Swagelok 电池在 66 mA/g 电流密度下的充放电曲线；

（c）Al/PG 电池在 66 mA/g 电流密度下的循环性能测试

7.4.6　纸电池

2006 年，芬兰 Enfu cell 公司和以色列 Power Paper 公司张霞昌提出纸电池概念，自此薄型柔性纸电池在全球范围内受到关注。Enfu cell 公司利用纸包装中的传统电池技术，研制出既有利于环保又价格低廉的 1.5 V 超薄纸电池，其厚度可达 0.5 mm，这种纸电池可以在广泛的温度和湿度范围内以恒定速度产生电流，如有必要可将若干个纸电池叠加使用。该纸电池避免了传统电池所带来的金属、锂及碱性氧化物等有害物质的泄漏问题，使用后可作为一般家庭废物加以处理。张霞昌也因此被誉为纸电池之父。该项纸电池技术被美国《时代》

周刊评为2006年度八大最佳创新技术之一，张霞昌也荣获“2006影响世界华人大奖”。

1. 纸电池结构及原理

纸电池基于传统锌锰酸性电池原理而设计，厚度在1 mm以内，最薄可达0.5 mm以下，其组成结构如图7-51所示。简单而言，纸电池是由前后两个封装层材料，将正极、负极、集电极及电解质层层密封在内部，组成一个封闭的电化学体系，只露出两个电极用来和外部连接以输送电流。不同于传统电池，纸电池为了实现柔性，电化学有效成分必须实现浆料化、油墨化及较低的烘干温度，以实现在柔性衬底的沉积。以负极油墨为例，负极的主要成分为锌，但是固体的锌片或者粒度较大的锌粒难以实现在聚对苯二甲酸乙二醇酯（PET）衬底上柔性化，不同厚度的锌皮也可能随着电化学反应的进行出现消耗，从而导致电阻变化过大甚至断路。因此，纳米尺寸的细微锌粉被分散到柔性黏结剂中，然后再被印刷到柔性衬底上。一方面，柔性黏结剂能够实现将锌粉牢固地黏结在衬底上；另一方面，能够保证相邻锌粉之间相互黏结，确保在纸电池使用过程中（尤其是针对一些柔性可弯曲器件的弯曲卷绕）锌粉不剥落，同时保证应有的电化学性能。

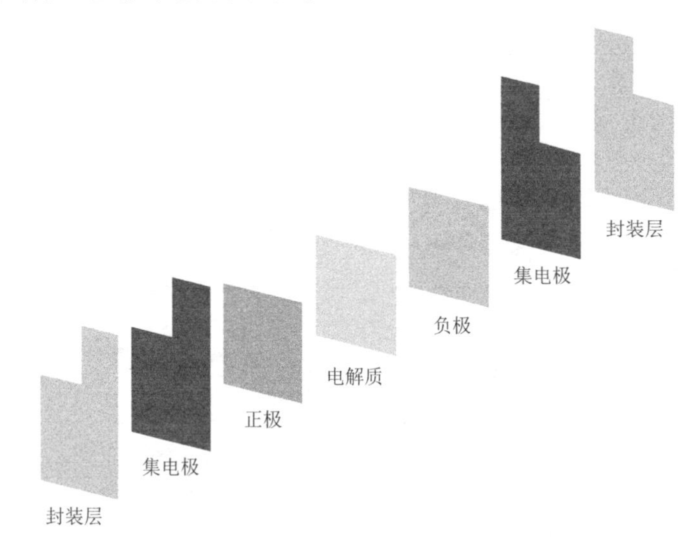

图7-51　纸电池组成结构

由于纸电池采用非常廉价的塑料基材如聚丙烯（PP）、PET作为衬底，因此，整体可印刷浆料的设计过程中需要考虑合适的烘干温度，不能造成黏结剂的热分解。图7-51中电解质实际上包含了隔膜纸和电解液两个部分。有别于传统的液态电解质，柔性纸电池中为了满足多次弯曲的要求，采用的是胶态/固态电解质体系。采用胶态电解质体系，能够降低电池漏液的可能性，延长电池的使用时间，并且其易加工性能够在生产过程中提高效率和整体产品的良品率。

2. 纸电池的应用

由于纸电池的容量较传统电池小很多，其应用的产品将限定在只需微小电流的领域。因此，纸电池与传统电池应用领域完全不同，不存在所谓竞争关系。现在纸电池已经在射频识别（RFID）、微型标签显示器、智能卡、智能保证、化妆品等领域得到初步应用，随着人类对印刷电子新产品越来越多的兴趣和开发，可以想象纸电池将来的发展将是巨大的。低功耗的可穿戴电子、医疗器件、物联网应用（IOT）的发展会带来万亿元的纸电池市场。

纸电池的应用集成服务就是将纸电池集成到这些终端应用产品上，使终端应用产品能在大规模生产线上和纸电池生产一次完成。目前，薄膜纸电池的终端产品包括有源/半有源型的 RFID 电子标签、标签传感器、智能卡和智能包装、医用电子药贴和化妆品等。除了 RFID 电子标签外，其他印刷电子产品如电子显示标签、微传感器电子标签、智能标签等都是未来纸电池的最佳应用领域，且部分应用纸电池的印刷电子产品已逐步进入市场。

3. 挑战与机遇

纵观全球印刷电子技术的飞速发展，印刷电子是未来 10 年物联网应用及经济的主要增长点之一。纸电池和印刷电子产业同步发展，目前还处于市场开拓和新产品的开发阶段。除上述印刷电子技术本身需要进一步发展和提高外，在其新产品的开发方面，还存在许多有待进一步解决的技术和生产难题，如印刷电子应用产品的集成技术和集成生产等。集成技术主要是研发不同印刷电子元器件之间的可靠性、有效性和经济性的连接，集成生产主要在自动化的卷对卷生产设备上实现。纸电池和其他部件的集成有多种方式：①可以使用机械手，将单个纸电池整合到已经含有其他部件的卷对卷半成品上；②将单个的其他部件整合到纸电池的卷对卷生产线上。印刷电子的最终目标是在同一基材上连续地印刷不同器件，从而在一条生产线上完成印刷电子产品的生产，这样完整连续的生产将有助于高效和经济的印刷电子产品制造。因为不同印刷电子元器件的印刷生产工艺不一致，一般情况下，每一步印刷后都需要加温干燥，干燥后有些部件又怕高温处理，这给自动化连续生产带来巨大挑战。这些问题是曾经困扰纸电池发展和成本降低的核心问题。

思考题

1. 简述铅酸蓄电池的工作原理。
2. 简述二次碱性蓄电池的分类及其应用场景。
3. 相比其他二次电池，锂离子电池的优点有哪些？
4. 锂离子电池的正极材料分为哪几类？有什么办法可以提升正极材料的性能？
5. 对锂离子电池负极材料的性能有什么要求？如何选择合适的负极材料？
6. 锂离子电池的电解质有哪些分类？各自的优缺点是什么？
7. 隔膜在锂离子电池中起什么作用？
8. PACK 行业中电池与电芯的定义是什么？
9. 金属空气电池的结构是怎样的？它的优点是什么？
10. 锌空气电池常用的正极催化剂有哪些？
11. 相比锂离子电池，钠离子电池有什么特点及优势？
12. 简述水系锌离子电池的工作原理。
13. 简述纸电池的应用领域及发展方向。

参考文献

[1] 朱松然．蓄电池手册 [M]．天津：天津大学出版社，1998.

[2] 雷迪．电池手册（原著第4版）[M]．北京：化学工业出版社，2013.
[3] VINCENT C，BRUNOSCROSATI. 先进电池：电化学电源导论 [M]．屠海令，吴伯荣，朱磊，译．2版．北京：冶金工业出版社，2006.
[4] 崔佳祥．锂离子电池层状氧化物正极材料的制备及电化学机理研究 [D]．广州：广东工业大学，2021.
[5] 梁广川．锂离子电池用磷酸铁锂正极材料 [M]．北京：科学出版社，2013.
[6] 陈晨．有机-无机杂化固态电解质的制备与性能优化及其在锂离子电池中的应用 [D]．兰州：兰州大学，2018.
[7] 吴宇平．锂离子电池：应用与实践 [M]．北京：化学工业出版社，2004.
[8] 李仲明，李斌，冯东，等．锂离子电池正极材料研究进展 [J]．复合材料学报，2022，39（2）：15.
[9] LIU X，TAN Y，WANG W，et al. Conformal prelithiation nanoshell on $LiCoO_2$ enabling high-energy lithium-ion batteries [J]．Nano Letters，2020，20（6）：4558-4565.
[10] 陈港欣，孙现众，张熊，等．高功率锂离子电池研究进展 [J]．工程科学学报，2022，44（4）：13.
[11] ZHANG J N，LI Q，OUYANG C，et al. Trace doping of multiple elements enables stable battery cycling of $LiCoO_2$ at 4.6V [J]．Nature Energy，2019，4（7）：594-603.
[12] MORIMOTO H，AWANO H，TERASHIMA J，et al. Preparation of lithium ion conducting solid electrolyte of NASICON-type $Li_{1+x}Al_xTi_{2-x}(PO_4)_3$（$x=0.3$）obtained by using the mechanochemical method and its application as surface modification materials of $LiCoO_2$ cathode for lithium cell [J]．Journal of Power Sources，2013（240）：636-643.
[13] VLIKANGAS J，LAINE P，HIETANIEMI M，et al. Precipitation and calcination of high-capacity $LiNiO_2$ cathode material for lithium-ion batteries [J]．Applied Sciences，2020，10（24）：8988.
[14] TIAN Y，QIU Y，LIU Z，et al. $LiMnO_2$@rGO nanocomposites for high-performance lithium-ion battery cathodes [J]．Nanotechnology，2020，32（1）：15402.
[15] 赵佳新．高镍三元锂离子电池正极材料的制备与性能研究 [D]．沈阳：沈阳理工大学，2021.
[16] MAO F，GUO W，MA J. Research progress on design strategies，synthesis and performance of $LiMn_2O_4$-based cathodes [J]．RSC Advances，2015，5（127）：105248-105258.
[17] HONG S K，MHO S I，YEO I H，et al. Structural and electrochemical characteristics of morphology-controlled $Li[Ni_{0.5}Mn_{1.5}]O_4$ cathodes [J]．Electrochimica Acta，2015（156）：29-37.
[18] JIA G，JIAO C，XUE W，et al. Improvement in electrochemical performance of calcined $LiNi_{0.5}Mn_{1.5}O_4$/GO [J]．Solid State Ionics，2016（292）：15-21.
[19] 杨世红．锂离子正极材料磷酸铁锂的制备及改性研究 [D]．沈阳：沈阳理工大学，2020.
[20] 焦亚男．锂离子电池硅基负极材料的改性研究 [D]．天津：天津师范大学，2021.
[21] 刘琦，郝思雨，冯东，等．锂离子电池负极材料研究进展 [J]．复合材料学报，2022，

39（4）：11.
[22] GHOLAMI M，ZAREI-JELYANI M，BABAIEE M，et al. Physical vapor deposition of TiO_2 nanoparticles on artificial graphite：An excellent anode for high rate and long cycle life lithium-ion batteries［J］. Ionics，2020，26（9）：4391-4399.
[23] ZHANG H，SUN X，ZHANG X，et al. High-capacity nanocarbon anodes for lithium-ion batteries［J］. Journal of Alloys and Compounds，2015（622）：783-788.
[24] 魏冰歆，张卓然，王灿．钛酸锂负极在锂离子电池中的应用［J］. 船电技术，2021，41（6）：115-120.
[25] YAN G，XU X，ZHANG W，et al. Preparation and electrochemical performance of P^{5+}-doped $Li_4Ti_5O_{12}$ as anode material for lithium-ion batteries［J］. Nanotechnology，2020，31（20）：205402.
[26] WU H，CUI Y. Designing nanostructured Si anodes for high energy lithium ion batteries［J］. Nano Today，2012，7（5）：414-429.
[27] LIU B，LU H，CHU G，et al. Size effect of Si particles on the electrochemical performances of Si/C composite anodes［J］. Chinese Physics B，2018，27（8）：88201.
[28] 陈子重．纳米多孔硅基负极材料的改性与储锂性能研究［D］. 济南：济南大学，2020.
[29] XU Z L，GANG Y，GARAKANI M A，et al. Carbon-coated mesoporous silicon microsphere anodes with greatly reduced volume expansion［J］. Journal of Materials Chemistry A，2016，4（16）：6098-6106.
[30] WANG H，MAN H，YANG J，et al. Self-adapting electrochemical grinding strategy for stable silicon anode［J］. Advanced Functional Materials，2022，32（6）：2109887.
[31] LI Y，ZHU C，LU T，et al. Simple fabrication of a Fe_2O_3/carbon composite for use in a high-performance lithium ion battery［J］. Carbon，2013（52）：565-73.
[32] VIJAYAKUMAR V，ANOTHUMAKKOOL B，KURUNGOT S，et al. In situ polymerization process：An essential design tool for lithium polymer batteries［J］. Energy & Environmental Science，2021，14（5）：2708-2788.
[33] LI W，WU Y，WANG J，et al. Hybrid gel polymer electrolyte fabricated by electrospinning technology for polymer lithium-ion battery［J］. European Polymer Journal，2015（67）：365-372.
[34] WANG X，HAO X，XIA Y，et al. A polyacrylonitrile（PAN）-based double-layer multifunctional gel polymer electrolyte for lithium-sulfur batteries［J］. Journal of Membrane Science，2019（582）：37-47.
[35] 刘虎，李昕，张秀芹，等．PVDF/PMMA 复合凝胶电解质的制备及性能研究［J］. 北京服装学院学报（自然科学版），2018（4）：1-8.
[36] 王苏．锂离子电池固态聚合物电解质的制备及性能研究［D］. 天津：天津理工大学，2021.
[37] KAMAYA N，HOMMA K，YAMAKAWA Y，et al. A lithium superionic conductor［J］. Nature Materials，2011，10（9）：682-686.
[38] 刘蓉．不同分子量 PVDF 锂离子电池隔膜的制备及 Al_2O_3 复合改性研究［D］. 哈尔滨：

哈尔滨工业大学，2021.
[39] 张音．聚烯烃锂离子电池隔膜的高性能化改性研究［D］．杭州：浙江大学，2018.
[40] ZHANG H，ZHANG Y，YAO Z，et al. Novel configuration of polyimide matrix-enhanced cross-linked gel separator for high performance lithium ion batteries［J］．Electrochimica Acta，2016（204）：176-182.
[41] FU D，LUAN B，ARGUE S，et al. Nano SiO_2 particle formation and deposition on polypropylene separators for lithium-ion batteries［J］．Journal of Power Sources，2012（206）：325-333.
[42] WOO J J，ZHANG Z，RAGO N L D，et al. A high performance separator with improved thermal stability for Li-ion batteries［J］．Journal of Materials Chemistry A，2013，1（30）：8538-8540.
[43] 温术来，李向红，孙亮，等．金属空气电池技术的研究进展［J］．电源技术，2019，43（12）：2048-2052.
[44] 亓浩程．金属有机骨架化合物及其衍生物的合成与在金属空气电池上的应用［D］．青岛：青岛科技大学，2020.
[45] 罗楠．三维多孔材料制备及其在锂空气电池中的应用［D］．长春：吉林大学，2020.
[46] GIRISHKUMAR G，MCCLOSKEY B，LUNTZ A C，et al. Lithium-air battery：Promise and challenges［J］．The Journal of Physical Chemistry Letters，2010，1（14）：2193-2203.
[47] NEMORI H，SHANG X，MINAMI H，et al. Aqueous lithium-air batteries with a lithium-ion conducting solid electrolyte $Li_{1.3}Al_{0.5}Nb_{0.2}Ti_{1.3}(PO_4)_3$［J］．Solid State Ionics，2018（317）：136-141.
[48] LIU Y，LI B，CHENG Z，et al. Intensive investigation on all-solid-state Li-air batteries with cathode catalysts of single-walled carbon nanotube/RuO_2［J］．Journal of Power Sources，2018（395）：439-443.
[49] 周天培．锌空气电池中氧反应电催化剂的表界面调控研究［D］．合肥：中国科学技术大学，2021.
[50] WANG H，MIN Y，LI P，et al. In situ integration of ultrathin PtRuCu alloy overlayer on copper foam as an advanced free-standing bifunctional cathode for rechargeable Zn-air batteries［J］．Electrochimica Acta，2018（283）：54-62.
[51] 谢天锋．多电解液铝空气电池的研究［D］．广州：广东工业大学，2020.
[52] MA J，WEN J，GAO J，et al. Performance of Al-0.5Mg-0.02Ga-0.1Sn-0.5Mn as anode for Al-air battery in NaCl solutions［J］．Journal of Power Sources，2014（253）：419-423.
[53] 陈荣华．高比容量、高比功率铝空气电池的电化学性能研究及应用［D］．镇江：江苏大学，2020.
[54] HU X Q，CHEN F M，WANG S F，et al. Electrochemical performance of $Sb_4O_5C_{12}$ as a new anode material in aqueous chloride-ion battery［J］．ACS Applied Materials & Interfaces，2019，11（9）：9144-9148.
[55] 冷明哲．O_3 型镍锰基钠离子电池正极材料的改性及其储钠研究［D］．济南：山东大学，2021.

[56] LI Y, LU Y, ZHAO C, et al. Recent advances of electrode materials for low-cost sodium-ion batteries towards practical application for grid energy storage [J]. Energy Storage Materials, 2017 (7): 130-151.

[57] WALTER M, KRAYCHYK K V, IBANEZ M, et al. Efficient and inexpensive sodium-magnesium hybrid battery [J]. Chemistry of Materials, 2015, 27 (21): 7452-7458.

[58] GAUTAM G S, SUN X Q, DUFFORT V, et al. Impact of intermediate sites on bulk diffusion barriers: Mg intercalation in $Mg_2Mo_3O_8$ [J]. Journal of Materials Chemistry A, 2016, 4 (45): 17643-17648.

[59] LIU F F, WANG T T, LIU X B, et al. Challenges and recent progress on key materials for rechargeable magnesium batteries [J]. Advanced Energy Materials, 2021, 11 (2): 1-28.

[60] LI Z, HAN L, WANG Y F, et al. Microstructure characteristics of cathode materials for rechargeable magnesium batteries [J]. Small, 2019, 15 (32): 1-16.

[61] HUIE M M, BOCK D C, TAKEUCHI E S, et al. Cathode materials for magnesium and magnesium-ion based batteries [J]. Coordination Chemistry Reviews, 2015 (287): 15-27.

[62] LOSSIUS L F, EMMENEGGER F. Plating of magnesium from organic solvents [J]. Electrochimica Acta, 1996, 41 (3): 445-447.

[63] SHOJI T, HISHINUMA M, YAMAMOTO T. Zinc manganese-dioxide galvanic cell using zinc-sulfate as electrolyte-rechargeability of the cell [J]. Journal of Applied Electrochemistry, 1988, 18 (4): 521-526.

[64] XU C J, LI B H, DU H D, et al. Energetic zinc ion chemistry: The rechargeable zinc ion battery [J]. Angewandte Chemie-International Edition, 2012, 51 (4): 933-935.

[65] TIAN Y, AN Y L, WEI C L, et al. Recent advances and perspectives of Zn-metal free "Rocking-Chair"-type Zn-ion batteries [J]. Advanced Energy Materials, 2021, 11 (5): 2002529.

[66] WANG T T, LI C P, XIE X S, et al. Anode materials for aqueous zinc ion batteries: Mechanisms, properties, and perspectives [J]. ACS Nano, 2020, 14 (12): 16321-16347.

[67] LIU C, XIE X, LU B, et al. Electrolyte strategies toward better zinc-ion batteries [J]. ACS Energy Letters, 2021, 6 (3): 1015-1033.

[68] FANG G Z, ZHOU J, PAN A Q, et al. Recent advances in aqueous zinc-ion batteries [J]. ACS Energy Letters, 2018, 3 (10): 2480-2501.

[69] ZHANG N, CHEN X Y, YU M, et al. Materials chemistry for rechargeable zinc-ion batteries [J]. Chemical Society Reviews, 2020, 49 (13): 4203-4219.

[70] ALFARUQI M H, MATHEW V, GIM J, et al. Electrochemically induced structural transformation in a gamma-MnO_2 cathode of a high capacity zinc-ion battery system [J]. Chemistry of Materials, 2015, 27 (10): 3609-3620.

[71] PAN W D, WANG Y F, ZHAO X L, et al. High-performance aqueous Na-Zn hybrid Ion battery boosted by "Water-In-Gel" electrolyte [J]. Advanced Functional Materials, 2021, 31 (15): 1-11.

[72] WAN F, ZHANG L L, DAI X, et al. Aqueous rechargeable zinc/sodium vanadate batteries

with enhanced performance from simultaneous insertion of dual carriers [J]. Nature Communications, 2018, 9 (1): 1656.

[73] CHEN D, LU M J, CAI D, et al. Recent advances in energy storage mechanism of aqueous zinc-ion batteries [J]. Journal of Energy Chemistry, 2021 (54): 712-726.

[74] KIM H, KIM J C, BIANCHINI M, et al. Recent progress and perspective in electrode materials for K-ion batteries [J]. Advanced Energy Materials, 2018, 8 (9): 1702384.

[75] ZHANG W C, LIU Y J, GUO Z P. Approaching high-performance potassium-ion batteries via advanced design strategies and engineering [J]. Science Advances, 2019, 5 (5): 1-11.

[76] VAALMA C, BUCHHOLZ D, WEIL M, et al. A cost and resource analysis of sodium-ion batteries [J]. Nature Reviews Materials, 2018, 3 (4): 1-11.

[77] HOSAKA T, KUBOTA K, HAMEED A S, et al. Research development on K-ion batteries [J]. Chemical Reviews, 2020, 120 (14): 6358-6466.

[78] LIU Y J, TAI Z X, ZHANG J, et al. Boosting potassium-ion batteries by few-layered composite anodes prepared via solution-triggered one-step shear exfoliation [J]. Nature Communications, 2018 (9): 3645.

[79] ZAROMB S. The use and behavior of aluminum anodes in alkaline primary batteries [J]. The Electrochemical Society, 1962, 109 (12): 1125.

[80] JAYAPRAKASH N, DAS S, ARCHER L J C C. The rechargeable aluminum-ion battery [J]. 2011, 47 (47): 12610-12612.

[81] LIU S, PAN G, LI G, et al. Copper hexacyanoferrate nanoparticles as cathode material for aqueous Al-ion batteries [J]. 2015, 3 (3): 959-962.

[82] 顾学明. 印刷纸电池及其在无线温度传感标签中应用 [J]. 印制电路信息, 2013 (12): 26-27, 29.

第 8 章

大规模储能技术与应用

近年来，储能技术的研究和发展受到普遍重视，世界各国投入了大量的精力进行了很多的应用研究，储能技术已从小容量与小规模的研究和应用发展为大容量与规模化储能系统的研究和应用。

8.1 清洁能源的存储

8.1.1 清洁能源概述

随着全球经济的发展，能源需求持续增长，解决由化石能源开发利用引起的环境问题已成为各国面临的重要命题。以化石能源为主的能源消费结构不可持续。因此，能源的多元化发展和清洁能源的开发利用受到各国的普遍重视。

清洁能源指的是不排放污染物的能源，其中绝大部分是可再生能源，即原材料可以再生的能源。尽管清洁能源和可再生能源的含义不同，但二者包含的内容几乎一致，例如水能、风能、太阳能、生物能（沼气）、地热能、海潮能、海水温差等既属于清洁能源，又属于可再生能源。它们不存在耗竭的可能，是未来可持续发展的能源基石。目前，风力发电、光伏发电和水力发电是清洁能源的主要来源。

清洁能源的开发利用成为改善当前能源消费结构、实现多元化能源供给、应对全球气候变化的最重要方式之一。清洁能源产业发展被认为是第四次技术革命的突破口，也是应对气候变化和能源危机的重要手段。据彭博能源财经和国际可再生能源署（IRENA，2020）统计，2019 年全球清洁能源投资为 3 830 亿美元，是 2010 年投资的 1.3 倍，占全球能源投资的 23.6%，比 2010 年提高了 6.1 个百分点。其中，风能投资最高，为 1 430 亿美元；其后依次为太阳能（141 亿美元）、地热能（770 亿美元）。2019 年，全球约 83% 的一次能源是化石燃料，而风能和太阳能光伏占 1.3%。预计到 2030 年，风能和太阳能将增长到一次能源的 15%，到 2040 年增长到 47%，到 2050 年增长到 70%，届时风能和光伏分别占 62% 和 38%。

8.1.2 风力发电

1. 风力发电储能

因太阳对地球表面的照射不同而产生的温差引起大气中压力分布不平衡，发生对流运动形成风产生的动能为风能。因此，风能的实质是太阳能的一种转换形式。风能储量大，是一种清洁的、可再生的能源。风能的大小取决于风速和空气密度，空气流速越快，风能越大。据估计，到达地球的太阳能中大约只有 2% 转化成风能，但其总量却十分可观，约为 2.74×10^{12} MW，理论上，仅 1% 的风能被开发利用，便可满足全世界的能源需求。

全球风能资源丰富。人们对风能的利用主要分为两种形式：以风能作为动力和风力发电，其中以风力发电为主。19 世纪末，第一台风力发电机组于丹麦问世，单机功率为 5～25 kW。随后，德国、荷兰、丹麦、美国等国家也纷纷投入对风力发电技术的研究，各国根据自身情况制订了相应的风力发电计划。目前，风力发电正进入一个迅速扩张的阶段，被公认为是世界上最接近商业化的可再生能源技术之一，也是最有可能大规模发展的能源之一。我国从 20 世纪 80 年代研制出大型风力发电机组开始，也逐渐加大对风能的投入力度。2011 年，全国风电上网电量达 715 亿 kW · h，可满足约 4 700 万户居民 1 年的用电需求。2021 年年末，并网风电装机容量达 32 848 万 kW，比上一年增加 4 695 万 kW。

2. 风力发电技术

风力发电就是利用空气的动能来进行发电的技术手段。根据空气动力学，若空气质量为 m，风速为 v，则其单位时间内通过面积为 S，垂直于气流方向的截面动能为

$$E=\frac{1}{2}mv^2 \tag{8-1}$$

空气质量 m 可以表示为

$$m=\rho Sv \tag{8-2}$$

因此可将动能改写为

$$E=\frac{1}{2}\rho Sv^3 \tag{8-3}$$

式中，ρ 为空气密度，标准情况下为 1.29 kg/m^3。因此气流的动能与风速的立方成正比关系。

风力发电的主要原理是利用风力产生的动能带动风车叶片转动，然后促进发电机将动能转化为电能。依据风车技术，即使微风速度（～3 m/s）也可以开始发电。风力发电机一般由风轮（集风装置）、发电机（做功装置）、调向器（尾翼）、塔架和传动装置等构成，如图 8-1 所示。

利用风力发电机可以实现空气动能到电能的转换。根据空气动力学，风力发电机输入功率为

$$P_v=\left(\frac{1}{2}\rho S_w v\right)v^2 \tag{8-4}$$

式中，S_w 为风力发电机叶片迎风掠扫面积，m^2；v 为进入风力发电机扫掠面之前的空气流速（即未扰动风速），m/s。

用风能利用系数 C_p 来表征风力发电机捕获风能的能力，即

$$C_p=\frac{\text{风力发电机输出功率}}{\text{风力发电机输入功率}}=\frac{P_o}{P_v} \tag{8-5}$$

因此风力发电机的输出功率为

$$P_o=C_pP_v=\frac{1}{2}\rho S_w v^3 C_p=\frac{\pi}{8}\rho D_w^2 v^3 C_p \tag{8-6}$$

式中，D_w 为风轮的直径，m。

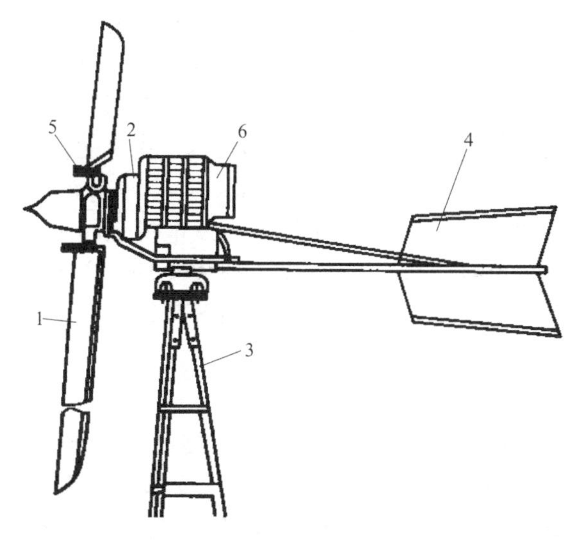

图 8-1　风力发电机基本构成

1—风轮（集风装置）；2—传动装置；3—塔架；4—调向器（尾翼）；5—限速调速装置；6—发电机（做功装置）

可以看出，风能利用系数很大程度上决定了风能的利用，它反映了风力发电机吸收风能功率的能力，它的大小与风速、叶片大小、风轮直径、风力发电机的转速等有关。此处引入一个重要的参数叶尖速比 λ，其含义为风力发电机叶片叶尖线速度与风速之比。

$$\lambda=\frac{\omega R}{v}=\frac{2\pi Rn}{v} \tag{8-7}$$

式中，R 为风轮的半径，$R=0.5D_{\mathrm{w}}$；ω 为叶片旋转角速度，rad/s；n 为风力发电机转速，r/s。

风能利用系数 C_{p} 是叶尖速比 λ 和桨距角 β（叶片弦长与旋转平面的夹角）的综合函数，即 C_{p}（λ，β），其关系表达为式（8-8），为方便表达，设置 λ_i 为中间变量，即

$$\begin{cases}C_{\mathrm{p}}(\lambda,\beta)=0.22\left(\dfrac{116}{\lambda_i}-0.4\beta-5\right)\mathrm{e}^{\frac{-12.5}{\lambda_i}}\\[2ex]\dfrac{1}{\lambda_i}=\dfrac{1}{\lambda+0.008\beta}-\dfrac{0.035}{\beta^3-1}\end{cases} \tag{8-8}$$

不难发现，在特定风力发电机中，叶尖速比 λ 的值是由风速和风轮转速共同决定的。当风速一定时，叶尖速比 λ 与转速 n 成正比。因此，如果桨距角 β 是固定的，只要控制风力发电机风轮的转速，调节叶尖速比到最佳的 λ_{opt}，就能够达到最大的风能利用系数 C_{pmax}。

风力发电机一般由风轮、机舱、塔架和其他部分组成。风轮一般由叶片、叶柄、轮毂和风轮机组成。机舱里面保存着风力发电机的重要装备，包括齿轮箱、发电机等。风力发电机根据发电机类型的不同可以分为笼型、双馈感应型、永磁同步型和其他型电机，如开关磁阻电机、横向磁场电机、高压电机等。

（1）笼型风力发电机。笼型风力发电机结构简单，可靠性较高，机组安全稳定运行，控制手段相对简单，并且还有较高的运行效率。它的缺点在于输出的有功功率与消耗的无用功功率成正比，这将造成笼型风力发电机在全负荷的情况下功率因数较低，不利于电网电压。

（2）双馈感应型风力发电机。双馈感应型风力发电机是具有定子、转子两套绕组的双馈型异步发电机。定子接入电网，转子通过电力电子变换器与电网相连，所以该类发电机可以在较大的功率范围内运行，并可实现电能的双向传输。双馈感应型风力发电机是一种变速恒频发电机，与传统发电机相比有较大优势，能够追踪最大风能，控制无功电压，提高电网质量。

（3）永磁同步型风力发电机。永磁同步型风力发电机也属于变速恒频发电机的一种。它不同于双馈感应型风力发电机，其输出功率通过两个全功率变频器输出到电网中，而其本身与电网隔开，没有绕组与电网相连，因此它可以在不同的频率下正常运行并且不影响电网频率。

3. 全球风力发电应用

风力发电近年来呈逐年递增趋势。目前世界上有超过 70 个国家拥有风力发电厂，大多位于欧洲、北美洲、亚洲等地；而风力发电较发达（技术、设备等）的国家包括丹麦、西班牙、德国、美国等。若依据装机容量来分，2015 年前五名的国家依序分别为中国、美国、德国、印度、西班牙。全球风力发电统计如表 8-1 所示。

表 8-1　全球风力发电统计

年份	2010	2011	2012	2013	2014	2015	2016	2017
装机容量/MW	182 901	222 517	269 853	303 113	351 618	417 144	467 698	514 798
发电量/（GW·h）	341 565	436 803	523 814	645 721	712 407	831 826	959 468	1 122 745
占全球发电量比例/%	1.58	1.96	2.30	2.75	2.98	3.42	3.85	4.39

1）中国风力发电

中国自 2010 年以来成为世界上最大的风力发电装机容量市场，成为世界风力发电的领先者，拥有世界上最大的装机容量，并且保持快速增长。中国拥有广阔的疆域和漫长的海岸线，因此具有十分丰富的风能资源。据估计，中国陆地拥有 2 380 GW 的可开发容量，同时海洋有 200 GW 的可开发容量。截至 2020 年年底，风力发电是中国第三大电力来源，占总发电量的 6.1%。根据全球风能理事会《2022 年全球风能报告》的统计，2021 年中国陆上风力发电新增装机容量 30.7 GW，占全球 42.34%，海上风力发电新增装机容量占全球的 80.02%，离岸风力发电量方面超过了英国和德国，成为全球最大的离岸风力发电市场，占全球总装机容量的 40%。

中国最大的国产风机制造商是金风科技。2019 年，金风科技是首批签约东北地区风力发电制氢项目的合作伙伴之一，希望充分利用中国目前尚未开发的风力发电潜力。中国国电集团的另一家子公司中国龙源电力集团公司也是风力发电的早期先驱，曾一度运营着中国 40% 的风电厂。新疆金风风电厂如图 8-2 所示。

甘肃酒泉风电厂（见图 8-3）项目是位于甘肃省的一组在建大型风电厂。甘肃风电厂项目位于酒泉市瓜州县西北部的玉门镇附近的沙漠地带，风力充沛。2020 年，该风电厂的装机容量为 20 GW。2017 年，全长 2 383 km 的酒泉-湖南高压直流输电线路投入使用，将偏远

图 8-2　新疆金风风电厂

综合体与湖南地区电网连接起来，充分利用其发电能力。项目所处场地风能资源良好，风电厂年平均风速为 7.89 m/s，年平均风功率密度为 427.5 W/m^2。项目建成后，每年节约标煤 25 万 t，减少二氧化硫废气排放量 8 071 t、二氧化氮废气排放量 2 290 t、二氧化碳排放量 42.7 万 t、一氧化碳排放量 58 t、烟尘排放量 45.4 万 t，减少耗水 1.23 万 t，对改善大气环境有积极的作用。

图 8-3　甘肃酒泉风电厂

2）欧美风力发电

美国风力发电是能源工业近几年来迅速扩大的一个分支。2016 年，美国的风力发电量达到 226.5 TW · h，占美国所有发电量的 5.55%。截至 2017 年 1 月，美国风力发电额定容量为 82 183 MW。这一容量只有中国和欧盟才能达到。到目前为止，风力发电装机容量增幅最大的是 2012 年，装机容量为 11 895 MW，占新增装机容量的 26.5%。

根据美国国家科学基金会和后来的美国能源部（DOE）的资助，美国政府创建了一个公用事业电力规模的风力涡轮机行业，开发了一系列美国国家航空航天局风力涡轮机（NASA Wind Turbines）。在 4 个主要的风力发电机组设计中，共投入 13 个试验风力发电机组。该计划的钢管塔、变速发电机、复合叶片材料、部分跨距变桨控制，以及空气动力学、结构和声学工程的设计是当今许多现役的多兆瓦级涡轮机技术的先驱。美国国家航空航天局风力涡轮机共有 7 种不同的设计，分别为 MOD-0、MOD-0A、MOD-1、MOD-2、WTS-4、

MOD-5A、MOD-5B。该计划的第一个设计是 MOD-0（见图 8-4），在俄亥俄州桑达斯基的刘易斯研究中心附近建造，并于 1975 年 9 月投入使用。该设备有一个直径 38 m 的顺风双叶转子，与同步发电机相连，在 8 m/s 风速下的额定功率为 100 kW，其涡轮机在增速器的作用下以 40 r/min 的转速驱动转速为 1 800 r/min 的发电机，其功率输出通过倾斜转子叶片来调节。

图 8-4　位于俄亥俄州桑达斯基的 MOD-0 风力涡轮机

德国在 20 世纪 80 年代中期开始使用风力发电，2015 年的风力发电厂装机容量达 4 494.6 万 kW，仅次于中国和美国居世界第三，其中离岸风力发电厂的装机容量为 329.4 万 kW，仅次于英国排世界第二。

德国的 Alpha Ventus 风电厂（见图 8-5）是该国第一个海上风电厂，它位于博尔库姆岛以北 45 km（28 英里）的北海。它由 12 台涡轮机组成，总装机容量为 5 MW，由 6 台 Adwen AD 5-116 涡轮机和 6 台 REpower 涡轮机组成。涡轮机位于 30 m 深的水中，从陆地上几乎看不见。

图 8-5　德国的 Alpha Ventus 风电厂鸟瞰图

8.1.3　光伏发电

1. 光伏发电概述

光伏发电就是利用光伏效应，吸收光辐射转换为电动势的技术。一束光打在 PN 异质结上，会形成一个内建电场，可以为外电路上的负载供电，这就是光伏电池的工作原理。入射的光子进入空间电荷区时，能够产生电子空穴对，这些光生电子能够在内建电场的作用下进入 N 区；同样地，光生空穴能够进入 P 区，形成光电流 I_L，其方向与 PN 异质结反向偏置电流一致。在流过负载时，光生电流会产生一个电压降，该电压降反而会使 PN 异质结纠正反向偏置，从而产生正向电流 I_F，因此其总电流为 I_L-I_F。光伏电池工作原理如图 8-6 所示。

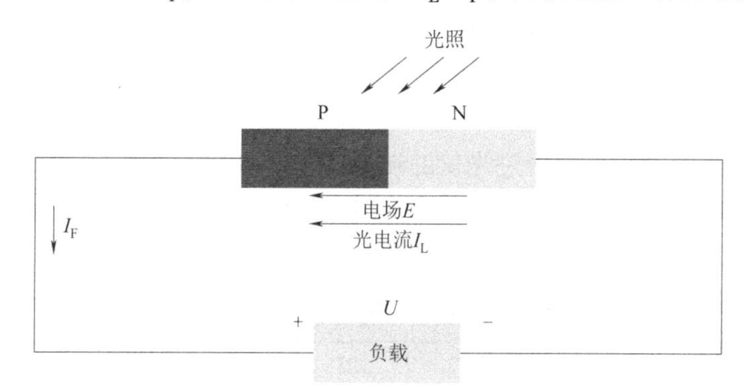

图 8-6　光伏电池工作原理

光伏电池经历了三代发展，第一代光伏电池的转换效率一般在 12%～15%，目前可以规模化生产，但是成本较高。第二代光伏电池的成本低于第一代，但是效率较低。第三代光伏电池在薄膜化、高效率、无毒性方面有很大进步。依据材料特性的不同，可以将光伏电池分为以下三种：

（1）单晶硅光伏电池。单晶硅光伏电池与其他光伏电池相比，其发展历史最长，原料丰富，结晶度好，转换效率高，稳定性好。它主要用于通信电站或者聚焦光伏发电系统，同时由于其一致性较好，也可用于制作小型消费产品。

（2）多晶硅光伏电池。多晶硅光伏电池的工艺比单晶硅光伏电池更加简单，原料更加丰富，并且其转换效率较稳定，成本低。虽然多晶硅光伏电池的光学性能、电学性能和力学性能的一致性不如单晶硅光伏电池，但是工艺简单，便于大规模生产。

（3）薄膜光伏电池。薄膜光伏电池可分为非晶硅、多晶硅和多元化合物薄膜光伏电池。非晶硅薄膜光伏电池原料来源广，工艺简单，便于大规模生产；多晶硅薄膜光伏电池则结合了晶体硅和薄膜太阳能电池的优点；多元化合物薄膜光伏电池效率高，工艺简单，但是对稀土元素需求大。

2. 光伏发电的优缺点

太阳能是人类取之不尽、用之不竭的可再生能源，具有充分的清洁性、绝对的安全性、相对的广泛性、确实的长寿命和免维护性、资源的充足性及潜在的经济性等优点，在长期的能源战略中具有重要地位。

与常用的火力发电系统相比，光伏发电的优点主要体现在：

（1）无枯竭危险。

（2）安全可靠，无噪声，无污染排放，绝对干净（无公害）。

（3）不受资源分布地域的限制，可利用建筑屋面的优势，如无电地区以及地形复杂地区。

（4）无须消耗燃料和架设输电线路即可就地发电供电。

（5）能源质量高。

（6）建设周期短，获取能源花费的时间短。

但是，光伏发电也有着无法避免的缺陷：

（1）照射的能量分布密度小，即要占用巨大的面积。

（2）获得的能源同四季、昼夜及阴晴等气象条件有关。

（3）相对于火力发电，发电机会成本高。

（4）光伏板制造过程不环保。

3. 全球光伏发电的应用

许多国家投入大量研发经费推进光伏的转换效率，如给予制造企业财政补贴。更重要的是，上网电价补贴政策以及可再生能源比例标准等政策极大地促进了光伏在各国的广泛应用。全球太阳能光伏发电统计如表 8-2 所示。

表 8-2　全球太阳能光伏发电统计

年份	2010	2011	2012	2013	2014	2015	2016	2017
装机容量/MW	39 455	71 251	100 677	137 260	178 090	226 907	302 782	399 613
发电量/（GW·h）	33 829	65 211	100 925	139 044	197 671	260 005	328 182	442 618
占全球发电量比例/%	0.16	0.29	0.44	0.59	0.83	1.07	1.32	1.73

1）中国光伏发电的应用

2013 年，中国超过德国成为拥有最大规模光伏发电能力的国家，这在很大程度上得益于清洁发展政策的支持。全国各地光伏发电厂分布较为广泛，其中以戈壁沙漠最为集中。

到 2020 年年底，中国的光伏能源总容量为 252.5 GW。2020 年，青海省海南藏族自治州黄河水电海南太阳能园区也竣工。该太阳能园区的装机容量为 2.2 GW，是世界上第二大太阳能发电厂，仅次于印度的巴德拉（Bhadla 太阳能园区）。该太阳能发电厂连接到世界上第一条超高压电力线，该电力线全部来自可再生能源，能够传输超过 1 000 km 的电力。该太阳能发电厂计划扩大到 10 GW 的光伏容量。

腾格里沙漠太阳能园区（见图 8-7）是世界第六大光伏电站，位于宁夏中卫市，占地面积 43 m^2。它是峰值功率容量最大的太阳能园区（1 547 MW）。

2）国外光伏发电的应用

截至 2021 年，Bhadla 太阳能园区是世界上最大的太阳能园区，位于印度拉贾斯坦邦焦特布尔地区的巴德拉，总面积达 5 700 hm^2，该园区光伏发电总容量为 2 245 MW。

阿根廷高查瑞光伏电站（见图 8-8）300 MW 光伏发电项目位于阿根廷北部胡胡伊省高查瑞高原地区。项目厂址海拔在 4 000 m 以上，年日照时长超过 2 400 h。该项目由三座 100 MW

的光伏电站构成，共安装光伏板 120 万块，并配套建设一座 345 kV 升压站。

图 8-7　腾格里沙漠太阳能园区

图 8-8　阿根廷高查瑞光伏电站

8.2　新能源汽车动力储能

8.2.1　新能源汽车概述

随着化石能源的紧缺和环境问题的日益加剧，全球能源结构亟须改善。传统燃油汽车排放的污染物已经成为城市空间的主要污染来源。近年来，国内外各大汽车公司和科研机构致力于新能源汽车的开发，并取得了长足的发展。2020 年 11 月 2 日国务院办公厅印发的《新能源汽车产业发展规划（2021—2035 年）》第 3 章第 1 节提出：“深化‘三纵三横’研发布局”，即以燃料电池、插电式混合动力（含增程式）汽车、纯电动汽车为“三横”，以动力电池与管理系统、驱动电机与电力电子、网联化与智能化技术为“三纵”，构建关键零部件技术供给体系。绿色牌照的新能源汽车如图 8-9 所示。

图 8-9　绿色牌照的新能源汽车

2020 年年底，全球共有超过 1 000 万辆电动汽车的存量（中国 540 万，欧洲 330 万，美国 180 万，其他地区 80 万）。过去十年间，新能源汽车的市场占有率从 0 上升到 4.2%左右。从 2021 年开始，新能源汽车的销量几乎呈现飞跃式提升，其中 1—9 月中国 215.7 万辆，美国 42.44 万辆，欧洲 157.87 万辆，前三个季度仅在这三个市场就有 416 万辆新能源汽车卖出。2022 年 5 月，美国共售出 73 608 辆插电式汽车［57 804 辆 BEV（纯电动汽车）和 15 804 辆 PHEV（插电式混合动力汽车）］，比 2021 年 5 月的销量增长 45.5%。据韩国 SNE 研究中心统计，2020 年全球锂离子电池装机容量为 137 GW，预计 2030 年将达到 1 500 GW。

新能源汽车与传统汽车最根本的差别在于动力系统，动力电池是决定新能源汽车战略优势的关键点。最理想的新能源汽车动力电池应该具有安全性好、绿色环保以及具有高储能密度和高功率密度、循环寿命长和成本低的特点。动力电池不能够满足上述需求，也是制约新能源汽车发展的最大瓶颈。

新能源汽车与传统汽车产业链相比有三个方面的延伸：储能电池、驱动控制系统、能量管理系统。

（1）储能电池。储能电池是新能源汽车最核心的零部件，为新能源汽车提供动力。锂离子电池已经取代镍氢电池成为最常用的新能源汽车动力电池。车载储能电池应当具有容量高、安全性好、系统兼容性好和循环寿命长等特点以满足使用需求。整个储能电池中，正极材料无疑是最关键的原材料之一，其成本约占整体的 1/3，它在极大程度上决定了电池的安全性、循环寿命和容量。

（2）驱动控制系统。新能源汽车的驱动控制系统包括行驶驱动控制和再生制动控制两个方面。混合动力汽车的驱动控制系统还应该协调和控制车辆的电力驱动和内燃机驱动。新能源汽车的驱动控制系统应该具备智能化、数字化、高速响应、结构简单、抗干扰能力强和鲁棒性好等特点。

（3）能量管理系统。能量管理系统（Energy Management System，EMS）包含了对储能电池在内的能量进行管理与分配。电池管理系统是其中重要的组成部分，它可以对电池的性能进行保护，防止个别电池早期损坏，有利于新能源汽车的正常运行。它的功能在于测量电池电压，防止或避免电池过放、过充、过温等异常状况的出现，将新能源汽车的运行、充电与电池的电流、电压、内阻和容量等紧密协调。

8.2.2　新能源汽车充电模式

新能源汽车的充电模式因其电池组的技术和使用特性而异，通常可以分为整车充电和更换电池组充电两种模式，整车充电也可以分为常规充电和快速充电两种模式。

（1）常规充电模式。常规蓄电池大都采用小电流的恒压或恒流充电，一般充电时间为 5~8 h，甚至长达 10~20 h。常规充电的充电器及安装成本较低，可充分利用电力低谷时段进行充电，降低充电成本，可提高充电效率和延长电池的使用寿命。

（2）快速充电模式。与常规充电模式相对的是快速充电模式。快速充电又称应急充电，是以较大电流短时间在电动汽车停车的 20 min~2 h，为其提供短时充电服务，一般充电电流为 150~400 A。快速充电充电时间短，没有记忆性，可以大容量充放电，在几分钟内就可充 70%~80%的电，与加油时间相仿。因此，在建设相应充电站时可不用配备大面积停车场。但是，快速充电也存在一定的缺点：充电效率较低，工作和安装成本较高；充电电流较大，对电池寿命有影响。由于功率和电流的额定值都很高，这种充电模式对电网有较高的要求，在目前电网环境下，快速充电桩应该设立在变电站或者监测站和服务中心附近。

（3）更换电池组充电模式。机械充电也就是更换电池组充电，通过直接更换电动汽车的电池组来达到充电的目的。更换电池组充电相对前两者的时间成本和电能质量均有较大优势，但采用这种模式需满足一些技术条件。首先，由于电池组质量较大，更换电池的专业化要求较强，需在充电站配备专业人员借助专业机械来快速完成电池的更换、充电和维护，专用的机械装置和大量的蓄电池会提高更换系统的初始成本。其次，修建一个蓄电池更换站需要相当大的空间来存放大量未充电和已充电的蓄电池。最后，为了尽可能地提高电池的通用性，需要对蓄电池的物理尺寸和电气参数制定统一的行业标准。

充电桩是为电动汽车提供电池动力支持的专用电力设备，主要安装于公共建筑、居民小区停车场或充电站内，利用国家标准中规定的充电接口，给各种类型的电动汽车提供对应电压等级的充电服务。充电桩采用交、直流供电方式，以特定的充电卡进行刷卡使用，用户通过智能化的操作界面或手机 APP 选择不同的充电模式，如定电量、定时间、定金额、自动模式。目前，充电桩的类型主要有交流充电桩、直流充电桩，具体而言：

（1）交流充电桩。交流充电桩即常规充电模式的充电桩，由外部提供 220 V 或 380 V 交流电源，并通过车载充电机给车载电池充电，其功率等级为 3.5~7.0 kW，充电时间为 5~8 h，有的甚至长达 10~20 h。根据其安装方式，交流充电桩可分为落地式、壁挂式；根据充电接口数，可分为一桩一充式、一桩多充式。该充电方式安装成本低，可充分利用用电低谷时间进行充电，降低充电成本，延长电池的使用寿命；但充电时间过长，对电动汽车停靠时间和停靠地点有严格要求，导致其利用效率降低。

（2）直流充电桩。直流充电桩即快速充电模式的充电桩，由非车载充电机完成交直流变换，然后通过专门的直流充电接口直接给车载电池充电，充电电压一般为 400 V 或 750 V，供电功率为 50~175 kW，充电时间可从 10 min（直流快充）到 6 h（直流普通充电），满足紧急续航的需求。与交流充电桩相比，该方式充电效率低，工作和安装成本高；大电流，对电池寿命影响大；大功率充电，对电网冲击大，会引起公用电网电压波动，产生谐波危害。因此，在当前电池技术性能下，直流快速充电模式主要作为电动汽车充电的应急补充。

将传统的电动汽车充电站与电池储能技术相结合，构建充放储一体化电站口，在用电低谷期对储能系统进行充电，然后在用电高峰期释放存储的电能，不但可以实现对电网“削峰填谷”的作用，还能有效降低大量电动汽车集中充电给电力系统带来的冲击。

8.2.3 电动汽车分布式储能

分布式储能是一种布置在用户侧的集能源、生产、消费于一体的能源供应方式。电动汽车储能区别于一般电网储能装置，具有两大特点：①储能是电动汽车的自然属性，没有增加额外投资，经济性良好；②电动汽车储能具有规模分布特性和移动特性。实际上，电动汽车的电池具有相当大的存储容量，如特斯拉 Model S 电池的典型容量为 85 kW，在电池充满后可供一个普通家庭使用约一周的时间。由此可见，电动汽车作为一种可移动的分布式储能装置，如果其规模达到一定的程度，那么它存储的电能也会非常可观。早在 20 世纪 90 年代，人们便注意到电动汽车的特别之处：不同于电网中的其他组成部分，电动汽车具有灵活的移动性和不可预测性。因而电动汽车大量接入电网后会对电网产生较大影响：如果充电不受控制，那么某些低压配电变电站和馈线可能无法满足其充电造成的尖峰。人们考虑，当电网负荷较低时，给电动汽车充电来存储电网过剩的发电量；当电网负荷较高时，由电动汽车所储能源向电网馈电，这就是电动汽车和电网互动技术概念的由来，即 V2G（Vehicle to Grid）。电动汽车和电网互动技术（V2G）示意图如图 8-10 所示。

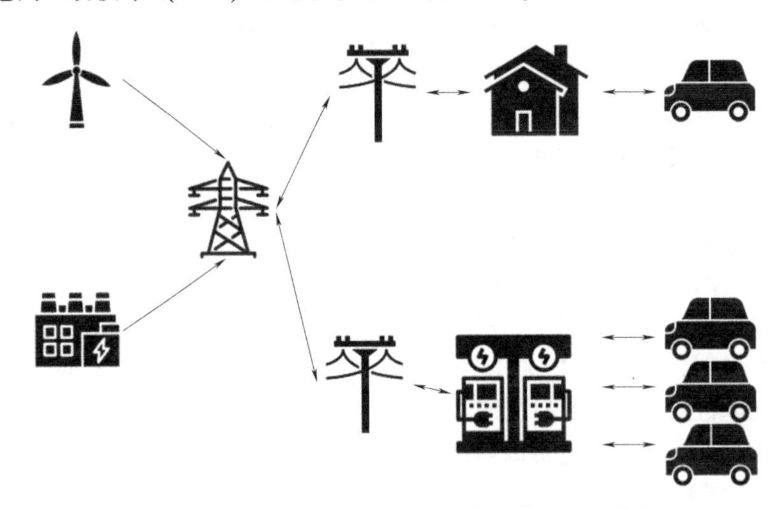

图 8-10　电动汽车和电网互动技术（V2G）示意图

2018 年，国家发展改革委发布的《关于创新和完善促进绿色发展价格机制的意见》提出，鼓励电动汽车提供储能服务，并通过峰谷价差获得收益。2020 年，国务院办公厅印发的《新能源汽车产业发展规划（2021—2035 年）》进一步明确，推动汽车从单纯交通工具向移动智能终端、储能单元和数字空间转变。同时，加强新能源汽车与电网能量互动，鼓励“光储充放”（分布式光伏发电-储能系统-充放电）多功能综合一体站建设。2021 年 4 月底，国家电网首个台区智能融合终端实用化示范区在宁波北仑建成投运，示范区建有国内首个配网台区智能融合终端参与智能双向互动的 V2G 充电站，为电动汽车车主提供了一种充放电交互体验，当电动汽车不运行时，充电就等同于“买电”，向电网输电则等同于“卖电”，利用峰谷价差获得收益。

V2G 理念的推出具有巨大的现实意义。一方面，对于电网而言，当电网需求超过基本负荷发电厂容量时，由于电网本身并没有足够的电能存储，调峰电厂就会投入运行从而增加成本；当电网需求较低时，用电量会低于基本负荷发电厂的输出，未被使用的能量会被浪费；同时，对电网进行的电压和频率调节在很大程度上也增加了电网的运营成本。另一方面，相关研究表明，大部分电动汽车每天的行驶时间并不长，更多的时间处于闲置状态，所以电动汽车的使用者在电价低时利用电网充电，在电价高时向电网输电，这使汽车在使用时间上可以有所保证，同时能够通过售电获得一定的收益。V2G 的核心在于电动汽车和电网的互动，可以利用大规模的电动汽车的电池作为电网和可再生能源的缓冲，来实现以下功能：①减少电网专用调峰、调频电厂的建设；②电力系统的负荷备用、检修备用、事故备用和黑启动等；③用户在用电高峰期将电能出售，利用电动汽车的储能创造收益；④可再生能源的间歇性、不稳定的电能可先通过电动汽车充电后再并网，抑制新能源并网的波动性。V2G 也是智能电网技术的重要组成部分，它将极大地影响未来电动汽车的商业模式，所以各国都非常重视对 V2G 的研究和示范。

8.3　热能的规模存储与应用

8.3.1　热能简介

热能（Thermal Energy）在热力学上是存在于热力学系统（或物体）内部能量的一种形式，是其处于热平衡时的热力学能。宏观上来看，热能表现为该系统或物体的温度；微观上来看，热能是由其构成原子或分子无序运动而产生的能量，也是其以显热或潜热的形式所表现的能量。地球上有各种各样形式的热能，能够被大规模利用的热能形式有太阳能、地热能等来自自然界的热能和工厂废热等来自人类社会的热能。

自地球形成时生物就主要以太阳提供的热和光生存，而古人也懂得以阳光晒干物件，并将食物晒干作为保存食物的方法，如晒咸鱼等。目前的大规模光热应用主要是通过吸收、反射或其他方法把太阳的辐射能集中起来，变换成足够高温的过程，以有效地满足不同负载的要求。

地球地壳的地热能源起源于地球行星的形成（20%）和矿物质放射性衰变（80%）。地热能因为历史原因多集中分布在构造板块边缘一带，该区域也是火山和地震多发区。如果热量提取的速度不超过补充的速度，那么地热能便是可再生的。地热能在世界上很多地区应用相当广泛。据估计，每年从地球内部传到地面的热能相当于 100 PW · h。不过，地热能的分布相对来说比较分散，开发难度大。

目前大多数的热能发电厂配有热能存储系统。热能存储系统的运行目标是使系统拥有加热或制冷能力，通过热能存储系统的热转换，完成能量的存储与运输，使电能持续平稳供应，实现电网调峰负荷，完成大规模并网。热能存储技术使能源供需分离，很好地解决了太阳能能量供应的不连续性问题。

8.3.2 聚光太阳能发电技术

聚光太阳能发电技术（Concentrating Solar Power，CSP）通过聚集阳光，将其转换为高温热能，以直接或间接方式运行热力发动机和发电机，这些发电厂具有与传统化石燃料发电厂类似的热力循环发电装置。现阶段，聚光太阳能发电技术依据集热方式的不同，可分为抛物线槽式（Parabolic Trough，PT）发电、塔式（Powertower，PTO）发电、线性涅菲尔式（Linear Fresnel Reflectors，LF）发电和抛物线碟式（Dishparabolic Systems，DP）发电，如图 8-11 所示。

图 8-11　现阶段聚光太阳能发电技术类型

抛物线槽式发电是目前技术最成熟的集热技术。太阳能收集器使用镜面将能量集中到流体输送接收管，将其用于传统的蒸汽发生器中发电。该技术能够将传热流体加热到 390 ℃，报告的抛物线槽式发电的热电效率能达到 15%。

塔式发电被认为是太阳能光热发电的未来。这项技术使用被称为定日镜的太阳追踪镜将太阳能反射到位于塔顶的接收器上，接收器将太阳的热量直接收集在流经接收器的传热流体中，进行热能的传输、转换或存储。系统中的中央接收器通常会在最高 565 ℃的温度下收集热量，所需传热流体温度最高可达 1 000 ℃。目前塔式发电面临的最大挑战是找到新的高温存储媒介，提高体系的实际运行温度上限，以使工厂能够在理想的条件下运行。

线性涅菲尔式集热系统由排成一排的平面镜或曲面镜组成，它们能跟踪太阳并将其辐射聚焦在固定的接收器上。这种聚光太阳能接收器系统设计简单，因而降低了成本，但是装有线性涅菲尔接收器的聚光太阳能发电厂的发电效率最低，仅有 8. 10%。

抛物线碟式发电使用碟形抛物面反射镜，将阳光集中并聚焦到接收器上。这种太阳能集热方法最高可以在 800 ℃的工作温度下运行。碟式系统是最高效的聚光太阳能技术，可提供高达 25. 5%的太阳能转换效率。同时，抛物线碟式系统是目前最昂贵的聚光太阳能收集器。

聚光太阳能发电作为一个行业，真正诞生于 20 世纪 80 年代。1982 年，美国能源部与一个行业财团开始运营 10 MW 中央接收器示范项目 Solar One。该项目使用蒸汽为常规涡轮机提供动力并发电，确定了在塔式发电中使用传热流体产生蒸汽提供动力的可行性。1996 年，Solar Two 项目在升级 Solar One 的概念基础上，成功展示了在阳光不强烈的情况下，太阳能发电技术也可以经济、有效地存储太阳能来发电，为以后的热能存储技术的部署奠定了基础。此后聚光太阳能市场保持增长，直到 2000 年，化石燃料价格下跌，导致政府暂时取消了支持聚光太阳能的政策，致使国际能源市场再次将注意力转移到化石燃料上。2006 年，西班牙和美国在充分考虑太阳辐照条件和已实施的能源政策的前提下，重新设计并部署了聚光太阳能发电技术。自此聚光太阳能发电站在美国和西班牙的能源供应市场上逐步扩大，德国等其他国家也加入了发展聚光太阳能技术及应用的行列。2010 年是聚光太阳能领域的转折点，全球装机容量达到 1 GW，西班牙、中国、印度、美国、摩洛哥及许多其他国家也部署了新的聚光太阳能发电站，并逐渐发展了新型的蒸汽发电厂。自此太阳能发电技术得到广泛认可，应用前景一片光明。2020 年，摩洛哥建造的世界上最大的太阳能发电厂投入使用，装机容量为 580 MW。全球数十个国家可以运行的总装机容量达到 10 GW。预测到 2030 年，结合新的存储概念和混合配置的具有更高工作温度的超临界流体动力工厂将会逐步发展和应用。2012 年，日本住友电工在横滨建造了一座电站，包含最大发电功率达到 200 kW 的聚光型太阳能发电设备（CPV）和一套1 MW/5 MW · h 的全钒液流电池（VRFB）储能系统构成的并与外部商业电网连接的电站。利用该液流电池能够实现对工厂接入电量的稳定；补偿受天气影响的 CPV 发电量，从而实现按计划使用太阳能；事先制订用电计划，对横滨事务所内的削峰填谷进行运作，以电力负载为依据调整放电量。

8.3.3　地热能发电技术

地热能发电的基本原理是利用源源不绝的地热来加热地下水，使其成为过热蒸汽后，当作工作流体以推动涡轮机旋转发电，即将地热转换为机械能，再将机械能转换为电能。这种以蒸汽来旋转涡轮的方式，与火力发电的原理是相同的。不过，火力发电推动涡轮机的工作流体必须靠燃烧重油或煤炭来维持，不但费时，而且在过程中易造成污染。

对于作为工作流体的高温地热水，通常采用“闪化蒸汽处理”，也就是让它因压力骤降而迅速汽化，紧接着导入低压蒸汽涡轮机产生动力以发电。工作流体若为干而高温的过热蒸汽，可直接通入涡轮机，若同时含有水蒸气和热水，则需先用汽水分离装置将二者分离，待水蒸气推转涡轮机后凝结为热水，如果热水温度仍高，则可经闪化处理再利用或另作他途。发电系统末端的冷凝水经适当控温后排入河川，或回注地下以免造成地下水资源枯竭。

8.3.4　工业生产余热利用技术

不断增长的工业需要大量的电力投入，这导致了一次能源消耗和 CO_2 排放，此外，在工业运行过程中，大量的能量输入以各种形式作为废热散失到环境中，造成严重的能量浪费。工业部门是世界前三大能源消耗部门之一，工业制造过程中消耗的 20% ~ 50% 的能量以余热的形式流失，约 60% 以低品位废热的形式在温度低于 230 ℃下释放。回收这些废热可以提供电力、热能或机械能，进而提高能源利用效率，这被认为是一个重要的技术契机。工业余热的充分发展利用有可能为节能减排做出巨大贡献。考虑到废热的巨大数量，回收余热所获得的环境和经济效益将是显著的。

目前余热回收技术可分为直接利用和热转化两类。余热的直接用途包括辐射/对流换热器、无源空气预热器、余热锅炉、经济器、板式换热器等；热转化系统可将废热转化成不同温度的热能、冷量或功率的输出，这为用户提供了更多的选择，适用于更多的场合。从热到热的转换有蒸汽压缩热泵和吸收式热泵两种，蒸汽压缩热泵由电能驱动，吸收式热泵要在吸收器输入合适品位的热能。热-冷转换的选择包括吸收式制冷机和吸附式制冷机，热-功率转换的选择包括蒸汽朗肯循环和卡琳娜循环。通常，卡琳娜循环在较高的驱动温度下效率更高，而蒸汽朗肯循环适合于较低的驱动温度。

使用蒸汽朗肯循环的一个例子就是旋风余热发动机（Cyclone Waste Heat Engine），如图 8-12 所示，这是一种小型蒸汽发动机，旨在利用废热产生的蒸汽发电。

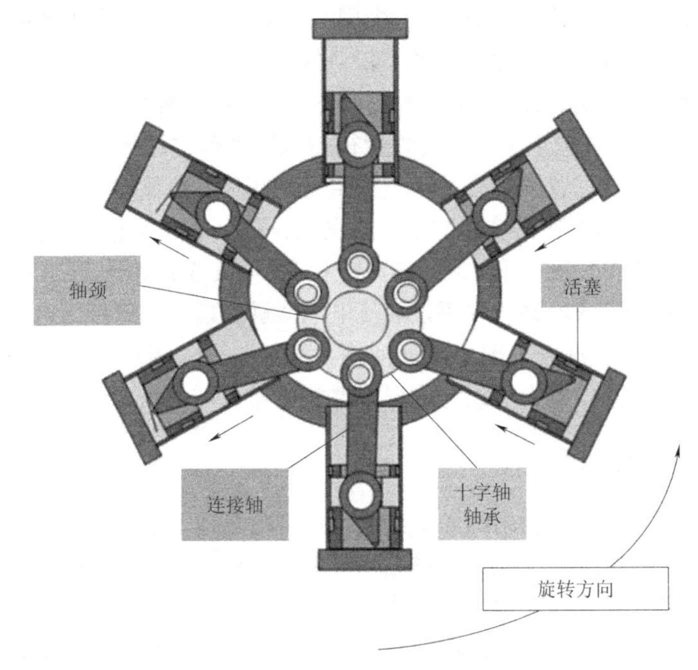

图 8-12　旋风余热发动机

8.4　电能的大规模存储技术

8.4.1　蓄电池概述

化学储能装置（电池）和电化学电容是目前领先的电能存储技术。二者都基于电化学，它们的本质区别在于，电池将能量存储在有能力产生电荷的化学反应物中，而电化学电容直接以存储电荷的形式储能。尽管电化学电容有着高功率容量，但是其储能密度太低，无法用于大规模储能。因此大规模储能往往使用二次电池。用作大规模储能用途的二次电池主要有锂离子电池、液流电池、磷酸铁锂电池、铅酸蓄电池、镉/镍电池。

8.4.2　电池储能电站

在满额定功率下，电池储能电站通常设计为最多输出几个小时。电池存储可用于短期峰值功率和辅助服务，例如提供运行储备和频率控制，以最大限度地减少停电。它们通常安装在发电站或靠近发电站的地方，并且可以共享相同的电网连接以降低成本。由于电池存储工厂不需要燃料输送，与发电站相比更紧凑，并且没有烟囱或大型冷却系统，因此它们可以根据需要在城市区域内快速安装和放置，靠近客户负载。

Tehachapi 储能项目（TSP）（见图 8-13）是一个基于 8 MW/32 MW · h 锂离子电池的电网储能系统，TSP 位于加利福尼亚州的南加州爱迪生变电站，足以为 1 600~2 400 户家庭供电 4 h。在 2014 年投产时，它是北美最大的锂离子电池系统，也是世界上最大的锂离子电池系统之一。TSP 系统由 608 832 个锂离子电池组成，这些电池被封装在 10 872 个模组中，每个模组有 56 个电池，然后堆叠在 604 个机架中。双向逆变器和功率转换系统（PCS）在电池放电期间将直流电转换为交流电，在电池充电期间将交流电转换为直流电。电池安装在 590 m^2 的建筑物中。TSP 系统可以提供 32 MW · h 的能量，最大功率为 8 MW。

图 8-13　Tehachapi 储能项目俯视图

8.4.3　电能存储的安全问题

锂离子电池从结构上看，密闭的空间存储大量的能量，具有危险的本质，而热失控是导致锂离子电池安全隐患的根本原因，有机小分子引发的副反应的链式反应会导致电池热失控的发生。锂离子电池的热失控机理包括三个阶段：

第一阶段：电池热失控初期阶段。内外因素引起电池内部温度升高至 90~100 ℃，负极表面的固态电解质界面钝化层分解释放热量，引起电池内部温度快速升高；当温度达到 135 ℃时，隔膜开始熔化收缩，正极与负极之间相互接触造成短路，从而引发电池的持续放热。

第二阶段：电池鼓包阶段。当温度为 250~350 ℃时，负极或负极析出锂，导致其与电解液中的有机溶剂发生反应，挥发出可燃的碳氢化合物气体（甲烷、乙烷），伴随大量产热。

第三阶段：电池热失控、爆炸失效阶段。在这个阶段中，充电状态下的正极材料与电解液继续发生剧烈的氧化分解反应，产生高温和大量有毒气体，导致电池剧烈燃烧甚至爆炸。

目前全球范围内已发布的一系列关于锂离子电池储能系统现有技术的相关标准，大多处于制定和摸索阶段。针对锂离子电池储能系统，从安全保障体系的角度看，还需加大锂离子电池安全性技术研究力度，建立与电力储能应用相适应的标准体系。现有的灭火剂如干粉灭火剂，对锂离子电池灭火几乎没有效果；卤代烷、CO_2、七氟丙烷只能扑灭明火，无法从根本上抑制火灾发生（往往稍后会出现复燃），不具备降温和灭火的双重功能，对锂离子电池的火灾不具有适用性；水喷淋系统技术比较成熟，降温灭火效果明显，成本低廉且环境友好，但耗水量大，扑救时间长，扑灭火灾后将导致储能电站内的电池短路损坏而无法正常使用。

近年来，频发的安全事故导致锂离子电池安全问题备受关注。2016 年，美国西南航空公司旗下一架航班号为 994 的客机发生火灾，起因是一部三星 Note7 手机冒烟起火，所幸全部乘客和机组人员及时疏散，没有造成伤亡。2020 年 9 月，丹麦可再生能源公司 Orsted 在利物浦的一个巨型锂离子电池在深夜起火。2021 年 7 月，作为全球最大的电池储能项目之一的维多利亚大电池储能项目发生火灾，其采用的是特斯拉 Megapack 系统，电池供应来自特斯拉。事故的根本原因最可能是 Megapack 冷却系统内泄漏导致短路，从而导致电子元件起火，从而热失控，并在一个 Megapack 内的相邻电池舱中着火，接着蔓延到相邻的第二个 Megapack。2022 年 1 月，韩国蔚山南区的 SK 能源公司电池储能大楼发生火灾事故。据悉，起火的储能系统是 2018 年 11 月安装的电池储能设备，装机容量为 50 MW。2022 年 2 月，美国加州 Moss Landing 储能电站项目发生事故，约有 10 个电池架被熔化。而在此前几个月，该项目就曾发生过电池过热事故，其电池供应商为 LG 新能源。接连不断的储能安全事故，成为储能市场不断崛起亟须解决的一大议题。粗略统计，截至目前，全球范围内，储能系统火灾事故已超 50 起，其中绝大多数项目使用的是三元电池，占比超过 50%，其余为磷酸铁锂电池和其他电池。

2021 年 12 月，强制性国家标准《电能存储系统用锂蓄电池和电池组安全要求》下达，这标志着储能电池安全性受到管控。

8.5 大规模储能发展展望

8.5.1 电化学储能发展展望

锂离子电池（LIB）在 20 世纪 90 年代初推出后不久，就成为消费电子产品、储能系统和其他重要应用领域全球革命的驱动力。现代 LIB 的关键部件是决定电池整体性能的正极。最常见的商用正极材料包括 $LiCoO_2$、$LiNi_{1/3}Co_{1/3}Mn_{1/3}O_2$、$LiMn_2O_4$ 和 $LiFePO_4$。新型高储能密度正极材料集中在大比容量（>200 mA · h/g）和高电压（>4.0 V）两方面。在层状氧化物中，最有应用前景的材料包括高镍正极 $LiNi_{1-x}M_xO_2$（M=Co，Mn，Al 等）和富锂正极 $Li_{1+x}M_{1-x}O_2$（M=Mn，Co，Ni 等）。高电压尖晶型石氧化物 $LiNi_{0.5}Mn_{1.5}O_4$ 和聚阴离子氧化物也是具有高潜力的新型材料。电化学储能技术的发展历程如图 8-14 所示。

根据欧盟 2020 年 12 月颁布的电池技术分类，电化学储能技术正逐步从锂离子电池（第 4 代以前）向下一代电池技术（第 4 代之后）发展，主要包括固态锂电池、钠离子电池、钾离子电池、锌离子电池、全固态电池、多价离子电池和金属空气电池等技术领域，并有望于 2025 年以后实现市场化应用。Nitta 等人提出可以通过以下方面改进电化学储能技术：①减小

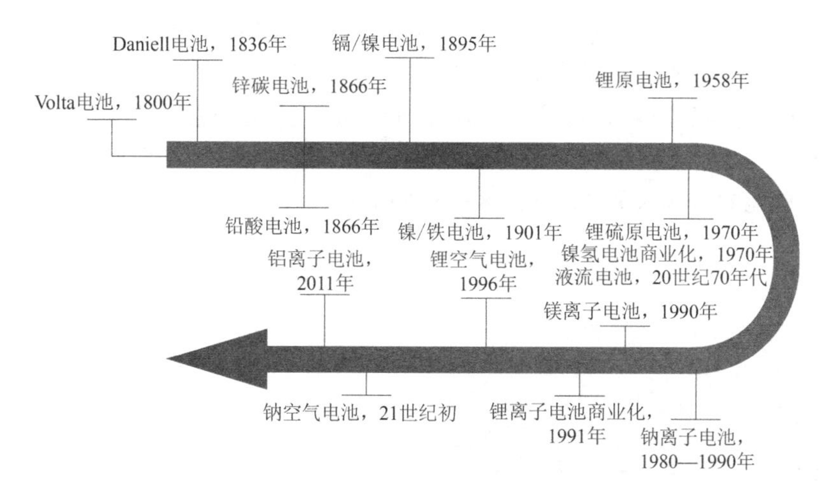

图 8-14　电化学储能技术的发展历程

活性材料的尺寸；②形成复合材料；③掺杂和功能化；④调整颗粒形态；⑤在活性材料周围形成涂层或壳；⑥改性电解质。

此外，由于资源的紧缺性，电池回收逐渐成为人们关注的热点。在用于便携式电子产品的锂离子电池中，钴和锂的质量分数分别为 5%~15% 和 2%~7%。便携式电子设备的电池质量达到数十万吨，这构成了一个金属的“矿山”，回收其中的金属元素与直接开采相比具有成本优势。毫无疑问，在未来几十年，回收将变得比以往任何时候都更加重要。

8.5.2　机械储能发展展望

1. 压缩空气储能

从 20 世纪 40 年代压缩空气的概念首次被提出至今，压缩空气系统的理论研究已经日益完善。理论上，压缩空气储能系统的效率最高可以达到 70%。未来对于压缩空气储能技术的研究重点应集中在以下几个方面：①储能系统关键部位的材料和技术突破，如多级压缩机和多级膨胀机的内部机理，蓄冷储热材料的传热特性；②储能系统与电力系统耦合时的关键问题，如机组的调节特性、系统集成控制技术与并网接入技术等。

2. 重力储能（抽水储能等）

抽水储能是目前装机容量最大的储能方式。新型抽水储能是传统抽水储能的变种，虽然同样需要水来形成液位差，通过水泵/水轮机来实现充放电，但是不需要修建上下两个水库，占地面积大大减小。目前研究可分为海水抽水储能、海下储能系统和活塞水泵系统。海下储能系统由德国法兰克福歌德大学教授 Horst Schmidt-Böcking 和萨尔布吕肯大学 Gerhard Luther 博士于 2011 年提出，形似海底“巨蛋”，利用海水静压差通过水泵/水轮机进行储能和释能，德国弗劳恩霍夫风能和能源系统技术研究所（Fraunhofer IWES）2016 年在博登湖进行了水上测试。这种被称为 StEnSea（见图 8-15）的结构使用多个直径 30 m、壁厚 2.7 m 的中空球体，存储容量可达 12 000 m^3。据报道，这些“巨蛋”储能量为 20 MW·h，功率为 5~6 MW，效率为 65%~70%。

抽水储能的另一种结构由 Heindl Energy、Gravity Power、EscoVale 等几家公司在 2016 年先后提出，称为活塞水泵系统，其利用活塞的重力势能，在密封良好的通道内形成水压进行储能和释能，Gravity Power 公司于 2021 年开始在巴伐利亚建设兆瓦级示范工程。这些结构具体原理是：用圆柱状的活塞嵌放在形状相同的储水池中，有富余电力时，水泵会把水压入储水池中，此时活塞就会被水压提起，即电能转化成了重力势能；而当电网需要电能供应时，闸门会打开，此时活塞下降，挤压储水池中的水流经水泵来发电，此时重力势能会转化成电能。抽水储能的活塞水泵系统如图 8-16 所示。

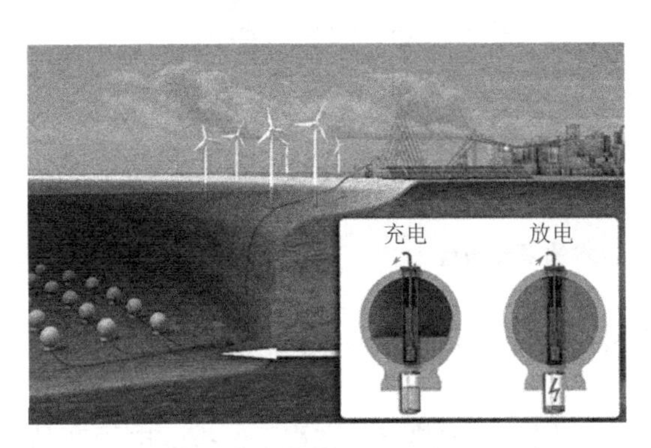

图 8-15　德国海下储能 StEnSea 系统

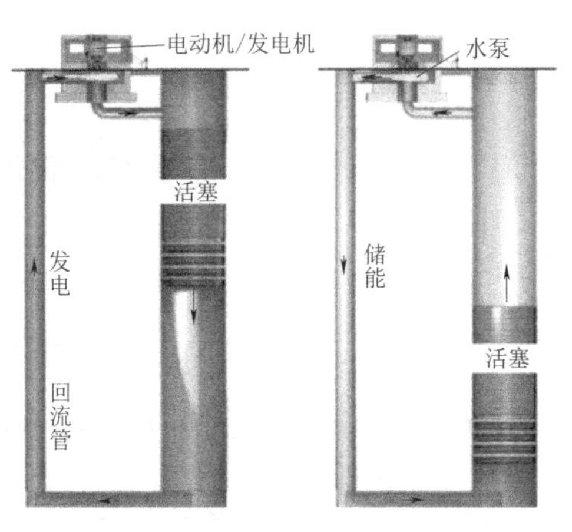

图 8-16　抽水储能的活塞水泵系统

3. 飞轮储能

由于飞轮储能系统具有储能密度大、效率高、无污染等优点，技术水平也日益完善，已经在越来越多的领域中得到应用。随着技术的不断进步，飞轮储能向大容量、高效率、无污染、高安全性、适应性强的方向发展，主要包括以下方面：①新材料的应用：使用新型的复合材料可以有效地增加飞轮的强度与储能密度，高温超导材料的突破也将为超导飞轮赢得更大的优势；②磁轴承的研究：磁轴承的使用将使飞轮储能系统的损耗大大减少，同时增加其使用寿命，对飞轮速度的提升也大有帮助；③高速电机的研究：高速电机的研究将提供足够的动力使飞轮能够携带更大的能量，增大飞轮电池的续航能力。

8.5.3　核能储能发展展望

核能主要分为核裂变和核聚变两类。目前人类可驾驭的可控核裂变技术已用于工程建设核电站，为人类供应清洁能源；而核聚变技术还处于研发阶段。可控核聚变发电作为清洁能源领域的圣杯，暂时还难以实现。核能发展的重点目前集中于核裂变能的可持续发展，具体而言，主要是铀资源的充分利用、核电的安全性和核废物的安全处置。

由于涉及核技术的特殊性质，核电的发展是一个需要综合考虑技术创新规律以及政治、经济、国际关系等多元因素的重大战略决策。我国在引进、消化、吸收世界领先第三代压水堆核电技术基础上，自主创新研发了同样具有世界领先水平的“华龙一号”和 CAP1400 大型先进压水堆核电技术；高温气冷堆和钠冷快堆正在积极推进示范工程的建设；中国科学院先导计划支持下的熔盐堆和加速器驱动（ADS）次临界装置已完成示范工程选址；超临界水堆、行波堆等核能系统正在加强基础研究和工程设计。

中国工程院“核燃料技术发展战略研究”建议，我国应积极部署事故容错燃料（ATF

燃料)、氮化物等先进燃料和氧化物弥散强化钢（ODS 钢）等先进燃料组件结构材料的研究与开发，提升我国核燃料和材料的自主创新和产业发展能力，创建我国先进核能系统的燃料和材料自主品牌，为先进核能系统的发展提供更高性能的燃料和材料，使我国先进核能系统燃料和材料尽快达到国际先进水平，引领国际先进核能系统燃料和材料发展。

思 考 题

1. 发展清洁能源的大规模存储对于我国实现“双碳”目标（即碳达峰与碳中和）有何重大意义?

2. 试述大规模储能的定义与分类。

3. 试述电能、机械能、热能大规模存储的典型设施及其应用。

4. 查阅三个国内外大规模储能设施的资料，了解其储能技术原理、储能规模、运营情况等。

参考文献

[1] 郑艳婷，徐利刚．发达国家推动绿色能源发展的历程及启示［J］．资源科学，2012，34（10）：1855-1863.

[2] BENITEZ L E，BENITEZ P C，VAN KOOTEN G C. The economics of wind power with energy storage［J］. Energy Economics，2008，30（4）：1973-1989.

[3] 崔荣国，郭娟，程立海，等．全球清洁能源发展现状与趋势分析［J］．地球学报，2021，42（2）：179-186.

[4] DUFFNER F，KRONEMEYER N，TüBKE J，et al. Post-lithium-ion battery cell production and its compatibility with lithium-ion cell production infrastructure［J］. Nature Energy，2021，6（2）：123-134.

[5] Argonne National Laboratory. Light duty electric drive vehicles monthly sales updates［EB/OL］.（2022-08-01）［2022-08-22］. https://www. anl. gov/esia/light-duty-electric-drive-vehicles-monthly-sales-updates.

[6] 李永，宋健．新能源车辆储能与控制技术［M］．北京：机械工业出版社，2014.

[7] 顾羽洁．电动汽车充放储一体化电站对电网影响的研究［D］．上海：上海交通大学，2012.

[8] 肖钢，梁嘉．规模化储能技术综论［M］．武汉：武汉大学出版社，2017.

[9] GUNEY M S. Solar power and application methods［J］. Renewable and Sustainable Energy Reviews，2016（57）：776-785.

[10] 吴双．$ZnCl_2$ 多元熔盐储能材料的设计及传蓄热性能研究［D］．北京：中国科学院大学，2020.

[11] FLAMANT G，GAUTHIER D，BENOIT H，et al. Dense suspension of solid particles as a new heat transfer fluid for concentrated solar thermal plants：On-sun proof of concept［J］.

Chemical Engineering Science, 2013 (102): 567-576.

[12] JOUHARA H, KHORDEHGAH N, ALMAHMOUD S, et al. Waste heat recovery technologies and applications [J]. Thermal Science and Engineering Progress, 2018 (6): 268-289.

[13] 葛维春, 滕云, 葛延峰, 等. 电池储能与清洁能源消纳 [M]. 北京: 科学出版社, 2018.

[14] 黄志高. 储能原理与技术 [M]. 北京: 中国水利水电出版社, 2020.

[15] LEE W, MUHAMMAD S, SERGEY C, et al. Advances in the cathode materials for lithium rechargeable batteries [J]. Angewandte Chemie International Edition, 2020, 59 (7): 2578-2605.

[16] KOOHI-FAYEGH S, ROSEN M A. A review of energy storage types, applications and recent developments [J]. Journal of Energy Storage, 2020 (27): 101047.

[17] LARCHER D, TARASCON J M. Towards greener and more sustainable batteries for electrical energy storage [J]. Nature Chemistry, 2015, 7 (1): 19-29.

[18] 路唱, 何青. 压缩空气储能技术最新研究进展 [J]. 电力与能源, 2018, 39 (6): 861-866.

[19] 王粟, 肖立业, 唐文冰, 等. 新型重力储能研究综述 [J]. 储能科学与技术, 2022, 11 (5): 1575-1582.

[20] SLOCUM A H, FENNELL G E, DUNDAR G, et al. Ocean renewable energy storage (ORES) system: Analysis of an undersea energy storage concept [J]. Proceedings of the IEEE, 2013, 101 (4): 906-924.

[21] 朱煌秋, 汤延祺. 飞轮储能关键技术及应用发展趋势 [J]. 机械设计与制造, 2017 (1): 265-268.

[22] 干勇, 赵宪庚, 徐匡迪. 中国新一代核能用材总体发展战略研究 [J]. 中国工程科学, 2019, 21 (1): 1-5.

[23] 李冠兴, 周邦新, 肖岷, 等. 中国新一代核能核燃料总体发展战略研究 [J]. 中国工程科学, 2019, 21 (1): 6-11.

第 9 章
新型能量转换与存储技术

9.1 能量管理与能源互联网

9.1.1 能源互联网的定义

对能源的利用推动着人类历史的前行，对能源利用的不断变革也使人类历史不断揭开崭新的一幕。进入 21 世纪，对不可再生化石能源的大规模开发不可避免地导致了能源危机的发生和环境危机的凸显，建立在化石能源基础上的工业文明正在逐步陷入困境，新一轮能源变革在世界范围内正在蓬勃兴起——以电力应用为中心、以新能源的大规模开发利用为特征。

大规模能量的开发利用需要高效率的能量管理技术。能量管理是主动的、有组织和系统的协调，能源的转换、分配和使用要满足能量的使用要求，同时考虑环境和经济目标。能量管理是一项系统性工程，通过工程和管理技术为特定的政治、经济和环境目标优化能源效率。

2011 年，杰里米·里夫金（Jeremy Rifkin）在《第三次工业革命——新经济模式如何改变世界》（*The third industrial revolution*：*How lateral power is transforming energy*，*the economy*，*and the world*）一书中提出了第三次工业革命的概念。里夫金预言，以新能源技术和信息技术广泛深入的结合为特征的一种新能源综合利用体系，即能源互联网（Energy Internet）将是未来能源的发展趋势。这种能源互联网具有以下 5 大特征：

（1）以可再生能源为主体的一次能源。

（2）支持超大规模分布式发电系统，可再生能源就地使用。

（3）使用氢和其他储能技术来存储间歇式能源。

（4）基于互联网技术实现广域的能源共享。

（5）支持交通系统的电气化，电力可以在各地区之间购买和销售。

在能源互联网的愿景中，传统的以生产满足需求的能源供给模式将被彻底颠覆，处于能源互联网中的各个参与者既是“消费者”又是“生产者”；石油、天然气、煤等传统化石能源与风电、光伏等可再生能源的比例将彻底转换；互联网、物联网和移动通信网等数据收集、处理、控制的思想、方法和经验将被大量引入；智能建筑、智能家居、电动汽车、节能环保、分布式能源等新技术将会得到普遍使用。

9.1.2 国内外能源互联网的发展

20世纪70年代，在世界游戏模拟大会上，巴克敏斯特·福乐最早提出“全球能源互联网战略”这一概念，他认为实现这一战略是能源最高优选；1986年，彼得·迈森创立了全球能源网络学会，该学会特别关注国家与大陆之间的电力传输网络连接，利用季节性变化、气候变化和日照变化等的差异收集再生能源，以供全球使用。直到2004年，《经济学人》杂志刊登了一篇题为“*Building the energy internet*”的关于能源互联网的文章后，各国研究者才正式开始对现代能源互联网的研究；2008年，由美国国家科学基金会资助的美国北卡州立大学未来可再生电能传输和管理（Future Renewable Electric Energy Delivery and Management，FREEDM）中心指出，为实现大规模分布式可再生能源及分布式储能设备的即插即用，应将电力电子技术和信息技术引入电力系统，通过能源路由器等能源互联网中核心的电力变换、智能控制设备，在未来配电网层面实现能源互联网理念。同年，德国联邦经济和技术部提出E-energy理念和能源互联网计划，以新型的信息通信技术（ICT）、通信设备和系统为基础，在6个城市试点不同侧重点的智能电网示范项目，来应对日益增多的分布式电源接入及各种复杂的用户终端负荷需求。

20世纪80年代以来，德国的绿色电力发电量飙升，但电网却无法充分吸纳，导致绿色电力严重过剩。正是由于德国电网和储能技术等的发展相对滞后，为了确保电网平衡，必须保留一定规模的可随时调节发电量的火电厂，因而火电的退出速度较慢。

为了解决这一问题，德国实施对电网的升级改造并大力开发大规模储能技术，以实现在生产和消费之间的智能调配。德国首先提出了能源互联网的概念，鼓励多样化的能源互联网商业模式投入实践，E-energy是其中有代表性的项目。E-energy（以ICT为基础的未来能源系统）是德国联邦经济和技术部在智能电网的基础上，推出的一个为期4年的技术创新促进计划。它以打造新型的能源网络，在整个能源供应体系中实现综合数字化互联以及计算机控制监测为目标。E-energy同时也是德国绿色IT先锋行动计划的组成部分，该行动计划总共投资1.4亿欧元，包括智能发电、智能电网、智能消费和智能储能4个方面。E-energy共选出6个地区作为项目试点：库克斯港ETelligence项目、哈茨可再生能源示范区RegModHarz项目、莱茵-鲁尔E-dema项目、亚琛Smart W@TTS项目、莱茵-内卡（曼海姆）MOMA项目和斯图加特MEREGIO项目。在E-energy项目建立的能源互联网中，汽车可以实时报告确切位置和电池的荷电状态等；车主能够以最低成本的方式为电池充电；在用电需求高峰时，E-energy系统可以从电池汲取剩余电力反馈至电网以提供补充。

2009年1月，美国发布了《经济复兴计划进度报告》，宣布将铺设或更新4 827 km输电线路，并在未来3年内为美国家庭安装4 000万个智能电表。2009年2月，总额达7 870亿美元的《美国复苏与再投资法案》签署生效，其中新能源为主要领域之一，重点包括发展高效电池、智能电网、碳存储和碳捕获、可再生能源（如风能、太阳能）等。美国的智能电网突出可再生能源和新技术应用，并力求将分散的智能电网集结成全国性的先进电力网络，实现全国范围内的发、输、配和用电系统的优化运行与管理，同时进一步考虑与加拿大、墨西哥等地电网互联和优化合作。

欧盟于2005年启动建设智能电网技术平台（Smart Grid Technology Platform）。2006年，欧盟理事会的能源绿皮书《欧洲可持续的、竞争的和安全的电能策略》明确强调，欧洲已经进入一个新能源时代，智能电网技术是关键技术和发展方向。同时欧盟成立智能电网协会，进一步加强智能电网的研发和协调，提供权威信息并制定标准。

中国也非常重视对能源互联网发展的探索。2014 年 7 月，国家电网公司董事长刘振亚在电气与电子工程师学会（IEEE）电力与能源协会 2014 年年会上发表《构建全球能源互联网，服务人类社会可持续发展》一文，提出了“全球能源互联网”的重要理念。“全球能源互联网”内涵丰富，它是以特高压电网为骨干网架，以输送清洁能源为主导，在全球进行互联的坚强智能电网，即“特高压电网+智能电网+清洁能源”。“全球能源互联网”中的特高压电网是关键，智能电网是基础，清洁能源是重点。

按照发展计划，“全球能源互联网”的推广和实施分为三个阶段：第一阶段为国内互联——到 2020 年，加快推进各国清洁能源开发和内部电网互联，大幅提高各国的电网配置能力、智能化水平和清洁能源比例；第二阶段为洲内互联——2020—2030 年，推动各洲内大型能源基地开发和电网跨国互联，实现清洁能源在洲内大规模、大范围、高效率优化配置；第三阶段为洲际互联——2030—2050 年，加快“一极一道”（北极风电、赤道太阳能）能源基地开发，基本建成全球能源互联网，在全球范围内实现以清洁能源占主导的目标，全面解决世界能源安全、环境污染和温室气体排放等问题。

现阶段，国家电网公司已建成具有国际领先水平的“三交四直”七项特高压工程，正在开工建设“四交五直”特高压工程，成功实施了包括智能充放电网络、智能变电站、智能用电采集系统、多端柔性直流等一批先进的智能电网创新工程。

9.2 能量转换与存储的大数据

9.2.1 能源大数据的概念

大数据作为国家重要基础性战略资源，已成为数字经济发展的关键生产要素。大数据环境下的数字技术颠覆了传统技术创新理论，深刻地改变着技术创新发展路径，已成为驱动新一轮科技变革的新引擎。数据的加速流动驱动传统产业向数字化和智能化方向转型升级，服务型制造、网络化协同、个性化定制等新型生产模式不断涌现，已成为驱动实体经济高质量发展的重要途径。

大数据技术主要强调从海量的数据中快速获得有价值信息的能力，然而能源企业涉足大数据的主要目的是从海量的数据中高效率地获取数据，进行深入加工并且获得有用的数据。目前，学术界与产业界对电力大数据的讨论较充分。美国电力研究协会（EPRI）对大数据在电力行业的应用进行研判，根据相关调查，EPRI 认为，随着智能终端设备的普及，基于大数据的分析应用有着广泛的前景，其必然能为用户带来巨大的价值。同时，EPRI 也认为，在开展应用之前，要做好大数据管理工作以及数据关联分析的准备工作。电气化生产带动了大工业制造的发展转型，一直延续整个 20 世纪。中国电机工程学会将能源大数据的特征概括为“3V”和“3E”。“3V”指大体量（Volume）、多类型（Variety）与快速度（Velocity），“3E”指数据即能量（Energy）、数据即交互（Exchange）、数据即共情（Empathy）。如果只在体量特征与技术上分析，能源大数据是指大数据在能源行业上的聚焦与子集。但是能源大数据更多的是在广义上的范畴，具有超越大数据普适概念上的广泛性，有其他行业无法替代的丰富含义。能源大数据特征如图 9-1 所示。

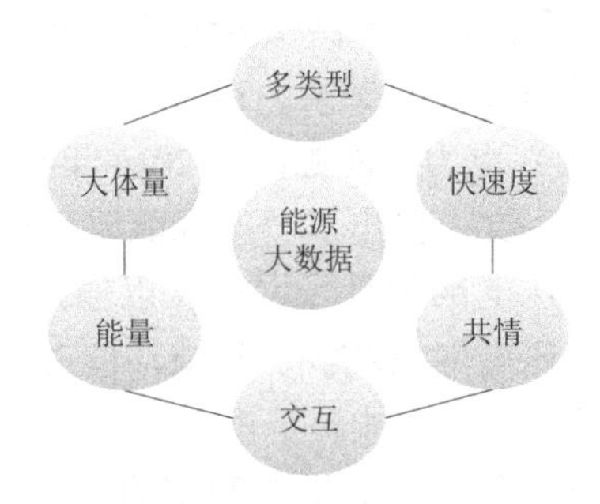

图 9-1　能源大数据特征

9.2.2　大数据的采集、传输、存储及处理

1. 数据的采集

用能行业的众多解决方案，导致能源数据的采集很难形成一个统一的接口和标准，针对目前电力行业信息化发展的情况，可以从以下三个方面对电力数据进行采集：

（1）能源管理中心的管理平台。从重点用电单位管理平台采集用能企业的能源数据，包括定期和不定期的能源消耗、指标完成、能源利用状况报表、能源审计报告、产品限额自查报告，以及节能技改、节能整改方案等。

（2）企业能源管理中心。对于已建有能源管理中心的企业，可通过相关数据对接协议，从这些企业的能源管理中心直接获取原始的能源消耗、生产状况等实时数据。

（3）软件客户端。企业通过产品用能限额、能源状况利用等客户端软件将数据录入，或通过在线监测系统直接将数据与平台对接，之后，数据经过管理人员的后台审核，剔除异常数据后，数据进入数据库。

2. 数据的传输

智能电网信息流的层次模型包括 4 个层次，即电网设备层、通信网架层、数据存储管理层、数据应用层，如图 9-2 所示。各个层次组成的信息支撑体系是坚强智能电网信息运转的有效载体，是坚强智能电网坚实的信息传输基础。

图 9-2　智能电网信息流的层次模型

在通信网架层中，从传输媒介的分类来看，电力能源数据传输技术可以分为有线通信和无线通信。在电力通信专网中，有线通信主要包括电力线载波通信和光纤通信等。

（1）电力线载波通信。电力线载波通信是电力系统传统的特有通信方式，它以输电线路为传输通道，具有通道可靠性高、投资少、见效快、与电网建设同步等优点，曾经是电力通信的主要方式。

（2）光纤通信。光纤传输频带宽、通信容量大，传输损耗低、中继距离长，线径小、质量轻。光纤原料为石英，节省金属材料，有利于资源合理使用；兼有绝缘高、抗电磁干扰性能强、抗腐蚀能力强、抗辐射能力强、可绕性好、无电火花和保密性强等优点。它一经问世，便在电力行业得到应用并迅速发展。除普通光纤外，一些专用于电力系统的特种光纤已被大量使用。

在无线通信技术中，常见的有 230 MHz 无线专网通信、微波通信、无线局域网 WLAN 通信、4G 无线公网通信和 5G 无线公网通信等。

3. 数据的存储

在能源大数据的环境下，目前最实用的是分布式数据库与分布式文件系统。分布式数据库是指利用高速计算机网络将物理上分散的多个数据存储单元连接起来，组成一个逻辑上统一的数据库。其基本思想是将原来集中式数据库中的数据分散，存储到多个通过网络连接的数据存储节点上，以获取更大的存储容量和更高的并发访问量。分布式文件系统向客户端提供了一种永久的存储器，在分布式文件系统中，一组对象从创建到删除的整个过程，完全不受文件系统故障的影响。这个永久的存储器由一些存储资源联合组成，客户端可以在存储器上创建、删除、读写文件。分布式文件系统与本地文件系统不同，它的存储资源和客户端分散在一个网络中，文件通过层级结构和统一的视图在用户之间相互共享，虽然文件存储在不同的存储资源上，但用户就像是将不同文件存储在同一个位置。分布式文件系统应当具有透明性、容错性和伸缩性。

4. 数据的处理

传统依赖大型机和小型机的并行计算系统不仅成本高，数据吞吐量也难以满足大数据要求，同时靠提升单机 CPU 性能、增加内存、扩展磁盘等实现性能提升的纵向扩展方式也难以支撑平滑扩容。大数据规模巨大等特性使传统的计算方法已经不能有效地支持大数据计算和处理，在求解大数据的问题时，需要重新审视和研究它的可计算性、计算复杂性和求解算法。大数据计算不能像小样本数据集那样依赖于全局数据的统计分析和迭代计算，需要突破传统计算对数据的独立同分布和采样充分性的假设前提。因此在大数据时代，针对特定大数据应用类型的高效并行计算模型不断出现，进而造成基于并行计算模型的大数据分析处理平台具有针对性和多样性。

9.3　电力系统调度与安全

9.3.1　电网调峰

调峰电源需要根据负荷变化情况跟随出力，来维持电力系统电压和频率的稳定。电网希望调峰负荷能够快速根据调度指令及时投入、切出系统，并根据指令快速改变其出力水平。传统调频电源作为旋转电源，由于惯性和控制精度问题，会出现延迟与偏调等情况，而且火电机组参与调频会降低其经济运行效率，并不是理想选择。储能技术在提高电网调频能力方面，可以减小因频繁切换而造成的传统调频电源的损耗；在提升电网调峰能力方面，根据电源和负荷的变化情况，储能系统可以及时、可靠地响应调度指令，并根据指令改变其出力水平。电网领域迫切需要低成本、大容量储能技术解决调频调峰的问题，以提高其供电可靠性及电能质量。电网一次或二次调频的储能项目一般装机容量在 1 MW 以上，充放电时间为 1~15 min，平均每天循环 10~40 次，响应时间在 1 min 之内。用于调峰（三次调频）的储能项目，一般装机容量在 10 MW 以上，充放电时间为 1~4 h，每天循环 1~3 次，响应时间要求不高，1 h 内投入即可。抽水储能、压缩空气储能可以满足上述调峰要求。目前建设的电网峰谷平衡储能项目主要以抽水储能为主。在“十三五”期间，我国抽水储能电站建设规模持续扩大，设计、施工和机组设备制造水平不断提升，已形成较为完备的规划、设计、建设和运行管理体系。截至 2020 年年底，我国抽水储能累计装机容量已达 31.79 GW，同比增长 4.9%，已建和在建容量均居世界首位。2015 年 11 月，国内核准建设的单机容量最大、净水头最高、埋深最大的抽水储能电站——广东阳江抽水储能电站，开始正式启动建设。2022 年以来，国家电网开工建设两座抽水储能电站——浙江泰顺抽水储能电站和江西奉新抽水储能电站，总投资规模 147.73 亿元，预计 2030 年前全部竣工投产，年发电量可达 24 亿 kW・h。

用于电网调峰的压缩空气储能，一般是在电网负荷低谷期将电能用于压缩空气，将空气高压密封在特定的空间存储，如报废矿井、沉降的海底储气罐、山洞、过期油气井等，在电网负荷高峰期释放压缩空气来推动汽轮机发电。压缩空气储能系统是一种能够实现大容量和长时间存储电能的电力储能系统，在综合效益方面与抽水储能相近，缺点是必须找到合适的储气洞，需要燃气。德国于 1978 年建立的 290 MW 发电厂将压缩空气存储在盐坑中，存储 8 h 的压缩空气，足够使发电机全力运行 2 h，效率在 77%，主要用于热备用和平滑负荷。美国于 1991 年建立的发电厂将压缩空气存储在地下 450 m 的废盐矿中，可以为 110 MW 的汽轮机连续提供 26 h 的压缩空气。虽然抽水储能和压缩空气储能是大规模电网调峰的首选储能方式，但二者都严格受到地理条件的限制，推广范围有限。氢储能是另一种储能方式，可以应用于电网的发电、输电和配电端，用于调峰调频。储氢系统利用电解水技术得到氢气，将氢气存储于储氢装置中，再利用燃料电池技术将存储的能量回馈到电网，或将氢气通过管道输送，直接应用到氢气产业链中。欧洲有多个配合新能源接入使用的储氢系统的示范工程：德国在普伦茨劳市建立了风能-氢能混合动力发电厂；意大利在普利亚地区建设了 39 MW 的储氢系统；法国在科西嘉岛建设了 200 kW 的储氢系统，提高了光伏发电利用率；挪威在西海岸建设了 55 kW 的制氢和 10 kW 的氢发电系统。

相对抽水储能而言，电池储能的方式用于集中式大规模电网调峰，目前成本还是太高，但是电池储能技术比较适用于百千瓦至几十兆瓦级别的电网调频，其调频效果是水电机组的 1.7 倍，远好于火电机组。铅酸蓄电池、液流电池、锂离子电池等都有典型的示范应用。2015 年 6 月，东芝公司发布将在日本本州为东北电力公司提供 40 MW 锂离子电池系统的计划；同月，NEC 公司提出将为 Amerigin 提供 60 MW 的锂电池系统用于调频。2014 年锂离子电池在全球装机总容量中位居第二，在中国市场锂离子电池的应用比例最高，超过 70%。

9.3.2 支撑高比例可再生能源发电电网的运行

能源互联网以可再生能源为主要一次能源，利用可再生能源发电、供热、制氢均是能源互联网中可再生能源利用的重要形式。全球范围内，可再生能源发电目前处于快速增长阶段。大规模波动性及间歇性可再生能源发电的接入使电源侧的不确定性增加，加大了电网功率不平衡造成的风险。针对大规模可再生能源发电的接入，一方面通过储能技术与可再生能源发电的联合，减少其随机性并提高其可调性；另一方面通过电网级的储能应用，增强电网对可再生能源发电的适应性。对于后者，储能作为电网的可调度资源，具有更大的应用价值和应用空间。在电网级的应用中，对储能的需求大体可以分为功率服务和能量服务两类。在功率服务中，储能应对电网的暂态稳定和短时功率平衡需求，作用时间为数秒至数分钟。在能量服务中，储能用于长时间尺度的功率调节，作用时间可从数小时延伸至季节时间尺度，用于应对系统峰谷调节以及输配电线路的阻塞问题。

对于功率服务，需要响应快速的大容量储能技术，如飞轮储能、超级电容器储能、电池储能等，这些储能技术与电力电子技术相结合，具有四象限调节能力，可对有功功率和无功功率进行双向调节，对电网的电压和频率进行支撑。对于能量服务，双向的电力储能需要具有长时间尺度的存储能力、较高的循环效率及较低的成本，实现可再生能源发电在时间维度上的转移。实际上，大规模电力储能并不是解决高比例可再生能源发电利用问题的唯一手段，用电负荷的柔性调节能力也是缓解电网压力的有效方式，在负荷侧，分布式的电池储能、电动汽车、储热、蓄冷等分布式储能技术的应用也大大提高了电力负荷的柔性调节能力。

为提高综合能源利用效率，储氢、储热等单向的大规模储能技术，高比例新能源发电电网为冗余的新能源发电提供了向其他能源形式转移的途径，同时在长时间尺度，为广域能源互联网的运行提供支持。

9.4　纳米体系的能量转换特征与原理

9.4.1　纳米材料特性

纳米是 Nanometer 的中文音译，是一个物理学上的量度单位，1 nm 是 1 m 的十亿分之一，相当于把 10 个氢原子并排串联所形成的长度。纳米世界是一个微观世界，而纳米技术则是对微观世界进行操控的技术，是在纳米层次上对分子、原子直接进行调控，进而对材料进行改性的技术。

从广义的角度来说，所谓纳米材料，可定义为结构单元的尺度在三维空间中至少有一维处于纳米量级内的材料。一些独特的物理化学性质因此而产生，如量子尺寸效应、小尺寸效应、表面效应、宏观量子隧道效应、库仑阻塞和量子隧穿效应及介电限域效应等。

1. 量子尺寸效应

粒径尺寸降低至特定值后，微粒费米能级周围的电子能级不再是准连续的能级，而是分立能级，其吸收光谱阈值向短波方向偏移的现象可称为量子尺寸效应。早在 20 世纪 60 年代，Kubo 运用单电子模型推演计算得出金属纳米晶体粒子的能级间距 δ 为

$$\delta = 4E_f/(3N) \tag{9-1}$$

式中，E_f 为费米能级；N 为晶粒中的原子数。纳米材料的各种性能在能级间距高于超导态凝聚能、静电能、光子能、静磁能、热能、磁能的情况下，跟块体材料相比会出现明显差别，此时有必要将量子尺寸效应纳入考虑范围。

2. 小尺寸效应

微粒的声、光、电磁、热力学等特性，在其尺寸等于或小于透射深度、光波波长、超导态相干长度、传导电子德布罗意波长等物理特征尺寸的情况下，因周期性边界条件被破坏而产生变化的现象即称为小尺寸效应。例如，声子谱出现变化；磁有序态转变为磁无序态；磁超导相转变成正常相；光吸收明显加大且光吸收峰的等离子共振射频出现。某些金属纳米微粒因小尺寸效应，其熔点远远小于块状金属的熔点，例如，纳米银粉熔点较之银块下降至100 ℃；块状金熔点是1 337 K，而2 nm的金粒子熔点则低至600 K。

3. 表面效应

在微粒径长变小的情况下，纳米晶体粒子的性质因表面原子数与总原子数比值的大幅变大而发生变化的现象可称为表面效应。在微粒径长缩小至1 nm的情况下，其表面原子数目急剧增多，表面原子数与总原子数比值可达99%，比表面积也随之变大，原子配位不足，致使许多悬空键和不饱和键产生，表面能变高，由这些表面原子及原子所构成的纳米材料，其化学活性加大，对外部环境的相应性能也大大改善。

4. 宏观量子隧道效应

微粒在总能量低于势垒高度的情况下仍能穿越势垒的现象称为隧道效应。近年来，学者们发现某些具有隧道效应的宏观量子（如量子相干器件中的磁通量与电荷、微粒的磁化强度等）能穿越宏观系统的势阱而发生变化，该现象即宏观量子隧道效应。

5. 库仑阻塞和量子隧穿效应

体系在其尺度缩小至纳米量级的情况下，其充电与放电过程变得不连续，即电荷“量子化”。体系每充入一个电子需耗能 $E_c=e^2/(2C)$，其中，e 是指单位电子电荷，C 是指体系的电容。体系越小，C 越小，能量 E_c 越大，称能量 E_c 为库仑阻塞能，称小体系这种因库仑阻塞能存在而在充放电时前一个电子排斥后一个电子即电子不能集体输运的现象为库仑阻塞效应；而称通过一个“结”将两个量子点连接在一起，其中一个量子点上的单个电子穿越势垒至另一个量子点的行为为量子隧穿效应。在温度极低且库仑阻塞能高于外部环境温度所产生的能量涨落（即条件是 $e^2/(2C)>kT$）的情况下，能观测到库仑阻塞和量子隧穿。库仑阻塞和量子隧穿效应可被应用于单电子晶体管、量子开关等前沿纳米器件设计制备中。

6. 介电限域效应

散布于异质介质中的纳米粒子，因界面而导致的体系介电明显加强的现象被人们称为介电限域效应。因微粒的折射率与介质的折射率相去甚远所产生的折射率边界，会导致局部场强增强（即微粒内部与外部的场强较入射场强皆显著加强），该现象称为介电限域。纳米粒子独特的介电限域特性会影响光化学、光吸收、光学非线性等现象的性质或变化。

9.4.2 纳米压电材料

压电材料是一种具有机-电耦合特性的功能材料，它利用正负压电效应来实现机械能（声能）与电能的相互转化。当压电材料受到外力作用并产生应变时，材料内部出现电极化，同时在材料两端表面产生符号相反的电荷，此为正压电效应。当压电材料在电场作用下，材料内部偶极矩在电场作用下发生变化，导致材料发生机械变形，此为负压电效应。压电材料这种机-电耦合特性使其在工程、电子、医学、军工等领域都有巨大的应用前景。

1880年，法国物理学家Pierre Curie和Jacques Curie在研究热现象和晶体对称性时发现，在石英表面施加应力时，石英的上下表面分别产生异种电荷，第一次明确了压电效应现象，并随后在 1881 年验证了逆压电效应的存在。

近年来，随着电子元器件向超微型化、高智能化、高集成化等方向的快速发展，各类纳米压电材料和结构被纷纷研制出来，并在传感、制动、封装、人机交互等领域展示了巨大的应用潜质。迄今为止，已制备出来的纳米压电材料有 ZnO 纳米线、$NaNbO_3$ 纳米线、PMN-PT 纳米线、ZnS 纳米带、$BaTiO_3$ 纳米颗粒、PZT 纳米薄膜、PVDF 纳米纤维等。纳米压电材料的分类如图 9-3 所示。

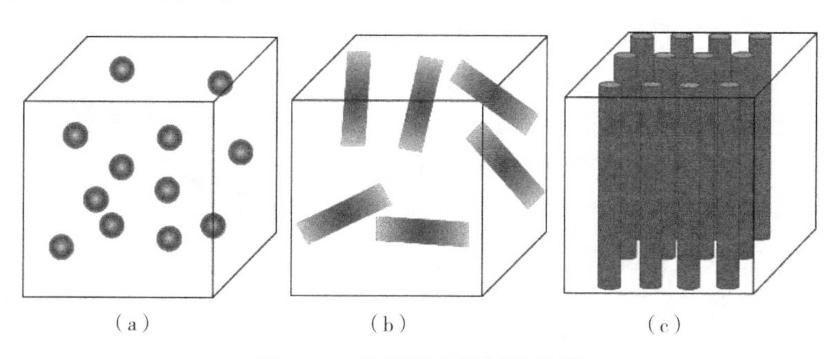

图 9-3　纳米压电材料的分类

(a) 纳米颗粒；(b) 纳米带；(c) 纳米棒

9.4.3　纳米热电材料

温差电效应是电流引起的热效应和温差引起的电效应的总称，主要包括泽贝克效应、帕尔帖效应和汤姆逊效应，这三个效应通过开尔文关系式联系在一起。温差电效应还伴随产生焦耳效应和傅里叶效应。

1. 泽贝克效应

泽贝克效应是一种热能转换为电能的现象，1821 年由法国科学家泽贝克发现。如图 9-4 所示，两种不同材料 A 和 B 组成串联回路，当两个接点处 1 和 2 温度维持在不同温度（假设 $T_1>T_2$）时，在材料 A 的开路位置 x 和 y 之间会产生电势差 U_{xy}，可表示为

$$U_{xy}=\alpha_{AB}\Delta T=\alpha_{AB}(T_1-T_2) \tag{9-2}$$

式中，α_{AB} 为 A 相对于 B 的泽贝克系数，V/K。

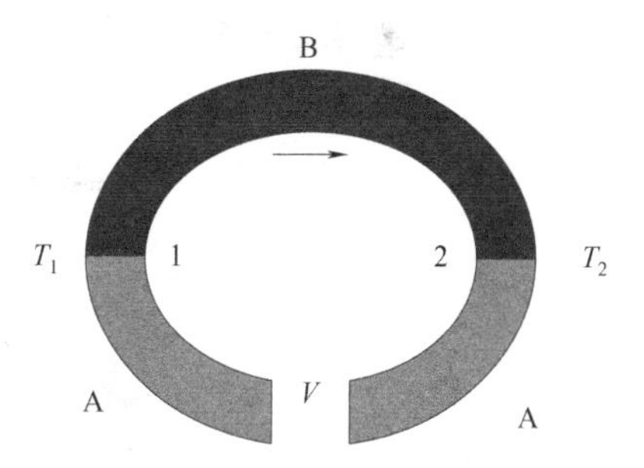

图 9-4　泽贝克效应示意图

泽贝克系数有正负之分，一般来说，热接头处，若电流由 A 流向 B，则其泽贝克系数 α_{AB} 为正，反之为负。泽贝克系数的微观物理本质可以通过温度梯度作用下材料内载流子分布变化加以说明。对于温度均匀的某一物质，载流子在其内部分布均匀。当导体内存在温度梯度时，热端的载流子具有较大的动能，与冷端的载流子流向热端的速度相比，热端的载流子会以更大的速度流向冷端，因此在物质内部就会存在从热端流向冷端的净电荷流，导致冷端处的载流子积累，从而产生内建电场，阻碍进一步的载流子积累，最终达到平衡状态，导体内无净电荷的定向移动，此时在导体两端形成的电压就是泽贝克电势。

2. 帕尔帖效应

帕尔帖效应是泽贝克效应的反作用，可应用于热电制冷或者加热，是法国物理学家帕尔帖在 1834 年发现的。如图 9-5 所示，在接头处施加一个电动势，则 A 和 B 两种导体组成的回路中将会产生电流 I，除了有电阻产生的焦耳热损耗外，在接头 1 处发生吸热，2 处发生放热，且发生吸热还是放热会因电流方向的改变而改变。假设接头处的吸（放）热速率为 Q_p，则有

$$Q_p = \pi_{AB} I \tag{9-3}$$

式中，π_{AB} 为 A 相对于 B 的帕尔帖系数，W/A。

同样地，帕尔帖系数存在正与负，当电流由 A 流向 B 时，接头 1 从外界吸收热量，π_{AB} 取正；反之，π_{AB} 取负。帕尔帖效应产生的微观物理本质是电荷载体在不同材料中处于不同的能级，当它从高能级向低能级运动（跃迁）时，便释放多余的能量；反之，从低能级向高能级运动（跃迁）时，则从外界吸收能量。这些能量在两种材料的交界面以热的形式吸收或放出。

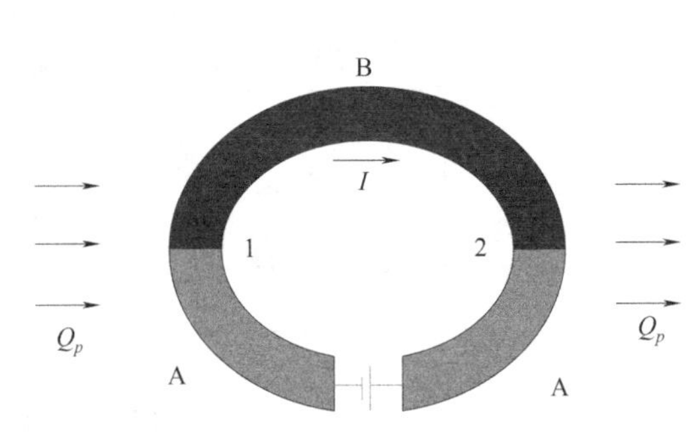

图 9-5　帕尔帖效应示意图

3. 汤姆逊效应

在泽贝克效应发现后 30 多年，汤姆逊于 1854 年发现了存在于单一均匀导体中的热电转换现象。如图 9-6 所示，当存在温度梯度 ΔT 的均匀导体中通有电流 I 时，导体中除了产生和电阻有关的不可逆焦耳热以外，还有可逆的热效应，即电流反向后，吸（放）热会变为放（吸）热，吸（放）热速率 Q_T 为

$$Q_T = \beta I \Delta T \tag{9-4}$$

式中，β 为汤姆逊系数，V/K。

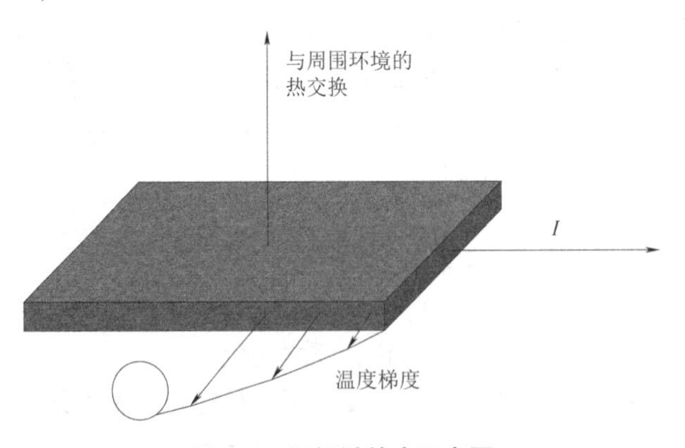

图 9-6　汤姆逊效应示意图

当电流方向与温度梯度方向相同时，若导体吸热，则 β 为正，反之为负。泽贝克系数、帕尔帖系数和汤姆逊系数彼此相互关联，可用汤姆逊由热力学平衡理论近似得到的开尔文关系式联系起来，即

$$\alpha_{AB}=\frac{\pi_{AB}}{T} \tag{9-5}$$

$$\frac{d\alpha_{AB}}{dT}=\frac{\beta_A-\beta_B}{T} \tag{9-6}$$

由式（9-6）可导出单一材料的泽贝克系数和汤姆逊系数的关系：

$$\alpha_A=\int_0^T \frac{\beta_A}{T}dT \tag{9-7}$$

$$\alpha_B=\int_0^T \frac{\beta_B}{T}dT \tag{9-8}$$

式中，α_A 和 α_B 只与一种材料的性质有关，称为绝对泽贝克系数。

纳米第二相复合对各体系热电性能的提升均有很大的作用，其主要作用大致为两点：一是降低晶格热导率；二是选择性散射低能量载流子提升泽贝克系数。关于纳米复合可分为内部复合和外部添加。内部复合，即通过原子替代或析出等方法，与不同的合成工艺相结合，直接合成具有纳米第二相分散的复合粉体，再烧结成块体材料。外部添加，即在块体成形之前额外引入纳米第二相。目前，已被广泛选用的纳米第二相有半导体物质、绝缘体、单金属纳米粒、一维和二维纳米材料等。

9.5　无线能量传输与存储

无线能量传输或无线功率传输，是指能量从能量源传输到电负载的一个过程，这个过程不是传统的用有线来完成，而是通过无线传输实现。

根据实现方式不同，无线能量传输技术大致分为感应耦合、磁场共振和电波辐射三类，其中电波辐射又包含激光和微波两种不同形式。

（1）感应耦合式无线能量传输，是在传统的变压器基础上进行改进，应用电磁感应技术，实现非接触式的电能传输。感应耦合式无线能量传输技术的传输距离较短，发射端与接收端的位置相对固定。

（2）磁场共振式无线能量传输，是通过非辐射性电场或磁场耦合的电磁谐振原理，实现能量的无线传输。发射端与接收端采用具有相同谐振频率的谐振体，两谐振体以电磁场为媒介相互耦合，传递能量。其相比于感应耦合式无线能量传输，不具有敏感的方向性，传输距离较感应耦合式远，传输效率也稍高。

（3）电波辐射式无线能量传输，是利用微波源/激光器等装置把直流电转变为微波/激光，再通过天线发送至空间，大功率的微波束/激光束通过自由空间后被接收天线收集，经微波/激光整流器后重新转变为直流电，其实质就是利用微波束/激光束代替传输电导线，实现远程能量传输。此种传输方式的传输效率不高，且不能跨越障碍物；其显著优势在于可实现较远距离的无线能量传输，在空间太阳能电站、深空探测等领域均采用这种能量传输方式。

与无线通信系统类似，无线能量传输系统也包括发射机部分、发射天线和地面接收设备部分；但无线能量传输系统又与无线通信系统存在很大差别。对于无线通信系统而言，无线电波被当作信息的载体；而对无线能量传输系统，无线电波是能量的载体。附带能量的电磁波基本上是未经调制的单频波。无线能量传输系统的功率密度比无线通信系统高 3 或 4 个数量级。二者原理和实现方法相似，但无线通信系统注重信息传输的效率和准确性，而无线能量传输系统则更倾向于能量传输。

实现真正的能源互联网未来就要实现能源的 WiFi，即走向能源的无线，将包括所有能源的应用，让能源应用真正实现智能化，所以对于无线能量传输的深入研究必将对我们的未来生活产生深远影响。在能源互联网的发展过程中，对于无线能量传输也提出了以下几方面的要求：

（1）集成小型化。电磁感应之外的两种供能方式虽然在距离上更具优势，但是接收发射装置往往庞大，未来无线供能会广泛应用于传感器等小型化的检测电子器件上，那么能够小型集成化、收发一体化的装置就显得极为重要。

（2）安全可证化。关于电磁场对于人体的危害研究一直处于不够明朗的地步，由于电磁场影响可能需要在长时间的试验下才能被验证，公众对于这方面的知识知之甚少。未来无线供能很有可能应用于大功率发射的场合，如果无法消除公众的恐惧心理，这一技术的发展就会受到阻碍。

（3）装置智能化。在未来的适用场合中，不只需要整个装置能够实现简单的能量传输，还需要装置能够实现自动识别和监控的能力，能够智能地屏蔽同等装置的干扰。

（4）功能多样化。无线能量传输与无线信息传输的结合也是未来研究的重点，怎样在同一信道中实现能量和信息的并行传输，怎样实现在接收端的分离将会是无线携能通信发展的重要因素。试想，在未来，有 WiFi 的地方就能充电，有无线电力供应的地方就有网络。

思考题

1. 简述能源互联网的发展历史与未来发展方向。

2. 能源大数据对于我国能源的综合利用有何重要意义？

3. 当材料的尺度达到纳米尺度级别，会产生一些特殊的物理化学性能，试述这些特殊的性质及其在储能方面的应用。

4. 试举例说明无线能量传输在民用、军用领域的具体应用。

参考文献

[1] 孙秋野．能源互联网［M］．北京：科学出版社，2015.

[2] 任庚坡，楼振飞．能源大数据技术与应用［M］．上海：上海科学技术出版社，2018.

[3] 孙艺新，吴文沼．能源大数据时代［M］．北京：人民邮电出版社，2019.

[4] 陈义强．一维压电纳米材料的光力电耦合性能［D］．湘潭：湘潭大学，2011.

[5] 李川．微纳米压电复合材料的制备与性能研究［D］．成都：电子科技大学，2016.

[6] HUANG H，HING P. Energy balance model for the Vickers hardness of ferroelectric PZT ceramics［J］．Journal of Materials Science Letters，1999，18（20）：1675-1677.

[7] QIN Y，WANG X，WANG Z L. Microfibre-nanowire hybrid structure for energy scavenging

[J]. Nature, 2008, 451 (7180): 809-813.

[8] KE T Y, CHEN H A, SHEH H S, et al. Sodium niobate nanowire and its piezoelectricity [J]. The Journal of Physical Chemistry C, 2008, 112 (24): 8827-8831.

[9] XU S, YEH Y W, POIRIER G, et al. Flexible piezoelectric PMN-PT nanowire-based nanocomposite and device [J]. Nano Letters, 2013, 13 (6): 2393-2398.

[10] PAN Z W, DAI Z R, WANG Z L. Nanobelts of semiconducting oxides [J]. Science, 2001, 291 (5510): 1947-1949.

[11] DENG Z, DAI Y, CHEN W, et al. Synthesis and characterization of bowl-like single-crystalline $BaTiO_3$ nanoparticles [J]. Nanoscale Research Letters, 2010, 5 (7): 1217-1221.

[12] QI Y, JAFFERIS N T, LYONS K, et al. Piezoelectric ribbons printed onto rubber for flexible energy conversion [J]. Nano Letters, 2010, 10 (2): 524-528.

[13] CHANG C, TRAN V H, WANG J, et al. Direct-write piezoelectric polymeric nanogenerator with high energy conversion efficiency [J]. Nano Letters, 2010, 10 (2): 726-731.

[14] 张乐乐. 压电纳米材料和结构中的弹性波传播与散射 [D]. 北京: 北京交通大学, 2017.

[15] 李国建, 苑铁, 王强. 能量转换材料与技术 [M]. 北京: 科学出版社, 2018.

[16] 陆晓芳. 低维纳米相复合碲化物热电材料的制备与性能研究 [D]. 上海: 东华大学, 2020.

[17] 马海虹, 李成国, 董亚洲, 等. 空间无线能量传输技术 [M]. 北京: 北京理工大学出版社, 2019.

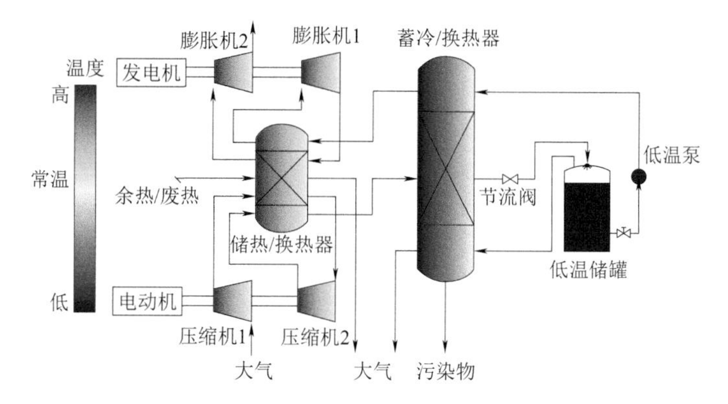

图 4-18　一种超临界压缩空气储能系统工作原理

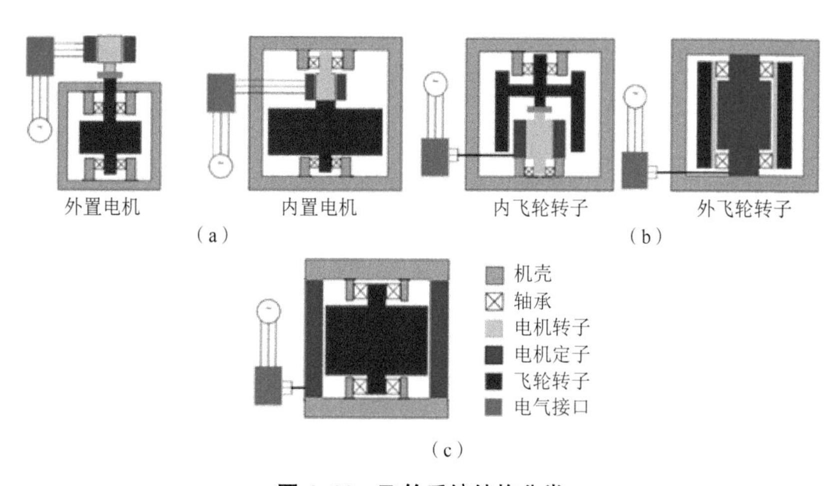

图 4-20　飞轮系统结构分类

（a）传统结构；（b）空心桶式结构；（c）一体化结构

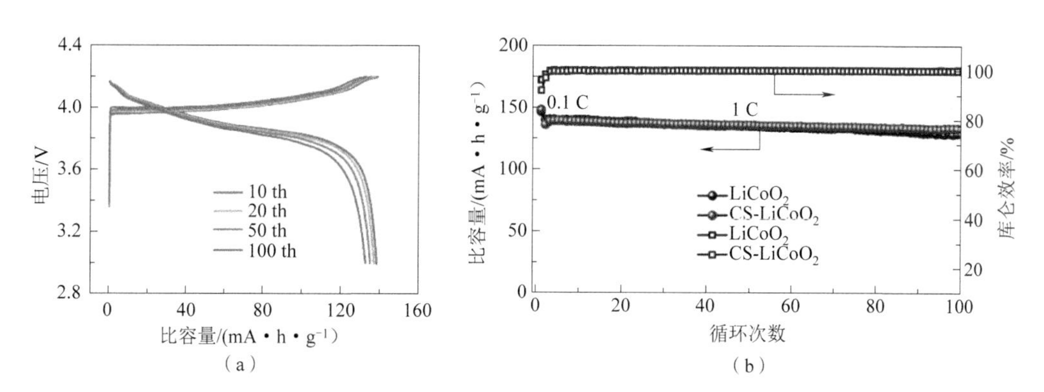

图 7-6　$LiCoO_2$ 的充放电电压曲线及循环性能示意图

（a）Li_2O/Co 共包覆 $LiCoO_2$（CS-$LiCoO_2$）的充放电电压曲线；（b）$LiCoO_2$ 及 CS-$LiCoO_2$ 的比容量及库仑效率

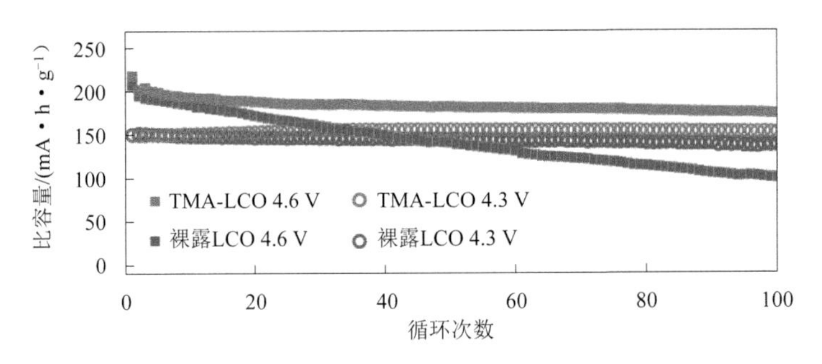

图 7-7　LCO 与 TMA-LCO 的半电池循环性能比较

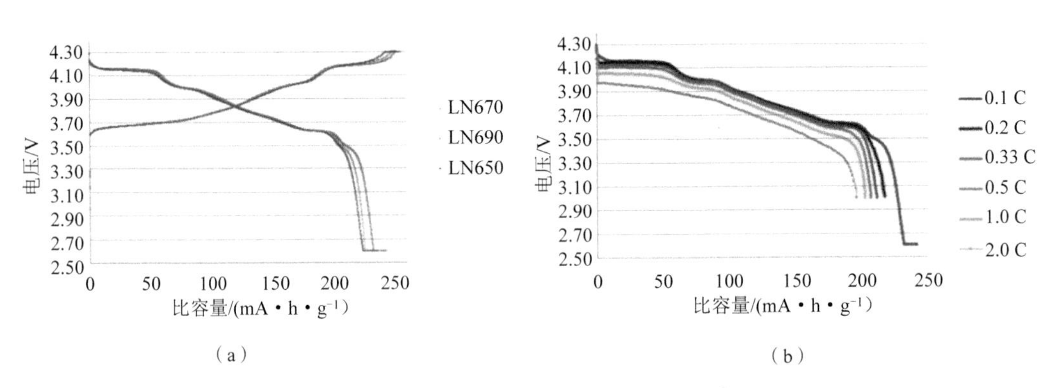

图 7-9　烧结温度对 $LiNiO_2$ 性能的影响

（a）不同温度处理样品的首次循环充放电曲线；（b）LN670 样品在不同倍率下的放电曲线

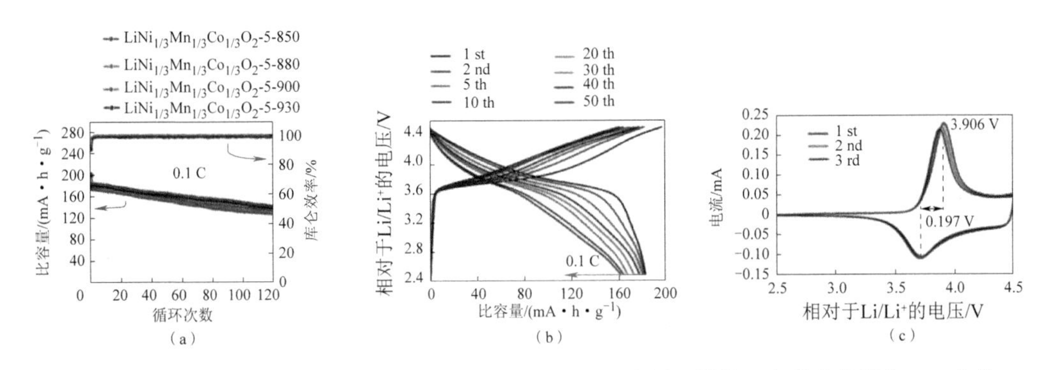

图 7-10　$LiNi_{1/3}Co_{1/3}Mn_{1/3}O_2$ 及 $LiNi_{0.8}Co_{0.1}Mn_{0.1}O_2$ 的循环性能、充放电曲线和 CV 曲线

（a）不同温度烧结的 $LiNi_{1/3}Co_{1/3}Mn_{1/3}O_2$ 在 0.1 C 的充放电循环性能；

（b）930 ℃烧结的 $LiNi_{1/3}Co_{1/3}Mn_{1/3}O_2$ 的充放电曲线；

（c）930 ℃烧结的 $LiNi_{1/3}Co_{1/3}Mn_{1/3}O_2$ 的 CV 曲线；

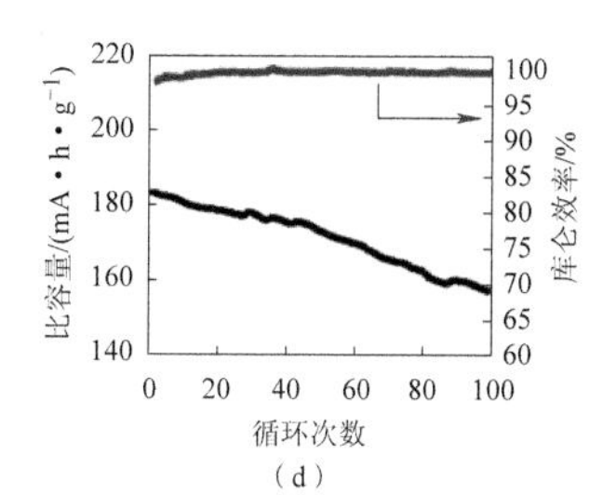

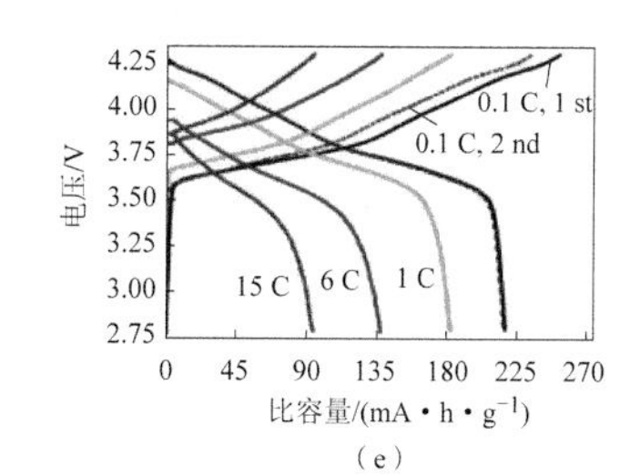

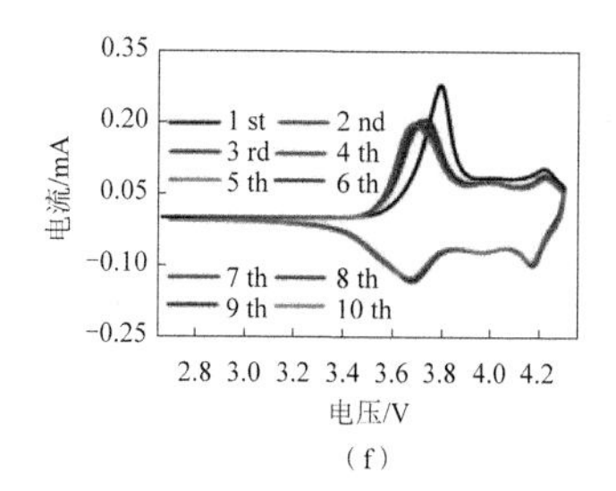

图 7-10　$LiNi_{1/3}Co_{1/3}Mn_{1/3}O_2$ 及 $LiNi_{0.8}Co_{0.1}Mn_{0.1}O_2$ 的循环性能、充放电曲线和 CV 曲线（续）

（d）$LiNi_{0.8}Co_{0.1}Mn_{0.1}O_2$ 在 1 C 的充放电循环性能；

（e）$LiNi_{0.8}Co_{0.1}Mn_{0.1}O_2$ 的充放电曲线；（f）$LiNi_{0.8}Co_{0.1}Mn_{0.1}O_2$ 的 CV 曲线

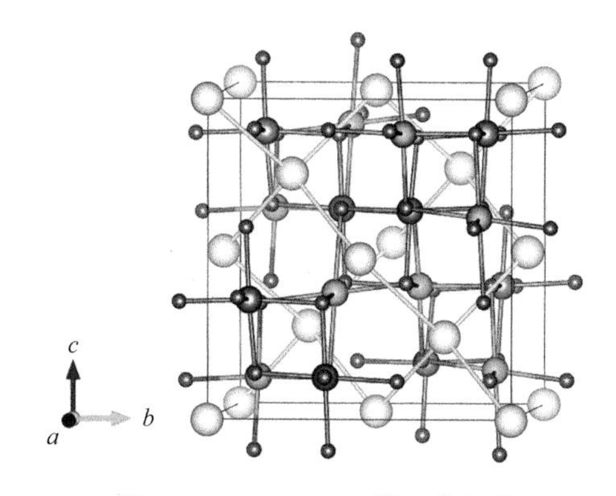

图 7-12　$LiMn_2O_4$ 的晶体结构

（灰色球体 Li^+，蓝色球体 Mn^{3+}/Mn^{4+}，红色球体 O^{2-}）

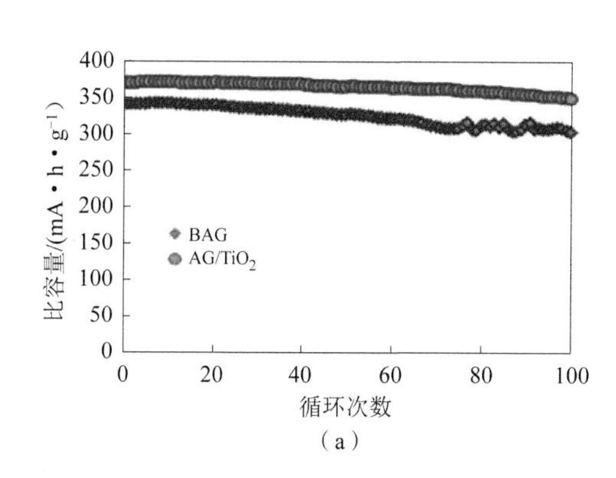

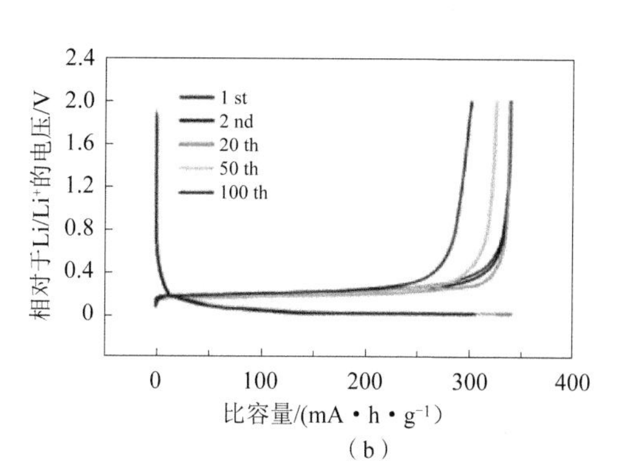

图 7-17　BAG 和 AG/TiO_2 的循环性能和充放电循环曲线

（a）在 0.5 C 倍率下，BAG 和 AG/TiO_2 负极的循环性能；

（b）BAG 在 0.5 C 倍率下的充放电循环曲线

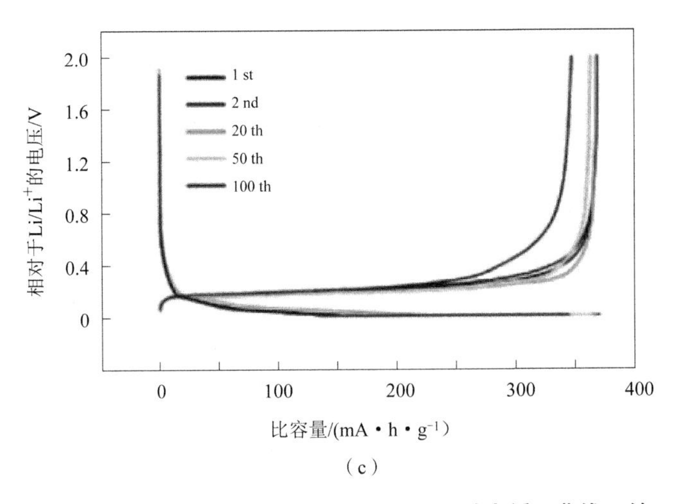

图 7-17　BAG 和 AG/TiO_2 的循环性能和充放电循环曲线（续）

（c）AG/TiO_2 在 0.5 C 倍率下的充放电循环曲线

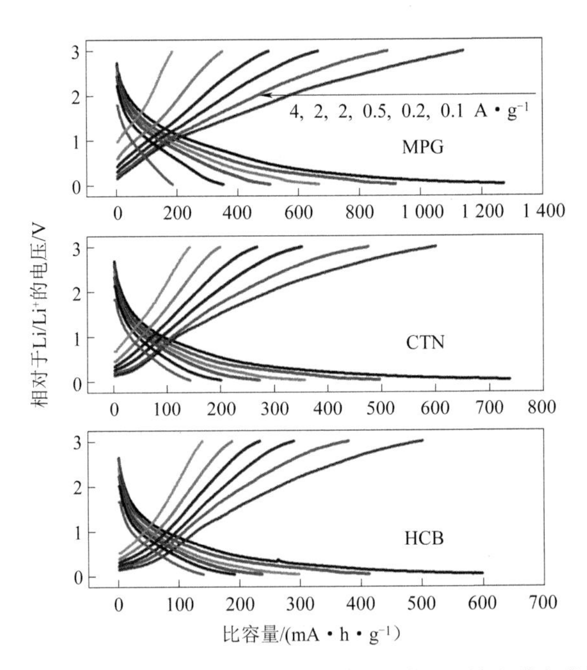

图 7-18　电流密度为 0.1~4 A/g 的纳米碳阳极的充放电曲线

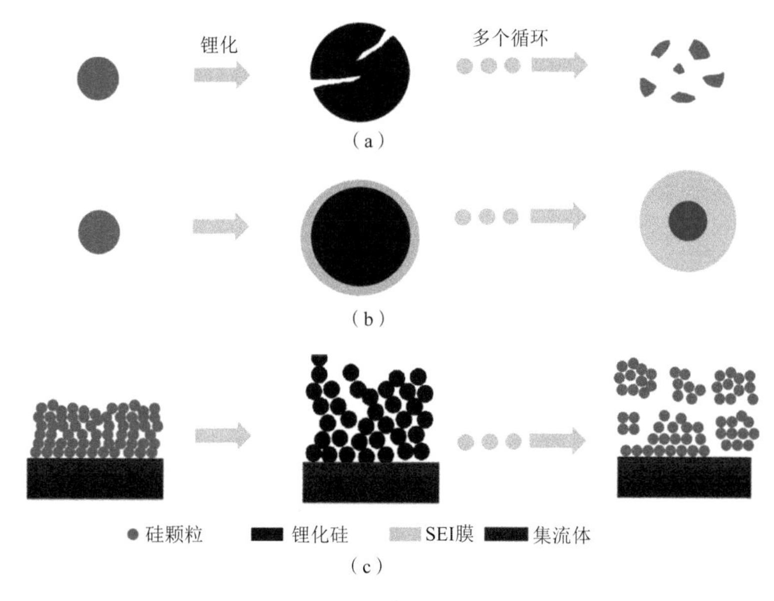

图 7-20　硅负极失效机制

（a）材料粉化；（b）整个硅负极的形貌和体积变化；（c）连续的 SEI 膜生长

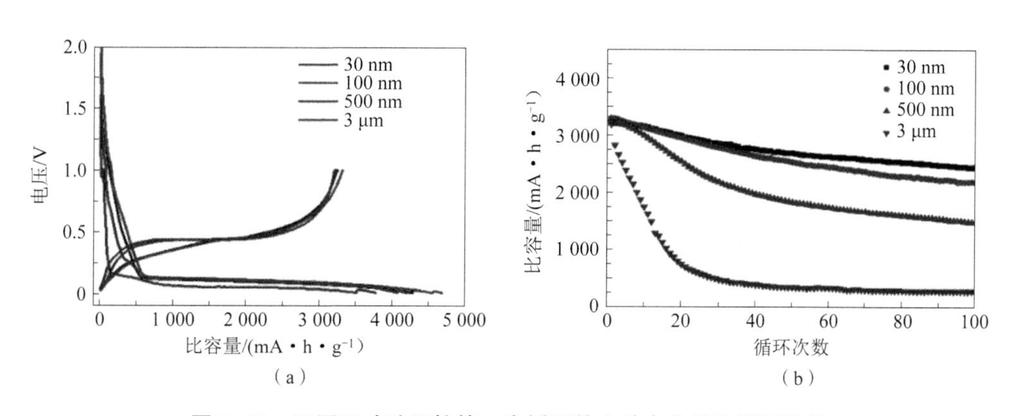

图 7-21　不同尺寸硅颗粒第一次循环的充放电曲线和循环性能

（a）不同尺寸硅颗粒第一次循环的充放电曲线；（b）不同尺寸硅颗粒的循环性能

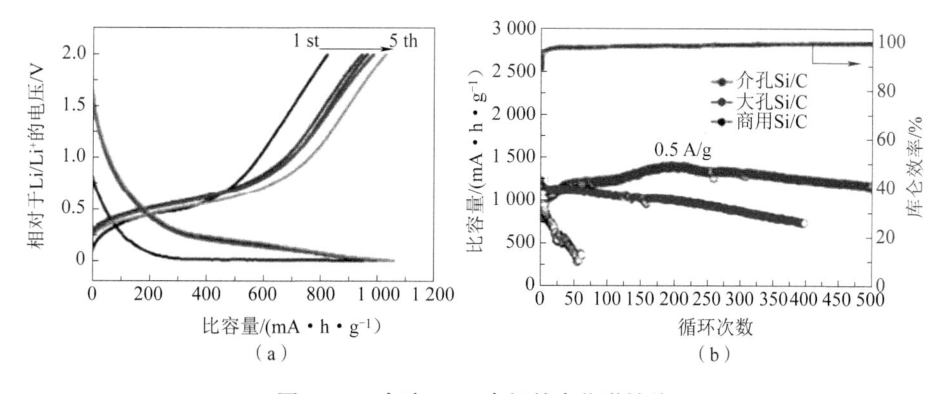

图 7-22　介孔 Si/C 电极的电化学性能

（a）电流密度为 0.5 A/g 时，前 5 次循环的充放电曲线；（b）电流密度为 0.5 A/g 时，介孔 Si/C、大孔 Si/C 和商用 Si/C 电极的循环性能

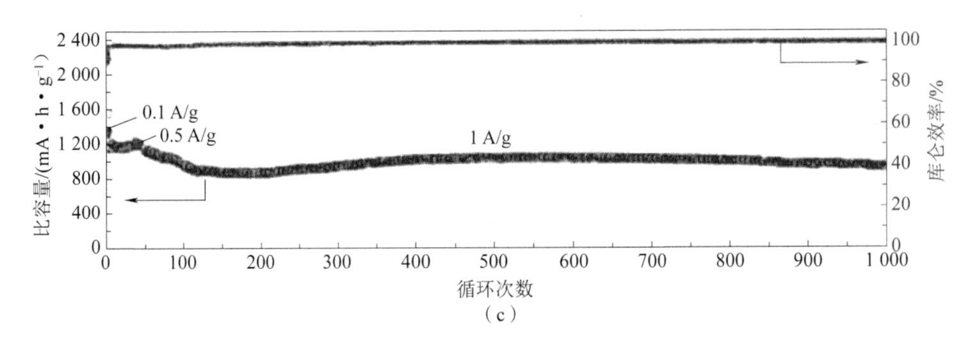

图 7-22 介孔 Si/C 电极的电化学性能（续）

（c）在电流密度为 0.1 A/g 和 0.5 A/g 下激活 50 次循环后，在 1 A/g 下进行 1 000 次循环的长循环性能

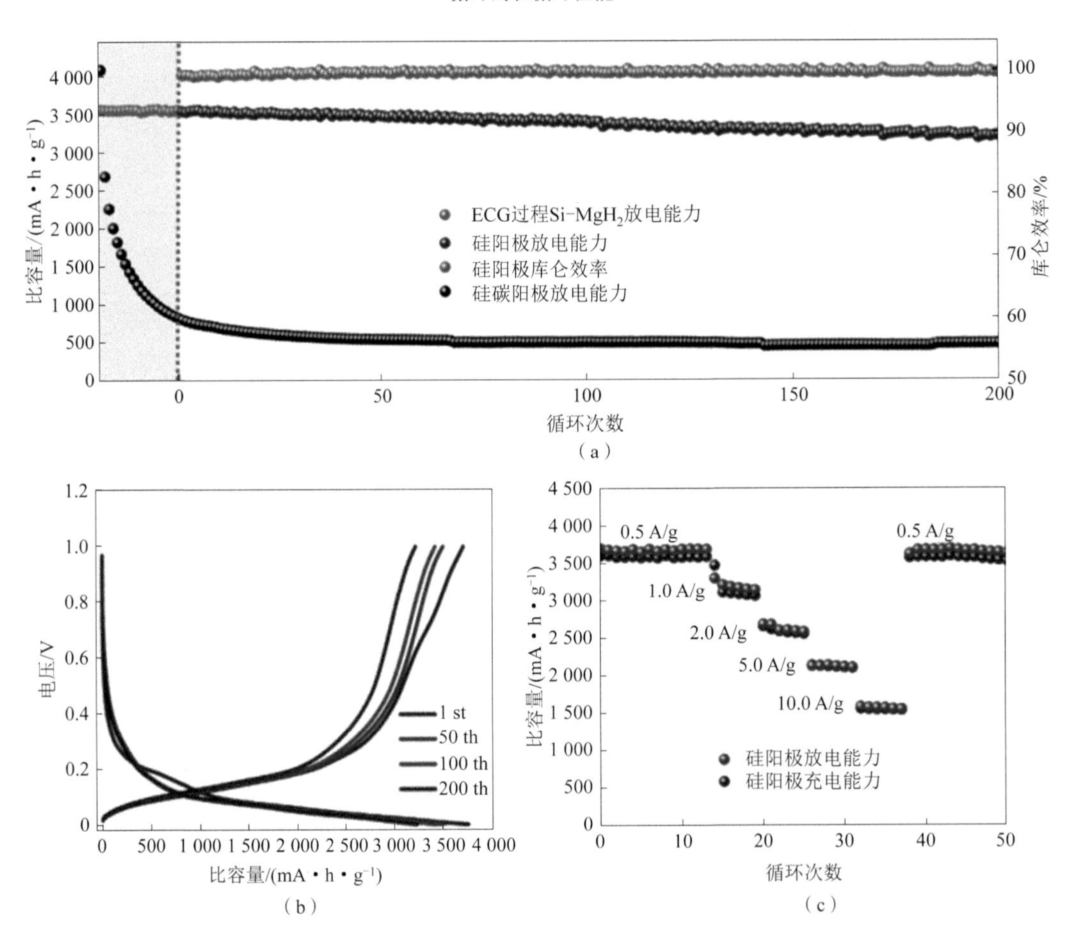

图 7-24 ECG 过程得到的硅阳极的长循环性能、恒流充放电电压分布和倍率能力

（a）ECG 过程得到的硅阳极的长循环性能；

（b）在 0.5 A/g 下 ECG 过程得到的硅阳极的第 1、50、100 和 200 次循环的恒流充放电电压分布；

（c）在不同电流密度下 ECG 过程得到的硅阳极的倍率能力

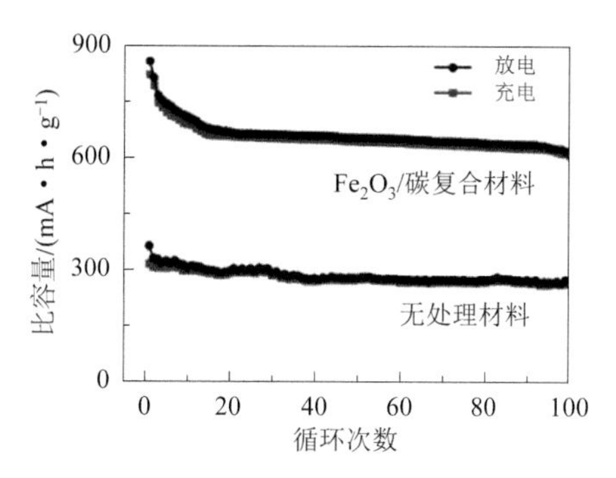

图 7-25　Fe_2O_3/碳复合材料与无处理材料的循环性能

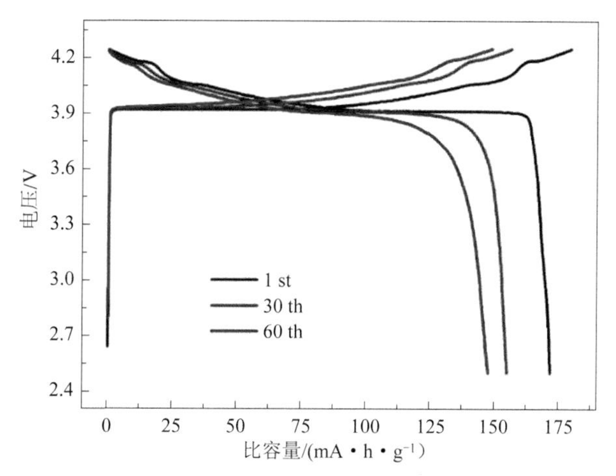

图 7-27　使用 PVDF/PEO 基固态电解质在第 1、30、60 次的充放电电压分布

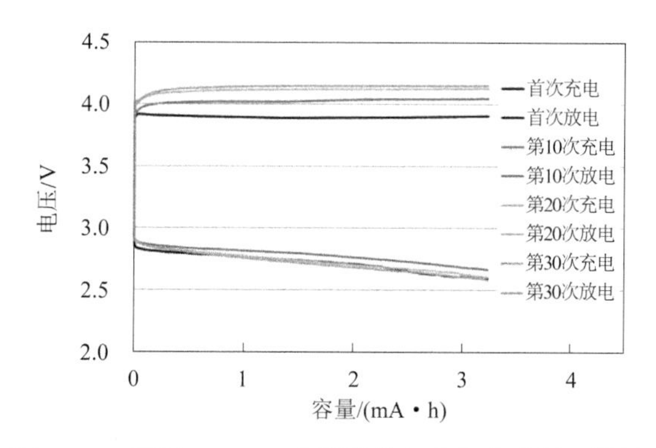

图 7-38　采用 LANTP 为隔膜的锂空气电池循环性能

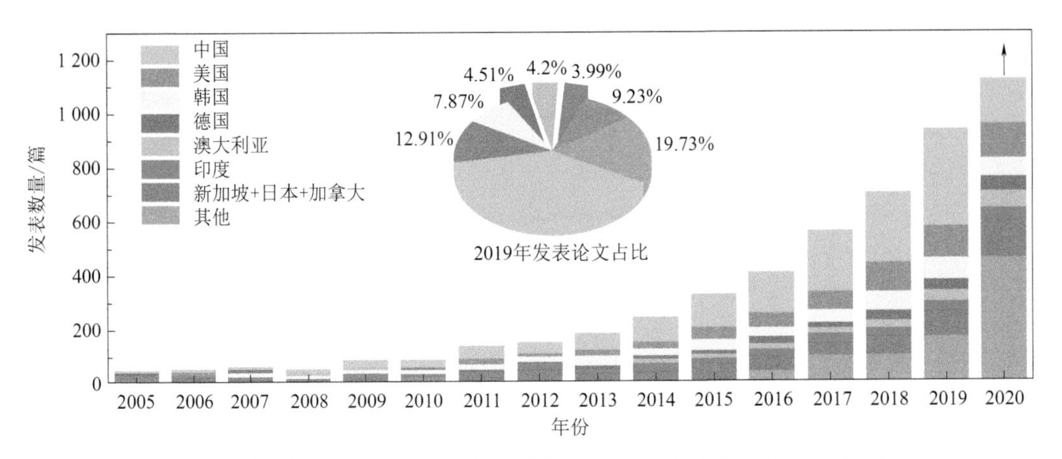

图 7-46　锌离子电池相关文献的报道数据和 2019 年出版来源国家的占比

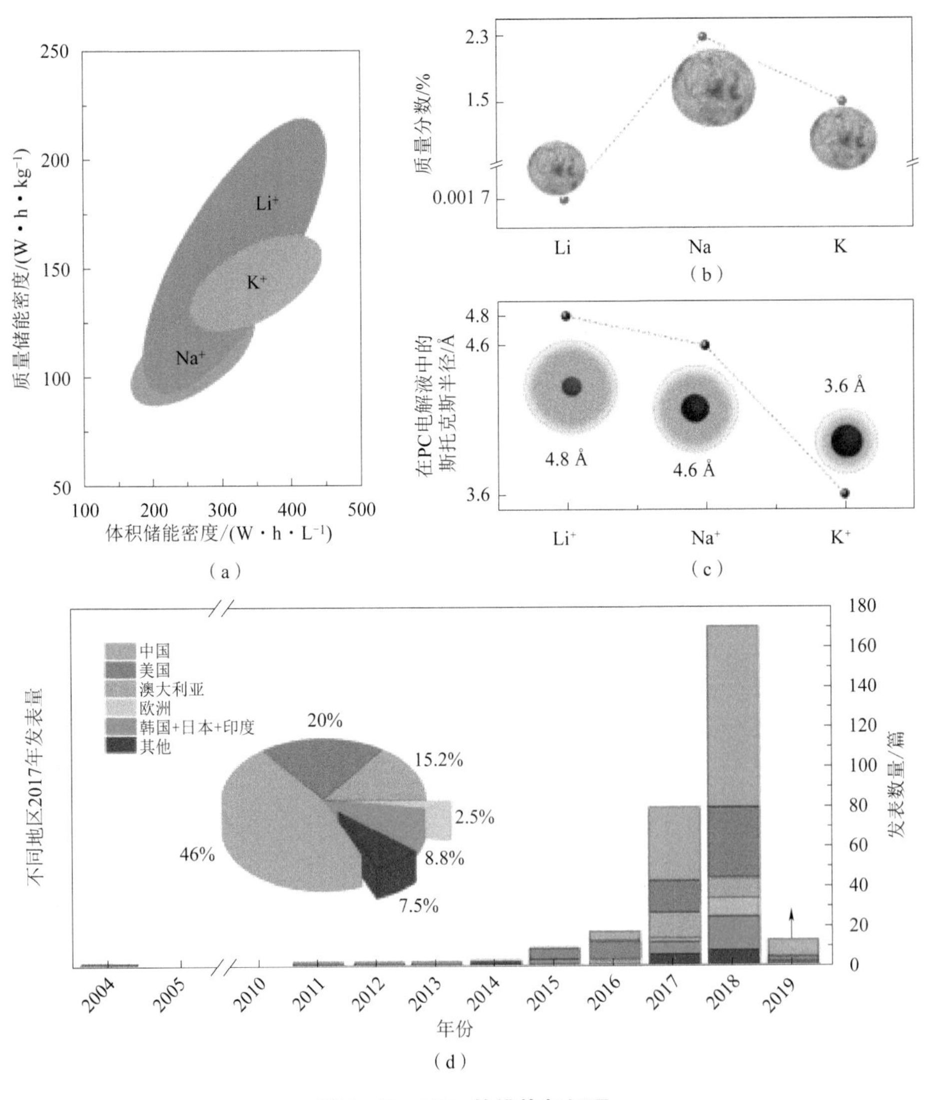

图 7-49　PIBs 的挑战与机遇

(a) 锂离子电池、钠离子电池、钾离子电池储能密度对比；(b) Li、Na、K 在地壳中储量 1%；(c) Li^+、Na^+、K^+ 在 PC 电解液中的斯托克斯半径；(d) 2004—2019 年 PIBs 相关文献的报道数据和 2017 年出版来源国家的占比；

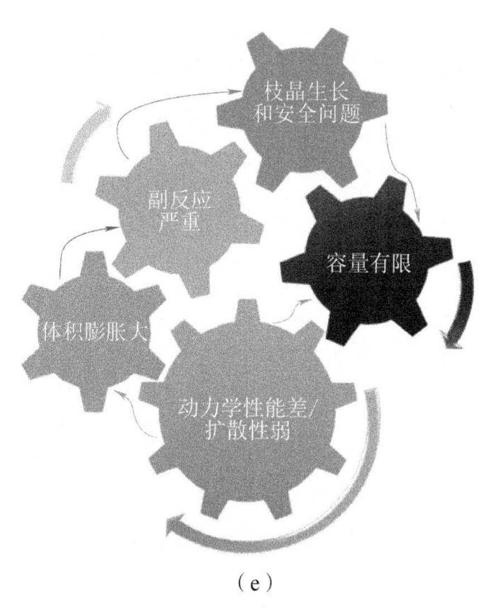

（e）

图 7-49　PIBs 的挑战与机遇（续）

（e）PIBs 面临的挑战及其关系

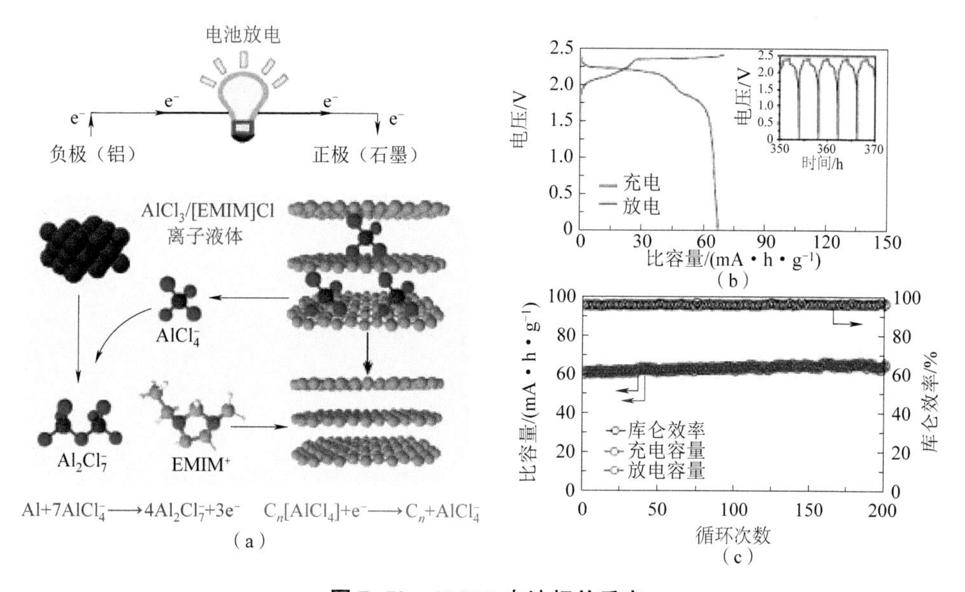

图 7-50　Al/PG 电池相关反应

（a）Al/PG 电池放电过程，电解液采用 $AlCl_3$/［EMIM］Cl 离子液体电解液；

（b）Al/PG Swagelok 电池在 66 mA/g 电流密度下的充放电曲线；

（c）Al/PG 电池在 66 mA/g 电流密度下的循环性能测试